W0261379

Berliner Gemeinderecht

Herausgegeben

vom

Magistrat

Zweite, ergänzte Auflage

Achter Band

Tiefbauverwaltung

Springer-Verlag Berlin Heidelberg GmbH
1914

Tiefbauverwaltung

Herausgegeben

vom

Magistrat

Springer-Verlag Berlin Heidelberg GmbH
1914

Additional material to this book can be downloaded from http://extras.springer.com

ISBN 978-3-662-22971-2 ISBN 978-3-662-24915-4 (eBook)
DOI 10.1007/978-3-662-24915-4

Vorwort.

Das Recht der Tiefbauverwaltung fehlt in der I. Ausgabe des Berliner Gemeinderechtes und erscheint daher jetzt zum ersten Male.

Mit Rücksicht darauf, daß es auch sonst bisher an einer Zusammenfassung der Rechtsquellen unter dem Gesichtspunkte der Tiefbauverwaltung gefehlt hat, sind wir bestrebt gewesen, nicht nur alle für diese Verwaltung wichtigen Bestimmungen der städtischen Behörden und des Berliner Polizei-Präsidenten, sondern auch alle für ihr Verwaltungsgebiet grundlegenden Gesetze usw. mit möglichster Vollständigkeit zusammenzustellen. Soweit Gewohnheitsrecht als Rechtsquelle in Frage kommt, wie z. B. für das märkische Wegerecht und für die Rechte an Straßen (Anliegerservitut), sind in kurz gefaßten Darstellungen die hauptsächlichsten durch die Judikatur gesicherten Grundsätze gegeben. Auch das ältere Recht hat, soweit es heute noch von Wichtigkeit wird, Berücksichtigung gefunden.

Der Zweck des Buches ist in erster Linie darauf gerichtet, ein praktisches Handbuch für die Berliner Verwaltung zu sein. Es war daher unumgänglich, auch über den Kreis der eigentlichen Rechtsquellen hinaus wichtiges Verwaltungsmaterial aufzunehmen. So sind z. B. für die Verwaltung wichtige Zusammenstellungen der Rechtsverhältnisse der Berliner Straßen: Verzeichnisse der anliegerbeitragsfreien Straßen, Verzeichnisse über die Vorgartenverhältnisse abgedruckt; desgleichen eine Reihe von Verträgen der Tiefbauverwaltung bzw. der Stadtgemeinde, teils wegen ihrer Wichtigkeit in der Verwaltung, teils als Beispiele für ähnliche Fälle. Ebenso ist dem Buche eine Karte beigegeben, aus der die im Bebauungsplan festgesetzten, sowie die bereits angelegten Straßen, letztere mit ihrer Befestigungsart, die Einteilung der Stadt in Tiefbauämter, die städtischen Straßenbahnen, die Schnellbahnen einschließlich der projektierten Nordsüdbahn ersichtlich sind.

In der vorliegenden Gestalt dürfte der Band auch über den Kreis der Berliner städtischen Verwaltung hinaus für Interessenten und Behörden von Nutzen sein.

Berlin, den 29. November 1913.

Magistrat.

Inhaltsverzeichnis.

Einleitung.

I. Innere Organisation.

(Geschäftsanweisungen, Bestimmungen u. a.)

II. Wegeunterhaltungspflicht.

Anhang.

Nachtrag

zu IV C: Schutz gegen Verunstaltung des Ortsbildes:

Einleitung.

Die Entstehungsgeschichte der Tiefbaudeputation ergibt sich aus nachstehender Vorlage des Magistrats an die Stadtverordnetenversammlung vom 1. April 1905.

346. Vorlage (J.-Nr. 148 B. II. 05) — zur Beschlußfassung —, betreffend die Auflösung des Plenums der Baudeputation und die Einsetzung einer Hochbaudeputation und einer Tiefbaudeputation.

Durch die nachstehende Instruktion vom Juni 1873 ist für die Verwaltung des städtischen Bauwesens eine Magistratsdeputation eingesetzt worden, die durch den Beschluß der Stadtverordnetenversammlung vom 2. Oktober 1873 — Protokoll Nr. 25 — zu einer gemischten Verwaltungsdeputation erweitert wurde.

Gemäß § 3 der genannten Instruktion zerfällt diese Deputation in zwei selbständige Abteilungen, die Abteilung I (Hochbauabteilung) und die Abteilung II (Tiefbauabteilung), deren Geschäftskreise, soweit sie inzwischen nicht durch den Übergang der örtlichen Straßenbau-Polizeiverwaltung auf die Stadtgemeinde, durch die Bildung neuer Verwaltungsdeputationen und diesseitige Verfügungen eine Änderung erfahren haben, im § 3 a. a. O. bestimmt sind. Ein Zusammen wirken beider Abteilungen findet gemäß § 4 ebenda nur statt in solchen Angelegenheiten, deren einheitliche Bearbeitung durch die Zusammengehörigkeit beider Abteilungen zu einer Deputation bedingt ist, und hinsichtlich der Aufstellung neuer und der Abänderung bestehender Bebauungspläne.

Da schon mehrfach der Wunsch hervorgetreten ist, die beiden Abteilungen, deren Aufgaben nur in wenigen Beziehungen gleicher Art sind, zu trennen, sind wir in Erwägung darüber eingetreten, ob eine Notwendigkeit vorliegt, das einzige vorhandene Bindeglied — die Vorschrift gemeinsamer Bearbeitung der Bebauungspläne — zu erhalten.

Die Ausarbeitung der Bebauungspläne war stets und ist auch jetzt Aufgabe der Organe der Tiefbauabteilung. Die fertiggestellten Entwürfe gelangen zunächst in der Sitzung dieser Abteilung zur Beratung und Beschlußfassung und kommen dann erst zur Beratung nnd Beschlußfassung in einer später stattfindenden Sitzung des Plenums. Bis zur Abhaltung dieser Sitzung vergehen erfahrungsmäßig mehrere Wochen, teils, weil die Abteilung II zuweilen Änderungen der Pläne beschließt und diese erst ausgeführt werden müssen, teils, weil dienstliche oder geschäftliche Verhältnisse eine Verzögerung herbeiführen.

Die Erfahrung hat nun gezeigt, daß die Beratung im Plenum immer mehr die Bedeutung einer Formalität erlangt hat, was zum Teil in der geringeren Stimmenzahl der Abteilung I begründet sein mag, in der Hauptsache aber wohl auf die Sorgfalt zurückzuführen ist, die auf die Ausarbeitung der Pläne und auf ihre Prüfung in allen früheren Instanzen verwendet worden war.

Ist die Mitarbeit der Hochbauabteilung hiernach als entbehrlich anzusehen, so spricht für ihre Ausschaltung der Umstand, daß die Notwendigkeit der zweimaligen Beratung in dem nahezu gleichen Kollegium hemmend auf den Fortgang der Verhandlungen wirkt und die an der Plenarsitzung Teilnehmenden ohne zwingenden Grund ihrer anderweitigen Tätigkeit entzieht.

Wir haben uns deshalb entschlossen, die Bearbeitung der Bebauungspläne der Tiefbau-Verwaltung allein zu übertragen und die alsdann entbehrlich gewordene Verbindung beider Abteilungen aufzuheben. Wir stimmen hierin sowie in Betreff der künftigen Benennung der beiden Deputationen als Hochbau- und Tiefbaudeputation mit dem Plenum überein, halten aber — abweichend von dem Vorschlage der letzteren, wonach jede Deputation aus 5 Magistratsmitgliedern und 10 Stadtverordneten bestehen sollte— für die Hochbaudeputation 4 Magistratsmitglieder und 8 Stadtverordnete für ausreichend.

Indem wir uns vorbehalten, für jede Deputation eine besondere Geschäftsanweisung ausarbeiten zu lassen,

ersuchen wir, unserm Beschlusse zuzustimmen, der dahin geht:

1. Unter gleichzeitiger Aufhebung der jetzt bestehenden gemischten Verwaltungsdeputation werden auf Grund des § 59 der Städteordnung zwei besondere gemischte Verwaltungsdeputationen eingesetzt mit der Bezeichnung
„Städtische Hochbaudeputation"
und
„Städtische Tiefbaudeputation".

2. Die Hochbaudeputation besteht aus 4 Magistratsmitgliedern und 8 Stadtverordneten, die Tiefbaudeputation aus 5 Magistratsmitgliedern und 10 Stadtverordneten.
3. Für die Aufstellung neuer und die Abänderung bestehender Bebauungspläne ist die Tiefbaudeputation zuständig; im übrigen führt jede der beiden Deputationen diejenigen Geschäfte, die ihr nach den jetzt geltenden Bestimmungen obliegen.

Für den Fall der Zustimmung ersuchen wir, die jetzt der Abteilung I angehörenden Mitglieder der Stadtverordnetenversammlung, die Herren Alt, Berger, Bracke, Cremer, Daber, Esmann und Glocke in die „Städtische Hochbaudeputation" und die der Abteilung II jetzt angehörenden Stadtverordneten, die Herren Baumann, Buchow, Gründel, Haberland, Kotzke, Kyllmann, Dr. Preuß, Rast und Weiß in die „Städtische Tiefbaudeputation", sowie je ein weiteres Mitglied der Versammlung in die „Städtische Hochbaudeputation" bzw. in die „Städtische Tiefbaudeputation" zu wählen.

Schließlich bemerken wir unter Bezugnahme auf den Stadtverordnetenbeschluß vom 2. Oktober 1873, daß seit dem Übergang der örtlichen Straßenbau-Polizeiverwaltung auf die Stadtgemeinde eine Kommission für die Feststellung der zur Regulierung aufzurufenden Bürgersteige nicht mehr besteht, und daß die Mitwirkung bei den hierauf bezüglichen Geschäften seitdem der Bauabteilung II obliegt.

Berlin, den 1. April 1905.

Magistrat hiesiger Königl. Haupt- und Residenzstadt.

Kirschner.

Anlage zu Nr. 346.

I. Instruktion für die Stadt-Bauverwaltung.

§ 1. Die städtische Bauverwaltung wird einer auf Grund des §59 der Städteordnung eingesetzten Deputation des Magistrats übertragen, welche bis auf weiteres nur aus Mitgliedern des Magistrats, einschließlich der Stadtbauräte, besteht und den Titel „Magistratsdeputation für das Bauwesen" führen soll.

§ 2. Die qu. Deputation führt die Verwaltung und Beaufsichtigung des gesamten städtischen Bauwesens, soweit dasselbe nicht bestehenden oder neu zu errichtenden anderen Verwaltungs- oder Spezialdeputationen (Kommissionen) überwiesen ist oder wird.

§ 3. Die Deputation zerfällt in zwei selbständige Abteilungen. Die Abteilung I (Hochbauabteilung) verwaltet alle Angelegenheiten, betreffend

den Bau und die Unterhaltung der städtischen Gebäude und alle Bauanlagen, die nicht speziell der Abteilung II zugewiesen sind oder mit den dieser zugewiesenen in untrennbarem Zusammenhange stehen.

Die Abteilung II (Tiefbauabteilung) verwaltet alle Angelegenheiten, welche betreffen:

1. die Durchführung des Bebauungsplans einschließlich der dazu erforderlichen Landerwerbungen;
2. die Anlegung von Eisenbahnen und Pferdeeisenbahnen;
3. Ent- und Bewässerungsanlagen, Regulierung von Wasserläufen, Brunnen und Bedürfnisanstalten;
4. die Pflasterung und sonstige Herstellung und Unterhaltung sämtlicher Straßen, Wege, Plätze und Brücken;
5. die Chausseen, einschließlich der dazu gehörigen Gebäude;
6. die städtischen Steindepotplätze, einschließlich der dazu gehörigen Baulichkeiten;
7. die Benutzung der öffentlichen Wege, Straßen, Plätze usw. auf oder unter der Oberfläche, sowie die Entwässerungsanlagen zu Privatzwecken;
8. die Straßen- und Straßenbaupolizei;
9. die Einziehung der Pflasterungskosten und das Pflasterkautionswesen, sowie der Beiträge zur Unterhaltung und Reinigung der Kanäle.

§ 4. Von beiden Abteilungen gemeinschaftlich, als dem Plenum der Deputation für das Bauwesen, werden bearbeitet:

die dem Plenum seitens des Magistrats besonders zugeschriebenen Sachen und die Generalien, zu denen namentlich die Aufstellung neuer und die Abänderung bestehender Bebauungspläne gehört.

Außerdem unterliegen der Beratung und Beschlußfassung des Plenums alle die Ressorts der beiden Abteilungen gemeinsam berührenden Spezialsachen.

§ 5. Die Vorsitzenden der Abteilungen werden von dem Oberbürgermeister ernannt; der dem Dienstalter nach älteste von ihnen führt auch den Vorsitz im Plenum.

Die Stadtbauinspektoren wohnen den Sitzungen ihrer Abteilung und des Plenums bei ohne Stimmrecht.

§ 6. Für die Geschäftsführung bei der Deputation und ihrer Abteilungen sind die Instruktion für die Magistrate vom 25. Mai 1835, §§ 26—30 und die dieselbe ergänzenden Bestimmungen maßgebend.

§ 7. Die städtischen Kassen haben die vorkommenden Zahlungsbefehle der Magistratsdeputation für das Bauwesen und ihrer Abteilungen innerhalb der Grenzen des Etats und dieser Instruktion zu befolgen.

Die Kassenorders bedürfen der Mitzeichnung des Kämmerers.

§ 8. Die Deputation ist die nächste Aufsichtsinstanz für die besoldeten und unbesoldeten Beamten, welche bei der städtischen Bauverwaltung beschäftigt sind.

Berlin, im Juni 1873.

gez. Hobrecht.

Die Stadtverordnetenversammlung stimmte der Vorlage Nr. 346 am 13. April 1905 zu.

I. Innere Organisation.

1. Geschäftsanweisung der Tiefbaudeputation vom 28. Juni 1909.

Zusammensetzung der Deputation.

§ 1. Die Tiefbaudeputation wird gebildet aus

1. fünf Magistratsmitgliedern einschließlich des Stadtbaurats für den Tiefbau,
2. zehn Stadtverordneten,
3. den vom Magistrat zugeordneten Magistratsräten und Magistratsassessoren. (Vgl. Ortsstatut vom 10. März 1892 bzw. 19. März 1902.)

Stellung zum Magistrat.

§ 2. Für die Stellung der Tiefbaudeputation zum Magistrat sind die §§ 26 ff. der Instruktion für die Stadtmagistrate vom 25. Mai 1835 maßgebend.

Zuständigkeit der Deputation.

§ 3. In der Tiefbaudeputation werden bearbeitet:

1. der städtische Bebauungsplan, die Feststellung der Grenzen des Stadtbezirks, die Wahrung der städtischen Interessen in bezug auf den Bebauungsplan bei der Festsetzung der Fluchtlinien in den Nachbargemeinden,
2. die Durchführung des Bebauungsplanes einschließlich des Landerwerbs,
3. die Regulierung, Pflasterung und Unterhaltung der Straßen, Plätze, Wege und Chausseen, Bau und Unterhaltung der Brücken, Regulierung der Privatflüsse und Gräben,
4. Wasserbauten, Uferbauten und Hafenanlagen,
5. Bauausführungen für Straßenbahnen, Eisenbahnen, Hoch- und Untergrundbahnen,
6. die Benutzung des öffentlichen Straßenlandes sowie des Raumes über und unter der Oberfläche zu öffentlichen und privaten Zwecken,

7. die Unterhaltung der zu den Tiefbauarbeiten erforderlichen Gebäude und die Verwaltung der Steinlagerplätze,
8. Bau und Unterhaltung von Brunnen, soweit sie nicht den städtischen Wasserwerken unterstehen,
9. die Unterhaltung der Springbrunnen und öffentlichen Denkmäler,
10. Bau der Bedürfnisanstalten,
11. die Einziehung der Anliegerbeiträge und der Beiträge auf Grund des § 9 des KAG. (Gem.-Beschl. vom 16. April 1902).

Sind in dem Geschäftskreise anderer städtischer Verwaltungen Tiefbauarbeiten auszuführen, so tritt nach ergangenem Ersuchen seitens der anderen Verwaltungsdeputation die Tiefbaudeputation ein, sofern sich der Kostenanschlag auf mindestens 2000 M. beläuft.

Arbeitsverteilung.

§ 4. Innerhalb der Deputation verteilt der Vorsitzende die Geschäfte. Der Stadtbaurat ist als technischer Dezernent, die übrigen Magistratsmitglieder, die Magistratsräte und die Magistratsassessoren sind als Verwaltungsdezernenten, die Stadtverordneten als Vertrauensmänner für örtlich bestimmte Gebiete des Weichbildes und als Mitglieder des Ausschusses für die Steinlagerplätze tätig.

In den rein technischen Angelegenheiten ist der Stadtbaurat ausschließlicher Dezernent, wie es die Verwaltungsdezernenten in den rein verwaltungsrechtlichen Angelegenheiten sind. Ist eine Angelegenheit sowohl technischer wie verwaltungsrechtlicher Natur, so ist der Verwaltungsdezernent oder der Stadtbaurat als Kodezernent tätig, je nachdem der technische oder der verwaltungsrechtliche Charakter der Angelegenheit überwiegt.

Sitzungen.

§ 5. Die Deputation versammelt sich nach Bedürfnis zu Sitzungen. Für die Verhandlungen ist die Geschäftsordnung für die Sitzungen der Verwaltungsdeputationen des Magistrats vom 20. Februar 1876 maßgebend.

Angelegenheiten von größerer Wichtigkeit, insbesondere solche, die dem Magistrat vorzulegen sind, sollen mit Ausnahme der Ruhegeld- und Unterstützungssachen in der Deputationssitzung zur Beschlußfassung vorgetragen werden.

Die Magistratsbauräte und die Stadtbauinspektoren wohnen den Sitzungen bei. Sie haben in denjenigen Angelegenheiten, in denen sie zum Berichterstatter bestellt sind, Stimmrecht.

Aufsichtsrecht.

§ 6. Die Deputation ist die nächste Aufsichtsbehörde für die bei ihr beschäftigten Beamten und Angestellten.

Stellung des Stadtbaurats.

§ 7. Der Stadtbaurat hat die oberste Leitung und Aufsicht über sämtliche technischen Arbeiten und ist der Vorgesetzte aller bei der Deputation beschäftigten technischen Beamten, Landmesser und Techniker.

Jede an ein Bauamt oder einen technischen Beamten oder Techniker zu erlassende Verfügung ist, sofern sie eine technische Arbeitsleistung betrifft, dem Stadtbaurat zur Mitzeichnung vorzulegen.

Der Stadtbaurat ist befugt zu bestimmen, welche Arbeiten unter seiner eigenen Leitung vorbereitet oder ausgeführt werden sollen.

Auf der Baustelle ist er befugt, Anordnungen zur sofortigen Ausführung zu treffen. Über derartige Anordnungen hat der davon betroffene Beamte oder Techniker sofort eine Registratur aufzunehmen und diese dem Leiter des Bauamts zur Kenntnisnahme vorzulegen, der sie zur nachträglichen Anerkennung an den Stadtbaurat weiterreicht. Glaubt der Leiter des Bauamtes bei einer abweichenden Ansicht beharren zu müssen, so hat er hiervon der Deputation sogleich Anzeige zu erstatten. In dringenden Fällen ist der Stadtbaurat befugt, die Fortsetzung des Baues zu hindern.

Das technische Bureau.

§ 8. Dem Stadtbaurat ist zur Vorbereitung der durch ihn zu erledigenden Angelegenheiten ein technisches Bureau beizugeben, das in Abteilungen zerfällt. Die Geschäftsverteilung zwischen diesen regelt der Stadtbaurat. An der Spitze jeder Abteilung steht ein Magistratsbaurat oder Stadtbauinspektor. Einer dieser Abteilungsvorstände wird vom Magistrat zum ständigen Vertreter des Stadtbaurats ernannt und hat die Befugnis, diesen bei dessen Behinderung zu vertreten.

Die Stadtbauämter.

§ 9. Für die Angelegenheiten der Tiefbauverwaltung ist das Weichbild in Bauamtsbezirke eingeteilt. An der Spitze jedes Bauamts steht ein Magistratsbaurat oder Stadtbauinspektor. Dem Vorsteher jedes Stadtbauamts wird in der Regel ein Stadtbaumeister überwiesen, der gleichzeitig dessen ständige Vertretung zu übernehmen hat.

Der Tiefbaudeputation bleibt es vorbehalten, im einzelnen Falle von der örtlichen Zuständigkeit abzuweichen. Ob Ausarbeitungen, Kostenüberschläge u. a. von dem Bauamt oder im technischen Bureau anzufertigen sind, bestimmt der Stadtbaurat. Alle Tiefbauarbeiten, deren Bearbeitung sich der Stadtbaurat nicht vorbehalten hat, werden vorbehaltlich des Aufsichtsrechts des Stadtbaurats von den Bauämtern innerhalb ihres Bezirks selbständig entworfen und ausgeführt.

Die für laufende Unterhaltungen im Etat festgesetzten Beträge werden von der Deputation unter die Bauämter verteilt; zur Ausführung dieser Unterhaltungsarbeiten bedarf es keines besonderen Auftrags. Die für solche Arbeiten angefertigten Pläne und Anschläge bedürfen der Prüfung des Stadtbaurats nicht.

Vertrauensmänner.

§ 10. Für jedes Bauamt werden ein Verwaltungsdezernent und zwei Vertrauensmänner ernannt.

Die Mitwirkung mindestens eines der beiden Vertrauensmänner ist erforderlich

1. bei Vergebung von Arbeiten und Lieferungen. Die Vertrauensmänner haben bei der Feststellung der Ausschreibungsbedingungen mitzuwirken, soweit diese nicht durch die Deputation festgestellt sind; sie sind zum Eröffnungstermin für die eingegangenen Angebote einzuladen.
2. bei der Überwachung der Ausführung. Es steht ihnen ein unmittelbarer Eingriff in die technische Ausführung nicht zu, doch sind sie befugt, den Leiter des Bauamts auf Mängel, Versäumnisse u. a. aufmerksam zu machen, falls die Ansichten nicht übereinstimmen, die Entscheidung des Stadtbaurats herbeizuführen;

3. bei der Überwachung, ob die Straßen in einem den Verkehrsverhältnissen entsprechenden Zustand sich befinden;
4. bei der Prüfung der Rechnungen (§ 12).

Ausschreibung.

§ 11. Alle Arbeiten und Lieferungen bis zum Gesamtbetrage von 3000 M. können unter Beobachtung der darüber erlassenen allgemeinen Bestimmungen freihändig vergeben werden, alle übrigen sind im Wege der beschränkten oder öffentlichen Ausschreibungen zu vergeben, falls nicht in besonderen Fällen mit Rücksicht auf die Eigenart der Leistungen usw. Bestimmungen über die freihändige Vergebung getroffen sind.

Rechnungen.

§ 12. 1. Sämtliche Baurechnungen werden, soweit nicht durch besondere Bestimmungen Ausnahmen vorgeschrieben sind, von dem Leiter des zuständigen Bauamts geprüft und bescheinigt und alsdann in der Kalkulatur rechnerisch festgestellt.

2. Soweit es sich dabei um Rechnungen über Arbeiten handelt, die der besonderen Aufsicht des Stadtbaurats unterstehen, sind diese vom Stadtbaurat nachzuprüfen und mit einem Prüfungsvermerk zu versehen.

3. Rechnungen, welche der Nachprüfung des Stadtbaurats nicht unterliegen, bedürfen, wenn es sich um freihändig vergebene Leistungen handelt, außer der Unterschrift des Leiters des zuständigen Bauamts noch der eines der beiden Vertrauensmänner; ausgeschlossen hiervon sind Rechnungen über Leistungen und Lieferungen, die im Anschluß an einen Auftrag aus einer Ausschreibung übertragen werden, sofern ihr Bertag 10 % des für die ausgeschriebenen Arbeiten zu zahlenden Betrages nicht übersteigt. Sind beide Vertrauensmänner beurlaubt oder behindert, so hat der Verwaltungsdezernent in Vertretung der Vertrauensmänner zu zeichnen.

4. Rechnungen aus dem Vermessungsamt werden von dem Vermessungsinspektor, Rechnungen über Bedürfnisse des Bureaus der Baudeputation vom Bureauvorsteher geprüft.

5. Die Kassenanweisungen sind in den Fällen der Nachprüfung der Rechnungen durch den Stadtbaurat von diesem, in allen übrigen Fällen von dem zuständigen Verwaltungsdezernenten zu zeichnen

und alsdann dem Vorsitzenden und gebotenenfalls dem Kämmerer zur Unterschrift vorzulegen.

6. Der Stadtbaurat kann jedoch sowohl bei der Nachprüfung der Rechnungen wie bei der Zeichnung der Kassenanweisung durch einen der Abteilungsvorsteher des technischen Bureaus vertreten werden, der in Vertretung des Stadtbaurats mit eigenem Namen zeichnet.

Ausschuß für die Steinlagerplätze.

§ 13. Die Mitglieder des Ausschusses für die Steinlagerplätze haben das Recht der Aufsicht über die gesamte Geschäftsführung der Steinlagerplätze.

Nach erfolgter Ausschreibung der zu bestellenden Steine haben sie in einer vom Stadtbaurat anzuberaumenden Sitzung über die Bestellung zu beraten; sie haben ferner bei der Festsetzung der Verkaufspreise für alte Steine mitzuwirken.

Zu der am Ende des Etatsjahres vorzunehmenden Prüfung der Bücher und Bestände der Steinlagerplätze sind die Ausschußmitglieder zuzuziehen.

Die Rechnungen bedürfen ihrer Prüfung nicht.

Vermessungsamt.

§ 14. Der Tiefbaudeputation untersteht das Vermessungsamt, das von dem Vermessungsinspektor geleitet wird. Die Oberaufsicht führt der Stadtbaurat.

Das Vermessungsamt zerfällt in zwei Abteilungen:

I. Vermessungsabteilung,

II. Plankammer.

Verantwortlicher Leiter sind:

für die Vermessungsabteilung der Vermessungsinspektor,

für die Plankammer der Plankammerinspektor.

Sie erledigen den Schriftwechsel innerhalb ihres Geschäftskreises selbständig und führen je ein Dienstsiegel.

A. Zum Geschäftsbereiche der Vermessungsabteilung gehören:

1. Verwaltung der städtischen Vermessungswerke und deren Berichtigung im Wege der Fortschreibung.
2. Erteilung von Auszügen aus denselben für städtische Behörden und Private.

3. Anfertigungen von Planunterlagen zwecks Grundbuchberichtigungen, von Lageplänen für den An- und Verkauf von Ländereien seitens der Stadtgemeinde, einschließlich der erforderlichen Grenzabsteckungen und Grenzregulierungen.
4. Herstellung von Lage- und Höheplänen für Baufluchtfestsetzungen, Straßenregulierungen, Brückenbauten und sonstige städtische Bauausführungen.
5. Absteckung und Markierung von Bau- und Straßenfluchtlinien sowie Höhenlagen für städtische Behörden und Private.
6. Vermessungsarbeiten, für welche die Eigenschaft als vereideter Landmesser erforderlich ist.
7. Etats- und Rechnungssachen und Kassengeschäfte des Vermessungsamts.

B. Zum Geschäftsbereiche der Plankammer gehören:

1. Verwaltung von Plänen, wie Bebauungsplänen, Entwürfen und Revisionszeichnungen für städtische Anstalten, Straßen- und Brückenanlagen usw. sowie der Zeichenmaterialien, der technischen Bibliothek der Tiefbaudeputation und der Modellkammer.
2. Auskünfte über Bebauungspläne und öffentliche Auslegung derselben.
3. Bearbeitung der Bauanträge in bezug auf Baufluchtlinien, Straßeneinteilung, Straßenlandabtretungen, Pflasterkostenbeiträge, Baubeschränkungen usw. einschl. der örtlichen Ermittelungen.
4. Berichtigung und Ergänzung der Übersichtspläne (Bebauungspläne), der Bezirkseinteilungspläne usw.
5. Auszüge und Zusammenstellung neuer Pläne nach vorhandenem Planmaterial, Auskünfte über Grundstücke — für städtische Amtsstellen —.
6. Aufstellung von Parzellierungsplänen für den Verkauf und die Verpachtung städtischer Ländereien sowie Absteckung der Pachtparzellen.

Berlin, den 28. Juni 1909.

Magistrat hiesiger Königl. Haupt- und Residenzstadt.
Kirschner.

2. Geschäftsanweisung für die Vorsteher der Tiefbauämter vom 28. Juni 1909.

§ 1. Für die Angelegenheiten der Tiefbauverwaltung ist das Weichbild in Bauamtsbezirke eingeteilt. An der Spitze jedes Tiefbauamtes steht ein Magistratsbaurat oder ein Stadtbauinspektor.

§ 2. Die Vorsteher der Tiefbauämter unterstehen der Tiefbaudeputation und gemäß § 7 der Geschäftsanweisung der Tiefbaudeputation dem Stadtbaurat für den Tiefbau.

Sie wohnen den Sitzungen der Tiefbaudeputation mit beratender Stimme bei.

Von anderen Verwaltungsstellen können sie unter Mitzeichnung des Stadtbaurats zu Arbeiten, welche tiefbautechnischer Natur sind, herangezogen werden.

§ 3. Für jedes Bauamt werden ein Verwaltungsdezernent und zwei Vertrauensmänner ernannt, deren Tätigkeit sich nach der Geschäftsanweisung der Tiefbaudeputation regelt.

§ 4. Die Vorsteher der Tiefbauämter werden durch die ihnen zugewiesenen Stadtbaumeister, Stadtbauingenieure, Ingenieure, Stadtbauassistenten, Techniker, Bureauassistenten, Bureauhilfsarbeiter u. a., deren nächste Vorgesetzte sie sind, unterstützt. Sie erhalten eigene Diensträume und sind verpflichtet, eine selbständig geordnete Registratur zu halten und, soweit erforderlich, besondere Akten zu führen.

§ 5. Die Vorsteher der Tiefbauämter haben die ihnen überwiesenen Bauausführungen nach eingegangenem besonderen Auftrage selbständig ins Werk zu setzen und unter eigener Verantwortung zu leiten. Sie sind für die Arbeiten der ihnen zugewiesenen Beamten und Hilfskräfte verantwortlich.

Die Befugnisse des Stadtbaurats auf der Baustelle regelt § 7 der Geschäftsanweisung für die Tiefbaudeputation.

§ 6. Die bautechnischen Arbeiten sind, soweit besondere Vorschriften fehlen, nach den für das Bauwesen des Staats geltenden Vorschriften anzufertigen.

§ 7. Die für die einzelnen Ausführungen und für die laufenden Unterhaltungen der baulichen Anlagen bewilligten Geldsummen sollen nicht überschritten werden.

Sobald sich zeigt, daß eine Überschreitung unvermeidlich wird, ist ein eingehend begründeter Antrag einzureichen und die voraussichtliche Überschreitung anzugeben. Bei Gefahr im Verzuge ist trotz einer etwa eintretenden Überschreitung die zur Erhaltung des Bauwerks nötige Arbeit ins Werk zu setzen und sofort Anzeige zu machen.

Um einen Überblick zu ermöglichen, ob und inwieweit bei einer Bauausführung Mehrkosten oder Minderkosten in Aussicht stehen, haben die Vorsteher der Bauämter während der Bauausführung in Zwischenräumen von 3 Monaten der Baudeputation Kostenzusammenstellungen einzureichen, aus welchen die bisher bei der Vergebung von Arbeiten oder Materialien entstandenen wirklichen Kosten im Vergleich zu den dafür vorgesehenen Kosten und auch, soweit als angängig, die etwa zu erwartenden Mehrkosten bzw. Minderkosten für die noch zu vergebenden Leistungen ersichtlich sind.

§ 8. Der Stadt gehörige Baumaterialien, die bei Ausführung von Bauanlagen verfügbar werden, dürfen die Vorsteher der Tiefbauämter, wenn der Verkauf im Anschlage vorgesehen ist, veräußern. Die Veräußerung hat im Wege der Ausbietung zu geschehen, wenn der abgeschätzte Wert den Betrag von 200 M. übersteigt.

Ist der Verkauf im Anschlage nicht vorgesehen, so muß der Tiefbaudeputation Anzeige erstattet werden.

§ 9. Unternehmer, welche die in allgemeinen Tarifverträgen über Lohnhöhe, Arbeitszeit und Arbeitsbedingungen vereinbarten Festsetzungen nicht einhalten, sind von der Übernahme städtischer Arbeiten und Lieferungen ausgeschlossen.

Alle Bauarbeiten sollen, falls es die Natur der Arbeiten zuläßt, nach Akkordsätzen und nicht im Tagelohn ausgeführt werden.

§ 10. Alle Arbeiten und Lieferungen bis zum Gesamtbetrage von 3000 M. können unter Beobachtung der darüber erlassenen allgemeinen Bestimmungen von den Vorstehern der Tiefbauämter freihändig vergeben werden. Es bleibt in deren Ermessen gestellt, ob sie vor der freihändigen Vergebung Angebote von mehreren Unternehmern einziehen wollen, und welches der eingezogenen Angebote sie wählen wollen. Soweit Arbeiten und Lieferungen nicht freihändig vergeben werden, findet ihre Ausschreibung statt. Ob Ausschreibungen beschränkte oder öffentliche sein sollen, bestimmt der Stadtbaurat, sofern nicht über die Art der Ausschreibung ein Beschluß der Baudeputation vorliegt. Der Vorsteher des Bauamtes schreibt die Bedingungen nach dem dafür festgesetzten Geschäftsverfahren aus und legt die Verhandlung über die Eröffnung der Angebote und nach rechnerischer Prüfung die Angebote selbst der Tiefbaudeputation oder der sonst zuständigen Verwaltung unter Beifügung des mit dem Mindestfordernden vereinbarten Vertrags zur Genehmigung vor. Wird die Übertragung der Arbeiten und Lieferungen an einen anderen als den Mindestfordernden vorgeschlagen, so ist dies zu begründen. Die Verträge sind, wenn der Unternehmer nicht auf Aushändigung eines Exemplars, was besonders vermerkt werden muß, verzichtet, in 2 Ausfertigungen vorzulegen. Die Verträge gehen nach Genehmigung an das Bauamt zurück.

Das Hauptexemplar jedes Vertrages erhält einen Umschlagbogen, auf dem jede Abschlagszahlung vermerkt wird. Nach Beendigung der im Vertrage ausbedungenen Arbeit wird auf dem Hauptexemplar bescheinigt, daß der Vertrag erfüllt ist, oder welche Verpflichtungen des Unternehmers noch bestehen.

Über Verpflichtungen eines Unternehmers, welche die Zeit nach der Lieferung oder Leistung betreffen, ist auf dem Bauamt Kontrolle zu führen. Die Erfüllung dieser Verpflichtungen ist auf dem Vertrage zu bescheinigen.

§ 11. Von dem Beginn und der Beendigung von Bauten sowie von größeren Reparaturen und Umbauten ist der Deputation und auch den Vertrauensmännern Mitteilung zu machen.

§ 12. Die Vorsteher der Tiefbauämter haben für schnellste Erledigung der Baurechnungen zu sorgen.

Die auf das Ordinarium des Etats anzuweisenden Rechnungen müssen bis zum 16. April des nächsten Etatsjahres zur Zahlung eingereicht sein.

Alle Rechnungen für Arbeitsleistungen und Lieferungen sind zunächst von dem Bauleitenden, diejenigen für Lieferung von Pflastersteinen von dem Verwalter des Steinlagerplatzes in bezug auf die Notwendigkeit der Arbeiten und Lieferungen, auf die Richtigkeit der Maß- und Gewichtsangaben, auf die vertragsmäßige Ausführung und auf die vertragsmäßige Höhe bzw. Angemessenheit der Preise zu prüfen; sodann ist die Richtigkeit unter Beifügung von Datum und Amtsbezeichnung zu bescheinigen. Der Vorsteher des Bauamts revidiert und stellt den Rechnungsbetrag fest; damit wird bescheinigt, daß die Arbeiten und Lieferungen notwendig waren und gut und vertragsmäßig ausgeführt worden sind, sowie daß die Preise angemessen sind.

In allen Rechnungen ist der Titel und die Position des zuständigen Kostenanschlages und die Position des Bauetats, aus dem die Zahlung zu erfolgen hat, anzugeben.

Jede Rechnung muß von einem Angestellten des Bauamts rechnerisch geprüft und bescheinigt sein.

Die Duplikate der Rechnungen kommen zu den Akten des Bauamtes.

Bei Anschaffung von Gebrauchsgegenständen ist die Nummer der darüber geführten Liste auf der Rechnung zu vermerken.

§ 13. Nach Beendigung derjenigen Bauausführungen, die nicht zu den Unterhaltungsarbeiten gehören, hat der Vorsteher des Tiefbauamtes vorzulegen:

1. bei größeren Bauausführungen, zu denen die Mittel auf Grund titelweis geordneter Anschläge bewilligt worden sind, eine Abrechnung, welche zu enthalten hat,
   a) eine Revisionsnachweisung, welche eine vergleichende Zusammenstellung des Anschlages mit den bewirkten Ausgaben enthält und dartut, bei welchen Titeln eine Überschreitung oder eine Ersparnis gegen die Anschlagssumme und aus welchem Grunde eine solche stattgefunden hat,
   b) eine Zusammenstellung der Rechnungen mit einer Abstimmungsbescheinigung der Kasse,
   c) die Rechnungsduplikate,
   d) die Belege über Einnahmen,
   e) die später der Plankammer einzuverleibende Revisionszeichnung,
   f) die Verträge nebst den Notizbogen über die Abschlagszahlungen,
   g) das Inventarienverzeichnis,
   h) den Kostenanschlag,
   i) die Kassenmanuale des Bauamts,
   k) die Materialienverbrauchsnachweisung;
2. bei Bauausführungen, denen nur Kostenüberschläge zugrunde liegen, wie Neupflasterungen, Umpflasterungen, sogenannte kleine Pflasterungen, Wasserbauten geringeren Umfanges, Bedürfnisanstalten:

a) eine Kostenrechnung,
b) eine Rechnungszusammenstellung mit einer Abstimmungsbescheinigung der Kasse,
c) die Rechnungsduplikate,
d) die Belege über Einnahmen,
e) die Revisionszeichnung,
f) eine Inventariennotiz nebst Inventarienskizze,
g) der Kostenüberschlag;

3. bei Bauausführungen, denen keine besonderen Kostenüberschläge zugrunde liegen, wie Straßenaufhöhungen, Bedürfnisanstalten nach üblichem Muster, Brunnen, Bürgersteigbefestigungen:
a) eine Rechnungszusammenstellung,
b) die Rechnungsduplikate,
c) gegebenenfalls eine Inventarienskizze.

Um Unstimmigkeiten rechtzeitig zu beseitigen, haben die Bauamtsvorsteher über den Stand der einzelnen Fonds vierteljährlich mit der Kasse abzustimmen.

Vor Einreichung der Abrechnung ist das Bauinventarium des Bauamts zu vervollständigen. Nach Abschluß eines Baues werden die Bauzeichnungen der Ausführung entsprechend vervollständigt, nötigenfalls neu angefertigt und der Plankammer übergeben.

§ 14. Für die einzelnen Bauanlagen oder besonderen Klassen von Baulichkeiten sind besondere Akten anzulegen.

Die Vorsteher der Bauämter haben das Recht, Bauakten und Pläne von den Bureaus des Magistrats und den Deputationen einzufordern. Derartige Akten sind sobald wie möglich zurückzugeben. Für größere Bauausführungen sind Geldtagebücher, nach den Titeln der Anschläge getrennt, Materialientagebücher für die Buchung der Materialien in zeitlicher Ordnung und nach den einzelnen Sorten, Materialienkonten für die einzelnen Unternehmer sowie in geeigneten Fällen Bestellbücher zu führen.

Die auf größeren Bauten einzurichtenden Bautagebücher müssen für jeden Tag die Anzahl der beschäftigten Arbeiter und die Art der vorgenommenen Arbeiten sowie alle auf den Bau einwirkenden Umstände nachweisen.

§ 15. Die erforderlichen Schreib- und Zeichenmaterialien werden den Bauämtern geliefert.

Die Vorsteher der Bauämter sind berechtigt, die Kanzlei der Tiefbaudeputation zur Anfertigung von Kanzleiarbeiten in Anspruch zu nehmen.

§ 16. Die Vorsteher der Bauämter führen den innerhalb ihres Auftrages entstehenden Schriftwechsel selbständig und führen ein Dienstsiegel.

Berlin, den 28. Juni 1909.

Magistrat hiesiger Königl. Haupt- und Residenzstadt.
Kirschner.

---

3. Anweisung vom 26. November 1910 über die Tätigkeit der Vorsteher der Tiefbauämter in straßenbaupolizeilichen Angelegenheiten.

§ 1. Die Vorsteher der Tiefbauämter sind Beamte der städtischen Polizeiverwaltung. Als solche führen sie eine Erkennungskarte.

§ 2. Sie haben die polizeiliche Aufsicht über die öffentlichen Straßen und Brücken mit allen auf, über und unter diesen befindlichen Anlagen. Bei dieser Aufsicht werden sie von den Stadtbauassistenten des Bauamts unterstützt, welche sich fortgesetzt in genauer Kenntnis der ihnen zugewiesenen Teile des Bauamtsbezirks halten müssen.

§ 3. Außer den Aufträgen, welche die Vorsteher der Tiefbauämter von der städtischen Polizeiverwaltung im Dezernatswege erhalten, liegen ihnen folgende Tätigkeiten ob:

Die Aufsicht über die Instandhaltung der öffentlichen Straßen und Brücken, Anzeigen über Veränderungen an diesen, Anregung zur Beseitigung von Mißständen in wegepolizeilicher Hinsicht; die polizeiliche Kontrolle über die Verpflichtungen der Hauseigentümer auf Grund der Polizeiverordnung über die Bürgersteige.

§ 4. Die Aufforderungen an die Eigentümer von Privatgrundstücken, Bürgersteigmängel zu beseitigen, haben die Vorsteher der Tiefbauämter selbständig zu erlassen, soweit es sich nicht um Änderungen der Höhenlage oder des Gefälles handelt; in solchen Fällen ist an die städtische Polizeiverwaltung zu berichten, damit diese die Aufforderungen erläßt. Bei kleineren Bürgersteigmängeln vor Privatgrundstücken, deren Kosten 150 M. voraussichtlich nicht übersteigen, können die Stadtbauassistenten die Eigentümer selbständig zur Beseitigung auffordern oder erforderlichenfalls an die städtische Polizeiverwaltung berichten. Die Stadtbauassistenten haben über diese Tätigkeit ein Meldebuch zu führen, das wöchentlich dem Vorsteher des Bauamts zur Kontrolle vorzulegen ist.

Die Vorschriften über die durch die Organe der städtischen Straßenreinigung ergehenden vorläufigen Aufforderungen an die Eigentümer bleiben unberührt.

§ 5. Ist Gefahr im Verzuge, so hat der Vorsteher des Bauamts die erforderliche polizeiliche Anordnung selbständig im Auftrage des Oberbürgermeisters zu treffen; alsdann ist umgehend an die städtische Polizeiverwaltung zu berichten.

§ 6. Die polizeilichen und städtischen Interessen sind bei allen Berichten streng auseinander zu halten. Werden in einer Angelegenheit die Interessen beider Verwaltungen berührt, so sind getrennte Berichte zu erstatten.

Berlin, den 26. November 1910.

Städtische Polizeiverwaltung, Abteilung I
(Straßenbau).
Der Oberbürgermeister.
Kirschner.

---

4. Bestimmungen vom 24. Mai 1910 für die Beschäftigung der technischen Hilfskräfte bei der Tiefbaudeputation.

1. Die Beschäftigung erfolgt im Wege des Privatdienstvertrages ohne Beamteneigenschaft.

2. Die Vergütung wird monatlich bemessen und nachträglich gezahlt.

3. Die Rechtswirkung des § 616 BGB. wird ausdrücklich ausgeschlossen, so daß der zur Dienstleistung Verpflichtete seines Rechtsanspruchs auf die Vergütung verlustig wird, wenn er auch nur für eine verhältnismäßig nicht erhebliche Zeit durch einen in seiner Person liegenden Grund (z. B. Krankheit, Beurlaubung, militärische Übung u. dgl.) ohne sein Verschulden an der Dienstleistung verhindert wird. Für die Weitergewährung der Dienstbezüge in Krankheits- und sonstigen Behinderungsfällen sind lediglich die vom Magistrat erlassenen Bestimmungen, insbesondere die Urlaubsordnung maßgebend.

Die Vergütung kann auch nur für die Tage der tatsächlichen Dienstleistung einschließlich der Sonn- und Feiertage, welche zwischen solchen Arbeitstagen liegen, beansprucht werden.

4. Soweit eine Berechnung der Vergütung für einzelne Tage erforderlich ist, wird ein Dreißigstel des Monatsbetrages angesetzt.

5. Die vorgeschriebenen Dienststunden, zurzeit von 8—3 Uhr, sind innezuhalten, auch ist auf Erfordern darüber hinaus zu arbeiten, ohne daß ein Anspruch auf besondere Vergütung besteht.

6. Jeder bei der städtischen Verwaltung Beschäftigte ist zur Verschwiegenheit in dienstlichen Angelegenheiten verpflichtet.

7. Die Übernahme einer Nebenbeschäftigung für Privatleute oder andere Behörden ohne besondere Genehmigung ist nicht gestattet.

8. Die Auflösung des Dienstverhältnisses geschieht mit einmonatlicher Kündigung, welche unter Ausschließung der Rechtswirkung des § 621 BGB. auch zu einem andern Zeitpunkt als dem Schlusse eines Kalendermonats zulässig ist und für die Bauverwaltung auch den Leitern der einzelnen Stadtbauämter und der technischen Bureaus des Stadtbaurats zusteht.

9. Die Vorschrift des § 626 BGB., wonach das Dienstverhältnis aus einem wichtigen Grunde, z. B. wegen grober Fahrlässigkeit, Widerspenstigkeit im Dienste u. dgl., auch ohne Einhaltung einer Kündigungsfrist aufgelöst werden kann, wird nicht berührt.

10. Insbesondere wird sofortige Entlassung vorbehalten für den Fall, daß das einzuholende polizeiliche Führungszeugnis Nachteiliges ergeben oder sich herausstellen sollte, daß der Einzustellende aus einer anderen Stellung der Stadtgemeinde wegen ordnungswidrigen Verhaltens entlassen worden ist.

11. Der zur Dienstleistung Verpflichtete hat seinen Wohnsitz in Berlin zu nehmen.

Berlin, den 24. Mai 1910.

Städtische Tiefbaudeputation.

gez. Krause.

Vorstehenden Bedingungen unterwerfe ich mich.

Berlin, den ....

Name: ....

---

5. Bestimmungen vom 24. Mai 1910 für die Beschäftigung der Bauaufseher bei der Tiefbaudeputation.

A. Allgemeine Bedingungen.

1. Die Beschäftigung erfolgt im Wege des Privatdienstvertrages ohne Beamteneigenschaft.

2. Die Vergütung wird monatlich bemessen und nachträglich gezahlt.

3. Die Rechtswirkung des § 616 BGB. wird ausdrücklich ausgeschlossen, so daß der zur Dienstleistung Verpflichtete seines Rechtsanspruchs auf die Vergütung verlustig wird, wenn er auch nur für eine verhältnismäßig nicht erhebliche Zeit durch einen in seiner Person liegenden Grund (z. B. Krankheit, Beurlaubung, militärische Übung u. dgl.) ohne sein Verschulden an der Dienstleistung verhindert wird. Für die Weitergewährung der Dienstbezüge in Krankheits- und sonstigen Behinderungsfällen sind lediglich die vom Magistrat erlassenen Bestimmungen, insbesondere die Urlaubsordnung maßgebend.

Die Vergütung kann auch nur für die Tage der tatsächlichen Dienstleistung einschließlich der Sonn- und Feiertage, welche zwischen solchen Arbeitstagen liegen, beansprucht werden.

4. Soweit eine Berechnung der Vergütung für einzelne Tage erforderlich ist, wird ein Dreißigstel des Monatsbetrages angesetzt.

5. Jeder bei der städtischen Verwaltung Beschäftigte ist zur Verschwiegenheit in dienstlichen Angelegenheiten verpflichtet.

6. Die Übernahme einer Nebenbeschäftigung für Privatleute oder andere Behörden ohne besondere Genehmigung ist nicht gestattet.

7. Die Auflösung des Dienstverhältnisses geschieht mit einmonatlicher Kündigung, welche unter Ausschließung der Rechtswirkung des § 621 BGB. auch zu einem andern Zeitpunkt als dem Schlusse eines Kalendermonats zulässig ist und für die Bauverwaltung auch den Leitern der einzelnen Stadtbauämter und des technischen Bureaus des Stadtbaurats zusteht.

8. Die Vorschrift des § 626 BGB., wonach das Dienstverhältnis aus einem wichtigen Grunde, z. B. wegen grober Fahrlässigkeit, Widerspenstigkeit u. dgl., auch ohne Einhaltung einer Kündigungsfrist aufgelöst werden kann, wird nicht berührt.

Als solche Dienstwidrigkeiten sind besonders zu bezeichnen: Trunkenheit in und außer Dienst, grobe Ungebührlichkeiten gegen Vorgesetzte, Ungehorsam, unerlaubtes Verlassen des Dienstes bzw. der Baustelle, Unterschleife und Annahme von Geldern, Geschenken, Darlehen von den bei dem Bau beschäftigten Unternehmern, deren Beamten und Bediensteten.

Für sämtliche aus Dienstwidrigkeit entstehende Folgen und darauf zu gründende Schadensansprüche bleibt der Bauaufseher verantwortlich.

Die sofortige Dienstentlassung hat den Verlust jedes Anspruchs auf weitere Gewährung der Diäten oder sonstigen Bezüge zur unmittelbaren Folge.

9. Insbesondere wird sofortige Entlassung vorbehalten für den Fall, daß das einzuholende polizeiliche Führungszeugnis Nachteiliges ergeben oder sich herausstellen sollte, daß der Einzustellende aus einer andern Stellung der Stadtgemeinde wegen ordnungswidrigen Verhaltens entlassen worden ist.

10. Der zur Dienstleistung Verpflichtete hat seinen Wohnsitz in Berlin zu nehmen.

B. Dienstvorschriften.

1. Der Bauaufseher ist verpflichtet, das Interesse der städtischen Verwaltung nach jeder Richtung hin gewissenhaft wahrzunehmen und gegen das Publikum ein höfliches und gefälliges, aber zugleich entschiedenes Benehmen zu beobachten.

2. Der Bauaufseher hat darüber zu wachen, daß die Arbeiten und Materialienlieferungen den technischen Anforderungen und den ihm erteilten besonderen Aufträgen bzw. Bedingungen entsprechend ausgeführt werden, insbesondere liegt ihm auch die gewissenhafte Führung der zur Kontrolle über den Fortschritt der Arbeiten und Materialienlieferungen erforderlichen Baujournale und die Fertigung der Bauberichte ob.

Er hat ferner darüber zu wachen, daß alle in sicherheitspolizeilicher Hinsicht erlassenen Vorschriften streng und pünktlich befolgt werden und ist verpflichtet, von allen vorkommenden Übertretungen sofort Anzeige an seinen Vorgesetzten zu erstatten.

3. Der Bauaufseher ist verpflichtet, während des Dienstes Dienstschild und Dienstmütze zu tragen. Ersteres wird von der Bauverwaltung geliefert; die Dienstmütze hat der Aufseher auf seine eigenen Kosten nach vorgeschriebenem Muster zu beschaffen.

4. Der Bauaufseher ist verpflichtet, so lange sich auf der ihm überwiesenen Baustelle aufzuhalten, als daselbst gearbeitet wird. Auch muß er, falls die Kontrolle über die An- und Abfuhr der Materialien dies erfordert, über die Arbeitszeit hinaus auf der Baustelle verweilen.

Bei dringenden Veranlassungen muß er jederzeit nach Anordnung seines Vorgesetzten auch außerhalb der Arbeitszeit, und zwar auch über Sonntag und zur Nachtzeit seinen Dienst wahrnehmen.

Berlin, den 24. Mai 1910.

Städtische Tiefbaudeputation.
gez. Krause.

Vorstehenden Bedingungen unterwerfe ich mich.

Berlin, den ....

Name: ....

Wohnung: ....

---

6. Bestimmungen vom 27. Januar 1913 über die Einrichtung und Tätigkeit des städtischen Arbeiterausschusses für die Arbeiter der städtischen Steinlagerplätze nach Maßgabe der vom Magistrat unterm 15. November 1912 festgesetzten Bestimmungen.

§ 1. Für die auf den städtischen Steinlagerplätzen beschäftigten Arbeiter wird ein Arbeiterausschuß eingesetzt. Die Mitglieder sind von den Arbeitern aus ihrer Mitte zu wählen.

§ 2. Die Einrichtung der Arbeiterausschüsse bezweckt, den Arbeitern Gelegenheit zu geben, durch selbstgewählte Vertreter Anträge, Wünsche und Beschwerden vorzutragen und hierüber sowie über sonstige auf das Wohl der Arbeiter bezügliche Fragen auf Verlangen der Städtischen Tiefbaudeputation oder des mit der Aufsicht über die Steinlagerplätze betrauten Magistratsbaurats gutachtliche Äußerungen abzugeben.

Die Anträge, Wünsche und Beschwerden müssen allgemeiner Natur sein und dürfen nicht lediglich die Angelegenheiten einzelner betreffen.

Die Arbeiterausschüsse haben darauf hinzuwirken, daß unter den Arbeitern die gute Sitte und die Kameradschaft gefördert, Streitigkeiten aber verhütet oder geschlichtet werden.

Sie müssen von der Verwaltung gehört werden vor Erlaß oder Abänderung allgemeiner Bestimmungen des Dienstvertrages und der Arbeitsordnung.

§ 3. Der Ausschuß besteht aus 5 (fünf) Mitgliedern. Entsprechend der Zahl der Mitglieder sind Ersatzmitglieder zu wählen.

§ 4. Wahlberechtigt sind alle mindestens 21 Jahre alten, auf den Steinlagerplätzen beschäftigten, verfügungsfähigen Arbeiter deutscher Reichsangehörigkeit.

Wählbar sind solche verfügungsfähigen Arbeiter deutscher Reichsangehörigkeit, welche mindestens 25 Jahre alt, seit mindestens 2 Jahren ununterbrochen auf den Steinlagerplätzen beschäftigt sind und sich im Besitze der bürgerlichen Ehrenrechte befinden. Der ununterbrochenen zweijährigen Beschäftigung auf den Steinlagerplätzen wird es gleichgeachtet, wenn Beiträge für mindestens 104 Arbeitswochen zur Invalidenversicherung während der Beschäftigung auf den Steinlagerplätzen geleistet sind.

Ausschußmitglieder, welche wegen Ablaufs der Wahlzeit ausscheiden (§ 14), sind wieder wählbar.

§ 5. Tag und Stunde der Wahl werden eine Woche vorher von dem Verwalter der Steinlagerplätze bekannt gemacht. Vor der Bekanntmachung ist ein Verzeichnis der wahlberechtigten und der wählbaren Arbeiter der Steinlagerplätze zur Einsicht auszulegen. Wird dieses Verzeichnis nicht binnen einer Woche vom Tage der Auslegung an bemängelt, so bildet dasselbe die Grundlage für die Zulassung zur Wahl.

Über Ausstellungen gegen das Verzeichnis entscheidet der Magistratsbaurat, auf weitere Beschwerde die Deputation, deren Entscheidung endgültig ist.

§ 6. Die Wahl wird von dem Verwalter der Steinlagerplätze geleitet, welcher zwei Wahlberechtigte als Beisitzer zuzuziehen hat.

§ 7. Die Wahl der Ausschußmitglieder und der Ersatzmitglieder ist eine unmittelbare und geheime. Die Wähler haben diejenigen Personen, welche sie als Mitglieder bzw. Ersatzmitglieder wählen wollen, gesondert auf Stimmzettel von weißer Farbe zu schreiben, welche zusammengefaltet dem Wahlleiter übergeben werden. Mittels Vervielfältigungsverfahrens hergestellte Stimmzettel sind zulässig. Ungültig sind Stimmzettel, die mehr Namen enthalten, als Mitglieder bzw. Ersatzmitglieder zu wählen sind.

§ 8. Die Auszählung der Stimmen und die Feststellung des Wahlergebnisses erfolgt öffentlich unmittelbar nach Beendigung des Wahlaktes. Über diesen ist ein Protokoll aufzunehmen, das von dem Wahlleiter und den Beisitzern zu unterzeichnen ist.

§ 9. Gewählt sind diejenigen, welche die absolute Mehrheit der gültig abgegebenen Stimmen für das Amt als Mitglieder bzw. Ersatzmitglieder erhalten haben.

Soweit sich bei der ersten Wahl für soviel Personen, als zu wählen sind, die absolute Mehrheit nicht ergeben hat, hat eine engere Wahl stattzufinden. Für diese stellt der Wahlvorstand die Namen derjenigen Personen, welche nächst den Gewählten die meisten Stimmen erhalten haben, bis zur doppelten Zahl der noch zu wählenden Mitglieder bzw. Ersatzmitglieder zusammen. Diese Zusammenstellung bildet die Liste derjenigen, welche in der engeren Wahl allein wählbar sind.

§ 10. Zur engeren Wahl werden die Wahlberechtigten durch eine das Ergebnis der ersten Wahl enthaltende Bekanntmachung binnen einer Woche eingeladen. Bei Stimmengleichheit entscheidet in der engeren Wahl das Los.

§ 11. Das Ergebnis der Wahl ist durch Anschlag oder in sonst geeigneter Weise den Wählern bekannt zu geben.

§ 12. Die Gewählten haben sich über die Annahme der Wahl binnen einer Frist von drei Tagen nach der Bekanntgabe des Wahlergebnisses schriftlich zu erklären.

Die Abgabe keiner Erklärung gilt als Ablehnung der Wahl.

Eine Verpflichtung zur Annahme der Wahl besteht nicht.

§ 13. Beschwerden über die Rechtsgültigkeit der Wahl sind binnen einer Woche von der Bekanntmachung der Wahl ab gerechnet an den Magistratsbaurat zu richten. Gegen seine Entscheidung ist binnen einer Woche die Beschwerde an die Deputation zulässig, welche endgültig entscheidet.

§ 14. Die Wahl der Ausschußmitglieder und der Ersatzmitglieder erfolgt auf drei Jahre.

§ 15. Das Amt als Ausschußmitglied oder Ersatzmitglied erlischt schon vor Ablauf der dreijährigen Periode:

a) durch Verlust der Wählbarkeit,

b) durch freiwillige Niederlegung des Amtes.

§ 16. Im Falle der Ablehnung des Amtes durch ein Ausschußmitglied oder seines Ausscheidens (§ 15) oder im Falle vorübergehender Verhinderung ist ein Ersatzmitglied einzuberufen.

§ 17. Die Ersatzmitglieder werden nach der Zahl der für sie bei der Wahl abgegebenen Stimmen in ein Verzeichnis eingetragen, das für die Einberufung an die Stelle eines Mitgliedes maßgebend ist. Sind für mehrere Mitglieder gleichviel Stimmen abgegeben, so entscheidet über ihre Einreihung das Los. Im Falle einer Vakanz ist dasjenige Ersatzmitglied einzuberufen, welches die höchste Stimmenzahl auf sich vereinigt hat, im Falle einer weiteren Vakanz dasjenige, welches die demnach höchste Stimmenzahl erhalten hat usw. Die Einberufung zur dauernden Vertretung eines ausgeschiedenen Mitgliedes geht derjenigen zur Vertretung eines vorübergehend behinderten Mitgliedes vor.

§ 18. Ausschußmitglieder, welche behindert sind, an einer Sitzung des Ausschusses teilzunehmen, haben den Vorsitzenden rechtzeitig zu benachrichtigen, welcher, wenn möglich, die Einberufung eines Ersatzmitgliedes zu bewirken hat.

§ 19. Ist die für den Ausschuß vorgeschriebene Zahl von Mitgliedern infolge Ausscheidens von Mitgliedern und Ersatzmitgliedern nicht mehr vorhanden, so findet eine Ergänzung des Ausschusses für den Rest der Wahlperiode statt. Die Ergänzungswahl an Stelle der fehlenden Mitglieder und Ersatzmitglieder erfolgt binnen Monatsfrist. Auf diese Wahl finden die Bestimmungen der §§ 4—13 Anwendung.

§ 20. Nach Ablauf der Einspruchsfrist ist der Ausschuß von dem Magistratsbaurat zu einer ersten Sitzung einzuberufen, welche von dem Verwalter der Steinlagerplätze geleitet wird. In dieser Sitzung wählt der Ausschuß aus seiner Mitte einen Vorsitzenden, einen stellvertretenden Vorsitzenden und einen Schriftführer. Auf Wunsch des Ausschusses wird der Schriftführer von dem Magistratsbaurat gestellt.

§ 21. Der Ausschuß tritt nach Bedarf zusammen. Auf Verlangen der städtischen Tiefbaudeputation oder des Magistratsbaurats oder auf Antrag von zwei Mitgliedern muß seine Einberufung erfolgen.

§ 22. Den Sitzungen des Ausschusses wohnt der Verwalter der Steinlagerplätze mit beratender Stimme bei, welcher auf Verlangen jederzeit zu hören ist.

§ 23. Die Einladung zu den Sitzungen ist mit der Tagesordnung von dem Vorsitzenden mindestens 5 (fünf) Tage vor dem Zusammentritt zu erlassen und gleichzeitig dem Verwalter der Steinlagerplätze mitzuteilen.

§ 24. Der Ausschuß ist beschlußfähig, wenn mindestens 3 Mitglieder anwesend sind. Er entscheidet mit einfacher Stimmenmehrheit der anwesenden Mitglieder. Stimmengleichheit gilt als Ablehnung.

§ 25. Über die Beratungen des Ausschusses sind Niederschriften aufzunehmen, welche die Namen der Anwesenden, ein Verzeichnis der verhandelten Gegenstände und das Ergebnis der Abstimmung enthalten soll. Die Protokolle sind von den Mitgliedern des Ausschusses zu vollziehen und von dem Magistratsbaurat, welchem sie einzureichen sind, aufzubewahren.

§ 26. Die Beschlüsse der städtischen Tiefbaudeputation oder des Magistrats, welche auf die Anträge des Arbeiterausschusses ergehen, sind diesem schriftlich mitzuteilen.

§ 27. Aus Anlaß der Dienstversäumnis gelegentlich der Wahlhandlung und der Teilnahme an den Sitzungen finden Lohnkürzungen nicht statt.

§ 28. Zur Entlassung oder zur Aufkündigung des Dienstverhältnisses der Mitglieder und der Ersatzmitglieder des Arbeiterausschusses bedarf es der Genehmigung des Magistrats.

§ 29. Arbeiterausschüsse, welche sich zur Erfüllung der ihnen gestellten Aufgaben als ungeeignet erwiesen haben, können auf Antrag der städtischen Tiefbaudeputation vom Magistrat aufgelöst werden.

Im Falle der Auflösung ist eine Neuwahl binnen vier Wochen anzuberaumen.

§ 30. Diese Bestimmungen treten mit dem 1. April 1913 in Kraft. Die bisherigen Bestimmungen vom 20. März 1903 werden aufgehoben.

Berlin, den 14. Januar 1913.

Städtische Tiefbaudeputation.

Krause.

Vorstehende Bestimmungen werden hierdurch genehmigt.

Berlin, den 27. Januar 1913.

Magistrat der Königl. Haupt- und Residenzstadt.

Reicke.

J.-Nr. 13 G. B. 1/13.

---

7. Arbeitsordnung vom 7. Juni 1909 für die städtischen Chausseearbeiter.

Annahme und Entlassung.

§ 1. Die Annahme und Entlassung der Arbeiter erfolgt durch die Chausseeaufseher mit Genehmigung des Vorstehers des zuständigen Tiefbauamtes. Die Genehmigung kann nachträglich erteilt werden.

Die Auflösung des Arbeitsverhältnisses ist für beide Teile von einer Kündigung nicht abhängig.

Das Arbeitsverhältnis gilt auch ohne ausdrückliche Erklärung der Verwaltung als aufgelöst, wenn der Arbeiter mit der Arbeit aufhört, falls nicht aus besonderen Gründen (§ 7) eine Fortzahlung des Lohnes stattfindet.

Verhalten bei der Arbeit.

§ 2. Die Arbeiter haben den Anordnungen des Chausseeaufsehers oder seines Vertreters (Vorarbeiters, Arbeiters) Folge zu leisten, fleißig zu arbeiten, nüchtern und verträglich zu sein. Insbesondere haben mehrere bei einer Arbeit beschäftigte Arbeiter sich gegenseitig zu unterstützen und zu helfen.

Auf Erfordern ist auch an Sonn- und Feiertagen zu arbeiten.

Beginn und Ende der Arbeitszeit.

§ 3. Die tägliche Arbeitszeit dauert mit Ausschluß der Pausen 9 Stunden; sie wird im allgemeinen wie folgt festgesetzt:

Vom 15. März bis einschließlich 30. September von früh 6½ bis abends 5½ Uhr. Pausen: Frühstück von 8 bis 8½ Uhr, Mittag von 12 bis 1 Uhr, Vesper von 3½ bis 4 Uhr.

Vom 1. bis einschließlich 31. Oktober und vom 15. Februar bis einschließlich 14. März von früh 6½ bis abends 5 Uhr. Pausen: Frühstück von 8 bis 8½ Uhr, Mittag von 12 bis 1 Uhr.

Vom 1. November bis einschließlich 14. Februar von früh 7 bis abends 5 Uhr. Pausen: Frühstück von 8½ bis 9 Uhr, Mittag von 12 bis 12½ Uhr.

An den Zahltagen (siehe § 8) und an den Tagen vor Weihnachten, Ostern, Pfingsten und Neujahr findet der Arbeitsschluß um 3 Uhr statt, jedoch unter Bezahlung der üblichen Arbeitszeit, die Mittagspause beträgt an solchen Tagen ½ Stunde.

Einhalten der Arbeitszeit.

§ 4. Jeder Arbeiter ist verpflichtet, sich zu den für den Arbeitsbeginn oder Wiederbeginn festgesetzten Zeiten pünktlich einzufinden und die Arbeit unverzüglich zu beginnen. Falls ein Arbeiter sich verspätet, hat er sich sofort nach seiner Ankunft bei dem Chausseeaufseher oder dessen Stellvertreter zu melden. Er hat auf Löhnung nur für die nach dieser Meldung geleisteten vollen Arbeitsstunden Anspruch.

Arbeiter, die wiederholt unpünktlich sind, werden entlassen.

Unterbrechung der Arbeit.

§ 5. Ist ein Arbeiter genötigt, kurze Zeit auszutreten, so hat er dies seinem Vorarbeiter oder einem seiner Mitarbeiter zu sagen. Wer längere Zeit austreten muß oder die Arbeit während des Tages verlassen will, hat sich bei dem Chausseeaufseher zu melden. Unterläßt er die Meldung, so erhält er nur die vollen Stunden bezahlt, während deren er nachweislich gearbeitet hat.

Stückarbeiten.

§ 6. Werden Stückarbeiten mangelhaft oder schlecht ausgeführt, so steht es dem Leiter des Tiefbauamts frei, die Einheitspreise nach seinem Ermessen herabzusetzen.

Lohn.

§ 7. Die Arbeiter haben Anspruch auf Lohn nur für diejenige Zeit, während deren sie tatsächlich gearbeitet haben.

In Fällen unverschuldeter Krankheit wird der Lohn nach Abzug des Krankengeldes und in der Regel nicht länger als vier Wochen gewährt. Befindet sich der Arbeiter länger als ein Jahr im städtischen Dienst, so wird der Lohn für einen Zeitraum von sechs Wochen gewährt, eine mehr als sechswöchige Fortzahlung des Lohnes kann erfolgen, wenn die Erkrankung in ursächlichem Zusammenhang mit der Dienstverrichtung steht.

In Fällen militärischer Einziehung zu den 12 bis 14 Tage währenden Landwehrübungen wird der Lohn nach Abzug der reichsgesetzlichen Unterstützungen fortgezahlt. Verheiratete Reservisten, welche über 2 Jahre im städtischen Dienst stehen, erhalten bei längeren Friedensübungen während vier Wochen die Hälfte dieses Lohnes.

Lohnzahlung.

§ 8. Der Lohn wird vierzehntäglich gezahlt.

Die Auszahlung erfolgt in der Regel am dritten Tage nach Ablauf der Zeit, für welche er zu zahlen ist.

An den Zahltagen begeben sich die Arbeiter nach Schluß der Arbeit (§ 3 letzter Absatz) an die festgesetzten Zahlstellen zur Empfangnahme des Lohnes.

Jeder Arbeiter ist verpflichtet, den Lohn persönlich in Empfang zu nehmen; in Krankheits- oder anderen Behinderungsfällen kann der Lohn an einen Beauftragten, der sich glaubhaft ausweisen kann, gezahlt werden, doch bleibt es der Verwaltung überlassen, das Geld auf Kosten des Arbeiters diesem durch die Post zu übersenden.

Jeder Arbeiter hat das Geld beim Empfange nachzuzählen und etwaige Beanstandungen sofort anzubringen. Ebenso sind Einwendungen gegen die Richtigkeit der Lohnberechnung sogleich zu erheben.

Beschwerden.

§ 9. Etwaige Klagen sind bei dem Chausseeaufseher, Klagen über diesen bei dem Vorsteher des zuständigen Tiefbauamts anzubringen.

Berlin, den 7. Juni 1909.

Städtische Tiefbaudeputation.
gez. Krause.

---

8. Arbeitsordnung vom 7. Juni 1909 für die Arbeiter auf dem städtischen Steinlagerplatz.

Annahme und Entlassung.

§ 1. Die Annahme und Entlassung der Arbeiter erfolgt durch den Verwalter oder den Aufseher des Lagerplatzes mit Genehmigung des Vorstehers des zuständigen Tiefbauamts. Die Genehmigung kann nachträglich erteilt werden.

Die Auflösung des Arbeitsverhältnisses ist für beide Teile von einer Kündigung nicht abhängig.

Das Arbeitsverhältnis gilt auch ohne ausdrückliche Erklärung der Verwaltung als aufgelöst, wenn der Arbeiter mit der Arbeit aufhört, falls nicht aus besonderen Gründen (§ 6) eine Fortzahlung des Lohnes stattfindet.

Verhalten bei der Arbeit.

§ 2. Die Arbeiter haben den Anordnungen des Aufsehers oder seines Vertreters (Vorarbeiters, Arbeiters) Folge zu leisten, fleißig zu arbeiten, nüchtern und verträglich zu sein. Insbesondere haben mehrere bei einer Arbeit beschäftigte Arbeiter sich gegenseitig zu unterstützen und zu helfen.

Auf Erfordern ist auch an Sonn- und Feiertagen zu arbeiten.

Beginn und Ende der Arbeitszeit.

§ 3. Die tägliche Arbeitszeit dauert mit Ausschluß der Pausen 9 Stunden; sie wird im allgemeinen wie folgt festgesetzt:

Vom 15. März bis einschließlich 30. September von früh 6½ bis abends 5½ Uhr. Pausen: Frühstück von 8 bis 8½ Uhr, Mittag von 12 bis 1 Uhr, Vesper von 3½ bis 4 Uhr.

Vom 1. bis einschließlich 31. Oktober und vom 15. Februar bis einschließlich 14. März von früh 6½ bis abends 5 Uhr. Pausen: Frühstück von 8 bis 8½ Uhr, Mittag von 12 bis 1 Uhr.

Vom 1. November bis einschließlich 14. Februar von früh 7 bis abends 5 Uhr. Pausen: Frühstück von 8½ bis 9 Uhr, Mittag von 12 bis 12½ Uhr.

An den Zahltagen (siehe § 7) und an den Tagen vor Weihnachten, Ostern, Pfingsten und Neujahr findet der Arbeitsschluß um 3 Uhr statt, jedoch unter Bezahlung der üblichen Arbeitszeit, die Mittagspause beträgt an solchen Tagen ½ Stunde.

Einhalten der Arbeitszeit.

§ 4. Jeder Arbeiter ist verpflichtet, sich zu den für den Arbeitsbeginn oder Wiederbeginn festgesetzten Zeiten pünktlich einzufinden und die Arbeit unverzüglich zu beginnen. Falls ein Arbeiter sich verspätet, hat er sich sofort nach seiner Ankunft bei dem Aufseher oder dessen Stellvertreter zu melden. Er hat auf Löhnung nur für die nach dieser Meldung geleisteten vollen Arbeitsstunden Anspruch.

Arbeiter, die wiederholt unpünktlich sind, werden entlassen.

Unterbrechung der Arbeit.

§ 5. Ist ein Arbeiter genötigt, kurze Zeit auszutreten, so hat er dies seinem Vorarbeiter oder einen seiner Mitarbeiter zu sagen. Wer längere Zeit austreten muß oder die Arbeit während des Tages verlassen will, hat sich bei dem Aufseher zu melden. Unterläßt er die Meldung, so erhält er nur die vollen Stunden bezahlt, während deren er nachweislich gearbeitet hat.

Lohn.

§ 6. Die Arbeiter haben Anspruch auf Lohn nur für diejenige Zeit, während deren sie tatsächlich gearbeitet haben.

In Fällen unverschuldeter Krankheit wird der Lohn nach Abzug des Krankengeldes und in der Regel nicht länger als vier Wochen gewährt. Befindet sich der Arbeiter länger als ein Jahr im städtischen Dienst, so wird der Lohn für einen Zeitraum von sechs Wochen gewährt; eine mehr als sechswöchige Fortzahlung des Lohnes kann erfolgen, wenn die Erkrankung in ursächlichem Zusammenhang mit der Dienstverrichtung steht.

In Fällen militärischer Einziehung zu den 12 bis 14 Tage währenden Landwehrübungen wird der Lohn nach Abzug der reichsgesetzlichen Unterstützungen fortgezahlt. Verheiratete Reservisten, welche über zwei Jahre im städtischen Dienst stehen, erhalten bei längeren Friedensübungen während vier Wochen die Hälfte dieses Lohnes.

Lohnzahlung.

§ 7. Der Lohn wird vierzehntäglich gezahlt.

Die Auszahlung erfolgt in der Regel am vierten Tage nach Ablauf der Zeit, für welche er zu zahlen ist.

An den Zahltagen begeben sich die Arbeiter nach Schluß der Arbeit (§ 3 letzter Absatz) an die festgesetzten Zahlstellen zur Empfangnahme des Lohnes.

Jeder Arbeiter ist verpflichtet, den Lohn persönlich in Empfang zu nehmen; in Krankheits- oder anderen Behinderungsfällen kann der Lohn an einen Beauftragten, der sich glaubhaft ausweisen kann, gezahlt werden, doch bleibt es der Verwaltung überlassen, das Geld auf Kosten des Arbeiters diesem durch die Post zu übersenden.

Jeder Arbeiter hat das Geld beim Empfange nachzuzählen und etwaige Beanstandungen sofort anzubringen. Ebenso sind Einwendungen gegen die Richtigkeit der Lohnberechnung sogleich zu erheben.

Beschwerden.

§ 8. Etwaige Klagen sind bei dem Aufseher, Klagen über diesen bei dem Platzverwalter anzubringen.

Berlin, den 7. Juni 1909.

Städtische Tiefbaudeputation.
gez. Krause.

9. Dienstvorschrift für die Depot=Aufseher, betreffend die Reinigung usw. der Bürgersteige längs der städtischen Steindepotplätze in den Wintermonaten vom 12. März 1902.

1. Die Depotaufseher sind verpflichtet, die Bürgersteige vor den ihnen unterstellten Depotplätzen in den Wintermonaten von Schnee und Eis reinigen und bei Glätte mit abstumpfendem Material bestreuen zu lassen.

2. Diese Arbeiten haben, wenn erforderlich, des Morgens 6 Uhr zu beginnen und sind so zu betreiben, daß die Bürgersteige bis 7 Uhr morgens frei von Schnee und Eis und bei Glätte mit abstumpfendem Material so bestreut sind, daß möglichst jede Fläche des Bürgersteiges mit diesem Material bedeckt ist und in diesem Zustande tunlichst bis 8 Uhr abends erhalten werden. In der Zeit von abends 8 bis 10 Uhr sind die Bürgersteige bei eintretender Glätte so schnell als möglich in der angegebenen Weise zu bestreuen.

3. Die erforderlichen Arbeiter haben die Depotaufseher, an den Wochentagen während der festgesetzten Arbeitszeit, aus den auf den Depotplätzen beschäftigten Arbeitern zu entnehmen und in Bedarfsfällen die Gewinnung und Einstellung auch anderer Arbeiter sich angelegen sein zu lassen.

4. Zum Zwecke der sofortigen Vornahme etwa notwendig werdender Arbeiten in der Zeit des Abends vom Depotschluß bis 10 Uhr und des Morgens von 6 Uhr bis zum Beginn der gewöhnlichen Depotarbeiten, sowie auch in der Tageszeit an Sonn- und Festtagen sind während der Wintermonate täglich auf dem Depotplatz am Urban und auf dem Platze in der Pankstraße je 2 Arbeiter zu halten, welche in der Regel nicht von den zur Zeit auf den Depotplätzen beschäftigten Arbeitern, sondern von den wegen Mangel an Arbeit auf den Depotplätzen entlassenen Arbeitern zu entnehmen sind. Die Auswahl geeigneter sowie die Bestimmung über die in dringenden Fällen einzustellende größere Anzahl Arbeiter bleibt dem betreffenden Depotaufseher überlassen. Erst wenn die feiernden Arbeiter nicht zu erlangen sind oder die bestellten Arbeiter nicht rechtzeitig erscheinen, ist eventuell auf die beim Depot beschäftigten Tagearbeiter zurückzugreifen.

5. An den Wochentagen werden in der Regel Arbeiter auf den Depotplätzen vorhanden sein; sollten solche wegen Mangels an Arbeit einmal fehlen, so sind obige je zwei Arbeiter für etwa in

der Tageszeit notwendige Arbeiten an den Bürgersteigen auch an den Wochentagen tagsüber zu halten.

6. Bei der Ausführung von Arbeiten auf den Bürgersteigen haben die Depotaufseher in der Pankstraße auch in den vorangegebenen Zeiten abwechselnd zugegen zu sein; im übrigen liegt ihnen die Pflicht ob, durch öftere Revisionen sich zu vergewissern, daß die außerhalb der gewöhnlichen Arbeitszeit zu haltenden Arbeiter auf den Depotplätzen auch stets anwesend sind. Dem Depotaufseher am Urban liegt die gleiche Pflicht ob, doch darf sich derselbe in Behinderungsfällen durch einen der betreffenden Arbeiter vertreten lassen.

7. An Arbeitslöhnen sollen gewährt werden die jeweilig von der Baudeputation festgestellten Beträge, zurzeit nach Maßgabe der Verfügung vom 3. Januar 1901, J.-Nr. 2827, B. II. 00.

8. Die Depotaufseher sind für die genaueste Befolgung dieser Dienstvorschrift verantwortlich und demgemäß für alle aus etwaiger Unterlassung entstehenden Folgen allein haftbar.

9. Sofern die in Gemäßheit dieser Dienstvorschrift ausgeübte Tätigkeit außerhalb der für die Depotaufseher allgemein vorgeschriebenen Dienstzeit fällt, erhalten diese eine besondere Entschädigung von 75 Pf. für die Stunde. Die Dauer der Dienstzeit ist für die Sonntage die gleiche wie für die Wochentage.

Berlin, den 12. März 1902.

Städtische Baudeputation, Abteilung II.
gez. Voigt. gez. Krause.

---

10. Geschäftsordnung vom 12. Mai 1911 für das städtische Vermessungsamt.

Der Tiefbaudeputation untersteht das Vermessungsamt, das von dem Vermessungsinspektor geleitet wird. Die Oberaufsicht führt der Stadtbaurat.

Das Vermessungsamt zerfällt in zwei Abteilungen:

I. Vermessungsabteilung,
II. Plankammer.

Verantwortliche Leiter sind:

für die Vermessungsabteilung der Vermessungsinspektor, für die Plankammer der Plankammerinspektor.

Sie erledigen den Schriftwechsel innerhalb ihres Geschäftskreises selbständig und führen je ein Dienstsiegel.

A. Zum Bereiche der Vermessungsabteilung gehören:

1. Verwaltung der städtischen Vermessungswerke und deren Berichtigung im Wege der Fortschreibung.
2. Erteilung von Auszügen aus denselben für städtische Behörden und Private.
3. Anfertigung von Planunterlagen zwecks Grundbuchberichtigungen, von Lageplänen für den An- und Verkauf von Ländereien seitens der Stadtgemeinde, einschließlich der erforderlichen Grenzabsteckungen und Grenzregulierungen.
4. Herstellung von Lage- und Höhenplänen für Baufluchtfestsetzungen, Straßenregulierungen, Brückenbauten und sonstige städtische Bauausführungen.
5. Absteckung und Markierung von Bau- und Straßenfluchtlinien sowie Höhenlagen für städtische Behörden und Private.
6. Vermessungsarbeiten, für welche die Eigenschaft als vereideter Landmesser erforderlich ist.
7. Etats- und Rechnungssachen und Kassengeschäfte des Vermessungsamts.

B. Zum Geschäftsbereiche der Plankammer gehören:

1. Verwaltung von Plänen, wie Bebauungsplänen, Entwürfen und Revisionszeichnungen für städtische Anstalten, Straßen- und Brückenanlagen usw. sowie der Zeichenmaterialien, der technischen Bibliothek der Tiefbaudeputation und der Modellkammer.
2. Auskünfte über Bebauungspläne und öffentliche Auslegung derselben.
3. Bearbeitung der Bauanträge in bezug auf Baufluchtlinien, Straßeneinteilung, Straßenlandabtretungen, Pflasterkostenbeiträge, Baubeschränkungen usw. einschließlich der örtlichen Ermittelungen.
4. Berichtigung und Ergänzung der Übersichtspläne (Bebauungspläne), der Bezirkseinteilungspläne usw.
5. Auszüge und Zusammenstellung neuer Pläne nach vorhandenem Planmaterial, Auskünfte über Grundstücke — für städtische Amtsstellen.
6. Aufstellung von Parzellierungsplänen für den Verkauf und die Verpachtung städtischer Ländereien sowie Absteckung der Pachtparzellen.

Für die mit Bureauarbeiten beschäftigten Beamten und technischen Hilfskräfte ist eine 7 stündige und für die im Außendienst beschäftigten Personen eine 8 stündige Arbeitszeit, ausschließsich der zu der Beförderung von und zu der Arbeitsstelle erforderlichen Zeitdauer, vorgeschrieben.

Sie sind jedoch verpflichtet, falls es der Dienst erfordert, auch über diese Zeit hinaus ohne besondere Vergütung zu arbeiten.

Die technischen Beamten und Angestellten des Vermessungsamtes haben über ihre dienstliche Tätigkeit ein Tagebuch nach näherer Anweisung des Vermessungsinspektors zu führen.

Mit Rücksicht auf die Geschäftseinteilung bleibt es dem Vermessungsinspektor vorbehalten, besonderen Technikern Spezialaufsicht über einzelne Beschäftigungsgruppen zu übertragen.

Sofern die Stellvertretnug in Fällen der Behinderung oder Abwesenheit des Vermessungsinspektors oder des Plankammerinspektors nicht durch besondere Bestimmung geregelt wird, haben beide sich gegenseitig zu vertreten.

Berlin, den 12. Mai 1911.

Magistrat hiesiger Königl. Haupt- und Residenzstadt.
K i r s c h n e r.

---

11. Gebührentarif vom 12. Februar 1907 für das städtische Vermessungsamt.

Behufs Bezahlung von Auszügen aus den städtischen Vermessungswerken, für Absteckung usw. von Fluchtlinien, Lieferung von Druckplänen und Höhenverzeichnissen sowie sonstige Leistungen des Vermessungsamtes für fremde Behörden und Privatpersonen wird nachstehender Tarif festgesetzt:

I. A n f e r t i g u n g v o n F l ä c h e n i n h a l t s b e s c h e i n i g u n g e n.

1. a) Über 1 Grundstück mit einem Flächenabschnitt . 3,00 M.
   b) Für jeden weiteren Flächenabschnitt mehr . . . 1,50 „
2. Über mehrere Grundstücke:
   a) wenn dieselben keine gemeinschaftlichen Grenzlinien haben, der Satz zu 1;
   b) wenn dieselben gemeinschaftliche Grenzlinien haben und in e i n e r Ausfertigung gegeben werden, für

den ersten Flächenabschnitt der Satz zu 1a und außerdem für jeden weiteren Flächenabschnitt . . 1,50 M.

II. Anfertigung von Lageplänen:

A. Nach den Spezialplänen im Maßstabe 1:250 oder 1:500.

3. Für genaue Lagepläne auf Zeichenpapier und sog. Ergänzungskarten für Katasterzwecke:
   a) über 1 Grundstück bis zu 500 qm . . . . 15,00 M.
   b) über 1 Grundstück von mehr als 500 bis zu 1000 qm 18,00 „
   c) über 1 größeres Grundstück für die ersten 1000 qm der Satz zu 3b und außerdem für jede weiteren angefangenen 1000 qm . . . . 5,00 „

4. Für Lagepläne auf Zeichenleinwand oder Pauspapier:
   a) über 1 Grundstück bis zu 500 qm . . . . 8,00 „
   b) über 1 Grundstück von mehr als 500 bis zu 1000 qm 10,00 „
   c) über 1 größeres Grundstück für die ersten 1000 qm der Satz zu 4b und außerdem für jede weiteren angefangenen 1000 qm . . . . 3,00 „

5. Bei Lageplänen über mehrere Grundstücke in einer Ausfertigung werden die Gebühren,
   a) sofern die Grundstücke keine gemeinschaftlichen Grenzlinien haben, für jedes einzelne Grundstück voll gerechnet,
   b) sofern die Grundstücke gemeinschaftliche Grenzlinien haben, für das größte Grundstück voll, für die übrigen nur zur Hälfte gerechnet.

6. Für genaue Lagepläne auf Zeichenpapier von Straßen:
   a) über Strecken bis einschließlich 50 m Länge . . 15,00 „
   b) über längere Strecken für die ersten 50 m der Satz zu 6a und außerdem für jedes weitere laufende Meter . . . . 0,20 „

7. Für Lagepläne auf Zeichenleinwand oder Pauspapier von Straßen:
   a) über Strecken bis einschließlich 50 m Länge . . . 8,00 „
   b) über längere Strecken für die ersten 50 m der Satz zu 7a und außerdem für jedes weitere laufende Meter . . . . 0,10 „

8. Für die zum Maßstabe 1 : 1000 verkleinerten, genauen Lagepläne auf Zeichenpapier und Ergänzungsarten:

a) über zusammenhängende Flächen bis zu 1 ha . . 30,00 M.
b) über größere Flächen für das erste ha der Satz zu 8a und außerdem für jedes weitere angefangene ha 10,00 „

9. Die Pläne zu Nr. 3, 6 und 8 werden auf gutem Zeichenpapier geliefert. Wird Karton oder auf Leinwand oder Kattun gezogenes Papier verlangt, so erhöhen sich die Kosten für 0,1 qm Papierfläche um. . . . . . . 0,50 „

B. Nach den Übersichtsplänen im Maßstabe 1:1000.

10. Für Lagepläne auf Zeichenleinwand oder Pauspapier (ohne Maße und Kolorit):

a) über zusammenhängende Flächen bis zu 1 ha . . 10,00 M.
b) über größere Flächen für das erste ha der Satz zu 10a und außerdem für jedes weitere angefangene ha 3,00 „
c) Werden Eintragungen von Maßen und Kolorit oder anderweitige Ergänzungen der Pläne verlangt, so sind die hierfür nach Maßgabe der aufgewandten Arbeitszeit zu bemessenden Mehrkosten zu entrichten (siehe Nr. 19).

11. Die Lagepläne zu Nr. 3 bis 10 werden mit dem in den betreffenden Originalplänen nachgewiesenen Grundstücksbestande und, sofern es verlangt wird, mit allen in diesen dargestellten Gegenständen geliefert. Die Ausstattung geschieht in der Regel im Anschlusse an die bezüglichen Bestimmungen des Zentraldirektoriums der Vermessungen im Preußischen Staate. Sind besondere Fortschreibungsmessungen erforderlich, oder wird eine zeitraubende Ausstattung der Pläne, eine Originalkartierung oder sonstige Mehrarbeit verlangt, die vom Vermessungsamte übernommen werden können, so sind außer den vorstehenden Sätzen die nach Maßgabe der aufgewandten Arbeitszeit zu bemessenden Mehrkosten zu entrichten (siehe Nr. 19).

III. Absteckung und Revision von Fluchtlinien usw.

12. Für die Absteckung der Bau- oder Vorgartenfluchtlinie eines Grundstücks oder selbständigen Grundstückteiles (Parzelle, Baustelle) einschl. der etwaigen einmaligen Revision der Innehaltung dieser Fluchtlinie und Ausfertigung der erforderlichen Bescheinigungen:

a) wenn das Grundstück usw. nur an einer Straße gelegen, also nur eine Fluchtlinie abzustecken ist . 25,00 M.

b) wenn das Grundstück an mehreren Straßen belegen ist, also mehrere Fluchtlinien abzustecken sind, für die erste Fluchtlinie der Satz zu 12a und für jede weitere Fluchtlinie . . . . 10,00 „

13. Für die Absteckung und Vorgartenfluchtlinie eines Grundstücks usw., falls sie gleichzeitig mit der Baufluchtabsteckung erfolgt, einschließlich der etwaigen einmaligen Revisionen . . . . 10,00 „

14. Für die Revision der Innehaltung einer Bau- oder Vorgartenfluchtlinie eines Grundstücks usw., welcher eine kostenpflichtige Absteckung nicht voraufgegangen ist 12,50 „

15. Für die Absteckung und etwaige einmalige Revision vorgeschriebener Höhenpunkte für ein oder mehrere, in der Front unmittelbar nebeneinander belegene, demselben Eigentümer gehörende Grundstücke, wenn die Höhenabsteckung bzw. -revision für die Grundstücke gleichzeitig erfolgt . . . . 25,00 „

16. Der Satz zu 15 ermäßigt sich, falls die Höhenabsteckung gleichzeitig mit der Bau- oder Vorgartenfluchtabsteckung bzw. -revision zur Ausführung gelangt, auf . 10,00 „

17. Für jede Revision der Innehaltung einer Bau- oder Vorgartenfluchtlinie oder vorgeschriebener Höhenpunkte, welche nach Erledigung der ersten derartigen Arbeit (lfd. Nr. 12 bis 15) ausgeführt wird . . . . 12,50 „

18. Für jede weitere Ausfertigung der Absteckungs- oder Revisionsbescheinigungen für das Stück. . . . . . 3,00 „

IV. Andere landmesserische Arbeiten.

19. Bei allen Arbeiten, für welche die Gebühren unter Nr. 1—18 nicht besonders festgesetzt sind, und deren

Ausführung auf Grund städtischen Materials erfolgen kann oder auch im städtischen Interesse liegt, werden die Gebühren nach Tagessätzen bzw. Arbeitsstunden berechnet, wobei eine achtstündige auswärtige und eine siebenstündige Bureautätigkeit zugrunde gelegt wird.

Auswärtige Tätigkeit einschließlich der Meßhilfe usw.:

a) bis zu 4 Stunden . . . . 15,00 M.
b) über 4 Stunden bis zu einem vollen Arbeitstage 30,00 „

Bureautätigkeit:

c) für jede angefangene Stunde . . . . 3,00 „
d) für einen vollen Arbeitstag jedoch nur . . . . . 20,00 „

V. Druckpläne.

20. Der Verkaufspreis für die durch Druck vervielfältigten 0,48 qm großen (0,8 m lang und 0,6 m hoch) Blätter des Stadtplanes beträgt für das Stück . . . . 5,00 M.

VI. Höhenverzeichnisse.

21. Der Verkaufspreis für das durch Druck vervielfältigte Verzeichnis fester Höhenpunkte beträgt für das Heft . . . . 5,00 M.

VII. Allgemeine Bestimmungen.

22. Sofern die vom Vermessungsamte gelieferten Ausfertigungen stempelpflichtig sind, ist die Stempelgebühr vom Antragsteller zu entrichten.

23. Die Gebühren werden nach vorstehenden Tarifsätzen vom Vermessungsinspektor festgesetzt und sind direkt an die Kasse des Vermessungsamtes zu zahlen. Diese Kasse ist nach Maßgabe ihrer Geschäftsordnung befugt, den voraussichtlichen Gebührenbetrag vor Ausführung der beantragten Arbeiten einzuziehen.

24. Etwaige Einwendungen gegen die Gebührenfestsetzung des Vermessungsinspektors sind innerhalb 14 Tage dach erfolgter Mitteilung bei der städtischen Tiefbaudeputation, gegen deren Entscheidung keine Berufung stattfindet, einzureichen.

25. Vorstehender Gebührentarif tritt mit dem 1. April 1907 in Kraft. Mit demselben Tage wird der bisherige Gebührentarif vom 25. November 1886 aufgehoben.

Berlin, den 12. Februar 1907.

Städtische Tiefbaudeputation.

Reicke.

Städtisches Vermessungsamt.

Gebührenrechnung

für die auf Antrag ....

ausgeführten Vermessungsarbeiten.

Laufende Nr.	Berechnung der Arbeiten	Tarif-Nr.	Gebührensatz		Umfang der Arbeit	Gebühren-Betrag	
			Betrag M.	für		M.	Pf.
1.	2.	3.	4.	5.	6.	7.	

Aufgestellt

Berlin, den ....

Städtisches Vermessungsamt.

II. Wegeunterhaltungspflicht.

1. Die hauptsächlichsten Grundsätze des Märkischen Wegerechts.

1. Die Wegebaulast richtet sich in der Mark nicht nach gesetzlichen Bestimmungen, sondern nach Observanzen. Die für die Mark geltende Observanz, nach welcher den Gemeinden die Wegebaulast im allgemeinen obliegt, ist durch das „Edikt vom 18. April 1792 über die Verbindlichkeit der Untertanen in der Kurmark in Ansehung des Chausseebaus, wie sie deshalb zu entschädigen sind, und was sonst dabei beobachtet werden soll" gesetzlich anerkannt. Der § 2 des Ediktes lautet:

> Da nach der fast allgemein hergebrachten und besonders in der Kurmark eingeführten Observanz alle Städte, Flecken und Dörfer die Wege und Brücken auf ihren Feldmarken in guten Stand zu setzen und zu erhalten verbunden sind und in der Regel kein Besitzer der an die Landstraßen grenzenden Grundstücke davon befreit ist, es wäre denn, daß er eine Befreiung rechtlicher Art nacherhalten oder ihm eine größere Verbindlichkeit auf gleiche Art auferlegt worden; so haben Wir diese Observanz nicht nur in Rücksicht der bisherigen Wege, sondern auch als Regel in Absicht der Chaussees, so lange bestätigen wollen, bis in dem Kurmärkischen Provinzialgesetzbuch hierüber ein Näheres bestimmt worden.
>
> Weil aber diese Anlagen sehr kostbar sind, so verlangen Wir von den Gerichtsobrigkeiten und Unseren übrigen zu den Wegeerhaltungen verpflichteten Untertanen nur den verhältnismäßigen Beitrag, den sie zur Herstellung der bisherigen Wege zu leisten verbunden sind, insofern Wir Uns nicht, wie bisher bei dem Chausseebau von Berlin bis Potsdam geschehen, wenn die übrigen Staatsausgaben es erlauben, ferner entschließen sollten, auch hierin Unsere Vasallen und Untertanen zu erleichtern.

Die Verpflichtung der Stadt Berlin, die öffentlichen Straßen der Stadt in guten Zustand zu setzen und zu unterhalten, ist ferner durch Urteil des Obertribunals vom 12. Oktober 1863 (Striethorst, Archiv, Band 52 Seite 20 Nr. 6) noch besonders anerkannt[1]).

---

[1]) Da faktisch lange Zeit die Straßen der Stadt durch die Staatsbehörden unterhalten wurden, behauptete die Stadt im Beginne des

Abweichende lokale Observanzen gehen der allgemeinen Observanz vor, z. B. in Berlin die Observanz der Bürgersteiganlegung und -unterhaltung durch die Anlieger. Als objektive Rechtsnorm findet eine lokale Observanz auch auf neu eingemeindete Teile Anwendung. (OVG. für die Berliner Bürgersteigobservanz in Bd. 6 S. 218.)

Im übrigen sind die Grundsätze der Wegebaupflicht durch die Rechtsprechung des Oberverwaltungsgerichts ausgebaut worden. Aus der außerordentlich reichhaltigen kasuistischen Judikatur werden im folgenden nur die wichtigsten gesicherten Grundgedanken angeführt; im übrigen wird auf Spezialdarstellungen, besonders Germershausen: Das Wegerecht und die Wegeverwaltung in Preußen, 3. Aufl., 1907, verwiesen.

2. Nach der Rechtsprechung und der herrschenden Ansicht der Literatur ist der Begriff eines öffentlichen Weges dann gegeben, wenn ein Weg nach der ihm ausdrücklich oder stillschweigend von allen rechtlich Beteiligten — das ist dem Eigentümer, der Wegepolizeibehörde und dem Wegebaupflichtigen — gegebenen Bestimmung dem allgemeinen Verkehr dient. Eine öffentliche städtische Straße ist dann vorhanden, wenn außerdem noch die Widmung zum Anbau an ihr hinzukommt. Beschränkte Zweckbestimmung (Fußweg) steht der Öffentlichkeit nicht entgegen. Ebenso ist es nicht erforderlich, daß das Straßenland im Eigentum des Wegebaupflichtigen steht, doch hat das Eigentum die Vermutung der Freiheit für sich. Es ist daher bei Wegen, die im Privateigentum stehen, im Zweifel die Widmung zum öffentlichen Verkehr durch den Eigentümer zu beweisen (OVG. Band 45, Seite 249).

Privatwege unterliegen in keiner Weise dem öffentlichen Wegerecht, unterstehen auch nicht der Wegepolizei. Separationsinteressenten-Wege gehören rechtlich zu den Privatwegen.

Uneigentliche Privatstraßen sind Straßen, die über Privatgrundstücke führen und von privater Seite angelegt sind, die aber dem öffentlichen Verkehr dienen (z. B. Am Karlsbad). Es sind Straßen, die in der Entwicklung zu öffentlichen Straßen begriffen

---

vorigen Jahrhunderts, durch Verjährung eine Befreiung von der Unterhaltspflicht erworben zu haben. Der Streit wurde beendet durch die Kabinettsordre v. 31. Dez. 1838 und das vom König genehmigte Regulativ über die Straßenunterhaltung in Berlin vom selben Tage (abgedruckt unten unter III F. 3a) und b)), durch welche die Verpflichtung der Stadt festgestellt wurde.

sind, und deren Rechtsverhältnisse daher vielfach unklar sind. Bei längerem Bestehen wird man meist die Öffentlichkeit bejahen müssen.

3. Der Umfang der Wegebaupflicht wird von Germershausen, a. a. O. Bd. I S. 40, nach der Rechtsprechung des OVG. dahin zusammengefaßt:

> Die Wegebaulast begreift die Verpflichtung in sich, die Wege anzulegen, zu verlegen und einzuziehen; die Wege dem Verkehrsbedürfnis entsprechend zu erhalten, zu verbreitern und zu verbessern; Verkehrshindernisse auf den Wegen zu beseitigen; die durch Anlegung, Verbreiterung, Verbesserung, Verlegung und Einziehung von Wegen sowie durch Umwandlung von Privatwegen in öffentliche gesetzlich begründete Entschädigung zu gewähren.
>
> Die Wegebaulast erstreckt sich in gleicher Weise auf die Anlegung und Unterhaltung aller Zubehörungen der öffentlichen Wege. Als Zubehör gelten alle zur Vollständigkeit der Wegeanlage oder zum Schutze und zur Sicherheit derselben und ihrer Benutzung nötigen Anstalten und Vorrichtungen, namentlich Brücken und Fähren über die nicht schiffbaren Teile von Gewässern, Durchlässe, Entwässerungsanstalten, Böschungen, Wegepflanzungen, Schutzgeländer, Wegweiser, Warnungstafeln und alle zur Verhütung oder Beseitigung von nachteiligen Folgen der Wegeanlage erforderlichen Vorrichtungen.

Die Wegebaulast ist nach zwei Richtungen hin begrenzt. Einmal können vom Wegebaupflichtigen nur solche Einrichtungen gefordert werden, die im Verkehrsinteresse notwendig sind. Die Forderung der Anlegung neuer Straßen kann sogar nach der Rechtsprechung des OVG. nur im Falle eines unabweisbaren Verkehrsbedürfnisses gefordert werden. Der Begriff der notwendigen Maßnahme hat eine reichhaltige Judikatur ausgelöst. Er kann nicht objektiv bestimmt werden, sondern ist verschieden nach Ort und Zeit, insbesondere stellt die wachsende Kultur und der steigende Verkehr auf den Wegen größere Anforderungen.

Ferner kann vom Wegebaupflichtigen nur das verlangt werden, was im Interesse der Sicherheit und Bequemlichkeit des Verkehrs nötig ist. Was aus anderen Gesichtspunkten, insbesondere aus sanitären, oder aus Gründen der öffentlichen Sicherheit erforderlich ist, fällt nicht unter die Wegebaupflicht. Baumpflanzungen in Städten und Schmuckanlagen an Straßen, Sorge für Grünflächen,

Straßenbenennungsschilder usw. gehören daher nicht zur Wegebaupflicht. Sie bleiben daher auch bei Berechnung der Anliegerbeiträge unberücksichtigt.

Der Wegebaupflichtige ist in allen Fällen nach öffentlichem Recht zur Wegeunterhaltung unmittelbar verpflichtet, auch wenn die Arbeiten durch Verschulden Dritter notwendig werden (unbeschadet natürlich ev. Ersatzansprüche).

Für Bürgersteige besteht in Berlin die besondere Observanz, daß die Anlieger zur Anlegung und Unterhaltung verpflichtet sind (OVG. Band VI, Seite 212). Siehe darüber weiter unten III E.

4. Für Brücken über Gewässer gelten in erster Linie etwaige Observanzen, subsidiär die nachstehenden Bestimmungen des Allgemeinen Landrechts, Teil II Titel 15 §§ 50—54.

§ 50. Fähren und Prahmen zum eigenen Gebrauch kann jeder Anwohner eines solchen Flusses halten.

§ 51. Das Recht aber, Fähren und Prahmen zur Übersetzung für Geld zu halten, gehört zu den Regalien des Staats.

§ 52. Neue Brücken über öffentliche Ströme darf niemand, auch auf eigenem Grund und Boden, ohne besondere Erlaubnis des Staats anlegen.

§ 53. Die Unterhaltung der Brücken über öffentliche Ströme liegt in der Regel demjenigen ob, welcher daselbst die Nutzung des Stromes hat.

§ 54. Brücken über Privatflüsse, welche bloß oder doch hauptsächlich zum Übergange der Reisenden bestimmt sind, müssen von denjenigen, welchen die Besserung des Weges obliegt, unterhalten werden.

Ferner Allgemeines Landrecht, Teil I Titel VIII §§ 109, 114, 116. —

§ 109. Auch die neuen Brücken, welche über dergleichen Gräben angelegt und unterhalten werden müssen, fallen denjenigen zur Last, zu deren Besten der Graben gezogen worden ist.

§ 114. Die Unterhaltung des verbreiterten Grabens aber liegt demjenigen ob, welcher den alten Graben zu unterhalten hatte.

§ 116. Was von der Verbreiterung eines Grabens verordnet ist, gilt auch von der Verlängerung der darüber gelegten Brücke.

Danach liegt die Unterhaltung von Brücken über Gräben in der Regel den Grabeninteressenten, von Brücken über Privatflüsse regelmäßig der Gemeinde ob, nach § 53 aber die Unterhaltung der Brücken über öffentliche Flüsse in der Regel dem Fiskus. Der Grundsatz des § 53 ist eine Neuschöpfung des ALR. Das Oberverwaltungsgericht hat daher Band 44 Seite 363 entschieden, daß solche Brücken aus vorlandrechtlicher Zeit, die als Verbindungsglied zwischen städtischen Straßen errichtet sind, von der Stadtgemeinde zu unterhalten sind. Ebenso sind von der Stadtgemeinde Brücken über öffentliche Flüsse zu unterhalten, welche sie selbst angelegt hat (OVG. Band 35 Seite 299). In allen Fällen aber sind die Rampen zu diesen Brücken mangels besonderer Observanz vom Wegebaupflichtigen zu unterhalten. Bei Anlage neuer Brücken sind auch die Interessen der Schiffahrt zu berücksichtigen (OVG. 20, 228).

Brücken über Seitengräben der Straßen und Chausseen nach den benachbarten Grundstücken hat der Wegebaupflichtige nicht anzulegen oder zu unterhalten, selbst wenn die Gräben von ihm neu angelegt sind; denn die Schaffung eines Zugangs zu Straße ist nie Sache des Wegebaupflichtigen.

5. Auch die Eisenbahnunternehmer gehören teilweise zu den nach öffentlichem Rechte Wegebaupflichtigen.

Gesetz über die Eisenbahnunternehmungen vom 3. November 1838. (GS. S 505.)

§ 4. Die Genehmigung der Bahnlinie in ihrer vollständigen Durchführung durch alle Zwischenpunkte wird dem (Handelsminister) Minister der öffentlichen Arbeiten vorbehalten, ebenso sind die Verhältnisse der Konstruktion sowohl der Bahn, als der anzuwendenden Fahrzeuge an diese Genehmigung gebunden. Alle Vorarbeiten zur Begründung der Genehmigung hat die Gesellschaft auf ihre Kosten zu beschaffen.

§ 14. Außer der Geldentschädigung ist die Gesellschaft auch zur Einrichtung und Unterhaltung aller Anlagen verpflichtet, welche die Regierung an Wegen, Überfahrten, Triften, Einfriedigungen, Bewässerungs- oder Vorflutsanlagen usw. nötig findet, damit die benachbarten Grundbesitzer gegen Gefahren und Nachteile in Benutzung ihrer Grundstücke gesichert werden.

Entsteht die Notwendigkeit solcher Anlagen erst nach Eröffnung der Bahn durch eine mit den benachbarten Grundstücken vorgehende Veränderung, so ist die Gesellschaft zwar auch zu deren Einrichtung und Unterhaltung verpflichtet, jedoch nur auf Kosten der dabei interessierten Grundbesitzer, welche deshalb auf Verlangen der Gesellschaft Kaution zu bestellen haben.

Aus § 4 wird von der Rechtsprechung das Recht des Ministers gefolgert, in dem Planfeststellungsverfahren für die Eisenbahn einseitig Veränderungen des öffentlichen Wegenetzes vorzunehmen, ferner aber auch die Pflicht, das durch diese Veränderungen oder überhaupt durch Anlage der Bahn sich ergebende Verhältnis zwischen Eisenbahn und Wegebaupflichtigen erschöpfend zu regeln. Insoweit in dem Planfeststellungsverfahren der Eisenbahn die Unterhaltung eines öffentlichen Weges oder Wegeteiles aufgegeben ist, oder soweit ihr eine Beteiligung am Wegebau (Anlage von Brücken oder Unterführungen) aufgegeben wird, tritt sie in den Kreis der nach öffentlichem Recht Wegebauplichtigen ein. Spätere Ergänzungen des Planfeststellungsverfahrens sind möglich.

§ 14 gibt den materiellen Grundsatz, der für die Verteilung der Wegebaulast maßgebend sein soll: Durch die Anlage der Eisenbahn soll die zur Zeit der Anlegung bestehende Wegebaupflicht nicht erschwert werden. Das wird von der Judikatur dahin aufgefaßt, daß zwar indirekte Vermehrungen der Wegebaulast nicht beachtet werden, wenn z. B. durch die Eisenbahn eine erhebliche Steigerung des Verkehrs auf gewissen Wegestrecken eintritt, daß aber die Kosten der technischen Ausführung des Wegebaues oder der Wegeunterhaltung durch das tatsächliche Vorhandensein der Eisenbahn nicht vermehrt werden dürfen: Anschüttungen, Überführungen, Unterführungen. Auch bei später, z. B. infolge gesteigerten Verkehrs, nötig werdenden Veränderungen darf eine Vermehrung der Wegebaulast durch das Vorhandensein der Eisenbahn nicht eintreten[1]).

Wegeteile, die Bestandteil des eigentlichen Bahnkörpers geworden sind, sind stets von der Eisenbahn zu unterhalten (OVG. 9, 201/202).

2. Gesetz betr. die Ausführung der §§ 5 und 6 des Gesetzes vom 30. April 1873 wegen der Dotation der Provinzial- und Kreisverbände, vom 8. Juli 1875.

(GS. S. 497.)

— Das Gesetz vom 30. 4. 1873 ist nicht abgedruckt, da seine materiellen Bestimmungen im nachstehenden Text wiederkehren.

[1]) Die Verteilung der Kosten für später notwendig werdende Verbreiterungen von Über- und Unterführungen ist besonders bestritten. Vgl. darüber zwei Aufsätze im Pr. V.-Bl. von 1913, S. 663 u. 889 von Behnisch und Gehricke.

Das Dotationsgesetz vom 2. 6. 1902 enthält keine auf die Berliner Straßenverwaltung bezüglichen Bestimmungen.

Wir Wilhelm, von Gottes Gnaden König von Preußen usw. verordnen zur Ausführung der Vorschriften in den §§ 5 und 6 des Gesetzes vom 30. April 1873, betreffend die Dotation der Provinzial- und Kreisverbände (Gesetzsamml. S. 187), mit Zustimmung beider Häuser des Landtages, was folgt:

Überweisung einer Summe von (4 480 000 Taler) 13 440 000 M jährlich an die neu auszustattenden Provinzialverbände und Landesteile.

§ 1. Behufs Ausstattung mit Fonds zur Selbstverwaltung wird den Provinzialverbänden von Preußen, Brandenburg, Pommern, Posen, Schlesien, Sachsen, Schleswig-Holstein, Westfalen und der Rheinprovinz, den Stadtkreisen Berlin und Frankfurt a. M., dem Landeskommunalverbande der Hohenzollernschen Lande und dem Provinzialverbande von Hannover für das demselben durch die beiden Gesetze vom 23. März 1873 (Gesetzsamml. S. 107 und 119) einverleibte Jadegebiet, außer der zu diesem Zwecke durch das Gesetz vom 30. April 1873 zur Verfügung gestellten Summe von jährlich 6 000 000 M (2 Millionen Taler) eine fernere Summe von jährlich 7 440 000 M (2 480 000 Taler) aus den Einnahmen des Staatshaushalts, unter Übertragung der entsprechenden Ausgabeverpflichtungen, überwiesen.

§ 2. Die Verteilung der im § 1 gedachten Gesamtsumme von 13 440 000 M erfolgt zu einer Hälfte nach dem Maßstabe des Flächeninhalts, zur anderen Hälfte nach dem Maßstabe der Zahl der Zivilbevölkerung, wie solche durch die Volkszählung im Dezember 1875 festgestellt wird. Die hiernach auf die einzelnen Kommunalverbände entfallenden Jahresrenten werden durch Königliche Verordnung festgestellt. Bis zu der nach Maßgabe derselben zu bewirkenden Ausgleichung erhalten vorläufig an Jahresrenten:

1.	der Provinzialverband	von	Preußen.	2 465 166	M
2.	„	„	„ Brandenburg. . . .	1 539 531	„
3.	„	„	„ Pommern	1 131 114	„
4.	„	„	„ Posen	1 160 073	„
5.	„	„	„ Schlesien	2 081 058	„
6.	„	„	„ Sachsen	1 229 319	„

7. der Provinzialverband von Schleswig-Holstein . 730 581 M
8. „ „ „ Westfalen . . . . . 1 017 285 „
9. „ „ der Rheinprovinz. . . . 1 735 755 „
10. „ Stadtkreis Berlin . . . . 264 897 „
11. „ „ Frankfurt a. M. . . . . 36 090 „
12. „ Landeskommunalverband der Hohenzollernschen Lande . . . . 47 865 „
13. „ Provinzialverband von Hannover für das demselben einverleibte Jadegebiet . . . . 1 266 „

Überweisung der in den Jahren 1873, 1874 und 1875 zinsbar belegten Dotationsfonds an die neu auszustattenden Provinzialverbände und Landesteile.

§ 3. Außer den im § 2 festgestellten Jahresrenten werden den ebendaselbst gedachten Kommunalverbänden aus den Kapitalbeständen des gemäß § 5 des Gesetzes von 30. April 1873 gebildeten Fonds folgende Summen nebst den auf dieselben entfallenden Anteilen an den, den Kapitalien bis zu dem Zeitpunkte ihrer Überweisung (§ 17) zugewachsenen Zinsen überwiesen:

1. dem Provinzialverbande von Preußen . . . . 2 085 696 M
2. „ „ „ Brandenburg . . 1 172 106 „
3. „ „ „ Pommern . . . . 990 513 „
4. „ „ „ Posen . . . . . . 1 546 011 „
5. „ „ „ Schlesien . . . . 1 748 493 „
6. „ „ „ Sachsen . . . . . 1 037 646 „
7. „ „ „ Schleswig-Holstein 952 929 „
8. „ „ „ Westfalen . . . . 1 363 284 „
9. „ „ der Rheinprovinz . . 2 326 635 „
10. „ Stadtkreise Berlin . . . . 345 519 „
11. „ „ Frankfurt a. M. . . . . 47 079 „
12. „ Landeskommunalverbande der Hohenzollernschen Lande. . . . . 62 433 „
13. „ Provinzialverbande von Hannover für das Jadegebiet . . . . 1 656 „

Verwendungszwecke der den neu auszustattenden Provinzialverbänden und Landesteilen zu gewährenden Summen.

§ 4. Die Überweisung der in den §§ 2 und 3 gedachten Summen an die im § 2 unter Nr. 1—12 genannten Kommunalverbände erfolgt zur Verwendung für folgende Zwecke:

1. Fürsorge für den Neubau von chaussierten Wegen und Unterstützung des Gemeinde- und Kreiswegebaues,
2. Beförderung von Landesmeliorationen, soweit sie nach Zweck und Umfang eine nicht über das provinzielle Interesse hinausgehende Bedeutung haben,
3. Bestreitung der Kosten des Landarmen- und Korrigendenwesens, beziehungsweise Gewährung von Beihilfen hierzu an die Landarmenverbände,
4. Fürsorge beziehungsweise Gewährung von Beihilfen für das Irren-, Taubstummen- und Blindenwesen,
5. Unterstützung milder Stiftungen, Rettungs-, Idioten- und anderer Wohltätigkeitsanstalten,
6. Leistung von Zuschüssen für Vereine, welche der Kunst und Wissenschaft dienen, desgleichen für öffentliche Sammlungen, welche diese Zwecke verfolgen, Erhaltung und Ergänzung von Landesbibliotheken, Unterhaltung von Denkmälern,
7. für ähnliche im Wege der Gesetzgebung festzustellende Zwecke.

Soweit ad 1 die Staatsregierung zur Ausführung von Chausseebauten für Rechnung der Staatskasse oder zur Unterstützung von anderen als Staatschausseebauten sich verpflichtet hat, muß der betreffende Kommunalverband auf Verlangen der Staatsregierung in diese Verpflichtungen eintreten.

Ergeben sich bei den zu Neu- und Umbauten der Staatschausseen sowie zu Prämien für Chausseeneubauten im Staatshaushaltsetat ausgesetzten Fonds Ersparnisse, so sind dieselben unter die im § 2 genannten Kommunalverbände nach dem daselbst angegebenen Maßstabe zu verteilen.

Zeitpunkt der Überweisung der Fonds und Renten.

§ 17. Die Überweisung sämtlicher Fonds und Renten an die in den §§ 1 ff. gedachten Kommunalverbände erfolgt am 2. Januar 1876, beziehungsweise vom 1. Januar 1876 ab.

Von letzterem Zeitpunkte ab gehen zugleich auf die betreffenden Kommunalverbände die ihnen durch dieses Gesetz auferlegten Verpflichtungen über.

Die bei dem im § 3 gedachten Fonds vorhandenen Effekten werden in Anrechnung auf die für jeden der beteiligten Kommunalverbände sich ergebende Summe nach dem Kurs der Berliner Börse vom 2. Januar 1876 überwiesen.

Übertragung der Verwaltung und Unterhaltung der Staatschausseen an die Provinzialverbände usw.

§ 18. Den Provinzialverbänden von Preußen, Brandenburg, Pommern, Posen, Schlesien, Sachsen, Schleswig-Holstein, Hannover, Westfalen und der Rheinprovinz, den Kommunalverbänden der Regierungsbezirke Kassel und Wiesbaden, den Stadtkreisen Berlin und Frankfurt a. M. und dem Landeskommunalverbande der Hohenzollernschen Lande wird ferner die Verwaltung einschließlich der technischen Bauleitung sowie die Unterhaltung der bereits ausgebauten Staatschausseen und derjenigen chaussierten Straßen übertragen, welche aus den den betreffenden Kommunalverbänden durch dieses Gesetz, beziehungsweise durch die früheren Dotationsgesetze überwiesenen Fonds ausgebaut werden und nicht in die Verwaltung und Unterhaltung an dritte übergehen.

Zugleich mit der Unterhaltung der bereits ausgebauten Staatschausseen geht das Eigentum an denselben nebst allen Nutzungen und Pertinenzien einschließlich der Chausseewärter- und Einnehmerhäuser auf die Kommunalverbände über.

Den Provinzialverbänden bleibt es überlassen, die Verwaltung und Unterhaltung der ihnen überwiesenen Staatschausseen auf engere Kommunalverbände nach Maßgabe der mit denselben zu treffenden Vereinbarung zu übertragen.

Eine solche Übertragung muß erfolgen hinsichtlich derjenigen Straßenstrecken, welche der Staat auf Grund des § 9 der Verordnung von 16. Juni 1838 (Gesetzsamml. S. 353) übernommen hat, sofern es die beteiligte Stadtgemeinde verlangt. Kommt über den zu diesem Zweck auszusondernden Anteil an der Provinzialdotation zwischen dem Provinzialverband und der betreffenden Stadtgemeinde eine Vereinbarung nicht zustande, so entscheidet das Oberverwaltungsgericht über die Höhe der zu gewährenden jährlichen Geldrente nach Verhältnis der aufzuwendenden Kosten.

Die Verwaltung und Unterhaltung derjenigen Staatschausseen, deren Kosten bisher aus berg- oder forstfiskalischen Fonds bestritten sind, verbleibt auch fernerhin dem Staate.

§ 19. Die der Staatsbauverwaltung nach gesetzlichen Bestimmungen obliegenden Verpflichtungen zur Leitung der Neu- und Unterhaltungsbauten hinsichtlich der chaussierten und unchaussierten Straßen außer den Staatschausseen gehen gleichfalls auf die betreffenden Kommunalverbände über. Dasselbe gilt von den der Staatsbauverwaltung den Provinzial- und Bezirksstraßen gegenüber obliegenden Verpflichtungen.

§ 20. Für die Übernahme der Verwaltung und Unterhaltung der Staatschausseen einschließlich der Kosten der Besoldung und Pensionierung des für die obere Leitung der Neu- und Unterhaltungsbauten sowie für die Beaufsichtigung der Chausseen neu anzustellenden, beziehungsweise schon vorhandenen Beamtenpersonals wird den im § 18 genannten Kommunalverbänden eine Jahresrente von 19 Millionen Mark gewährt. Von dieser Rente erhalten:

1.	der Provinzialverband von Preußen	1 581 840 M
2.	„ „ „ Brandenburg	940 400 „
3.	„ „ „ Pommern	656 540 „
4.	„ „ „ Posen	401 520 „
5.	„ „ „ Schlesien	1 522 170 „
6.	„ „ „ Sachsen	1 549 510 „
7.	„ „ „ Schleswig-Holstein	1 001 690 „
8.	„ „ „ Hannover (einschließlich des Jadegebiets)	1 896 890 „
9.	„ „ „ Westfalen	1 746 340 „
10.	„ Kommunalverband des Regierungsbezirks Kassel	1 071110 „
11.	„ Kommunalverband des Regierungsbezirks Wiesbaden	639 598 „
12.	„ Stadtkreis Frankfurt a. M.	114 072 „
13.	„ Provinzialverband der Rheinprovinz	1 605 850 „
14.	„ Stadtkreis Berlin	160 500 „
15.	„ Landeskommunalverband der Hohenzollernschen Lande	111 970 „
		15 000 000 M

Der Rest der 4 Millionen Mark wird auf die vorgenannten Kommunalverbände nach dem Maßstabe und den Vorschriften im § 2 dieses Gesetzes verteilt; bis zu dem Erlaß der hierin vorgesehenen Königlichen Verordnung wird der Verteilung vorläufig die Volkszählung vom Dezember 1871 zugrunde gelegt.

Die den Kommunalverbänden nach § 2 dieses Gesetzes beziehungsweise nach § 1 des Gesetzes vom 7. März 1868 (Gesetzsamml. S. 223) und des Gesetzes vom 11. März 1872 (Gesetzsamml. S. 257) zu gewährenden Jahresrenten werden demgemäß um die angegebenen Beträge erhöht.

§ 22. Die Verwaltung und Unterhaltung der Staatschausseen geht auf die im § 18 aufgeführten Kommunalverbände vom 1. Januar 1876 ab über.

Von demselben Zeitpunkte ab erfolgt die Überweisung der im § 20 angegebenen Renten. Desgleichen gehen von diesem Zeitpunkte die sämtlichen Verpflichtungen, welche dem Staate gegenüber dem angestellten Chausseeaufsichtspersonale obliegen, auf die betreffenden Kommunalverbände über.

§ 23. Sofern die erforderlichen administrativen und technischen Organe von den betreffenden Kommunalverbänden bis zum 1. Januar 1876 nicht beschafft werden können, wird die Verwaltung der im § 22 gedachten Chausseen einstweilen, jedoch längstens bis zum 1. Januar 1878, durch den Staat fortgeführt.

Die Kosten der Verwaltung, einschließlich der Unterhaltung der Chausseen, werden aus den den einzelnen Kommunalverbänden durch den § 20 überwiesenen Renten bestritten.

Ebenso wird in dem vorbezeichneten Zeitraum bis zum Übergange der Chausseebauverwaltung auf die Kommunalverbände die Ausführung derjenigen Chausseebauten, zu denen die Staatsregierung sich verpflichtet hat (§ 4 Alin. 2) oder die von den Vertretungen der im § 18 gedachten Kommunalverbände neu beschlossen worden sind, durch die staatlichen Organe bewirkt.

Die Kosten dieser Chausseebauten, ingleichen die Unterstützungen von anderen als Staatschausseebauten, welche bereits zugesichert sind oder neu zugesichert werden, sind aus den Summen zu bestreiten, welche den betreffenden Kommunalverbänden zu diesen Zwecken überwiesen worden sind.

§ 25. Die näheren Bestimmungen über die Verwaltung der in diesem Gesetze genannten Provinzialinstitute und Verwaltungszweige werden durch besondere von den Vertretungen der betreffenden Kommunalverbände zu erlassende Reglements getroffen.

Diese Reglements bedürfen der Genehmigung der zuständigen Minister nach Maßgabe der Bestimmungen des § 120 der Provinzialordnung für die Provinzen Preußen, Brandenburg, Pommern, Schlesien und Sachsen.

Bis zum Erlasse dieser Reglements bleiben die bestehenden Verwaltungsvorschriften in Kraft.

Die Verwaltung der den Stadtkreisen Berlin und Frankfurt a. M. durch dieses Gesetz übertragenen Fonds und Verwaltungszweige erfolgt nach Maßgabe der Städteordnung vom 30. Mai 1853 beziehungsweise der Verordnung vom 26. September 1867 betreffend die Kreisverfassung im Gebiet des Regierungsbezirks Wiesbaden.

An der Zuständigkeit wegen der Verleihung und Festsetzung der Präbenden in dem mit dem Königlichen großen Hospital im Löbenicht zu Königsberg verbundenen Marienstift wird durch die Übertragung der Verwaltung dieses Hospitals an den Provinzialverband von Preußen nichts geändert.

§ 28. Die Minister der Finanzen, des Innern, der geistlichen, Unterrichts- und Medizinalangelegenheiten, für Handel, Gewerbe und öffentliche Arbeiten und für die landwirtschaftlichen Angelegenheiten sind mit der Ausführung dieses Gesetzes beauftragt.

Urkundlich unter Unserer Höchsteigenhändigen Unterschrift und beigedrucktem Königlichen Insiegel.

Gegeben Karlsruhe, den 8. Juli 1875.

(L. S.) Wilhelm.

Fürst v. Bismarck. Camphausen. Gr. zu Eulenburg. Leonhardt. Falk. v. Kameke. Achenbach. Friedenthal.

---

3. Vertrag zwischen dem Königlichen Fiskus einerseits und der Stadtgemeinde Berlin andererseits betreffend die Übernahme der fiskalischen Straßen- und Brückenbauunterhaltungslast durch die Stadtgemeinde Berlin.

Zwischen dem Königlich preußischen Fiskus, vertreten durch die Königliche Ministerial-Baukommission, einerseits und der Stadtgemeinde Berlin, vertreten durch ihren Magistrat, andererseits wird vorbehaltlich der Genehmigung der Minister der Finanzen und für Handel, Gewerbe und für öffentliche Arbeiten der nachstehende Vertrag abgeschlossen.

Gegenstand des Vertrages.

§ 1. Die bisherige Verpflichtung des Fiskus zum Bau und zur Unterhaltung eines Teils der Brücken und der öffentlichen Straßen und Wege, Plätze und Promenaden, und zwar sowohl der unbefestigten als der in irgendeiner Weise durch Pflaster, Chaussierung, Asphaltierung, Steinplatten usw. befestigten Anlagen sowie des Zubehörs, als Banketts, Abzugskanäle, Rinnsteine und Rinnsteinbrücken, Umwehrungen usw. geht, soweit diese Verpflichtung innerhalb des Weichbildes von Berlin nach Erlaß des Gesetzes vom 8. Juli 1875 (Gesetz-Sammlung Seite 497) dem Fiskus noch aus irgendwelchem Grunde obliegt, mit dem 1. Januar 1876 auf die Stadtgemeinde Berlin dergestalt über, daß der Fiskus von diesem Tage ab von seiner Verpflichtung für immer befreit wird.

Namentlich wird dadurch der Fiskus von der in dem Allerhöchst bestätigten Regulativ vom 31. Dezember 1838 festgestellten und von der durch den Allerhöchsten Erlaß vom 20. Juni 1865 hinsichtlich eines Teiles der Straßen im Zuge der ehemaligen Stadtmauer begründeten Verbindlichkeit für immer frei, dagegen bezieht sich diese Bestimmung nicht auf die öffentlichen Wasserstraßen und Wasserläufe mit ihren Ufereinfassungen und Böschungen im Weichbilde Berlins.

Leistung der Stadtgemeinde.

§ 2. Demgemäß tritt die Stadtgemeinde Berlin von dem mit § 1 gedachten Tage ab in alle die Verpflichtungen ein, welche dem Fiskus aus dem bisher bestehenden Rechtsverhältnisse oblagen oder aus demselben hätten hergeleitet werden können. Sie wird namentlich auch folgende Straßen in ihrer besonderen Art der Behandlung unterhalten: die Wilhelmstraße, die bisher chaussierte Straße vor Bethanien, die Straße Unter den Linden und die Oberwallstraße.

Gegenleistung des Fiskus.

§ 3. Der Fiskus überträgt der Stadtgemeinde Berlin für die Übernahme dieser Verpflichtungen (§ 2) die innerhalb der städtischen Weichbildsgrenze gelegenen, dem öffentlichen Verkehr gewidmeten

Brücken, Straßen, Wege, Plätze und Promenaden nebst Zubehör zu Eigentumsrechten, soweit ihm solche aus irgendeinem Rechtstitel zustehen. Ohne königliche Genehmigung können jedoch Teile des abgetretenen Grund und Bodens den gegenwärtigen Zwecken des öffentlichen Verkehrs nicht entzogen werden. Ferner zahlt der Fiskus vom 1. Januar 1876 ab an die Stadtgemeinde Berlin alljährlich am 1. Juli für das laufende Kalenderjahr eine nach demjenigen Kostenaufwande, welcher in Erfüllung der fiskalischen Baulast während der Jahre 1864—1873 inklusive wirklich durchschnittlich gemacht ist, berechnete Rente von 556 431 M. 22 Pf. Fiskus behält sich aber das Recht vor, diese Rente von

„Fünfhundert Sechsunfünfzig Tausend Vierhundert ein und dreißig Mark zwei und zwanzig Pfennige"

jederzeit nach dreimonatlicher Kündigung durch Zahlung des zwanzigfachen Betrages derselben ganz oder teilweise abzulösen.

Außerdem werden der Stadtgemeinde die zum Zwecke eines architektonischen Abschlusses des Belle-Allianceplatzes reservierten, im Besitze des Fiskus befindlichen beiden Bauplätze am ehemaligen Halleschen Tore zum Eigentum überlassen. Das Projekt der Bebauung dieser Plätze unterliegt der Königlichen Genehmigung.

§ 4. Behufs zweckmäßiger Ausführung des gegenwärtigen Vertrages zum festgestellten Termin und zur Vermeidung schwieriger Abrechnungen verpflichtet sich Fiskus, die im Bau begriffene Hallesche Torbrücke einschließlich der zugehörigen Nebenanlagen nach dem Allerhöchst genehmigten Projekte und den superrevidierten Anschlägen im Jahre 1876 durch seine Organe fertigstellen zu lassen.

Dagegen wird der durch Staatshaushaltsetat der Jahre 1874 und 1875 noch nicht verfügbar gestellte Rest der Anschlagssummen in Höhe von 265 400 M. in Worten „Zweihundert Fünfundsechzig Tausend Vierhundert Mark" von der Ablösungsrente des Jahres 1876 in Abzug gebracht.

Die Fahrstraßen über den Königsplatz, welche nach dem Ermessen der Staatsregierung vermehrt und umgelegt werden dürfen, sowie die Fußgängerwege längs den Straßen übernimmt die Stadtgemeinde Berlin erst nach der Fertigstellung durch den Fiskus in eigene Unterhaltung.

Ausnahmebestimmungen.

§ 5. Ausgeschlossen von der Eigentumsübertragung an die Stadtgemeinde und im Eigentum des Fiskus verbleiben:

1. der Lustgarten;
2. der Opernplatz (beide zu 1 und 2) bis an die Fußgängerwege (Trottoirs), welche den einen wie den anderen Platz umziehen;
3. der Königsplatz, zu 1—3 mit den darauf befindlichen Anlagen;
4. die beiden Rasenplätze an den beiden Seiten der Alsenstraße;
5. sämtliche bisher auf Staatskosten unterhaltene öffentliche Denkmäler und Kunstwerke, auch das Reiterstandbild des Großen Kurfürsten auf der Langen Brücke und die Marmorgruppen auf der Schloßbrücke, welche als Zubehör nicht gelten;
6. die Depotplätze und sonstigen Grundstücke des Fiskus, welche ohne den Zwecken des öffentlichen Verkehrs unmittelbar zu dienen, als Zubehör der Straßen aufgefaßt werden könnten.

§ 6. Ungeachtet der Eigentumsübertragung (§ 3) behält die Staatsregierung die Befugnis,

a) auf den Straßen und Plätzen von Berlin ohne irgend welches Entgelt für die Benutzung von Grund und Boden Telegraphenleitungen anzulegen, auch Denkmäler zu errichten und bei außerordentlichen Gelegenheiten zu vorübergehender Bestimmung Schmuckanlagen und Schaubühnen herzustellen;

b) hinsichtlich der ganzen nördlich vom Königlichen Schlosse gelegenen Fläche, der sogenannten Museumsinsel, die Pläne zu den daselbst auszuführenden Bauten ohne jede Mitwirkung der städtischen Verwaltung festzustellen und, soweit es hiernach erforderlich sein sollte, auch Straßenterrain ohne irgend welches Entgelt für dessen Inanspruchnahme in die Bebauung hineinzuziehen. Eine hierdurch etwa veranlaßte anderweitige Regelung oder Verlegung von Straßen wird auf fiskalische Kosten ins Werk gesetzt. Diejenigen Teile bisher fiskalischer Straßen und Plätze, welche zur Ausführung der Stadteisenbahn, ihrer Bahnhofsanlagen und Anschlüsse erforderlich sind, bleiben der unentgeltlichen Verwendung für dieses Unternehmen vorbehalten. Die sich aus § 14 des Enteignungsgesetzes vom 14. Juni 1874 (GS. S. 221) ergebenden Verpflichtungen des Unternehmens werden hierdurch nicht berührt.

Rechtsverhältnisse zu dritten Personen.

§ 7. Die Stadtgemeinde tritt vom 1. Januar 1876 ab an Stelle des Fiskus in alle Rechte und Verbindlichkeiten desselben aus den von ihm an dritte Personen verliehenen Konzessionen zur Mitbenutzung unterirdischer Entwässerungskanäle.

Die von den betreffenden Konzessionsinhabern für die Mitbenutzung dieser Anstalten zu entrichtenden Beiträge zu den Unterhaltungs- und Reinigungskosten der letzteren gehen von dem erwähnten Tage ab auf die Stadtgemeinde Berlin über. Ausgeschlossen sind alle diejenigen Beiträge, welche zu den Räumungskosten der fiskalischen Wasserläufe für die in dieselben gestatteten Entwässerungen seitens des Fiskus erhoben werden.

Ferner tritt die Stadtgemeinde Berlin von demselben Zeitpunkt ab in alle Rechte und Verbindlichkeiten des Fiskus bezüglich der seinerseits erteilten oder zugesagten Erlaubnis zur Ausführung von Pferdebahnen und sonstigen baulichen Einrichtungen auf den fiskalischen Straßen innerhalb des Weichbildes.

Schlußbestimmung.

§ 8. Durch diesen Vertrag werden alle diejenigen Rechte und Verpflichtungen des Fiskus nicht berührt, welche ihm als Besitzer adjazierender Grundstücke wie jedem anderen Eigentümer bezüglich der Bürgersteige usw. obliegen und zustehen.

Berlin, den 30. Dezember 1875.

(L. S.)

Königliche Ministerial-Baukommission.
gez. Kühlenthal. Zeidler.

Berlin, den 11. Dezember 1875.

(L. S.)

Magistrat hiesiger Königl. Haupt- und Residentstadt.
gez. Hobrecht. Voigt.

Vorstehender Vertrag wird hierdurch von uns genehmigt.

Berlin, den 31. Dezember 1875.

(L. S.)

Der Finanzminister.
gez. Camphausen.

Der Minister für Handel, Gewerbe und öffentliche Arbeiten.
gez. Dr. Achenbach.

III. Straßenanlegung und -einziehung.

A. Bebauungsplan.

1. Älteres Recht.

Vor Erlaß des Fluchtliniengesetzes war in Berlin der Polizei-Präsident berechtigt, Fluchtlinien festzusetzen (Urteil des OVG. vom 11. Juli 1896 im Pr. Verw.-Bl. Bd. 17, S. 513). Rechtliche Grundlagen sind:

a) § 66 I 8 ALR.

Doch soll zum Schaden oder Unsicherheit des gemeinen Wesens oder zur Verunstaltung der Städte und öffentlichen Plätze kein Bau und keine Veränderung vorgenommen werden.

b) § 10 und 11 der Baupolizeiordnung für Berlin vom 21. April 1853.

§ 10. Die Fluchtlinie für Gebäude und bauliche Anlagen an Straßen und Plätzen wird vom Polziei-Präsidium bestimmt.

§ 11. Von der Stadtmauer muß jede neu zu errichtende Anlage mindestens 4 Ruten entfernt bleiben.

Durch Kabinettsorder vom 22. April 1843 war ferner schon für das ältere Recht bestimmt worden, daß zur Anlegung neuer und zur Veränderung vorhandener Straßen in den Residenzen Berlin und Potsdam vorher jederzeit die Allerhöchste unmittelbare Genehmigung einzuholen sei.

Das ältere Recht kennt nur eine Baufluchtlinie als Fluchtlinie im gesetzlichen Sinne. Die Bestimmung von Vorgärten war Sache der Straßeneinteilung, die der Landespolizeibehörde überlassen blieb. Die königliche Genehmigung war zur Straßeneinteilung nicht erforderlich.

In den Jahren 1862 und 1863 wurde für das gesamte noch unbebaute Weichbild Berlins außerhalb der Ringmauer ein umfassender Bebauungsplan aufgestellt, der, soweit er nicht durch Spezialpläne, die oft der tatsächlichen Erschließung vorausgehen, abgeändert wird, noch heute maßgebend ist. Im nachstehenden

Abschnitt folgen einige für diesen Bebauungsplan wichtige Urkunden, welche aber in ihrem Verordnungsinhalt nur noch historische Bedeutung haben.

2. Urkunden, betreffend den Bebauungsplan von 1862.

a) Allerhöchste Kabinettsorder vom 26. Juli 1862.

(Akten Bauten 254, vol. 5.)

Auf Ihren Bericht vom 18. Juli d. J. will ich die nebst der Übersichtskarte B vom 18. Juli d. J. zurückfolgenden Abteilungen II. IV. V 1. 2 und 3. VI. IX. X. 1 und 2. XI. XII. XIII. 1 und 2. XIV des neu entworfenen Bebauungsplanes für die Umgebungen von Berlin sowie den ferner wieder beigefügten neuen Bebauungsplan für einen Teil des Königs- und Stralauer Viertels daselbst hierdurch mit der Maßgabe genehmigen, daß das danach zu Straßen und öffentlichen Plätzen bestimmte Terrain von der Bebauung frei zu erhalten ist. Zugleich will ich Sie in bezug auf den ganzen bereits festgestellten oder noch festzustellenden Bebauungsplan für Berlin und dessen Umgebungen hierdurch ermächtigen, die Bestimmung darüber, welche Einrichtung jeder einzelnen Straße und jedem einzelnen Platze zu geben ist, insbesondere, welcher Teil des zwischen den Baufluchtlinien belegenen Terrains den Besitzern zur einstweiligen Benutzung als Vorgärten zu belassen oder zu öffentlichen Promenaden und Schmuckanlagen zu verwenden ist, bei der Ausführung jeder einzelnen Anlage nach Vernehmung des Magistrats und des Polizeipräsidiums zu treffen. Die Bestimmung darüber, ob ein Platz zur Erbauung einer Kirche oder eines anderen öffentlichen Gebäudes zu benutzen ist, behalte Ich mir vor.

Die wieder vorgelegte Böhmsche Übersichtskarte (A) erfolgt gleichfalls zurück.

Schloß Babelsberg, den 26. Juli 1862.

gez. Wilhelm.

gegengez.: von Holzbrink.

An den Minister für Handel, Gewerbe und öffentliche Arbeiten.

(L. S.)

Für richtige Abschrift:
(gez.) Lange.
Geheimer Kanzleidirektor.

b) Begleiterlaß des Ministers für Handel, Gewerbe und öffentliche Arbeiten v. 2. August 1862 zur Kabinettsorder v. 26. 7. 1862.

(Akten Stadtbau Nr. 5, Bd. 4.)

Auf die Berichte vom 31. Mai d. J. und 19. v. M. erhält das Königliche Polizeipräsidium anbei beglaubte Abschrift des Allerhöchsten Erlasses vom 26. v. M., wodurch des Königs Majestät die nebst drei Exemplaren der hier mit B bezeichneten und unter dem 18. v. M. von mir vollzogenen Übersichtskarte sowie der nachträglich eingereichten Böhmschen Übersichtskarte A zurückerfolgenden Abteilungen II, IV, V 1, 2 und 3, VI, IX, X 1 und 2, XI, XII, XII 1 und 2, XIV des neuentworfenen Bebauungsplans für die Umgebung von Berlin sowie den ferner wieder beigefügten neuen Bebauungsplan für einen Teil des Königs- und Stralauer Viertels hierselbst mit der Maßgabe zu genehmigen geruht haben, daß das danach zu Straßen und öffentlichen Plätzen bestimmte Terrain von der Bebauung frei zu erhalten ist. Die mit eingereichte Ateilung VIII des neuen Bebauungsplanes für die Umgebungen, welche die Environs der militärischen Pulvermagazine bei Moabit umfaßt, wird nach Beendigung der darüber mit dem Herrn Kriegsminister angeknüpften Verhandlungen in Gemeinschaft mit dem letzteren der Allerhöchsten Genehmigung unterbreitet werden und demnächst dem Königlichen Polizeipräsidium nachträglich wieder zugehen.

Der neue Bebauungsplan hat danach durchweg so, wie er von dem Königlichen Polizeipräsidium in Übereinstimmung mit der Königichen Ministerial-Baukommission und den städtischen Behörden von Berlin und Charlottenburg in den Verhandlungen vom 29. April und 2. Mai d. J. schließlich angenommen worden ist, die Allerhöchste Genehmigung erlangt, wobei hinsichtlich der allein verbliebenen Differenz inbetreff der Frage, ob die auf den Horstwiesen vom Salzmagazin-Hafen aufwärts bis zur projektierten Spreebrücke angenommene Straße unmittelbar am Ufer oder aber auf der inneren Seite des Treideldammes anzulegen sei, der zweiten, von dem Königlichen Polizeipräsidium und den städtischen Deputierten gewählten Alternative aus den dafür angeführten Gründen der Vorzug gegeben worden ist.

Wenn der vorliegende Plan nun auch an sich geeignet erscheint, der fortschreitenden Bebauung zum Anhalt zu dienen, so leidet es doch keinen Zweifel, daß vor der Ausführung eines so großen, auf ein Jahrhundert hinaus berechneten Planes mancherlei Umstände eintreten werden, welche größere oder geringere Abänderungen desselben erforderlich machen.

Dem königlichen Polizeipräsidium ist es daher unverschränkt, bei der wirklichen Ausführung jeder einzelnen Straßenanlage, sei es auf Antrag der Unternehmer, sei es von Amts wegen zu prüfen, ob das im Plane vorgesehene Projekt den dann obwaltenden Verhältnissen noch überall entspricht, oder ob eine Modifikation desselben behufs der Ausführung sich empfiehlt. Ebenso wird, so oft größere gemeinnützige Unternehmungen eine umfassendere Abänderung des Planes bedingen, alsbald darauf Bedacht zu nehmen sein, solche in den Plan einzuführen. Zu jeder solchen Abänderung des Planes wird die Allerhöchste Genehmigung ebenso nachzusuchen sein, als wenn von Privatunternehmern die Anlage neuer Straßen bezweckt werden sollte, welche in dem Bebauungsplane nicht vorgesehen sind. — Der Plan hat zunächst nur die negative Bedeutung, daß das darin zu Straßen und Plätzen bestimmte Terrain nicht bebaut werden darf. Derselbe wird indes zur Folge haben, daß diejenigen Grundbesitzer, welche ihre Grundstücke als Baustellen zu verwerten beabsichtigen, die im Plane angenommenen, ihre Grundstücke berührenden Straßenanlagen unternehmen werden. Insoweit die projektierten Straßen und Plätze nicht auf diese Weise im Wege des Privatunternehmens entstehen, wird es Sache der Kommune sein, dieselben auszuführen, sobald das Bedürfnis des zunehmenden Verkehrs solches erfordert. Hinsichtlich der großen Gürtelstraße, bei deren Projektierung die Allerhöchsten Intentionen wesentlich mitbestimmend gewesen sind, wird es bei Ausführung derselben in Erwägung kommen, ob und welche Staatsbeihilfe dazu zu gewähren ist. Den Besitzern desjenigen Terrains, welches nach dem festgestellten Bebauungsplane zu öffentlichen Straßen und Plätzen bestimmt ist, und demnach von der Bebauung ausgeschlossen bleibt, kann ein Rechtsanspruch auf Entschädigung für die hierin liegende Beschränkung ihres Eigentums nicht zugestanden werden. In Fällen, wo ein Privatgrundstück ganz oder doch zu solchem Teile in die öffentlichen Straßen usw. fällt, daß der Rest zu einer zweckmäßigen Bebauung nicht geeignet ist, und die konkurrierenden Verhältnisse die Gewährung einer Entschädigung als in der Billigkeit ruhend erscheinen lassen, ist zu erwarten, daß die städtischen Behörden zu einer angemessenen Ausgleichung sich bereit finden lassen werden, wie denn überhaupt eine befriedigende, den Privatinteressen der Einwohner wie den öffentlichen Interessen gleicherweise Rechnung tragende Durchführung der Bebauungspläne nur dann zu erwarten ist, wenn die Kommunalverwaltungen der beteiligten Königlichen Residenzstädte Berlin und Charlottenburg, deren eifriges und umsichtiges Zusammenwirken mit dem Königlichen Polizeipräsidium und der Königlichen Ministerial-Baukommission zur Anstellung des Bebauungsplanes gern anerkannt wird, hiermit ihre Aufgabe nicht als geschlossen erachten, vielmehr der Ausführung selbst auch ihre fortdauernde Fürsorge und tatkräftige Unterstützung zuzuwenden sich berufen fühlen.

Von dem in solchen Fällen, wo die Verfügung einer nach dem Bebauungsplan unzulässigen Bauerlaubnis mit unverhältnismäßiger Härte verbunden schien, bisher hin und wieder zur Anwendung gebrachten Auskunftsmittel, die Bebauung des Straßenlandes einstweilen unter dem Vorbehalt zu gestatten, daß die Gebäude bei Anlegung der Straße ohne Entschädigung wieder beseitigt werden müssen, ist in der Regel abzusehen, insbesondere wenn es sich um Baulichkeiten handelt, welche ihrer Konstruktion und Bestimmung nach auf eine längere Dauer berechnet sind, weil dadurch nur zu künftigen größeren Unzuträglichkeiten der Grund gelegt zu werden pflegt und zu Exemplifikationen Veranlassung gegeben wird.

Der Bebauungsplan weist nur die Baufluchtlinien nach. Wie das zwischen den Baufluchtlinien belegene Terrain einzurichten, insbesondere inwieweit dasselbe den Eigentümern zur Benutzung als Vorgarten zu belassen oder aber zu Bürgersteigen, öffentlichen Promenaden und Schmuckanlagen zu verwenden ist, kann erst bei der wirklichen Ausführung jeder einzelnen Straßenanlage nach Maßgabe der dann obwaltenden Umstände bestimmt werden. Des Königs Majestät haben nun durch den Allerhöchsten Erlaß vom 26. v. M. mich zu ermächtigen geruht, die diesfällige Bestimmung bei der Ausführung jeder einzelnen Anlage nach Vernehmung des Magistrats und des Königlichen Polizeipräsidiums zu treffen, die Bestimmung darüber jedoch, ob der öffentliche Platz zur Erbauung einer Kirche oder eines anderen öffentlichen Gebäudes zu benutzen ist, Allerhöchst Sich vorbehalten. Das Königliche Polizeipräsidium hat demnach in allen Fällen, wo es sich um die Anlegung einer neuen Straße handelt, bei welcher der Unternehmer nicht das ganze zwischen den vorgeschriebenen Baufluchtlinien belegene Terrain freizulegen und straßenmäßig herzustellen beabsichtigt, in betreff der Einrichtung der neuen Straße nach Vernehmung des Magistrats an mich zu berichten.

Das Königliche Polizeipräsidium hat nunmehr unter Beachtung der vorstehend angedeuteten allgemeinen Gesichtspunkte, welche auch in dem Immediatberichte dargelegt worden sind, den festgestellten Bebauungsplan bei der Ausübung der Baupolizei zum Anhalt zu nehmen, zugleich für die Vervielfältigung, sowohl der einzelnen Abteilungen des Plans als auch der Übersichtskarte zu sorgen und mit der Absteinung und dem Nivellement der Straßen nach Maßgabe der dazu vorhandenen Kräfte vorgehen zu lassen.

Die Königliche Ministerial-Baukommission sowie die Magistrate von Berlin und Charlottenburg haben Abschrift dieser Verfügung sowie des Allerhöchsten Erlasses vom 26. v. M. erhalten.

Berlin, den 2. August 1862.

Der Minister für Handel, Gewerbe und öffentliche Arbeiten.

An das Königliche Polizeipräsidium
hier.

Abschrift erhält der Magistrat zur Kenntnisnahme.

Berlin, den 2. August 1862.

Der Minister für Handel, Gewerbe und öffentliche Arbeiten.
(Unterschrift.)

An den Magistrat hier.

III/8479.

c) Erlaß des Ministers für Handel, Gewerbe und öffentliche Arbeiten v. 25. April 1863.

(Akten, Bauten 286, Bd. I.)

Auf den Bericht vom 12. d. M. finde ich gegen die für die Straßen 40 bis 49 der Abteilung XI des Bebauungsplanes — auf dem Terrain der ehemaligen Warenkreditgesellschaft — in Vorschlag gebrachten Einteilungen im wesentlichen nichts weiteres zu erinnern, als daß nicht bloß für die 5 und 6 Ruten breiten, sondern auch für die 7, 8, 9 und 10 Ruten breiten Straßen nach Lage des einzelnen Falles ein Straßendamm von 3 Ruten Breite für genügend zu erachten ist, in welchem Falle die ersparte Breite bis zum Eintritt des Bedürfnisses einer Verbreiterung des Straßendammes dem Bürgersteig zugelegt eventuell den Adjazenten zur Benutzung als Vorgarten belassen werden kann. Insofern Vorgärten nicht zugelassen werden, will ich das Königliche Polizeipräsidium ermächtigen, über die Einteilung der neuen Straßen von einer Breite bis zu 10 Ruten unter tunlichster Berücksichtigung der Wünsche der Adjazenten und nach dem Benehmen mit dem Magistrate, im Falle einer Verständigung mit demselben, selbständig Bestimmung zu treffen. Hinsichtlich der Einteilung breiterer Straßen erscheint die Aufstellung einer in allen Fällen gleichmäßig zu befolgenden Norm aus den von dem Königlichen Polizeipräsidium hervorgehobenen Rücksichten nicht ratsam, und ist daher über die Einrichtung solcher besonders breiten Straßen wie der Plätze in jedem einzelnen Falle zu berichten, sobald zu deren Anlegung geschritten werden soll.

Von den in duplo eingereichten Profilzeichnungen vom 25. Februar d. J. ist das eine Exemplar hier zurückbehalten worden. Das andere erfolgt mit dem eingereichten Bebauungsplan, Abteilung XI, hierneben zurück.

Berlin, den 25. April 1863.

Der Minister für Handel Gewerbe und öffentliche Arbeiten.
gez. von Itzenplitz.

An das Königliche Polizeipräsidium
hier.

3. Urteil des Reichsgerichts vom 22. November 1901. Urteil des Kammergerichts vom 14. Mai 1901.

Die im Urteile des Reichsgerichts vom 27. April 1900 ausgesprochene Rechtsauffassung, daß die Bestimmungen im § 11 der Baupolizeiordnung vom 21. April 1853:

„von der Stadtmauer muß jede neu zu errichtende Bauanlage mindestens 4 Ruten entfernt bleiben"

nur eine vorübergehende, von dem tatsächlichen Bestehen und Fortbestehen der alten Stadtmauer abhängige Beschränkung des Grundeigentums enthalte, ist durch obige Urteile fallen gelassen. Das Kammergericht, dessen Feststellungen sich das Reichsgericht angeschlossen hat, ist nach Prüfung neuerer Beweismittel zu dem Ergebnis gekommen, daß die obige Bestimmung des § 11 der Baupolizeiordnung die Bedeutung einer Fluchtlinienfestsetzung habe, für welche das Fortbestehen der Stadtmauer die notwendige Voraussetzung bilde; durch die Bestimmung des § 11 sollte die durch die 4 Ruten räumlich bestimmte Fläche dauernd der Neubebauung entzogen und dem Verkehr gewidmet werden.

---

4. Gesetz, betreffend die Anlegung und Veränderung von Straßen und Plätzen in Städten und ländlichen Ortschaften vom 2. Juli 1875.

Wir Wilhelm, von Gottes Gnaden König von Preußen usw. verordnen, mit Zustimmung beider Häuser des Landtages, für den ganzen Umfang der Monarchie, was folgt:

§ 1. Für die Anlegung oder Veränderung von Straßen und Plätzen in Städten und ländlichen Ortschaften sind die Straßen und Baufluchtlinien vom Gemeindevorstande im Einverständnisse mit der Gemeinde, bezüglich deren Vertretung, dem öffentlichen Bedürfnisse entsprechend unter Zustimmung der Ortspolizeibehörde festzusetzen[1]).

Die Ortspolizeibehörde kann die Festsetzung von Fluchtlinien verlangen, wenn die von ihr wahrzunehmenden polizeilichen Rücksichten die Festsetzung fordern.

Zu einer Straße im Sinne dieses Gesetzes gehört der Straßendamm und der Bürgersteig.

Die Straßenfluchtlinien bilden regelmäßig zugleich die Baufluchtlinien, das heißt die Grenzen, über welche hinaus die Bebauung ausgeschlossen ist. Aus besonderen Gründen kann aber eine von der Straßenfluchtlinie verschiedene, jedoch in der Regel höchstens 3 m von dieser zurückweichende Baufluchtlinie festgesetzt werden.

§ 2. Die Festsetzung von Fluchtlinien (§ 1) kann für einzelne Straßen und Straßenteile oder, nach dem voraussichtlichen Bedürfnisse der näheren Zukunft, durch Aufstellung von Bebauungsplänen für größere Grundflächen erfolgen.

Handelt es sich infolge von umfassenden Zerstörungen durch Brand oder andere Ereignisse um die Wiederbebauung ganzer Ortsteile, so ist die Gemeinde verpflichtet, schleunigst darüber zu beschließen, ob und inwiefern für den betreffenden Ortsteil ein neuer Bebauungsplan aufzustellen ist, und eintretendenfalls die unverzügliche Feststellung des neuen Bebauungsplanes zu bewirken.

---

[1]) In Berlin ist die Zustimmung der städtischen Polizeiverwaltung (Abt. I Straßenbau) und des Polizei-Präsidenten (Abt. I) erforderlich. Wichtig ist hier die Entscheidung des Oberverwaltungsgerichts vom 25. 11. 1885 in Sachen Magistrat Berlin ca. Polizei-Präsident.

§ 3. Bei Festsetzung der Fluchtlinien ist auf Förderung des Verkehrs, der Feuersicherheit und der öffentlichen Gesundheit Bedacht zu nehmen, auch darauf zu halten, daß eine Verunstaltung der Straßen und Plätze nicht eintritt.

Es ist deshalb für die Herstellung einer genügenden Breite der Straßen und einer guten Verbindung der neuen Bauanlagen mit den bereits bestehenden Sorge zu tragen.

§ 4. Jede Festsetzung von Fluchtlinien (§ 1) muß eine genaue Bezeichnung der davon betroffenen Grundstücke und Grundstücksteile und eine Bestimmung der Höhenlage sowie der beabsichtigten Entwässerung der betreffenden Straßen und Plätze enthalten.

§ 5. Die Zustimmung der Ortspolizeibehörde (§ 1) darf nur versagt werden, wenn die von derselben wahrzunehmenden polizeilichen Rücksichten die Versagung fordern.

Will sich der Gemeindevorstand bei der Versagung nicht beruhigen, so beschließt auf sein Ansuchen der Kreisausschuß.

Derselbe beschließt auf Ansuchen der Ortspolizeibehörde über die Bedürfnisfrage, wenn der Gemeindevorstand die von der Ortspolizeibehörde verlangte Festsetzung (§ 1 alinea 2) ablehnt.

An Stelle des Kreisausschusses tritt in Stadtkreisen und den einem Landkreise angehörigen Städten von mehr als 10000 Einwohnern der Bezirksausschuß, in Berlin der Minister der öffentlichen Arbeiten.

§ 6. Betrifft der Plan der beabsichtigten Festsetzungen (§ 4) eine Festung, oder fallen in denselben öffentliche Flüsse, Chausseen, Eisenbahnen oder Bahnhöfe, so hat die Ortspolizeibehörde dafür zu sorgen, daß den beteiligten Behörden rechtzeitig zur Wahrung ihrer Interessen Gelegenheit gegeben wird.

§ 7. Nach erfolgter Zustimmung der Ortspolizeibehörde bezüglich des Kreisausschusses (§ 5) hat der Gemeindevorstand den Plan zu jedermanns Einsicht offen zu legen. Wie letzteres geschehen soll, wird in der ortsüblichen Art mit dem Bemerken bekannt gemacht, daß Einwendungen gegen den Plan innerhalb einer bestimmt zu bezeichnenden präklusivischen Frist von mindestens vier Wochen bei dem Gemeindevorstand anzubringen sind.

Handelt es sich um Festsetzungen, welche nur einzelne Grundstücke betreffen, so genügt statt der Offenlegung und Bekanntmachung eine Mitteilung an die beteiligten Grundeigentümer.

§ 8. Über die erhobenen Einwendungen (§ 7) hat, soweit dieselben nicht durch Verhandlung zwischen dem Gemeindevorstande und den Beschwerdeführern zur Erledigung gekommen, der Kreisausschuß zu beschließen. An Stelle des Kreisausschusses tritt in Stadtkreisen und den einem Landkreise angehörigen Städten von mehr als 10000 Einwohnern der Bezirksausschuß, in Berlin der Minister der öffentlichen Arbeiten. Sind Einwendungen nicht erhoben oder ist über dieselben endgültig (§ 16) beschlossen, so hat der Gemeindevorstand den Plan förmlich festzustellen, zu jedermanns Einsicht offen zu legen und, wie dies geschehen soll, ortsüblich bekannt zu machen.

§ 9. Sind bei Festsetzung von Fluchtlinien mehrere Ortschaften beteiligt, so hat eine Verhandlung darüber zwischen den betreffenden Gemeindevorständen stattzufinden.

Über die Punkte, hinsichtlich deren eine Einigung nicht zu erzielen ist, beschließt der Kreisausschuß.

An Stelle des Kreisausschusses tritt in Stadtkreisen und den einem Landkreise angehörigen Städten von mehr als 10000 Einwohnern der Bezirksausschuß, in Berlin der Minister der öffentlichen Arbeiten.

§ 10. Jede, sowohl vor als nach Erlaß dieses Gesetzes getroffene Festsetzung von Fluchtlinien kann nur nach Maßgabe der vorstehenden Bestimmungen aufgehoben oder abgeändert werden.

Zur Festsetzung neuer oder Abänderung schon bestehender Bebauungspläne in den Städten Berlin, Potsdam, Charlottenburg und deren nächster Umgebung bedarf es Königlicher Genehmigung[1]).

§ 11. Mit dem Tage, an welchem die im § 8 vorgeschriebene Offenlegung beginnt, tritt die Beschränkung des Grundeigentümers, daß Neubauten, Um- und Ausbauten über die Fluchtlinie hinaus versagt werden können, endgültig ein. Gleichzeitig erhält die Gemeinde das Recht, die durch die festgesetzten Straßenfluchtlinien für Straßen und Plätze bestimmte Grundfläche dem Eigentümer zu entziehen.

§ 12. Durch Ortsstatut kann festgestellt werden, daß an Straßen oder Straßenteilen, welche noch nicht gemäß der baupolizeilichen Bestimmungen des Orts für den öffentlichen Verkehr und den Anbau

[1]) Auf Anordnung des Ministers der öffentlichen Arbeiten sind nicht dringliche Anträge auf Erteilung der Königlichen Genehmigung gesammelt zur Vorlage zu bringen (2124 B II 11, Stadtbau 5a VII).

fertig hergestellt sind, Wohngebäude, die nach diesen Straßen einen Ausgang haben, nicht errichtet werden dürfen.

Das Ortsstatut hat die näheren Bestimmungen innerhalb der Grenze vorstehender Vorschrift festzusetzen und bedarf der Bestätigung des (Bezirksrates) Bezirksausschusses, in Berlin des Ministers des Innern. Gegen den Beschluß des (Bezirksrates) Bezirksausschusses ist innerhalb einer Präklusivfrist von (einundzwanzig Tagen) zwei Wochen die Beschwerde bei dem Provinzialrate zulässig.

Nach erfolgter Bestätigung ist das Statut in ortsüblicher Art bekannt zu machen.

§ 13. Eine Entschädigung kann wegen der nach den Bestimmungen des § 12 eintretenden Beschränkung der Baufreiheit überhaupt nicht, und wegen Entziehung oder Beschränkung des von der Festsetzung neuer Fluchtlinien betroffenen Grundeigentums nur in folgenden Fällen gefordert werden:

1. wenn die zu Straßen und Plätzen bestimmten Grundflächen auf Verlangen der Gemeinde für den öffentlichen Verkehr abgetreten werden;
2. wenn die Straßen- oder Baufluchtlinie vorhandene Gebäude trifft und das Grundstück bis zur neuen Fluchtlinie von Gebäuden freigelegt wird;
3. wenn die Straßenfluchtlinie einer neu anzulegenden Straße ein unbebautes, aber zur Bebauung geeignetes Grundstück trifft, welches zur Zeit der Feststellung dieser Fluchtlinie an einer bereits bestehenden und für den öffentlichen Verkehr und den Anbau fertig gestellten anderen Straße belegen ist, und die Bebauung in der Fluchtlinie der neuen Straße erfolgt.

Die Entschädigung wird in allen Fällen wegen der zu Straßen und Plätzen bestimmten Grundfläche für Entziehung des Grundeigentums gewährt. Außerdem wird in denjenigen Fällen der Nr. 2, in welchen es sich um eine Beschränkung des Grundeigentums infolge der Festsetzung einer von der Straßenfluchtlinie verschiedenen Baufluchtlinie handelt, für die Beschränkung des bebaut gewesenen Teiles des Grundeigentums (§ 12 des Gesetzes über Enteignung von Grundeigentum vom 11. Juni 1874) Entschädigung gewährt.

In allen oben gedachten Fällen kann der Eigentümer die Übernahme des ganzen Grundstücks verlangen, wenn dasselbe durch die

Fluchtlinie entweder ganz oder soweit in Anspruch genommen wird, daß das Restgrundstück nach den baupolizeilichen Vorschriften des Ortes nicht mehr zur Bebauung geeignet ist.

Bei den Vorschriften dieses Paragraphen ist unter der Bezeichnung Grundstück jeder im Zusammenhange stehende Grundbesitz des nämlichen Eigentümers begriffen.

§ 14. Für die Feststellung der nach § 13 zu gewährenden Entschädigungen und die Vollziehung der Enteignung kommen die §§ 24 ff. des Gesetzes über Enteignung von Grundeigentum vom 11. Juni 1874 zur Anwendung.

Streitigkeiten über Fälligkeit des Anspruchs auf Entschädigung gehören zur gerichtlichen Entscheidung.

Die Entschädigungen sind, soweit nicht ein aus besonderen Rechtstiteln Verpflichteter dafür aufzukommen hat, von der Gemeinde aufzubringen, innerhalb deren Bezirk das betreffende Grundstück belegen ist.

§ 15. Durch Ortsstatut kann festgesetzt werden, daß bei der Anlegung einer neuen oder bei der Verlängerung einer schon bestehenden Straße, wenn solche zur Bebauung bestimmt ist, sowie bei dem Anbau an schon vorhandenen bisher unbebauten Straßen und Straßenteilen von dem Unternehmer der neuen Anlage oder von den angrenzenden Eigentümern — von letzteren, sobald sie Gebäude an der neuen Straße errichten — die Freilegung, erste Einrichtung, Entwässerung und Beleuchtungsvorrichtung der Straße in der dem Bedürfnisse entsprechenden Weise beschafft, sowie deren zeitweise höchstens jedoch fünfjährige Unterhaltung, beziehungsweise ein verhältnismäßiger Beitrag oder der Ersatz der zu allen diesen Maßnahmen erforderlichen Kosten geleistet werde. Zu diesen Verpflichtungen können die angrenzenden Eigentümer nicht für mehr als die Hälfte der Straßenbreite, und wenn die Straße breiter als 26 m ist, nicht für mehr als 13 m der Straßenbreite herangezogen werden.

Bei Berechnung der Kosten sind die Kosten der gesamten Straßenanlage und beziehungsweise deren Unterhaltung zusammenzurechnen und den Eigentümern nach Verhältnis der Länge ihrer die Straße berührenden Grenze zur Last zu legen.

Das Ortsstatut hat die näheren Bestimmungen innerhalb der Grenze oder einem anderen Maßstabe, insbesondere auch nach der bebauungsfähigen Fläche, vorstehender Vorschrift festzusetzen. Bezüglich seiner Bestätigung, Anfechtbarkeit und Bekanntmachung gelten die im § 12 gegebenen Vorschriften.

[Für die Haupt- und Residenzstadt Berlin bewendet es bis zu dem Zustandekommen eines solchen Statuts bei den Bestimmungen des Regulativs vom 31. Dezember 1838.]

§ 16. [Gegen die Beschlüsse des Kreisausschusses steht dem Beteiligten in den Fällen der §§ 5, 8, 9 die Beschwerde bei dem Bezirksrate innerhalb einer Präklusivfrist von einundzwanzig Tagen zu.

In den Fällen, in denen es sich um Wiederbebauung ganzer durch Brand oder andere Ereignisse zerstörter Ortsteile handelt, tritt an die Stelle dieser Präklusivfrist eine solche von einer Woche.]

§ 17. [Die durch die §§ 5, 8 und 9 dem Kreisausschusse und in höherer Instanz dem Bezirksrate beigelegten Befugnisse und Obliegenheiten werden in den einem Landkreise angehörigen Städten mit mehr als 10 000 Einwohnern, oder wenn unter mehreren beteiligten Gemeinden (§ 9) sich eine solche Stadt befindet, von dem Bezirksrate und in höherer Instanz von dem Provinzialrate, in den Stadtkreisen, oder wenn unter mehreren beteiligten Gemeinden (§ 9) sich ein Stadtkreis befindet, von dem Provinzialrate und auf Ansuchen der Gemeinde in höherer Instanz von dem Minister für Handel wahrgenommen.

In den Hohenzollernschen Landen tritt an die Stelle des Kreisausschusses der Amtsausschuß und steht auch diesem die Bestätigung der Ortsstatuten (§§ 12 und 15) zu. Die Beschwerde-Instanz bildet der Landesausschuß.]

§ 18. [Bis dahin, daß in den verschiedenen Provinzen der Monarchie die Kreisausschüsse und die Bezirks- und Provinzialräte gebildet sind, hat die Bezirksregierung (Landrostei) die denselben durch dieses Gesetz überwiesenen Geschäfte wahrzunehmen.

Die Beschlußfassung in der höheren Instanz steht in den Fällen der §§ 5, 8 und 9 dem Minister für Handel, im Falle der §§ 12 und 15 dem Oberpräsidenten zu.

Für die Stadt Berlin liegt bis zur Bildung einer besonderen Provinz Berlin die Wahrnehmung der in den §§ 5, 8 und 9 dem Kreisausschusse beigelegten Funktionen dem Minister für Handel usw., die Bestätigung der Statuten nach den §§ 12 und 15 dem Minister des Innern ob.]

§ 19. Alle den Bestimmungen dieses Gesetzes entgegenstehenden allgemeinen und besonderen gesetzlichen Vorschriften werden hierdurch aufgehoben.

Alle Bestimmungen der im Verwaltungswege erlassenen Bauordnungen, sonstigen polizeilichen Anordnungen und Ortsstatuten, welche mit den Vorschriften dieses Gesetzes in Widerspruch stehen, treten außer Kraft.

§ 20. Der Minister [für Handel] der öffentlichen Arbeiten wird mit der Ausführung dieses Gesetzes beauftragt.

Urkundlich unter Unserer Höchsteigenhändigen Unterschrift und beigedrucktem Königlichen Insiegel.

Gegeben Bad Ems, den 2. Juli 1875.

(L. S.) Wilhelm.

Fürst v. Bismarck. Camphausen. Gr. zu Eulenburg. Leonhardt. v. Kameke. Achenbach.

---

5. Zweckverbandsgesetz für Groß Berlin vom 19. Juli 1911.

§ 1, Abs. 1, §§ 5—8.

(Das vollständige Gesetz wird in dem Band „Gemeindeverfassung" des „Berliner Gemeinderechts" abgedruckt.)

§ 1, Absatz 1. Die Stadtkreise Berlin, Charlottenburg, Schöneberg, Rixdorf, Deutsch Wilmersdorf, Lichtenberg und Spandau sowie die Landkreise Teltow und Niederbarnim werden zu einem Zweckverbande vereinigt, dem die Erfüllung der unter Ziffer 1 bis 3 bezeichneten kommunalen Aufgaben obliegt:

1. Regelung des Verhältnisses zu öffentlichen, auf Schienen betriebenen Transportanstalten mit Ausnahme der Staatseisenbahnen (§ 4);
2. Beteiligung an der Feststellung der Fluchtlinien- und Bebauungspläne für das Verbandsgebiet und Mitwirkung an dem Erlasse von Baupolizeiverordnungen (§§ 5 bis 8);
3. Erwerbung und Erhaltung größerer, von der Bebauung frei zu haltender Flächen (Wälder, Parks, Wiesen, Seen, Schmuck-, Spiel-, Sportplätze usw.) (§ 9).

§ 5. Der Verband kann für Teile des Verbandsgebiets Fluchtlinien festsetzen, insoweit dies für die Schaffung oder Ausgestaltung von Durchgangs- oder Ausfallstraßen, für die Herstellung von Bahnen (§ 1 Ziffer 1) oder für die Ausgestaltung der Umgebung von Freiflächen (§ 1 Ziffer 3) erforderlich erscheint. Für letzteren Zweck können auch Bebauungspläne festgesetzt werden. Auch über den vorstehend bestimmten Umfang hinaus kann der Verband aus wichtigen Gründen des Verkehrs, der Gesundheits- und der Wohnungsfürsorge in den noch nicht bebauten Teilen des Verbandsgebiets Fluchtlinien- und Bebauungspläne festsetzen. Darüber, ob die vorangegebenen Voraussetzungen zur Festsetzung von Fluchtlinien und Bebauungsplänen vorhanden sind, beschließt im Streitfalle die Beschlußbehörde für Groß Berlin. Gegen den Beschluß steht dem Verband und den beteiligten Verbandsgliedern binnen vier Wochen die Beschwerde an den Minister der öffentlichen Arbeiten offen. Als Durchgangs- und Ausfallstraßen sind diejenigen anzusehen, welche über den Bereich einer Einzelgemeinde (eines Gutsbezirkes) hinaus den allgemeinen Verkehrsinteressen des Verbandes zu dienen bestimmt sind.

Solange und insoweit Fluchtlinienpläne durch den Verband nicht endgültig festgesetzt sind, bleibt das Fluchtlinienwesen Sache der Einzelgemeinden mit der Maßgabe, daß neue oder abgeänderte Fluchtlinienpläne der Einzelgemeinden dem Verbandsausschusse vor der Auslegung der Pläne zur Begutachtung vorzulegen sind. Der Vorlegung bedarf es nicht, wenn die Pläne nur die Aufteilung einzelner Baublöcke oder die Verbreiterung bestehender Straßen betreffen. Der Verbandsausschuß kann ihm vorgelegte Pläne beanstanden. Gegen die Beanstandung findet binnen vier Wochen die Beschwerde an die Beschlußbehörde für Groß Berlin und gegen deren Beschluß die weitere Beschwerde nach Maßgabe der Bestimmungen im Abs. 1 statt.

§ 6. Die Entwürfe der Fluchtlinienpläne des Verbandes (§ 5 Abs. 1) sind mit der Angabe über die durch sie bedingten Abänderungen der bestehenden Pläne zunächst den beteiligten Gemeinden und Kreisen zur Äußerung und sodann dem Minister der öffentlichen Arbeiten zur grundsätzlichen Zustimmung vorzulegen. Einer Zustimmung der Ortspolizeibehörde bedarf es nicht. Auf die Änderungen bestehender Fluchtlinienfestsetzungen infolge der Festsetzung von Fluchtlinien durch den Verband finden die Vorschriften des § 10 Abs. 1 des Gesetzes vom 2. Juli 1875 (Gesetzsamml. S. 561) keine Anwendung.

Nach erfolgter Zustimmung sind die auf die einzelnen Gemeinde- (Gutsbezirks-) gebiete bezüglichen Planteile unter Kenntlichmachung der Abweichungen von den früheren Plänen in diesen Gemeinden (Gutsbezirken) zu jedermanns Einsicht offenzulegen. Wie dies zu geschehen hat, wird sowohl vom Verbandsausschuß in den für die Veröffentlichungen des Verbandes bestimmten Blättern als auch von den einzelnen Gemeinde- (Guts-) vorständen in der für die Gemeinden (Gutsbezirke) geltenden Form mit dem Bemerken bekanntgemacht, daß Einwendungen innerhalb einer Ausschlußfrist von vier Wochen bei dem Verbandsausschuß anzubringen sind. Auch die beteiligten Gemeinden (Gutsbezirke) sind zur Erhebung von Einwendungen berechtigt. Handelt es sich um Festsetzungen, welche nur einzelne Grundstücke betreffen, so genügt statt der Offenlegung und Bekanntmachung eine Mitteilung an die beteiligten Grundeigentümer und Gemeinden (Gutsbezirke).

Über die erhobenen Einwendungen hat, soweit sie nicht durch Verhandlungen zwischen dem Verbandsausschuß und den Beschwerdeführern zur Erledigung gekommen sind, die Beschlußbehörde für Groß Berlin zu beschließen; gegen ihren Beschluß ist binnen vier Wochen die Beschwerde an den Minister der öffentlichen Arbeiten zulässig. Sind Einwendungen nicht erhoben, oder ist über sie endgültig beschlossen, so hat der Verbandsausschuß die Pläne förmlich festzusetzen, zu jedermanns Einsicht offenzulegen und, wie dies geschehen soll, öffentlich bekannt zu geben.

§ 7. Die Durchführung der vom Verbande festgesetzten Fluchtlinienpläne (§ 5 Abs. 1) liegt den Einzelgemeinden (Gutsbezirken) ob.

Zu den Kosten der Herstellung und Unterhaltung der nach seinen Fluchtlinienplänen ausgeführten Straßen hat der Verband jedoch den Einzelgemeinden einen von der Verbandsversammlung festzusetzenden einmaligen oder laufenden Zuschuß zu leisten, bei dessen Bemessung die Vorteile der Straßenherstellung für den Verband sowie die Vorteile und Nachteile für die Einzelgemeinden (Gutsbezirke) entsprechend zu berücksichtigen sind.

Der Verband kann solche Straßen mit Zustimmung der beteiligten Gemeinden (Gutsbezirke) auch selbst herstellen und unterhalten. In Gutsbezirken liegt ihm dies auf Antrag derselben ob. Als Gegenleistung haben die beteiligten Gemeinden (Gutsbezirke) einen von der Verbandsversammlung festzusetzenden, ihren Vorteilen, insbesondere der Verminderung ihrer Unterhaltungslast, entsprechenden Zuschuß zu entrichten. Es kann ihnen gestattet werden, denselben ganz oder zum Teil in Naturalleistungen zu entrichten.

Gegen die in den Fällen der beiden vorstehenden Absätze gefaßten Beschlüsse der Verbandsversammlung steht den Beteiligten binnen vier Wochen die Beschwerde an die Beschlußbehörde für Groß Berlin und gegen ihre Beschlüsse binnen der gleichen Frist die Klage bei dem Oberverwaltungsgerichte zu.

In den Fällen des Abs. 3 gehen die den Gemeinden in den §§ 11 bis 15 des Gesetzes, betreffend die Anlegung und Veränderung von Straßen und Plätzen in Städten und ländlichen Ortschaften, vom 2. Juli 1875 (Gesetz-Samml. S. 561) zugewiesenen Rechte und Pflichten sowie die Befugnisse auf Grund des § 9 des Kommunalabgabengesetzes vom 14. Juli 1893 (Gesetz-Samml. S. 152) auf den Verband über; Gutsbezirke werden den Gemeinden gleichgeachtet. Dabei unterliegen Statuten des Verbandes der Bestätigung des Ministers der öffentlichen Arbeiten. Für das Einspruchs- und Klageverfahren finden §§ 69, 70 des Kommunalabgabengesetzes mit der Maßgabe Anwendung, daß für den Einspruch der Verbandsausschuß und für die Klage das Oberverwaltungsgericht zuständig ist.

§ 8. Vor Erlaß neuer oder Abänderung bestehender Baupolizeiordnungen hat die zuständige Behörde den Verbandsausschuß unter Bestimmung einer der Lage des Einzelfalls entsprechenden Frist gutachtlich zu hören.

6. Vorschriften für die Aufstellung von Fluchtlinien und Bebauungsplänen vom 28. Mai 1876.

Auf Grund des § 20 des Gesetzes, betreffend die Anlegung von Straßen und Plätzen in Städten und ländlichen Ortschaften, vom 2. Juli 1875 (GS. S. 561 ff.) werden zur Herbeiführung eines zweckentsprechenden und möglichst gleichförmigen Verfahrens bei Festsetzung von Fluchtlinien sowie zur Beschaffung genügender Grundlagen für die Beurteilung der Zweckmäßigkeit der beabsichtigten Fluchtlinienfestsetzung nachstehende Ausführungsvorschriften erlassen.

Allgemeine Bestimmungen.

§ 1. Für die Festsetzung von Fluchtlinien (§§ 1 bis 4 des Gesetzes vom 2. Juli 1875) sind der Regel nach, und soweit nicht nachstehend

(§ 13) Ausnahmebestimmungen getroffen werden, folgende Vorlagen zu machen:

I. Situationspläne, und zwar:
   a) Fluchtlinienpläne, sofern es um die Festsetzung von Fluchtlinien bei Anlegung oder Veränderung von einzelnen Straßen oder Straßenteilen sich handelt,
   b) Bebauungspläne, sofern es um die Festsetzung von Fluchtlinien für größere Grundflächen und ganze Ortsteile sich handelt,
   c) Übersichtspläne.

II. Höhenangaben. Hierunter werden verstanden:
   a) Längenprofile,
   b) Querprofile,
   c) Horizontalkurven und Höhenzahlen in den Situationsplänen,

III. Erläuternde Schriftstücke.

§ 2. Diese Vorlagen sollen A den gegenwärtigen Zustand, B den Zustand, welcher durch die nach Maßgabe der beabsichtigten Fluchtlinienfestsetzung erfolgende Anlegung von Straßen und Plätzen herbeigeführt werden soll, klar und bestimmt darstellen. Dieselben müssen durch einen vereidigten Feldmesser aufgenommen oder als richtig bescheinigt und durch einen geprüften Baumeister oder einen im Kommunaldienste angestellten Baubeamten, durch welche die Richtigkeit der Aufnahme gleichfalls bescheinigt werden kann, mindestens unter der Mitwirkung eines solchen bearbeitet und dementsprechend unterschriftlich vollzogen sein.

A. Darstellung des gegenwärtigen Zustandes.

I. Situationspläne.

§ 3. Der Maßstab, in welchem die Situationspläne (Fluchtlinien- und Bebauungspläne) entworfen werden, darf in der Regel nicht kleiner sein als 1 : 1000. Zusammenhängende Straßenzüge sind im Zusammenhange zur Darstellung zu bringen. Erhalten infolgedessen größere Bebauungspläne eine für ihre Benutzung unbequeme Ausdehnung (§ 12), so darf für dieselben zwar ein kleinerer Maßstab, bis 1 : 2500, angewendet werden; es ist in diesem Falle aber für jede Straße, deren Fluchtlinien festgesetzt werden sollen, ein besonderer Fluchtlinienplan im Maßstabe von mindestens 1 : 1000 beizubringen. Jedes Projekt erfordert die Beifügung eines Übersichtsplanes, für welchen ein vorhandener gedruckter oder gezeichneter Plan oder auch ein Auszug aus einem solchen verwendet werden kann.

§ 4. Durch die Situationspläne soll das in Betracht zu ziehende Terrain mit seinen Umgebungen in solcher Ausdehnung dargestellt werden, daß die im Interesse des Verkehrs, der Feuersicherheit und der öffentlichen Gesundheit zu stellenden Anforderungen (§ 3 des Gesetzes vom 2. Juli 1875) ausreichend beurteilt werden können. Alle vorhandenen Baulichkeiten, Straßen, Wege, Höfe, Gärten, Brunnen, offene und verdeckte Abwässerungen usw., ferner alle Gemarkungs-, Besitzstands- und Kulturgrenzen müssen in den Plänen mit schwarzen Linien dargestellt, und soweit es zur Deutlichkeit erforderlich, mit charakterisierenden Farben, jedoch nur blaß, angelegt sein. In die Situationspläne sind ferner die Nummern oder sonstigen Bezeichnungen, welche die einzelnen Grundstücke im Grundbuche, bzw. wo Grundbücher nicht vorhanden sind, im Grundsteuerkataster führen und die Namen der Eigentümer einzuschreiben. Die auf den gegenwärtigen Zustand bezüglichen Schriftzeichen und Zahlen sind schwarz zu schreiben. Jeder Plan ist mit der geographischen Nordlinie und einem Maßstabe zu versehen.

II. Höhenangaben.

§ 5. Die Höhenangaben müssen sich auf einen speziell zu bezeichnenden, möglichst allgemein bekannten festen Punkt, etwa auf den Nullpunkt, eines in der Nähe befindlichen Pegels, am besten auf den Nullpunkt des Amsterdamer Pegels beziehen und ausschließlich in positiven Zahlen erscheinen. Von jeder in einem Fluchtlinien- oder Bebauungsplan projektierten Straße ist, insoweit nicht nach den Ausnahmebestimmungen des § 13 davon abgesehen werden darf, ein Längenprofil im Längenmaßstabe des dazu gehörigen Situationsplanes und im Höhenmaßstabe von 1 : 100 beizubringen. Die Linie des in der Regel durch die Mitte des Straßendammes zu legenden und in Stationen von je 100 m Länge mit den erforderlichen Zwischenstationen von mindestens je 50 m Entfernung einzuteilenden Nivellementszuges ist mit ihrer Stationierung in den zugehörigen Situationsplänen rot punktiert anzugeben. Wo erhebliche Änderungen in der Terrainoberfläche in Aussicht genommen werden, oder wo nahe liegende Gebäude, Mauern, abgehende Wege usw. eine besondere Berücksichtigung verlangen, sind Querprofile aufzunehmen. Diese sind in einem Maßstabe, der nicht kleiner als 1 : 250 sein darf, zu zeichnen und zur Numerierung sowie zu den Ordinaten des Längenprofils übersichtlich in Beziehung zu bringen. Sind dieselben nicht rechtwinklig zum Hauptnivellement aufgenommen, so ist ihre Lage auch im Situationsplane anzugeben. In den Bebauungsplänen ist außerdem bei hügeligem oder gebirgigem Terrain auf Grund eines Nivellementsnetzes die Gestaltung der Terrainoberfläche durch Horizontalkurven in Höhenabständen von je 1 m bis 5 m mittels schwarzpunktierter Linien und beigeschriebener Höhenzahlen übersichtlich darzustellen. Alle Höhenzahlen werden in Metern angegeben und auf zwei Dezimalstellen abgerundet.

§ 6. Aus den Höhenangaben muß die Höhenlage sowohl der vorhandenen Straßen und Wege, als auch ihrer Umgebungen in solcher Ausdehnung hervorgehen, daß die Forderungen des Verkehrs und der zukünftigen Entwässerung, nicht minder die Bedingungen einer etwaigen späteren Fortsetzung vollständig beurteilt werden können. Die höchsten und niedrigsten Stände aller Gewässer, welche auf die projektierten Anlagen von Einfluß sein können, sowie vorhandene Fachbäume und Pegel, insbesondere die Grundwasserstände, soweit deren Ermittelung bereits ausgeführt ist, oder im speziellen Falle notwendig erscheint, die Tiefen der etwa vorkommenden Moore oder sonstiger, die Straßenanlegung benachteiligender Bodenschichten, die Türschwellen der vorhandenen Gebäude, die Schienenhöhe naheliegender Eisenbahnen usw., ebenso alle Festpunkte, an welche das Nivellement angeschlossen worden, müssen in den Profilen vollständig bezeichnet sein. In denselben werden die Wasserspiegel blau ausgezogen und beschrieben, dagegen alle sonstigen bestehenden Gegenstände, nicht minder die Ordinaten in schwarzer Farbe und Schrift angegeben, die Terrainlinien braun unterwaschen, die Bodenschichten mit charakterisierenden Farben angelegt.

B. Darstellung des Zustandes, welcher durch die nach Maßgabe der beabsichtigten Fluchtlinienfestsetzung erfolgende Anlegung von Straßen und Plätzen herbeigeführt werden soll.

Allgemeines.

§ 7. Die Aufstellung der Projekte bedingt eine sorgfältige Erwägung des gegenwärtig vorhandenen, sowie des in der näheren

Zukunft voraussichtlich eintretenden öffentlichen Bedürfnisses unter besonderer Berücksichtigung der in dem § 3 des Gesetzes vom 2. Juli 1875 hervorgehobenen Gesichtspunkte. Im Interesse der Förderung der öffentlichen Gesundheit und Feuersicherheit ist auch auf eine zweckmäßige Verteilung der öffentlichen Plätze sowie der Brunnen Bedacht zu nehmen. Betreffs der Straßenbreiten empfiehlt es sich, bei neuen Straßenanlagen die Grenzen, über welche hinaus die Bebauung ausgeschlossen ist,

a) bei Straßen, welche als Hauptadern des Verkehrs die Entwickelung eines lebhaften und durchgehenden Verkehrs erwarten lassen, nicht unter 30 m,
b) bei Nebenverkehrsstraßen von beträchtlicher Länge nicht unter 20 m,
c) bei allen anderen Straßen nicht unter 12 m anzunehmen.

Bei den unter a und b bezeichneten Straßen ist ein Längengefälle von nicht mehr als 1 : 50 bezw. von 1 : 40, bei Rinnsteinen ein solches von nicht weniger als 1 : 200 nach Möglichkeit anzustreben.

Besonderes.

I. Situationspläne.

§ 8. Die anzulegenden oder zu verändernden Straßen und Plätze sind in dem Übersichtsplane mit roter Farbe deutlich zu bezeichnen. In die Situationspläne sind die projektierten Baufluchtlinien mit kräftigen zinnoberroten Strichen einzutragen. Fallen dieselben mit den Straßenfluchtlinien nicht zusammen, so sind die letzteren mit minder kräftigen Strichen auszuziehen und ist der Raum zwischen beiden blaßgrün anzulegen. Die projektierten Rinnsteine werden durch scharfe dunkelblaue Linien, verdeckte Abwässerungen punktiert unter Bezeichnung der Gefällrichtung mittels blauer Pfeile angedeutet, die Straßen und öffentlichen Plätze blaßrot, diejenigen Straßenseiten, welche nicht bebaut werden sollen, grün angelegt. Vorhandene Gebäude oder Teile derselben, welche bei der späteren, nach Maßgabe der Fluchtlinienfestsetzung erfolgenden Freilegung nicht beseitigt zu werden brauchen, sind in ihren charakterisierenden Farben dunkler anzulegen als die abzubrechenden. Die Namen, Nummern oder sonstigen Bezeichnungen der projektierten Straßen und Plätze, ingleichen die Breiten derselben werden mit zinnoberroten Schriftzeichen und Zahlen in die Situationspläne eingeschrieben.

II. Höhenangaben.

§ 9. In den Längenprofilen werden die projektierten Höhenlagen der Straßenzüge, speziell die Kronenlinien der künftigen Straßenbefestigung, mit zinnoberroten Linien ausgezogen und die Aufträge blaßrot, die Abträge grau angelegt. In dieselben sind ferner die Brücken, Durchlässe, unterirdischen Wasserabzüge usw. unter Angabe der lichten Weiten und Höhen einzutragen. An allen Brechpunkten der Gefälle, an sämtlichen Kreuzungs- oder Abzweigungspunkten von Straßen und an sonst charakteristischen Stellen werden die betreffenden Ordinaten zinnoberrot ausgezogen und mit den zugehörigen Zahlen ebenso beschrieben. Dagegen erhalten die auf die Abwässerung bezüglichen Höhenzahlen die blaue Farbe. Die Längen der Straßenzüge von einem Brechpunkte des Gefälles bis zum nächstfolgenden werden zusammen mit der Verhältniszahl des Gefälles in zinnoberroter Farbe über das Profil, die Namen, Nummern oder sonstigen Bezeichnungen der Straßen, übereinstimmend mit dem Situationsplane, über oder unter dasselbe geschrieben. Wenn zu einem Situationsplane mehrere Längenprofile gehören, so ist auf eine deutliche und übereinstimmende Bezeichnung der Anschlußpunkte unter schärferer Hervorhebung der Anschlußordinaten zu achten.

§ 10. Von jeder Straße, deren Fluchtlinien festgesetzt werden sollen, sind mindestens so viele Querprofile zu entwerfen, wie dieselbe voneinander abweichende Breiten erhält. Wo die im § 5 angegebenen besonderen Verhältnisse obwalten, sind die Querprofile entsprechend zu vermehren und zu erweitern. Die graphische Behandlung der Querprofile entspricht derjenigen der Längenprofile.

III. Erläuternde Schriftstücke.

§ 11. Den Fluchtlinien und Bebauungsplänen sind schriftliche Erläuterungen beizufügen, in welchen unter Darlegung der bisherigen Beschaffenheit, Benutzungsart und Entwässerung des zu bebauenden Terrains und der Veranlassung zur Aufstellung des Projekts die bezüglich der Lage, Breite und sonstigen Einrichtung der Straßen, der Entwässerung derselben usw. beabsichtigten Anordnungen zu beschreiben und, wo es erforderlich ist, eingehend zu motivieren sind. Dem Erläuterungsbericht sind beizufügen:

1. ein Straßenverzeichnis, d. i. eine tabellarisch geordnete Übersicht der Straßen und Plätze, welche verändert, verlängert oder neu angelegt werden sollen. In das Verzeichnis sind aufzunehmen:
   a) die Namen, Nummern oder sonstigen Bezeichnungen,
   b) die Breiten jeder Straße zwischen den Baufluchtbzw. den Straßenfluchtlinien,
   c) die Gefällverhältnisse und Längenausdehnung der Straßen nach ihren verschiedenartigen Abschnitten und im ganzen;
2. ein Vermessungsregister des von der Festsetzung der neuen Fluchtlinien betroffenen Grundeigentums. Dasselbe muß, gleichfalls tabellarisch geordnet, unter angemessener Bezugnahme auf den Situationsplan und das Straßenverzeichnis enthalten:
   a) den Namen, Wohnort usw. des beteiligten Eigentümers,
   b) die Nummer oder sonstige Bezeichnung, welche das Grundstück im Grundbuche bzw. im Grundsteuerkataster führt,
   c) die Größe der zu Straßen und Plätzen für den öffentlichen Verkehr abzutretenden Grundflächen,
   d) deren Benutzungsart,
   e) die Bezeichnung und Beschreibung der vorhandenen Gebäude oder Gebäudeteile, welche von einer Straßen- oder Baufluchtlinie getroffen werden oder sonst zur Freilegung derselben beseitigt werden müssen,
   f) die Größe der Restgrundstücke,
   g) die Angabe, ob dieselben nach den baupolizeilichen Vorschriften des Orts noch zur Bebauung geeignet bleiben oder nicht.

§ 12. Die Zeichnungen und Schriftstücke sind nicht gerollt, vielmehr in einer Mappe oder in aktenmäßigem Formate zur Vorlage zu bringen. Den einzelnen Plänen, welche auf Leinewand zu ziehen, mindestens aber mit Band einzufassen sind, ist kein größeres Format als dasjenige von 0,50 zu 0,66 m zu geben, und sind dieselben erforderlichenfalls klappenartig aneinanderzufügen.

Ausnahmebestimmungen.

§ 13. Die beizubringenden Vorlagen können auf einen Situationsplan mit den erforderlichen Erläuterungen beschränkt bleiben:

a) bei einer einfachen Regulierung oder Veränderung vorhandener Straßen, mit der eine Veränderung in der Höhenlage des Straßendammes nicht verbunden ist,

b) bei einer nicht erheblichen Erweiterung ländlicher Ortschaften und kleiner Städte, die nicht in unmittelbarer Nähe großer Städte liegen, sofern die Erweiterung nicht zu größeren Fabrikanlagen, zu Eisenbahnhöfen, Begräbnisstätten oder sonstigen Anlagen, die auf die Feuersicherheit, die Verkehrsverhältnisse und die öffentliche Gesundheit von Einfluß sein können, in Beziehung stehen,

c) bei einer Fluchtlinienfestsetzung, die wegen besonderer Dringlichkeit schleunigst zu erfolgen hat und für die nach dem übereinstimmenden Urteile des Vorstandes und der Vertretung der Gemeinde sowie der Ortspolizeibehörde die Beibringung ausführlicherer Vorlagen entbehrlich erscheint.

Außerdem bleibt es derjenigen Behörde, welche zunächst über die Fluchtlinienfestsetzung zu befinden hat, vorbehalten, in sonstigen, besonders motivierten Fällen die Vereinfachung der Vorlagen ausnahmsweise für zulässig zu erklären und zu bestimmen, welche Teile der vorstehenden Vorschriften (§§ 1 bis 12) unausgeführt bleiben dürfen.

In allen diesen Ausnahmefällen, einschließlich der unter a, b und c aufgeführten, kann von den Behörden, die über die Fluchtlinienfestsetzung nach dem Gesetze vom 2. Juli 1875 zu beschließen haben, in jedem Stadium des Verfahrens die weitere Vervollständigung der Vorlagen nach Maßgabe der in den §§ 1 bis 12 gegebenen Vorschriften gefordert werden.

Berlin, den 28. Mai 1876.

Der Minister für Handel, Gewerbe und öffentliche Arbeiten.

Dr. Achenbach.

B. Verlegung und Einziehung.

1. Zuständigkeitsgesetz vom 1. August 1883.

§ 57. Über Einziehung oder Verlegung öffentlicher Wege beschließt — vorbehaltlich der in den §§ 58 und 60 für die Provinzen Schleswig-Holstein und Hannover im Anschluß an die dortige Wegegesetzgebung getroffenen besonderen Bestimmungen — die Wegepolizeibehörde, nachdem das Vorhaben mit der Aufforderung, Einsprüche binnen vier Wochen zur Vermeidung des Ausschlusses geltend zu machen, in ortsüblicher Weise sowie durch das Kreisblatt und das Amtsblatt veröffentlicht worden ist. Gegen den Beschluß der Wegepolizeibehörde steht den mit dem Einspruche Zurückgewiesenen innerhalb zwei Wochen die Klage bei dem Kreisausschusse bzw. dem Bezirksausschusse nach Maßgabe der Vorschrift im § 56 Abs. 7 zu.

Wird die beantragte Verlegung oder Einziehung eines öffentlichen Weges von der Wegepolizeibehörde von vornherein oder nach dem Einspruchs- (Ausschließungs-)Verfahren abgelehnt, so ist dem Antragsteller nur das Anrufen der Aufsichtsbehörde gestattet.

Der Artikel IV des Gesetzes, betreffend die Abänderung von Bestimmungen der Kreisordnung für die Provinzen Preußen, Brandenburg, Pommern, Posen, Schlesien und Sachsen, vom 13. Dezember 1872 und die Ergänzung derselben vom 19. März 1881 (GS. S. 155) wird aufgehoben.

Anhang.

§ 55. Die Aufsicht über die öffentlichen Wege und deren Zubehörungen sowie die Sorge dafür, daß den Bedürfnissen des öffentlichen Verkehrs in bezug auf das Wegewesen Genüge geschieht, verbleibt in dem bisherigen Umfange den für die Wahrnehmung der Wegepolizei zuständigen Behörden. Sind dazu Leistungen erforderlich, so hat die Wegepolizeibehörde den Pflichtigen zur Erfüllung seiner Verbindlichkeit binnen einer angemessenen Frist aufzufordern und, wenn die Verbindlichkeit nicht bestritten wird, erforderlichenfalls mit den gesetzlichen Zwangsmitteln anzuhalten. Auch ist die zuständige Wegepolizeibehörde befugt, das zur Erhaltung des gefährdeten oder zur Wiederherstellung des unterbrochenen Verkehrs Notwendige, auch ohne vorgängige Aufforderung des Verpflichteten, für Rechnung desselben in Ausführung bringen zu lassen, wenn dergestalt Gefahr im Verzuge ist, daß die Ausführung der vorzunehmenden Arbeit durch den Verpflichteten nicht abgewartet werden kann.

§ 56. Gegen die Anordnungen der Wegepolizeibehörde, welche den Bau und die Unterhaltung der öffentlichen Wege oder die Aufbringung und Verteilung der dazu erforderlichen Kosten oder die Inanspruchnahme von Wegen für den öffentlichen Verkehr betreffen, findet als Rechtsmittel innerhalb zwei Wochen der Einspruch an die Wegepolizeibehörde statt.

Wird der Einspruch der Vorschrift des ersten Absatzes zuwider innerhalb der gesetzlichen Frist bei denjenigen Behörden erhoben, welche zur Beschlußfassung oder Entscheidung auf Beschwerden gegen Beschlüsse oder Verfügungen der Wegepolizeibehörde zuständig sind, so gilt die Frist als gewahrt.

Der Einspruch ist in solchen Fällen von den angerufenen Behörden an die Wegepolizeibehörde zur Beschlußfassung abzugeben.

Über den Einspruch hat die Wegepolizeibehörde zu beschließen. Gegen den Beschluß findet die Klage im Verwaltungsstreitverfahren statt. Dieselbe ist, soweit der in Anspruch Genommene zu der ihm angesonnenen Leistung aus Gründen des öffentlichen Rechts statt seiner einen anderen für verpflichtet erachtet, zugleich gegen diesen zu richten. In dem Verwaltungsstreitverfahren ist entstehendenfalls auch darüber zu entscheiden, ob der Weg für einen öffentlichen zu erachten ist.

Auch im übrigen unterliegen Streitigkeiten der Beteiligten darüber, wem von ihnen die öffentlich-rechtliche Verpflichtung zur Anlegung oder Unterhaltung eines öffentlichen Weges obliegt, der Entscheidung im Verwaltungsstreitverfahren.

Die Klage ist in den Fällen des vierten Absatzes innerhalb zwei Wochen anzubringen. Die zuständige Behörde kann zur Vervollständigung der Klage eine angemessene Nachfrist gewähren. Durch den Ablauf dieser Fristen wird jedoch die Klage im Verwaltungsstreitverfahren auf Erstattung des Geleisteten gegen einen aus Gründen des öffentlichen Rechts verpflichteten Dritten nicht ausgeschlossen.

Zuständig im Verwaltungsstreitverfahren ist in erster Instanz der Kreisausschuß, in Stadtkreisen, in Städten mit mehr als 10 000 Einwohnern und, sofern es sich um Chausseen handelt oder ein Provinzialverband, Landeskommunal- oder Kreiskommunalverband als solcher oder — in der Provinz Hannover — ein Wegeverband beteiligt ist, oder wenn die Klage gegen Beschlüsse des Landrats gerichtet ist, der Bezirksausschuß.

Wird ein Weg im Verwaltungsstreitverfahren für einen öffentlichen erklärt, so bleibt demjenigen, welcher privatrechtliche Ansprüche auf den Weg geltend macht, der Antrag auf Entschädigung gegen den Wegebauverpflichteten im ordentlichen Rechtswege nach Maßgabe des § 4 des Gesetzes vom 11. Mai 1842 (GS. S. 192) vorbehalten.

---

2. Schriftwechsel des Magistrats mit dem Polizei-Präsidenten über Einziehung der Prinzengasse.

Magistrat hiesiger Königl. Haupt- und Residenzstadt.
J.-Nr. 5030 B. II. 05.

Berlin, den 20. März 1905.

Der einzige Anlieger der Prinzengasse hierselbst ist die Bank für Handel und Industrie, welche die zu beiden Seiten der Gasse gelegenen, bis zur Niederlagstraße durchgehenden Grundstücke Schinkelplatz Nr. 1/2 und Nr. 3 gehören.

Zur Vergrößerung ihrer Geschäftsräume, welche im ersteren Grundstück nicht mehr Platz finden, möchte die Bank das Gelände der Prinzengasse bebauen und hat bei uns den Antrag auf Einziehung dieser Gasse gestellt.

Einen Verkehrswert hat letztere nicht. Unter Beifügung eines Planes ersuchen wir Ew. Hochwohlgeboren um gefällige Mitteilung, ob dortseits gegen die Einziehung der Prinzengasse als einer öffentlichen Straße etwas einzuwenden sein würde.

gez. Kirschner.

An
den Herrn Polizeipräsidenten,
Abteilung I,
hier.

Der Polizeipräsident
Abteilung I
Tagebuch Nr. I. C. 773.

Berlin C. 25, den 11. Mai 1905.
Alexanderstr. 3/6.

Zum Schreiben vom 27. März d. J.
5030 B. II. 05.

Die geschäftliche Behandlung des Antrages auf Einziehung der Prinzengasse ist verschieden, je nachdem sich eine Fluchtlinienfestsetzung für die Straße nachweisen läßt oder nicht. Im ersteren Falle muß zunächst das Verfahren bei Aufhebung von Fluchtlinien gemäß § 10 des Baufluchtliniengesetzes vom 2. Juli 1875 und alsdann das Einziehungsverfahren gemäß § 57 des Zuständigkeitsgesetzes durchgeführt werden. Im letzteren Falle kommt das Fluchtliniengesetz nicht in Betracht; das Verfahren regelt sich nur nach § 57 des Zuständigkeitsgesetzes. Nach den diesseitigen Ermittelungen läßt sich die Festsetzung von Fluchtlinien für die Prinzengasse nicht feststellen. Ich ersuche daher den Magistrat ergebenst, auch dortseits Ermittelungen anzustellen, von deren Ergebnis das weitere Verfahren abhängig zu machen sein wird.

Ich möchte bei dieser Gelegenheit mich schon jetzt des dortigen Einverständnisses vergewissern, daß der Beschluß über die Einziehung der Straße gemäß § 57 des Zuständigkeitsgesetzes gegebenenfalls von mir zu erlassen wäre, da durch die Allerhöchste Kabinettsorder vom 28. Dezember 1875 nur die Anlegung, Regulierung, Entwässerung und Unterhaltung der Straßen der örtlichen Straßenbaupolizei übertragen ist und die Einziehung von Straßen unter keinen dieser Begriffe fällt.

gez. v. Borries.

An
den Magistrat zu
Berlin.

Städtische
Tiefbaudeputation.
J.-Nr. 5302 B. II. 05.

Berlin, den 30. Juni 1905.

Zum Schreiben vom 11. Mai 1905.
I. C. 773.

Den dortigen Ausführungen können wir uns nicht ohne weiteres anschließen; sie widersprechen dem von uns unter Billigung sämtlicher übrigen Behörden seit längerer Zeit geübten Verfahren.

Es ist bisher bei Festsetzung neuer und der dadurch bedingten Aufhebung vorhandener Fluchtlinien nicht gefragt worden, ob diese vorhandenen Fluchtlinien festgesetzt waren oder nicht. Eine Festsetzung ist für den weitaus größten Teil der Straßen der Innenstadt nicht erfolgt, vielmehr ist überall die Grenze der vorhandenen Bebauung als die Fluchtlinie angesehen worden. Bei Kassierung von Straßenteilen infolge neuer Fluchtlinienfestsetzung ist von einem

Verfahren gemäß § 57 Zuständigkeitsgesetzes abgesehen worden, vielmehr hat die Aufhebung der vorhandenen Fluchtlinien durch Königliche Genehmigung gleichzeitig mit der Genehmigung zur Festsetzung einer neuen Fluchtlinie stattgefunden. Wir verweisen in dieser Beziehung auf die Beseitigung der Schmalen Gasse zwischen der Rosen- und der Klosterstraße (dortige Tageb. Nr. I. C. 2111. 94), eines anderen Teils derselben Gasse südwestlich der Rosenstraße (I. C. 3429. 98), ferner auf die teilweise Beseitigung der Nikolaikirchgasse (I. C. 2348. 98). In allen diesen Fällen ist die Allerhöchste Genehmigung zur Aufhebung der vorhandenen Fluchtlinien, die übrigens in keinem Falle festgestellt gewesen waren, erteilt worden; das ehemalige Straßenland ist dann an Private verkauft worden und der Herr Oberpräsident hat in den drei genannten Fällen zu diesen Verkäufen seine Genehmigung erteilt.

Obwohl uns bekannt ist, daß das Oberverwaltungsgericht das Verfahren aus § 57 Zust. Ges. für erforderlich hält, würden wir es doch für zweckmäßig halten, es bei dem bisher hier geübten Verfahren, das zu keinerlei Mißständen geführt hat, zu lassen. Wir verfehlen auch nicht, auf die Konsequenzen hinzuweisen, die sich daraus ergeben müßten, daß gegen die Beseitigung einer Straße gemäß § 57 Zust. Ges. Klage erhoben wird, obwohl die Allerhöchste Genehmigung zur Festsetzung neuer Fluchtlinien, die ohne jene Kassierung nicht durchgeführt werden können, bereits erteilt ist. Das Gericht würde dann entweder annehmen, daß die Allerhöchste Genehmigung dem Klageanspruch entgegenstände — und dann wäre jede solche Klage zwecklos —, oder das Gericht könnte dazu kommen, den Widerspruch gegen die Straßenbeseitigung für begründet zu erklären, und würde sich damit in Widerspruch mit einem auf gesetzlichem Wege zustande gekommenen Regierungsakt der Krone setzen.

Gelangt aber das Verfahren aus § 57 Zust. Ges. zur Anwendung, so ist unseres Erachtens die örtliche Straßenbaupolizei zur Erlassung des Beschlusses befugt. Ein derartiger Beschluß ist auch bereits bei Einziehung eines Teils der Torfstraße von dieser Behörde erlassen worden, nachdem dortseits unter dem 9. Februar 1893 — I. C. 336 — erklärt worden war, daß Bedenken gegen die Einziehung nicht obwalteten.

Sollte die der damaligen entgegenstehende Auffassung des Schreibens vom 11. Mai 1905 aufrecht erhalten werden, so behalten wir uns eine ausführliche Begründung unseres Standpunktes vor.

J. V.
gez. Krause.

An
den Herrn Polizeipräsidenten,
I. Abteilung,
hier.

Der Polizeipräsident. Berlin C. 25, den 5. August 1905.
Abteilung I. Alexanderstr. 3/6.
Tagebuch Nr. I. C. 1669.

Zum Schreiben vom 30. Juni 1905.
Nr. 5302/05 B. II.

Nach den gesetzlichen Bestimmungen und der Rechtsprechung des Oberverwaltungsgerichts kann die Einziehung von Straßen nur gemäß § 57 Zust. Ges. erfolgen, und zwar soweit Baufluchtlinien vorhanden, nach vorheriger Beseitigung dieser Linien gemäß § 10 des Gesetzes vom 2. Juli 1875, im anderen Falle, wie im vorliegenden, betreffend die Prinzengasse, ohne ein solches Vorverfahren. Wenn in einigen früheren Fällen ein anderes Verfahren Platz gegriffen hatte, so kann dies umsoweniger für den vorliegenden Fall mitbestimmend sein, als es sich bei diesen, dortseits namhaft gemachten Fällen dieser Art lediglich um Beseitigung von einzelnen Straßen**teilen** in Verbindung mit einer größeren Straßenregulierung, die an und für sich die Festsetzung neuer Fluchtlinien erforderlich machte, handelte, so daß diese Straßenregulierung die Hauptsache, die Beseitigung der Straßenteile die Nebensache bildete. Im vorliegenden Falle würde die Festsetzung von Fluchtlinien für die Niederlagstraße und den Schinkelplatz **nur** den Zweck haben, die Prinzengasse zu beseitigen, also den § 57 Zust. Ges. zu umgehen.

Wenn ich hiernach auf meinen Standpunkt, daß das Verfahren nach § 57 Zust. Ges. zunächst durchgeführt werden müsse, beharre, so stimme ich nach mehrmaliger Prüfung der Rechtslage der Tiefbaudeputation darin bei, daß dieses Verfahren von dort aus zur Ausführung gebracht werden kann.

Nach eingehender Prüfung der Verhältnisse ist ferner festgestellt, daß diesseits irgendwelche Bedenken gegen die Einziehung der

Prinzengasse nicht vorliegen. Ich ersuche daher die Tiefbaudeputation ergebenst, das weitere wegen Beseitigung der genannten Gasse gemäß § 57 Zust. Ges. zu veranlassen, wobei ich jedoch darauf hinweise, daß nach § 3 des Vertrages wegen Überlassung des Eigentums an Berliner Straßen zwischen Fiskus und Stadt vom 31. Dezember 1875 Allerhöchste Genehmigung vorgesehen ist, falls Straßen ihrem Zwecke entfremdet werden.

Das Einziehungsverfahren dürfte demnach vorbehaltlich dieser Allerhöchsten Genehmigung durchzuführen sein.

Wenn das Verfahren rechtskräftig geworden ist — und ich zweifle nach Lage des Falles nicht daran, daß dieses ohne langwieriges Verwaltungsstreitverfahren eintreten wird —, sind die neuen Fluchtlinien gemäß § 10 des Gesetzes vom 2. Juli 1875 festzusetzen, wozu, wie bekannt, ebenfalls Allerhöchste Genehmigung erforderlich ist. Letztere und die vorerwähnte Genehmigung dürften dann gemeinsam einzuholen sein.

Einer weiteren Mitteilung über den Verlauf des Verfahrens, dessen möglichste Beschleunigung im Interesse der Beteiligten liegt, sehe ich seinerzeit entgegen.

gez. v. Borries.

An
den Magistrat — Tiefbaudeputation —
hier.

Der Magistrat schließt sich der Auffassung des Polizeipräsidenten an.

C. Landerwerb.

1. Gesetz über die Enteignung von Grundeigentum vom 11. Juni 1874.

Wir Wilhelm, von Gottes Gnaden König von Preußen usw. verordnen, mit Zustimmung der beiden Häuser des Landtags für den ganzen Umfang der Monarchie, was folgt:

Titel I.
Zulässigkeit der Enteignung.

§ 1. Das Grundeigentum kann nur aus Gründen des öffentlichen Wohles für ein Unternehmen, dessen Ausführung die Ausübung des Enteignungsrechtes erfordert, gegen vollständige Entschädigung entzogen oder beschränkt werden.

§ 2. Die Entziehung und dauernde Beschränkung des Grundeigentums erfolgt auf Grund Königlicher Verordnung, welche den Unternehmer und das Unternehmen, zu dem das Grundeigentum in Anspruch genommen wird, bezeichnet.

Die Königliche Verordnung wird durch das Amtsblatt derjenigen Regierung bekannt gemacht, in deren Bezirk das Unternehmen ausgeführt werden soll.

§ 3. Ausnahmsweise bedarf es zu Enteignungen der in § 2 gedachten Art einer Königlichen Verordnung nicht für Geradelegung oder Erweiterung öffentlicher Wege, sowie zur Umwandlung von Privatwegen in öffentliche Wege vorausgesetzt, daß das dafür in Anspruch genommene Grundeigentum außerhalb der Städte und Dörfer belegen und nicht mit Gebäuden besetzt ist. In diesem Falle wird die Zulässigkeit der Enteignung von der Bezirksregierung (Landdrostei) ausgesprochen.

§ 4. Vorübergehende Beschränkungen werden von der Bezirksregierung angeordnet.

Dieselben dürfen wider den Willen des Grundeigentümers die Dauer von drei Jahren nicht überschreiten. Auch darf dadurch die Beschaffenheit des Grundstücks nicht wesentlich oder dauernd verändert werden. Zur Überschreitung dieser Grenzen bedarf es eines nach § 2 eingeleiteten und durchgeführten Enteignungsverfahrens.

Gegen den Beschluß der Bezirksregierung in den Fällen der §§ 3 und 4 steht innerhalb zehn Tagen nach der Zustellung jedem Beteiligten der Rekurs an die vorgesetzte Ministerialinstanz offen.

§ 5. Handlungen, welche zur Vorbereitung eines die Enteignung rechtfertigenden Unternehmens erforderlich sind, muß auf Anordnung der Bezirksregierung der Besitzer auf seinem Grund und Boden geschehen lassen. Es ist ihm jedoch der hierdurch etwa erwachsende, nötigenfalls im Rechtswege festzustellende Schaden zu vergüten. Zur Sicherstellung der Entschädigung darf die Bezirksregierung vor Beginn der Handlungen vom Unternehmer eine Kaution bestellen lassen und deren Höhe bestimmen. Sie ist hierzu verpflichtet, wenn ein Beteiligter die Kautionsstellung verlangt.

Die Gestattung der Vorarbeiten wird von der Bezirksregierung im Regierungs-Amtsblatte generell bekannt gemacht. Von jeder Vorarbeit hat der Unternehmer unter Bezeichnung der Zeit und der Stelle, wo sie stattfinden soll, mindestens zwei Tage zuvor den Vorstand des betreffenden Guts- oder Gemeindebezirks in Kenntnis zu setzen, welcher davon die beteiligten Grundbesitzer speziell oder in ortsüblicher Weise generell benachrichtigt. Dieser Vorstand ist ermächtigt, dem Unternehmer auf dessen Kosten einen beeidigten Taxator zu dem Zwecke zur Seite zu stellen, um vorkommende Beschädigungen sogleich festzustellen und abzuschätzen. Der abgeschätzte Schaden ist, vorbehaltlich dessen anderweiter Feststellung im Rechtswege, den Beteiligten (Eigentümer, Nutznießer, Pächter, Verwalter) sofort auszuzahlen, widrigenfalls der Ortsvorstand auf den Antrag des Beteiligten die Fortsetzung der Vorarbeiten zu hindern verpflichtet ist.

Zum Betreten von Gebäuden und eingefriedigten Hof- und Gartenräumen bedarf der Unternehmer, insoweit dazu der Grundbesitzer seine Einwilligung nicht ausdrücklich erteilt, in jedem einzelnen Falle einer besonderen Erlaubnis der Ortspolizeibehörde, welche die Besitzer zu benachrichtigen und zur Offenstellung der Räume zu veranlassen hat.

Eine Zerstörung von Baulichkeiten jeder Art sowie ein Fällen von Bäumen ist nur mit besonderer Gestattung der Bezirksregierung zulässig.

§ 6. Dasjenige, was dieses Gesetz über die Entziehung und Beschränkung des Grundeigentums bestimmt, gilt auch von der Entziehung und Beschränkung der Rechte am Grundeigentum.

Titel II.

Von der Entschädigung.

§ 7. Die Pflicht der Entschädigung liegt dem Unternehmer ob. Die Entschädigung wird in Geld gewährt. Ist in Spezialgesetzen eine Entschädigung in Grund und Boden vorgeschrieben, so behält es dabei sein Bewenden.

§ 8. Die Entschädigung für die Abtretung des Grundeigentums besteht in dem vollen Werte des abzutretenden Grundstücks, einschließlich der enteigneten Zubehörungen und Früchte.

Wird nur ein Teil des Grundbesitzes desselben Eigentümers in Anspruch genommen, so umfaßt die Entschädigung zugleich den Mehrwert, welchen der abzutretende Teil durch seinen örtlichen oder wirtschaftlichen Zusammenhang mit dem Ganzen hat, sowie den Minderwert, welcher für den übrigen Grundbesitz durch die Abtretung entsteht.

§ 9. Wird nur ein Teil von einem Grundstück in Anspruch genommen, so kann der Eigentümer verlangen, daß der Unternehmer das Ganze gegen Entschädigung übernimmt, wenn das Grundstück durch die Abtretung so zerstückelt werden würde, daß das Restgrundstück nach seiner bisherigen Bestimmung nicht mehr zweckmäßig benutzt werden kann.

Trifft die geminderte Benutzbarkeit nur bestimmte Teile des Restgrundstücks, so beschränkt sich die Pflicht zur Mitübernahme auf diese Teile.

Bei Gebäuden, welche teilweise in Anspruch genommen werden, umfaßt diese Pflicht jedenfalls das gesamte Gebäude.

Bei den Vorschriften dieses Paragraphen ist unter der Bezeichnung Grundstück jeder im Zusammenhang stehende Grundbesitz des nämlichen Eigentümers begriffen.

§ 10. Die bisherige Benutzungsart kann bei der Abschätzung nur bis zu demjenigen Geldbetrage Berücksichtigung finden, welcher erforderlich ist, damit der Eigentümer ein anderes Grundstück in derselben Weise und mit gleichem Ertrage benutzen kann.

Eine Werterhöhung, welche das abzutretende Grundstück erst infolge der neuen Anlage erhält, kommt bei der Bemessung der Entschädigung nicht in Anschlag.

§ 11. Der Betrag des Schadens, welchen Nutzungs-, Gebrauchs- und Servitutberechtigte, Pächter und Mieter durch die Enteignung erleiden, ist, soweit derselbe nicht in der nach § 8 für das enteignete Grundeigentum bestimmten Entschädigung oder in der an derselben zu gewährenden Nutzung begriffen ist, besonders zu ersetzen.

§ 12. Für Beschränkungen (§§ 2, 4) ist die Entschädigung nach denselben Grundsätzen zu bestimmen wie für die Entziehung des Grundeigentums.

Tritt durch eine Beschränkung eine Benachteiligung des Eigentümers ein, welche bei Anordnung der Beschränkung sich nicht im voraus abschätzen läßt, so kann der Eigentümer die Bestellung einer angemessenen Kaution sowie die Festsetzung der Entschädigung nach Ablauf jedes halben Jahres der Beschränkung verlangen.

§ 13. Für Neubauten, Anpflanzungen, sonstige neue Anlagen und Verbesserungen wird beim Widerspruch des Unternehmers eine Vergütung nicht gewährt, vielmehr nur dem Eigentümer die Wiederwegnahme auf seine Kosten bis zur Enteignung des Grundstücks vorbehalten, wenn aus der Art der Anlage, dem Zeitpunkte ihrer Errichtung oder den sonst obwaltenden Umständen erhellt, daß dieselben nur in der Absicht vorgenommen sind, eine höhere Entschädigung zu erzielen.

§ 14. Der Unternehmer ist zugleich zur Einrichtung derjenigen Anlagen an Wegen, Überfahrten, Triften, Einfriedigungen, Bewässerungs- und Vorflutanstalten usw. verpflichtet, welche für die benachbarten Grundstücke oder im öffentlichen Interesse zur Sicherung gegen Gefahren und Nachteile notwendig werden. Auch die Unterhaltung dieser Anlagen liegt ihm ob, insoweit dieselbe über den Umfang der bestehenden Verpflichtungen zur Unterhaltung vorhandener, demselben Zwecke dienender Anlagen hinausgeht.

Über diese Obliegenheiten des Unternehmers entscheidet die Bezirksregierung (§ 21).

Titel III.

Enteignungsverfahren.

1. Feststellung des Planes.

§ 15. Vor Ausführung des Unternehmens ist für dasselbe, unter Berücksichtigung der nach § 14 den Unternehmer treffenden Obliegenheiten, ein Plan, welchem geeignetenfalls die erforderlichen Querprofile beizufügen sind, in einem zweckentsprechenden Maßstabe aufzustellen und von derjenigen Behörde zu prüfen und vorläufig festzustellen, welche dazu nach den für die verschiedenen Arten der Unternehmungen bestehenden Gesetzen berufen ist.

Ist eine besondere Behörde durch das Gesetz nicht berufen, so liegt diese Prüfung und Feststellung der Bezirksregierung ob.

§ 16. Eine Einigung zwischen den Beteiligten über den Gegenstand der Abtretung, soweit er nach dem Befinden der zuständigen Behörde zu dem Unternehmen erforderlich ist, kann zum Zwecke sowohl der Überlassung des Besitzes als der sofortigen Abtretung des Eigentums stattfinden. Es kann dabei die Entschädigung nachträglicher Feststellung vorbehalten werden, welche alsdann nach den Vorschriften dieses Gesetzes oder auch, je nach Verabredung der Beteiligten, sofort im Rechtswege erfolgt. Es kann ferner dabei behufs Regelung der Rechte Dritter die Durchführung des förmlichen Enteignungsverfahrens, nach Befinden ohne Berührung der Entschädigungsfrage, vorbehalten werden.

§ 17. Für die freiwillige Abtretung in Gemäßheit des § 16 sind die nach den bestehenden Gesetzen für die Veräußerung von Grundeigentum vorgeschriebenen Formen zu wahren.

Handelt es sich um Grundstücke oder Gerechtigkeiten bevormundeter, in Konkurs geratener, unter Kuratel stehender oder anderer handlungsunfähiger Personen, so genügt der Abschluß des Vertrags durch deren Vertreter unter Genehmigung des vormundschaftlichen Gerichts oder desjenigen Gerichts, welches die Veräußerung der Grundstücke und Gerechtigkeiten solcher Personen aus freier Hand zu genehmigen befugt ist.

Lehns- und Fideikommißbesitzer sind befugt, solche Verträge unter Zustimmung der beiden nächsten Agnaten abzuschließen, sofern die Stiftungsurkunden oder besondere gesetzliche Bestimmungen jene Veräußerungen nicht unter erleichterter Form gestatten.

Im Bezirk des Appellationsgerichtshofes zu Köln sind die Vertreter der minderjährigen, abwesenden, interdizierten und anderer handlungsunfähiger Personen sowie der Fallitmassen befugt, gültig in die Veräußerung zu willigen, wenn sie dazu von dem Gericht auf Antrag in der Ratskammer nach Anhörung des öffentlichen Ministeriums ermächtigt sind. Diese Vorschrift findet auch auf Dotal- und Fideikommißgrundstücke Anwendung.

Veräußerungsbeschränkungen, welche zur Verhütung der Trennung von Gutsverbänden oder der Zerstückelung von Ländereien bestehen, finden keine Anwendung.

§ 18. Auf Antrag des Unternehmers erfolgt das Verfahren behufs Feststellung des Planes.

Zu diesem Behufe hat derselbe der Bezirksregierung für jeden Gemeinde- oder Gutsbezirk einen Auszug aus dem vorläufig festgestellten Plane nebst Beilagen vorzulegen, welche die zu enteignenden Grundstücke nach ihrer grundbuchmäßigen, katastermäßigen oder sonst üblichen Bezeichnung und Größe, deren Eigentümer nach Namen und Wohnort, ferner die nach § 14 herzustellenden Anlagen sowie, wo nur eine Belastung von Grundeigentum in Frage steht, die Art und den Umfang dieser Belastung enthalten müssen.

§ 19. Plan nebst Beilagen sind in dem betreffenden Gemeinde- oder Gutsbezirke während vierzehn Tagen zu jedermanns Einsicht offen zu legen.

Die Zeit der Offenlegung ist ortsüblich bekannt zu machen.

Während dieser Zeit kann jeder Beteiligte im Umfange seines Interesses Einwendungen gegen den Plan erheben. Auch der Vorstand des Gemeinde- oder Gutsbezirks hat das Recht, Einwendungen zu erheben, welche sich auf die Richtung des Unternehmens oder auf Anlagen der in § 14 gedachten Art beziehen.

Die Regierung hat diejenige Stelle zu bezeichnen, bei welcher solche Einwendungen schriftlich einzureichen oder mündlich zu Protokoll zu geben sind.

§ 20. Nach Ablauf der Frist (§ 19) werden die Einwendungen gegen den Plan in einem nötigenfalls an Ort und Stelle abzuhaltenden Termin vor einem von der Bezirksregierung zu ernennenden Kommissar erörtert.

Zu dem Termine werden die Unternehmer, die Reklamanten und die durch die Reklamationen betroffenen Grundbesitzer sowie der Vorstand des Gemeinde- oder Gutsbezirks vorgeladen und mit ihrer Erklärung gehört. Dem Kommissar bleibt es überlassen, Sachverständige, deren Gutachten erforderlich ist, zuzuziehen.

Die Verhandlungen haben sich nicht auf die Entschädigungsfrage zu erstrecken.

§ 21. Der Kommissar hat nach Beendigung der Verhandlungen letztere der Bezirksregierung vorzulegen, welche prüft, ob die vorgeschriebenen Förmlichkeiten beobachtet sind, mittels motivierten Beschlusses über die erhobenen Einwendungen entscheidet und danach

1. den Gegenstand der Enteignung, die Größe und die Grenzen des abzutretenden Grundbesitzes, die Art und den Umfang der aufzulegenden Beschränkungen sowie auch die Zeit, innerhalb deren längstens vom Enteignungsrechte Gebrauch zu machen ist — soweit die Königliche Verordnung (§ 2) über diese Punkte keine Bestimmungen enthält —,
2. die Anlagen, zu deren Errichtung wie Unterhaltung der Unternehmer verpflichtet ist (§ 14),

feststellt.

Die Entscheidung wird dem Unternehmer, den Reklamanten und sonstigen Personen, welche an der Streiterörterung Teil genommen, sowie dem Vorstande des Gemeinde- oder Gutsbezirks zugestellt.

§ 22. Gegen die Entscheidung der Bezirksregierung steht den Beteiligten der Rekurs an die vorgesetzte Ministerialinstanz offen.

Der Rekurs muß bei Verlust desselben innerhalb 10 Tagen nach Zustellung des Beschlusses bei der Bezirksregierung eingelegt und gerechtfertigt werden. Die Regierung hat die Rekursschrift dem Gegner zur Beantwortung innerhalb einer Frist von sieben bis vierzehn Tagen mitzuteilen und nach Eingang der Schrift oder nach Ablauf der Frist die Akten an den zuständigen Minister zur Entscheidung einzusenden.

§ 23. Das Enteignungsrecht bei der Anlage von Eisenbahnen erstreckt sich unter Berücksichtigung der Vorschriften dieses Gesetzes insbesondere:

1. auf den Grund und Boden, welcher zur Bahn, zu den Bahnhöfen und zu den an der Bahn und an den Bahnhöfen behufs des Eisenbahnbetriebes zu errichtenden Gebäuden erforderlich ist;
2. auf den zur Unterbringung der Erde und des Schuttes usw. bei Abtragungen, Einschnitten und Tunnels erforderlichen Grund und Boden;
3. überhaupt auf den Grund und Boden für alle sonstigen Anlagen, welche zu dem Behufe, damit die Bahn als eine öffentliche Straße zur allgemeinen Benutzung dienen könne, nötig oder infolge der Bahnanlage im öffentlichen Interesse erforderlich sind;
4. auf das für die Herstellung von Aufträgen erforderliche Schüttungsmaterial.

Dagegen ist das Enteignungsrecht auf den Grund und Boden für solche Anlagen nicht auszudehnen, welche, wie Warenmagazine und dergleichen, nicht den unter Nr. 3 gedachten allgemeinen Zweck, sondern nur das Privatinteresse des Eisenbahnunternehmers angehen.

Die vorübergehende Benutzung fremder Grundstücke soll bei der Anlage von Eisenbahnen, insbesondere zur Einrichtung von Interimswegen, Werkplätzen und Arbeiterhütten, zulässig sein.

2. Feststellung der Entschädigung.

§ 24. Der Antrag auf Feststellung der Entschädigung ist von dem Unternehmer schriftlich bei der Bezirksregierung einzubringen.

Der Antrag muß das zu enteignende Grundstück, dessen Eigentümer sowie, wo nur eine Belastung in Frage steht, die Art und den Umfang derselben genau bezeichnen (§ 18).

Dem Antrage ist zum Nachweis der Rechte am Grundstück ein beglaubigter Auszug aus dem Grundbuch (Hypothekenbuch, Währschaftsbuch, Stockbuch), wo aber ein solches nicht vorhanden ist oder nicht ausreicht, eine Bescheinigung des Ortsvorstandes oder der sonst zur Ausstellung solcher Bescheinigungen berufenen Behörde über den Eigentumsbesitz und die bekannten Realrechte beizufügen. Diese Urkunden haben die betreffenden Behörden dem Unternehmer auf Grund der Feststellung (§ 21) oder einer sonstigen Bescheinigung der Regierung gegen Erstattung der Kopialien zu erteilen, auch demselben Einsicht des Grundbuchs usw zu gestatten.

Gleichzeitig mit Erteilung des Auszugs hat die Grundbuchbehörde, soweit die betreffenden Grundbücher dazu geeignet sind, und zwar ohne weiteren Antrag, eine Vormerkung über das eingeleitete Enteignungsverfahren im Grundbuche einzutragen, deren Löschung mit vollzogener Enteignung (§ 33) oder auf besonderes Ersuchen der Regierung erfolgt. Auch hat dieselbe während der Dauer des Enteignungsverfahrens von jeder an dem Grundstücke eintretenden Rechtsveränderung, welche für die Vertretung des Grundstücks oder die Auszahlung der Entschädigung von Bedeutung ist, von Amts wegen der Enteignungsbehörde Nachricht zu geben

§ 25. Der Entscheidung der Bezirksregierung muß eine kommissarische Verhandlung mit den Beteiligten unter Vorlegung des definitiv festgestellten Planes vorangehen.

Der Kommissar hat auf Grund der nach § 24 beizubringenden Urkunden darauf zu achten, daß das Verfahren gegen den wirklichen Eigentümer gerichtet wird.

Er hat den Unternehmer, den Eigentümer sowie auch Nebenberechtigte, welche sich zur Teilnahme an dem Verfahren gemeldet haben, zu einem nötigenfalls an Ort und Stelle abzuhaltenden Termine vorzuladen.

Alle übrigen Beteiligten werden durch eine in dem Regierungs-Amtsblatt und in dem betreffenden Kreisblatt sowie geeignetenfalls in sonstigen Blättern bekannt zu machende Vorladung aufgefordert, ihre Rechte im Termine wahrzunehmen.

Die Ladungen erfolgen unter der Verwarnung, daß beim Ausbleiben der Geladenen ohne deren Zutun die Entschädigung festgestellt und wegen Auszahlung oder Hinterlegung der letzteren werde verfügt werden.

In dem Termine ist jeder an dem zu enteignenden Grundstücke Berechtigte befugt, zu erscheinen und sein Interesse an der Feststellung der Entschädigung sowie bezüglich der Auszahlung und Hinterlegung derselben wahrzunehmen.

In dem Termine hat der Grundeigentümer seine Anträge auf vollständige Übernahme eines teilweise in Anspruch genommenen Grundstücks (§ 9) anzubringen. Spätere Anträge dieser Art sind unzulässig.

§ 26. Der Kommissar hat eine Vereinbarung der Beteiligten zu Protokoll zu nehmen und ihnen eine Ausfertigung auf Verlangen zu erteilen.

Das Protokoll hat die Kraft einer gerichtlichen oder notariellen Urkunde. In bezug auf die Rechtsverbindlichkeit der vor dem Kommissar abgeschlossenen Verträge kommen die Bestimmungen des § 17 Absatz 2 und 5 zur Anwendung.

§ 27. Zu der kommissarischen Verhandlung sind ein bis drei Sachverständige zuzuziehen, welche von der Bezirksregierung entweder für das ganze Unternehmen oder einzelne Teile desselben zu ernennen sind. Doch steht auch den Beteiligten zu, sich vor dem Abschätzungstermine über Sachverständige zu einigen und dieselben dem Kommissar zu bezeichnen.

Die ernannten Sachverständigen müssen die in den betreffenden Prozeßgesetzen vorgeschriebenen Eigenschaften eines völlig glaubwürdigen Zeugen besitzen; dieselben dürfen insbesondere nicht zu denjenigen Personen gehören, die selbst als Entschädigungsberechtigte von der Enteignung betroffen sind.

§ 28. Das Gutachten wird von den Sachverständigen entweder mündlich zu Protokoll erklärt oder schriftlich eingereicht. Dasselbe muß mit Gründen unterstützt und beeidet werden. Sind die Sachverständigen ein für allemal als solche vereidet, so genügt die Versicherung der Richtigkeit des Gutachtens auf den geleisteten Eid im Protokoll oder unter dem schriftlich eingereichten Gutachten.

Den Beteiligten ist vor der Entscheidung der Bezirksregierung (§ 29) Gelegenheit zu geben, über das Gutachten sich auszusprechen.

§ 29. Die Entscheidung der Bezirksregierung über die Entschädigung, die zu bestellende Kaution und die sonstigen aus §§ 7 bis 13 sich ergebenden Verpflichtungen erfolgt mittels motivierten Beschlusses.

Die Entschädigungssumme ist für jeden Eigentümer sowie für jeden der im § 11 bezeichneten Nebenberechtigten, soweit ihm eine nicht schon im Werte des enteigneten Grundeigentums begriffene Entschädigung zuzusprechen ist, besonders festzustellen. Auch ist da, wo die den Nebenberechtigten gebührende Entschädigung in dem Werte des enteigneten Grundeigentums begriffen ist, auf Antrag des Eigentümers oder des betreffenden Nebenberechtigten das Anteilsverhältnis festzustellen, nach welchem dem letzteren innerhalb seiner vom Eigentümer anerkannten Berechtigung aus der für das Eigentum festgestellten Entschädigungssumme oder deren Nutzungen Entschädigung gebührt.

In dem Beschlusse ist zugleich zu bestimmen, daß die Enteignung des Grundstücks nur nach erfolgter Zahlung oder Hinterlegung der Entschädigungs- oder Kautionssumme auszusprechen sei.

§ 30. Gegen die Entscheidung der Regierung steht sowohl dem Unternehmer als den übrigen Beteiligten innerhalb sechs Monaten nach Zustellung des Regierungsbeschlusses die Beschreitung des Rechtsweges zu. Ein Streit über das Anteilverhältnis eines Nebenberechtigten an der für das Eigentum festgestellten Entschädigungssumme ist lediglich zwischen dem Nebenberechtigten und dem Eigentümer auszutragen.

Eines vorgängigen Sühneversuchs bedarf es nicht.

Zuständig ist das Gericht, in dessen Bezirk das betreffende Grundstück belegen ist.

Sind die Parteien über die Sachverständigen nicht einig, so ernennt das Gericht dieselben.

Wird von dem Unternehmer auf richterliche Entscheidung angetragen, so fallen ihm jedenfalls die Kosten der ersten Instanz zur Last.

§ 31. Wegen solcher nachteiligen Folgen der Enteignung, welche erst nach dem im § 25 gedachten Termine erkennbar werden, bleibt dem Entschädigungsberechtigten bis zum Ablauf von drei Jahren nach der Ausführung des Teiles der Anlage, durch welche er benachteiligt wird, ein im Rechtswege verfolgbarer persönlicher Anspruch gegen den Unternehmer.

3. Vollziehung der Enteignung.

§ 32. Die Enteignung des Grundstücks wird auf Antrag des Unternehmers von der Bezirksregierung ausgesprochen, wenn der nach § 30 vorbehaltene Rechtsweg dem Unternehmer gegenüber durch Ablauf der sechsmonatigen Frist, Verzicht oder rechtskräftiges Urteil erledigt und wenn nachgewiesen ist, daß die vereinbarte (§§ 16, 26) oder endgültig festgestellte Entschädigungs- oder Kautionssumme rechtsgültig gezahlt oder hinterlegt ist.

Die Enteignungserklärung schließt, insofern nicht ein anderes dabei vorbehalten wird, die Einweisung in den Besitz in sich.

§ 33. Gleichzeitig mit der Enteignungserklärung hat die Regierung da, wo nach den bestehenden Gesetzen von dem Eigentumsübergange Nachricht zu den Gerichtsakten zu nehmen ist, oder wo zur Eintragung des Eigentumsübergangs bestimmte öffentliche Bücher bestehen, der zuständigen Gerichts- oder sonstigen Behörde von der Enteignung Nachricht zu geben, beziehungsweise dieselbe um Bewirkung der Eintragung zu ersuchen. Der Enteignungsbeschluß der Regierung steht hierbei dem Erkenntnisse eines Gerichts gleich.

§ 34. In dringlichen Fällen kann die Regierung auf Antrag des Unternehmers anordnen, daß noch vor Erledigung des Rechtsweges die Enteignung erfolgen solle, sobald die durch Regierungsbeschluß (§ 29) festgestellte Entschädigungs- oder Kautionssumme gezahlt oder hinterlegt worden.

Diese Anordnung kann unter Umständen auch von vorgängiger Leistung einer besonderen Kaution abhängig gemacht werden.

Gegen die Anordnung der Regierung in diesen Fällen steht innerhalb dreier Tage nach der Zustellung jedem Beteiligten der Rekurs an die vorgesetzte Ministerialinstanz offen.

§ 35. Jeder Beteiligte kann binnen sieben Tagen nach dem ihm bekannt gemachten, die Dringlichkeit aussprechenden Beschlusse verlangen, daß der Enteignung eine Feststellung des Zustandes von Gebäuden oder künstlichen Anlagen voraufgehe.

Dieselbe ist bei dem Gerichte der belegenen Sache (Amtsgerichte, Friedensgerichte) mündlich zu Protokoll oder schriftlich zu beantragen.

Das Gericht hat den Termin schleunigst und nicht über sieben Tage hinaus anzuberaumen und hiervon die Beteiligten und die Regierung zeitig zu benachrichtigen.

Die Zuziehung eines oder mehrerer Sachverständigen kann auch von Amts wegen angeordnet werden. Sind die Parteien über die Sachverständigen nicht einig, so ernennt das Gericht dieselben.

Die Enteignung kann nicht vor Beendigung dieses Verfahrens erfolgen, von welcher das Gericht die Regierung zu benachrichtigen hat.

§ 36. Die Entschädigungssumme wird an denjenigen bezahlt, für welchen die Feststellung stattgefunden hat.

Dieselbe wird in Ermangelung abweichender Vertragsbestimmungen von dem Unternehmer mit 5 % vom Tage der Enteignung verzinst, soweit sie zu dieser Zeit nicht bezahlt oder in Gemäßheit des § 37 hinterlegt ist.

Wird die durch Beschluß der Regierung festgesetzte Entschädigungssumme durch die gerichtliche Entscheidung herabgesetzt, so erhält der Unternehmer den gezahlten Mehrbetrag ohne Zinsen, den hinterlegten Mehrbetrag aber mit den davon in der Zwischenzeit etwa aufgesammelten Zinsen zurück.

§ 37. Der Unternehmer ist verpflichtet, die Entschädigungssumme zu hinterlegen:

1. wenn neben dem Eigentümer Entschädigungsberechtigte vorhanden sind, deren Ansprüche an die Entschädigungssumme zurzeit nicht feststehen;
2. wenn das betreffende Grundstück Fideikommiß oder Stammgut ist oder im Lehn- oder Leiheverbande steht;
3. wenn Reallasten, Hypotheken oder Grundschulden auf dem betreffenden Grundstück haften.

Die Hinterlegung erfolgt bei derjenigen Stelle, welche für den Bezirk der belegenen Sache zur Annahme von Hinterlegungen der betreffenden Art, beziehungsweise von gerichtlichen Hinterlegungen bestimmt ist.

Über die Rechtmäßigkeit der Hinterlegung findet ein gerichtliches Verfahren nicht statt. Jeder Beteiligte kann sein Recht an der hinterlegten Summe gegen den dasselbe bestreitenden Mitbeteiligten im Rechtswege geltend machen. Soweit nach dem Rechte einzelner Landesteile ein gerichtliches Verteilungsverfahren in derartigen Fällen stattfindet, behält es dabei sein Bewenden.

§ 38. Ist nur ein Teil eines Grundbesitzes enteignet, so stehen der Auszahlung der für den enteigneten Teil bestimmten Entschädigungssumme die auf dem gesamten Grundbesitz haftenden Hypotheken und Grundschulden nicht entgegen, wenn dieselben den fünfzehnfachen Betrag des Grundsteuer-Reinertrages des Restgrundbesitzes nicht übersteigen. Reallasten, welche der Eintragung in das Grundbuch bedürfen, werden hierbei den Hypotheken gleichgeachtet und in entsprechender Anwendung der bei notwendigen Subhastationen geltenden Grundsätze zu Kapital veranschlagt.

Auch wird bei einer solchen teilweisen Enteignung die Auszahlung der für den enteigneten Teil bestimmten Entschädigungssumme durch nicht eingetragene Reallasten, Fideikommiß-, Stammgut-, Lehn- oder Leiheverband des gesamten Grundbesitzes nicht gehindert, wenn die gedachte Entschädigungssumme den fünffachen Betrag des Grundsteuer-Reinertrages des gesamten Grundbesitzes und auch die Summe von dreihundert Mark nicht übersteigt.

Die Auszahlung laufender Nutzungen der Entschädigungssumme kann ohne Rücksicht auf die vorgedachten Realverhältnisse erfolgen.

4. Allgemeine Bestimmungen.

§ 39. Alle Vorladungen und Zustellungen im Enteignungsverfahren sind gültig, wenn sie nach den für gerichtliche Behändigungen bestehenden Vorschriften erfolgt sind. Die vereideten Verwaltungsbeamten haben dabei den Glauben der zur Zustellung gerichtlicher Verfügungen bestellten Beamten.

§ 40. Verwaltungsbehörden und Gerichte haben die Beweisfrage unter Berücksichtigung aller Umstände nach freier Überzeugung zu beurteilen.

§ 41. Wo dieses Gesetz die Anordnung einer Kaution vorschreibt oder zuläßt, ist gleichwohl der Fiskus von der Kautionsleistung frei.

§ 42. Wenn der Unternehmer von dem ihm verliehenen Enteignungsrechte nicht binnen der in § 21 gedachten Zeit Gebrauch macht oder von dem Unternehmen zurücktritt, bevor die Festsetzung der Entschädigung durch Beschluß der Regierung erfolgt ist, so erlischt jenes Recht. Der Unternehmer haftet in diesem Falle den Entschädigungsberechtigten im Rechtswege für die Nachteile, welche denselben durch das Enteignungsverfahren erwachsen sind.

Tritt der Unternehmer zurück, nachdem bereits die Feststellung der Entschädigung durch Beschluß der Regierung erfolgt ist, so hat der Eigentümer die Wahl, ob er lediglich Ersatz für die Nachteile, welche ihm durch das Enteignungsverfahren erwachsen sind, oder Zahlung der festgestellten Entschädigung gegen Abtretung des Grundstücks, geeignetenfalls nach vorgängiger Durchführung des im § 30 gedachten Prozeßverfahrens, im Rechtswege beanspruchen will.

§ 43. Die Kosten des administrativen Verfahrens trägt der Unternehmer. Bei demselben kommen nur Auslagen, nicht aber Stempel und Sporteln zur Anwendung, und können die Entschädigungsberechtigten Ersatz für Wege und Versäumnisse nicht fordern.

Im prozessualischen Verfahren werden die Kosten und Stempel taxmäßig berechnet.

Die Kosten des im § 35 erwähnten Verfahrens sind vom Antragsteller vorzuschießen. Über die Verbindlichkeit zur endlichen Übernahme dieser Kosten ist im nachfolgenden Rechtsstreit zu entscheiden. Im Bezirke des Appellationsgerichtshofes zu Köln werden die Gebühren für die betreffenden Verrichtungen des Friedensgerichts nach der Taxe für die Friedensgerichte vom 23. Mai 1859 (Gesetzsamml. S. 309) berechnet.

Sämtliche übrigen Verhandlungen vor den Gerichten, Grundbuch- und Auseinandersetzungsbehörden, einschließlich der nach § 17 eintretenden freiwilligen Veräußerungsgeschäfte über Grundeigentum innerhalb des vorgelegten Planes sowie einschließlich der Quittungen und Konsense der Hypothekengläubiger und sonstigen Beteiligten, sind gebühren- und stempelfrei. Auch werden keine Depositalgebühren angesetzt.

Soweit diese Verhandlungen vor den Notaren vorgenommen werden, sind sie stempelfrei.

Titel IV.

Wirkung der Enteignung.

§ 44. Mit Zustellung des Enteignungsbeschlusses (§ 32) an Eigentümer und Unternehmer geht das Eigentum des enteigneten Grundstücks auf den Unternehmer über.

Erfolgt die Zustellung an den Eigentümer und Unternehmer nicht an demselben Tage, so bestimmt die zuletzt erfolgte Zustellung den Zeitpunkt des Überganges des Eigentums.

Diese Vorschrift gilt auch in den Landesteilen, in denen nach den allgemeinen Gesetzen der Übergang des Eigentums von der Einschreibung in die Grundbücher oder von der Einreichung des Vertrages bei dem Realrichter abhängig gemacht ist.

§ 45. Das enteignete Grundstück wird mit dem in § 44 bestimmten Zeitpunkt von allen darauf haftenden privatrechtlichen

Verpflichtungen frei, soweit der Unternehmer dieselben nicht vertragsmäßig übernommen hat.

Die Entschädigung tritt rücksichtlich aller Eigentums-, Nutzungs- und sonstigen Realansprüche, insbesondere der Reallasten, Hypotheken und Grundschulden an die Stelle des enteigneten Gegenstandes.

§ 46. Ist die Abtretung des Grundstücks durch Vereinbarung zwischen Unternehmer und Eigentümer erfolgt, und zwar in Gemäßheit des § 16 unter Durchführung des Enteignungsverfahrens oder in Gemäßheit des § 26, so treten die rechtlichen Wirkungen des § 45 auch in diesem Falle ein. Hypotheken- und Grundschuldgläubiger sowie Realberechtigte können jedoch, soweit ihre Forderungen durch die zwischen Unternehmer und Eigentümer vereinbarte Entschädigungssumme nicht gedeckt werden, deren Festsetzung im Rechtswege gegen den Unternehmer fordern, wobei die Beweisvorschriften der §§ 30 und 40 zur Anwendung kommen.

§ 47. War das enteignete Grundstück Fideikommiß- oder Stammgut oder stand dasselbe im Lehn- oder Leiheverbande, so ist — mit Ausnahme des § 38 vorgesehenen Falles — der Besitzer über die Entschädigungssumme nur nach den Vorschriften zu verfügen berechtigt, welche in den verschiedenen Landesteilen für die Verfügungen über derartige Güter und die an deren Stelle tretenden Kapitalien maßgebend sind.

§ 48. War das enteignete Grundstück mit Reallasten, Hypotheken oder Grundschulden behaftet, so kann — mit Ausnahme des § 38 vorgesehenen Falles — der Eigentümer über die Entschädigungssumme nur verfügen, wenn die Realberechtigten einwilligen.

§ 49. Der Eigentümer des Grundstücks ist jedoch in den Fällen der §§ 47 und 48 befugt, wegen Auszahlung oder Verwendung der hinterlegten Entschädigungssumme die Vermittlung der Auseinandersetzungsbehörden für Regulierung gutsherrlicher und bäuerlicher Verhältnisse, Ablösungen und Gemeinheitsteilungen in Anspruch zu nehmen.

Die Auseinandersetzungsbehörde hat die bei ihr eingehenden Anträge nach den Bestimmungen zu beurteilen und zu erledigen, welche wegen Wahrnehmung der Rechte dritter Personen bei Verwendung der Ablösungskapitalien in den §§ 110 bis 112 des Gesetzes vom 2. März 1850, betreffend die Ablösung der Reallasten und Regulierung der gutsherrlichen und bäuerlichen Verhältnisse, erteilt worden sind.

Diese Vorschrift kommt in den Landesteilen des linken Rheinufers, in der Provinz Hannover und den Teilen des Regierungsbezirks Wiesbaden, in welchen die Verordnungen vom 13. Mai 1867 (GS. S. 716) und 2. September 1867 (GS. S. 1463) nicht eingeführt sind, nicht zur Anwendung, vielmehr bleibt es hier bei den bisher bestehenden Vorschriften.

Titel V.

Besondere Bestimmungen über Entnahme von Wegebaumaterialien.

§ 50. Die zum Bau und zur Unterhaltung öffentlicher Wege (mit Ausschluß der Eisenbahnen) erforderlichen Feld- und Bruchsteine, Kies, Rasen, Sand, Lehm und andere Erde ist, soweit der Wegebaupflichtige nicht diese Materialien in brauchbarer Beschaffenheit und angemessener Nähe auf eigenen Grundstücken fördern kann, und der Eigentümer sie nicht selbst gebraucht, ein jeder verpflichtet, nach Anordnung der Behörden von seinen landwirtschaftlichen und Forstgrundstücken, seinem Unlande oder aus seinen Gewässern entnehmen und das Aufsuchen derselben durch Schürfen, Bohren usw. daselbst unter Kontrolle des Eigentümers sich gefallen zu lassen.

§ 51. Der Wegebaupflichtige hat dem Eigentümer den Wert der entnommenen Materialien ohne Berücksichtigung des Mehrwerts, welchen sie durch den Wegebau erhalten, zu ersetzen.

Wo durch den Wert der Materialien der dem Grundstück durch die Entnahme zugefügte Schaden, einschließlich der entzogenen Nutzungen sowie die etwa bereits wirtschaftlich aufgewendeten Werbungs-, Sammlungs- und Bereitungskosten nicht gedeckt werden, hat der Wegebaupflichtige, statt Ersatz jenes Wertes, hierfür Ersatz zu leisten.

§ 52. Wenn ein Grundstück zur Gewinnung der Materialien hauptsächlich bestimmt ist und letztere für den Wegebau in solchem Maße in Anspruch genommen werden, daß das Grundstück deshalb dieser Bestimmung gemäß nicht ergiebig benutzt werden kann, oder wenn die Eigentumsbeschränkung länger als drei Jahre dauert, so kann der Eigentümer gegen Abtretung des Grundstücks selbst an den Wegebaupflichtigen den Ersatz des Wertes desselben verlangen.

§ 53. In Ermangelung gütlicher Einigung hat der Landrat (in Hannover die betreffende Obrigkeit) auf Grund vollständiger

Erörterung zwischen den Beteiligten eine Entscheidung zu treffen, in welcher

1. die dem Wegebaupflichtigen gegen den Grundbesitzer einzuräumenden Rechte nach Gegenstand und Umfang speziell zu bezeichnen sind, und
2. die dafür zu gewährende Entschädigung auf Grund sachverständiger Abschätzung oder geeignetenfalls (§ 12) die dafür zu bestellende Sicherheit vorläufig festzusetzen ist.

Gegen die Entscheidung unter 1 steht beiden Teilen binnen einer Präklusivfrist von zehn Tagen nach deren Zustellung der Rekurs an die Regierung mit aufschiebender Wirkung zu.

Gegen die Feststellung der Entschädigung unter 2 ist innerhalb 90 Tagen der Rechtsweg, jedoch ohne aufschiebende Wirkung, zulässig. Ist gegen die landrätliche Entscheidung Rekurs erfolgt, so läuft diese Frist erst vom Tage der Zustellung der Entscheidung der Regierung an. Eines vorgängigen Sühneversuchs bedarf es nicht.

Die dem Wegebaupflichtigen zuständigen Rechte dürfen erst ausgeübt werden, wenn derselbe in das Grundstück beziehungsweise die daran auszuübenden Rechte eingewiesen ist. Dieser Einweisung muß die Zahlung oder Sicherstellung der Entschädigung auf Grund mindestens vorläufiger Festsetzung vorausgehen.

Wegen Auszahlung der Entschädigungssumme findet die in § 36 gegebene Bestimmung Anwendung.

Titel VI.

Schluß- und Übergangsbestimmungen.

§ 54. Dieses Gesetz findet keine Anwendung:

1. auf die in besonderen Gesetzen oder im Gewohnheitsrechte begründete Entziehung oder Beschränkung des Grundeigentums im Interesse der Landeskultur, als: bei Regulierung gutsherrlicher und bäuerlicher Verhältnisse, bei Ablösung von Reallasten, Gemeinheitsteilungen, Vorflutsangelegenheiten, Entwässerungs- und Bewässerungsangelegenheiten, Benutzung von Privatflüssen, Deichangelegenheiten, Wiesen- und Waldgenossenschaftsangelegenheiten;
2. auf die Entziehung und Beschränkung des Grundeigentums im Interesse des Bergbaues und der Landestriangulation.

§ 55. Bereits eingeleitete Enteignungsverfahren werden nach den bisherigen Vorschriften zu Ende geführt. Wird in einem solchen Verfahren der Rechtsweg beschritten, so findet der § 40 auch hier Anwendung.

§ 56. Im Geltungsbereich der Kreisordnung vom 13. Dezember 1872 und in den Hohenzollernschen Landen werden die durch dieses Gesetz der Bezirksregierung beziehungsweise dem Landrat beigelegten Befugnisse und Obliegenheiten,

a) soweit dieselben in den §§ 5, 15, 18 bis 20, 24 und 27 enthalten sind, von den Präsidenten der Bezirksregierungen,
b) soweit dieselben in den §§ 3, 4, 14, 21, 29, 32 bis 35 und 53 Absatz 2 enthalten sind, von den Verwaltungsgerichten,
c) soweit dieselben in § 53 Absatz 1 enthalten sind, von den Kreisausschüssen beziehungsweise in den Stadtkreisen von den Magistraten und in den Hohenzollernschen Landen von den Amtsausschüssen wahrgenommen.

Die in Gemäßheit des § 3 von dem Verwaltungsgericht zu treffende Entscheidung erfolgt auf das Gutachten des Kreisausschusses, beziehungsweise des Magistrats in den Stadtkreisen und des Amtsausschusses in den Hohenzollernschen Landen.

§ 57. Alle den Vorschriften dieses Gesetzes entgegenstehenden Bestimmungen sowie die Bestimmungen über das Wiederkaufsrecht bezüglich des enteigneten Grundstücks werden aufgehoben.

Ein gesetzliches Vorkaufsrecht findet wegen aller Teile von Grundstücken statt, welche infolge des verliehenen Enteignungsrechts zwangsweise oder durch freien Vertrag an den Unternehmer abgetreten sind, wenn in der Folge das abgetretene Grundstück ganz oder teilweise zu dem bestimmten Zweck nicht weiter notwendig ist und veräußert werden soll.

Das Vorkaufsrecht steht dem zeitigen Eigentümer des durch den ursprünglichen Erwerb verkleinerten Grundstücks zu. Wer das Enteignungsrecht ausgeübt hat, muß die Absicht der Veräußerung und den angebotenen Kaufpreis dem berechtigten Eigentümer anzeigen, welcher sein Vorkaufsrecht verliert, wenn er sich nicht binnen zwei Monaten darüber erklärt. Wird die Anzeige unterlassen, so kann der Berechtigte seinen Anspruch gegen jeden Besitzer geltend machen.

§ 58. Insoweit in anderen Gesetzen auf die Vorschriften der aufgehobenen Gesetze Bezug genommen ist, treten an die Stelle der letzteren die entsprechenden Vorschriften dieses Gesetzes.

Urkundlich unter Unserer Höchsteigenhändigen Unterschrift und beigedrucktem Königlichen Insiegel.

Gegeben Berlin, den 11. Juni 1874.

(L. S.) Wilhelm.

Camphausen. Gr. zu Eulenburg. Leonhardt.
Falk. v. Kameke. Achenbach.

---

2. Beschluß der Stadtverordnetenversammlung zu dem Abkommen mit dem Königlichen Fiskus vom 9. Juni 1887 betr. die Bewertung der zum Umbau der Spreeuferstraßen erforderlichen Spree- bzw. Landflächen.

An
den Magistrat.

Beschluß.

(Protokoll Nr. 8.)

Die Versammlung ist damit einverstanden:

I. daß mit dem Königlichen Fiskus ein Abkommen getroffen wird, wonach für die bei der Anlage von Spreeuferstraßen und bei der von dem Königlichen Fiskus zu bewirkenden Herstellung von Ufermauern längs solcher Straßen zu den Straßenanlagen bzw. zur Spreeregulierung zu verwendenden Spree- bzw. Landflächen Einheitspreise pro Quadratmeter festgestellt werden, wegen der nach diesen Preisen erfolgenden Bezahlung der dem einen oder dem anderen Teile zum Zwecke des Baues der Ufermauer bzw. der Uferstraße zu überlassenden Flächen aber festgesetzt wird, daß ohne Berechnung von Zinsen zunächst nach 5 Jahren vom Abschluß dieses Abkommens an eine gegenseitige Abrechnung stattfindet, vorbehaltlich dann erfolgender Vereinbarung darüber, ob das Guthaben des einen oder anderen Teiles gezahlt oder weiterer späterer Abrechnung vorbehalten werden soll;

II. daß die ad I gedachten Einheitspreise dahin festgestellt werden:

a) für die Strecke vom Oberbaum bis Jannowitzbrücke auf 60 M pro Quadratmeter Uferfläche und 40 M pro Quadratmeter Spreefläche;

b) für die Strecke von der Jannowitzbrücke bis Kronprinzenbrücke, mit Ausnahme der Strecke von der Waisenbrücke bis zur Überfahrtsgasse, auf 100 M pro Quadratmeter Uferfläche, 80 M pro Quadratmeter Spreefläche;

c) für die Strecke von der Kronprinzenbrücke bis zur Weichbildgrenze, mit Ausschluß des Spreeterrains am Gondelhafen, auf 50 M pro Quadratmeter Uferfläche und 30 M pro Quadratmeter Spreefläche;

III. daß auf Grund dieses Abkommens das zum Reichstagsufer verwendete Spreeterrain von 63,79 qm und das zur provisorischen Verbreiterung der Stralauer Brücke verwendete Spreeterrain von etwa 350 qm erworben werden.

Zugleich ersucht die Versammlung den Magistrat, mit den fiskalischen Behörden zu vereinbaren, daß für die durch Aufführung der Ufermauern gewonnenen Flächen der Stadtgemeinde das Vorkaufsrecht zu den festgestellten Einheitspreisen eingeräumt werde, für den Fall, daß an der betreffenden Stelle die Anlegung einer Uferstraße noch nicht beschlossen sein sollte.

Berlin, den 9. Juni 1887.

Stadtverordnete zu Berlin.

S t r y c k.

---

3. Bestimmungen für den abgesondert zu verwaltenden Grundstücks-Erwerbungs-Fonds, in der mit Zustimmung der Stadtverordnetenversammlung vom 25. April 1912 vereinbarten neuen Fassung.

§ 1. In den Grundstücks-Erwerbungs-Fonds fließen alle für veräußerte, der Stadtgemeinde gehörende Grundstücke eingehenden Kaufgelder einschließlich der Hypothekenkapitalien, welche auf den verkauften Grundstücken als Kaufgelderreste eingetragen werden.

Ausgenommen sind hiervon jedoch die Einnahmen aus dem Verkauf solcher Grundstücke, welche entweder zum Grundbesitz der städtischen Gasanstalten oder der Wasserwerke, der Kanalisation und anderer selbständig verwalteter städtischer Anstalten gehören oder zum Zwecke der Regulierung und Verbreiterung von Straßen und Plätzen aus dem hierfür im Etat ausgesetzten Fonds erworben und später ganz oder teilweise wieder veräußert werden.

Soweit städtische Grundstücke frei von Anliegerbeiträgen verkauft werden, ist ein den bereits feststehenden oder zu schätzenden Anliegerbeiträgen gleichkommender Betrag an die beteiligten Etats der Tiefbauverwaltung, der Kanalisationswerke und der Gaswerke aus dem Kaufpreise abzuführen.

§ 2. Werden der Stadtgemeinde gehörende Grundstücke, welche bisher nicht für Zwecke der Verwaltung benutzt wurden, für solche Zwecke bestimmt und überwiesen, so gelten dafür folgende Bestimmungen:

a) Findet die Überweisung an Verwaltungszweige statt, welche einen industriellen Charakter an sich tragen, (wie z. B. die Verwaltung der Gasanstalten, der Wasserwerke, des Zentralvieh- und Schlachthofes, der Markthallen) oder kommen städtische Grundstücke und Parzellen für die Zwecke der Kanalisation zur Verwendung, so wird der Wert der Grundstücke durch eine von der städtischen Grundeigentumsdeputation aufzustellende Taxe ermittelt und der ermittelte Betrag aus den für diese Verwaltungszweige aufgenommenen Anleihen an den Grundstücks-Erwerbungsfonds gezahlt.

Falls städtischer Grundbesitz sonst noch für Bauten, welche aus Anleihemitteln herzustellen sind, hergegeben wird, soll der Wert nach derselben Taxe ermittelt und dem Grundstücks-Erwerbungs-Fonds aus der Anleihe erstattet werden.

b) Straßenland von städtischen Grundstücken, das zur Anlegung neuer Straßen und Plätze gebraucht wird, ist unter Anrechnung des Wertes gemäß § 3 des Ortsstatuts II vom 25. Juni 1906 unentgeltlich bis zur Straßenmitte oder, falls die Straße breiter als 26 m ist, bis zu einer Breite von 13 m herzugeben. Für das etwa noch weiter abgetretene Straßenland wird ein von der städtischen Grundeigentumsdeputation durch Abschätzung zu ermittelnder Betrag aus dem Straßenlanderwerbungsfonds (zurzeit Kapitel IX, Abteilung 2, Ordinarium Titel II A) an den Grundstückserwerbungsfonds gezahlt.

c) Findet dagegen die Überweisung von der Stadtgemeinde gehörenden Grundstücken an andere, als die sub a) bezeichneten Verwaltungszweige statt, z. B. zur Verwendung als Schulgrundstücke, so wird der Wert der überwiesenen Grundstücke und Parzellen zwar ebenfalls durch eine von der städtischen Grundeigentumsdeputation aufzustellende Taxe ermittelt, aber nicht an den Grundstücks-Erwerbungsfonds überwiesen.

§ 3. Die baren Bestände des Grundstücks-Erwerbungsfonds sind zinsbar anzulegen, jedoch der Art, daß dieselben stets ohne

Schwierigkeit flüssig gemacht werden können. Die Anlegung in Hypotheken findet nicht statt. Bei dem Verkauf von Grundstücken kann jedoch ein Teil des Kaufgeldes kreditiert und dem Käufer die Zusage erteilt werden, daß der hypothekarisch einzutragende Kaufgelderrest bei pünktlicher Zinszahlung innerhalb eines bestimmten Zeitraums nicht gekündigt werden wird.

§ 4. Die nach § 3 aufkommenden Zinsen der Bestände des Grundstücks-Erwerbungsfonds sowie der kreditierten Kaufgelderreste fließen der allgemeinen Verwaltung zu.

§ 5. Aus dem Grundstücks-Erwerbungsfonds sollen die für die Errichtung von Gemeindeschulen erforderlichen Grundstücke erworben werden. Außerdem sind aus diesem Fonds auch Grundstücke anzukaufen, welche zur Ergänzung des städtischen Grundbesitzes dienen.

Werden Hypothekenschulden, welche auf den erkauften Grundstücken haften, von der Stadtgemeinde übernommen, so sind dieselben aus dem Grundstücks-Erwerbungsfonds zu tilgen, während ihre Verzinsung durch die allgemeine Verwaltung, welcher die Erträge der Grundstücke zufließen, erfolgt.

§ 6. Zu anderen Zwecken, als zum Ankauf von Grundstücken der im § 5 bezeichneten Art sollen die Einnahmen und Bestände des Grundstücks-Erwerbungsfonds nicht verwendet werden.

§ 7. Am Schlusse jeder Etatsperiode soll eine Aufstellung der im abgelaufenen Jahre angekauften, verkauften und überwiesenen Grundstücke (mit Größen- und Wertangabe) den Gemeindebehörden vorgelegt werden.

D. Straßenbau.

1. Ortsstatut II.

Auf Grund des § 11 der Städteordnung vom 30. Mai 1853 und des § 15 des Gesetzes vom 2. Juli 1875 (Gesetzsammlung S. 561) wird für den hiesigen Gemeindebezirk folgendes bestimmt:

A. Anlage neuer Straßen durch die Stadtgemeinde.

1. Verpflichtung der Anlieger zur Erstattung der Anlagekosten.

§ 1. Nach Anlegung einer neuen oder Verlängerung einer schon vorhandenen zur Bebauung bestimmten Straße durch die

Stadtgemeinde sind die Anlieger, sobald auf ihren Grundstücken Gebäude an dieser Straße errichtet werden, verpflichtet, der Stadtgemeinde diejenigen Kosten zu erstatten, welche ihr für die Freilegung, erste Einrichtung, Pflasterung, Entwässerung und Beleuchtungsvorrichtungen der Straße erwachsen sind. Die Verpflichtung zur Zahlung tritt mit dem Beginn der Bebauung ein.

§ 2. Schuppen, Buden, Kontore, Wächterhäuser, Gartenhallen, Veranden, Lauben, Kegelbahnen, Treibhäuser und ähnliche kleine Anlagen sind als Gebäude, welche die Beitragspflicht nach § 1 dieses Statuts begründen, nicht zu erachten, sofern diese Anlagen insgesamt eine Grundfläche von 60 qm sowie eine Fronthöhe von 3,50 m nicht überschreiten und 10 m von der Straßenfluchtlinie entfernt errichtet werden.

Diese Bestimmung erstreckt sich nicht auf Anlagen, welche Wohn-, Verkaufs- und Ausstellungszwecken dienen.

§ 3. Zu den Kosten der Freilegung gehören auch die Kosten der Erwerbung des Grund und Bodens der Straße einschließlich des Bürgersteiges.

Ist das Straßenland zum Teil unentgeltlich von angrenzenden Grundstücken abgetreten worden, so wird behufs Feststellung des auf die einzelnen anliegenden Grundstücke entfallenden Anteils an den Grunderwerbskosten das unentgeltlich abgetretene Straßenland bei der Ermittelung der Gesamtkosten mit demjenigen Werte in Rechnung gestellt, der vom Magistrat unter Berücksichtigung des Preises festgesetzt wird, welcher für entgeltlich erworbenes Straßenland gezahlt worden ist; der ermittelte Betrag wird sodann denjenigen Anliegern auf ihren Beitrag zu den Gesamtkosten in Abzug gebracht, von deren Grundstücken das Straßenland unentgeltlich abgetreten ist.

§ 4. Zu den Kosten der ersten Einrichtung und Pflasterung gehören auch diejenigen der Herstellung des Anschlusses einmündender Straßen.

Als Kosten des zur ersten Pflasterung des Straßendammes verwendeten Materials einschließlich der Kosten seines Einbaues in den Straßenkörper wird ein alle drei Jahre durch Gemeindebeschluß für das Quadratmeter festzusetzender Preis in Rechnung gestellt. Dieser Preis soll nach der Pflasterart (Stein, Asphalt, Holz u. a.) verschieden sein und nach den durchschnittlichen Preisen, die für die Pflasterart während der letzten drei Jahre bezahlt worden sind, berechnet werden.

Die Kosten der Entwässerung und Beleuchtungsvorrichtung der Straßen werden zusammengerechnet und auf die einzelnen Straßen nach der Zahl der Meter der Grundstücksstraßenfronten verteilt. Der für das Meter Grundstücksstraßenfront in Rechnung zu stellende Preis wird alle drei Jahre durch Gemeindebeschluß festgestellt.

Die Kosten der Herstellung von Baum- und anderen Pflanzungen sind nicht zu erstatten.

2. Feststellung und Verteilung der Anlagekosten auf die zur Erstattung Verpflichteten.

§ 5. Der Verteilung auf die Anlieger sind die Gesamtkosten der Straßenanlage zugrunde zu legen.

Wird eine Straße ihrer Längenausdehnung nach in Abschnitten, Teilen, angelegt, so können die Kosten der Abschnitte (Straßenteile) gesondert zur Verteilung gebracht werden, falls die Abschnitte durch die Begrenzung (Querstraßen, Wasserläufe, Eisenbahnen u. dgl.) oder sonstige tatsächliche Verhältnisse sich als besondere Abschnitte der Straße kennzeichnen.

Ein gleiches gilt bei Straßen, welche bebauungsplanmäßig mehrere Fahrdämme, Reitwege, Promenaden u. dgl. erhalten sollen, wenn nach Gemeindebeschluß durch Herstellung einzelner dieser Straßenteile als einer in sich abgeschlossenen Anlage die Straße für den Anbau auf einer Straßenseite fertiggestellt wird. In solchem Falle ist die Hälfte der Gesamtkosten des ausgeführten Straßenteils der Verteilung auf die anliegenden Grundstücke zugrunde zu legen. Soweit der Straßenteil in seiner Breite die Hälfte der bebauungsplanmäßigen Breite der Straße überschreitet oder mehr als 26 m beträgt, findet die Vorschrift des § 6 sinngemäße Anwendung.

Es ist zulässig, daß die Kosten, welche durch die Freilegung, erste Einrichtung, Entwässerung und Beleuchtungsvorrichtung verursacht sind, gesondert berechnet und umgelegt werden, im Falle des § 3 Absatz 2 jedoch nur, sofern durch Vereinbarung mit den Beteiligten festgestellt worden ist, welcher Betrag für das von ihm unentgeltlich abgetretene Land in Abzug zu bringen ist, und sofern dieser Abzug sofort bei der ersten Ausschreibung erfolgt. Die für den Grunderwerb aufgewendeten Kosten dürfen nicht früher als die übrigen Kosten ausgeschrieben werden.

§ 6. Bei Straßen oder Straßenteilen von mehr als 26 m Breite ist nur ein nach dem Verhältnis der Gesamtbreite zu 26 m zu berechnender Teil der Gesamtkosten zur Verteilung zu bringen.

§ 7. Der nach §§ 1—6 zur Einziehung gelangende Betrag wird auf die angrenzenden Grundstücke der Straße bzw. des Straßenteils nach Verhältnis der Länge ihrer die Straße berührenden Grenze verteilt.

§ 8. Es bleibt vorbehalten, in besonderen Fällen, in denen die Errichtung von Gebäuden zur Förderung gemeinnütziger Unternehmungen erfolgt, durch Gemeindebeschluß festzusetzen, daß und welcher Teil der Anliegerbeiträge außer Ansatz bleiben soll.

§ 9. Gegen die erfolgte Heranziehung zu den Beiträgen finden die Rechtsmittel nach §§ 69—75 des Kommunalabgabengesetzes vom 14. Juli 1893 statt.

§ 10. Kann ein Anlieger nachweisen, daß bei Anwendung der vorstehenden Bestimmungen die gesamten auf sein Grundstück verteilten Kosten mehr als drei Vierteile des ihm oder seinen etwaigen Besitzvorgängern durch die Straßenanlage erwachsenden Vorteils betragen würden, so ist der Magistrat ermächtigt, ihm den Mehrbetrag zu erlassen. Zu diesem Behufe ist die Differenz des Wertes des betreffenden Grundstücks vor und nach der Straßenanlage festzustellen und der abzusetzende Teil der Anlagekosten zu bestimmen. Die Entscheidung des Magistrats ist endgültig.

§ 11. Die Beiträge unterliegen der Beitreibung im Verwaltungszwangsverfahren nach Maßgabe der Verordnung vom 15. November 1899 (Gesetzsammlung S. 545); zur Zahlung der Beiträge ist zunächst derjenige verpflichtet, der zur Zeit des Eintritts der Verpflichtung Eigentümer des Grundstücks ist. Mehrere Eigentümer haften als Gesamtschuldner. Die Verpflichtung zur Zahlung der Beiträge ruht dinglich auf dem betreffenden Grundstück, so daß auch jeder spätere Eigentümer haftet.

§ 12. Der Magistrat ist befugt, mit Rücksicht auf die Vermögenslage der Zahlungspflichtigen für die Entrichtung der Beiträge Ratenzahlungen oder Zahlungsfrist bis zu höchstens zwei Jahren von der Fälligkeit ab zu bewilligen.

B. Anlage und Unterhaltung neuer Straßen durch Unternehmer.

1. Anlage der Straßen.

§ 13. Unternehmer, welche eine neue Straße oder einen Teil einer solchen anlegen wollen, haben, abgesehen von der polizeilichen Genehmigung, die Genehmigung des Magistrats nachzusuchen.

Sie haben jedenfalls die Freilegung und erste Einrichtung der Straße in der dem Bedürfnisse entsprechenden Weise zu beschaffen bzw. die dazu erforderlichen Kosten zu tragen oder der Stadtgemeinde zu erstatten, insbesondere auch die der Stadtgemeinde durch die Entwässerungsanlagen und Beleuchtungsvorrichtungen der Straße erwachsenden und bereits erwachsenen Kosten. Die Pflasterart bestimmt der Magistrat.

Zur Ausführung der Pflasterarbeiten ist es erforderlich, daß sich die Tiefbaudeputation mit der Auswahl der Personen oder Firmen, denen die Ausführung übertragen werden soll, einverstanden erklärt.

Dem Antrag auf Genehmigung der Straßenanlage ist ein Lageplan im Maßstabe von mindestens 1 : 500 und Nivellementsplan der Straße, aus welchem insbesondere auch der Anschluß der herzustellenden Entwässerungsanlagen an die bestehenden öffentlichen Anlagen ersichtlich ist, und zwar in je 5 Exemplaren beizufügen.

Den Unternehmern stehen für die Ausarbeitung der betreffenden Pläne die bei dem Magistrat befindlichen einschlagenden Materialien zur Benutzung auf ihre Kosten durch ihre Sachverständigen offen, soweit das Verwaltungsinteresse es gestattet, sofern die Materialien nicht unbedingt von dem Magistrat gebraucht werden. In diesem Falle ist dem Unternehmer mitzuteilen, von welchem Zeitpunkt ab die Materialien ihm zur Benutzung offenstehen werden.

Der Lageplan muß die in die Straße fallenden und an dieselbe angrenzenden Grundstücke bis auf 30 m Entfernung von den Straßenfluchtlinien, deren Grundbuchbezeichnung und Eigentümer ersichtlich machen.

Die Genehmigung kann für Straßen, die in den Bebauungsplan aufgenommen sind, nur versagt werden, wenn Gründe des Verkehrs oder andere öffentliche Interessen derselben entgegenstehen, insbesondere auch, wenn auf Erfordern nicht der Nachweis geführt wird, daß die vollständige Ausführung der Anlage gesichert ist.

Die betreffenden Gründe sind in dem Versagungsbescheide anzugeben.

§ 14. Erklären sich die Unternehmer zur Ausführung der Straßenanlage gemäß der erteilten Genehmigung bereit oder nehmen sie die Ausführung tatsächlich in Angriff, so sind sie verpflichtet, die

Straßenanlage innerhalb der in der Genehmigung gestellten oder sonst angemessenen, vom Magistrat zu bestimmenden Frist zu vollenden.

Genügen sie dieser Verpflichtung nicht, so hat der Magistrat die Wahl, die erforderlichen Arbeiten für Rechnung der Unternehmer oder für eigene Rechnung auszuführen. In letzterem Falle und soweit in ersterem die erwachsenden Kosten von den Unternehmern nicht beigetrieben werden können, finden die Vorschriften des Abschnitts A sinngemäße Anwendung.

Das zur Straßenanlage erforderliche Land ist vor Beginn der Arbeiten zu ihrer Herstellung der Stadtgemeinde kostenlos und unentgeltlich zu übereignen und auf deren Verlangen pfandfrei zu stellen.

Ob die Herstellung bedingungsmäßig erfolgt ist, entscheidet der Magistrat, bei welchem die Abnahme, abgesehen von der baupolizeilichen Abnahme, beantragt werden muß.

2. Unterhaltung.

§ 15. Die Unterhaltung der gemäß § 13 ff. angelegten Straßen geht von der durch Abnahme als bedingungsmäßig anerkannten Herstellung ab auf die Stadtgemeinde über, dagegen sind die Unternehmer der Straßenanlage gehalten,

diejenigen Personen oder Firmen, denen sie gemäß § 13 die Ausführung der Pflasterungsarbeiten übertragen, vertraglich zur unentgeltlichen Unterhaltung des von ihnen hergestellten Pflasters nebst Unterbettung einschließlich Lieferung sämtlicher bei diesen Unterhaltungsarbeiten erforderlichen Materialien, als Steine, Kies, Sand, Fugenvergußmasse usw., der Stadtgemeinde gegenüber zu verpflichten.

Diese Verpflichtung, für deren Erfüllung auch der Unternehmer verhaftet bleibt, erstreckt sich auf die Zeit bis zum Ablauf des auf das Jahr des Beginns der Unterhaltung folgenden vierten Etatsjahres der städtischen Verwaltung.

Der Unternehmer der Straßenanlage ist auch verpflichtet, diejenigen Kosten der Unterhaltung zu erstatten, welche der Stadtgemeinde infolge von Bodensackungen erwachsen und durch den gedachten Unternehmer der Pflasterung nicht unentgeltlich auszuführen sind.

Die Kosten der Unterhaltung werden erforderlichenfalls im Wege des Verwaltungszwangsverfahrens von dem Unternehmer der Straßenanlage eingezogen.

C. Verpflichtung der Anlieger an vorhandenen unbebauten Straßen.

§ 16. Den Anliegern bereits vorhandener Straßen und Straßenteile, an denen Gebäude noch nicht errichtet sind, liegen die gleichen Verpflichtungen ob, wie solche in diesem Statut für die Anlieger neuer Straßen festgestellt sind, und zwar sowohl für den Fall, daß die Straße bereits den Festsetzungen des Bebauungsplanes entspricht, als für den, daß für deren erste, dem Bedürfnisse entsprechende Herstellung gemäß dem Bebauungsplan noch Aufwendungen zu machen sind.

D. Allgemeine Vorschriften.

§ 17. Als Anlage einer neuen Straße im Sinne dieses Statuts gilt auch die Umwandlung eines unregulierten Weges oder einer Landstraße in eine städtische Straße.

§ 18. Die Bestimmungen des § 10 finden auf alle Fälle Anwendung, welche bei Inkrafttreten dieses Ortsstatuts nicht bereits durch Zahlung der veranlagten Beiträge vollständig erledigt sind. Rückzahlung bereits gezahlter Beträge findet nicht statt.

§ 19. Dieses Statut tritt mit dem 1. Juli 1906 an die Stelle des Ortsstatuts vom 7./19. März 1877.

Berlin, den 25. Juni 1906.

Magistrat hiesiger Königl. Haupt- und Residenzstadt.

Kirschner.

Vorstehendes Ortsstatut wird auf Grund des § 15 des Gesetzes vom 2. Juli 1875, betreffend die Anlegung und Veränderung von Straßen und Plätzen in Städten und ländlichen Ortschaften, sowie des § 146 des Zuständigkeitsgesetzes hierdurch bestätigt.

Berlin, den 20. September 1906.

Der Minister des Innern.

In Vertretung:

von Kitzing.

2. Übergangsvorschriften zum Ortsstatut II vom 25. Juni/20. Sept. 1906, vom 1. Oktober 1906.

Das Statut tritt mit dem 1. Juli 1906 an die Stelle des bisherigen. Diese Bestimmung hat folgende Wirkungen:

1. Die Pflichten der Anlieger werden durch das neue Statut bezüglich der Kosten der Beleuchtungsvorrichtungen und des Promenadenausbaus erweitert. Diese Bestimmungen können weder auf bereits erlassene Kostenfeststellungsbeschlüsse Anwendung finden, noch auf solche Feststellungsbeschlüsse, die noch nicht erlassen sind, obwohl die Straßen bereits reguliert sind. In Betracht kommen vielmehr nur solche Straßen, die am 1. Juli 1906 noch nicht völlig reguliert waren.
2. Ebenso greift die Bestimmung des § 4 Abs. 2 über die Kosten des zur ersten Pflasterung verwendeten Materials nur bei solchen Straßen Platz, deren Regulierung am 1. Juli 1906 noch nicht beendet war.
3. Die formelle Vorschrift über die Kostenfeststellungsbeschlüsse (Trennung der Kosten, § 5 letzter Absatz) gilt für alle Beschlüsse, die am 1. Juli 1906 noch nicht erlassen sind, also auch wenn die Beschlüsse Straßen betreffen, die vor diesem Zeitpunkt fertiggestellt sind.
4. Die Bestimmungen darüber, wenn Gebäude die Zahlungspflicht nicht begründen (§ 2), sind auf alle Baulichkeiten anzuwenden, mit deren Errichtung nach dem 1. Juli 1906 begonnen ist. Das gleiche gilt von der Ausnahmevorschrift des § 8.
5. Die Anlage und Unterhaltung neuer Straßen durch Unternehmer fällt unter das neue Statut, wenn die Konzession nach dem 1. Juli 1906 erteilt ist.

27. 9. 06. gez. Franz.

V.

1. Der vorstehenden Ausführung wird zugestimmt.
2. Sie ist in 10 Exemplaren durch Umdruck für die mit den Kosteneinziehungssachen befaßten Dezernenten und Expedeinten zu vervielfältigen.
3. usw.

Berlin, den 1. Oktober 1906.

Städtische Tiefbaudeputation.

gez. Reicke.

3. Urteil des Reichsgerichts vom 24. Juni 1912 — VI. 556/1911 — betreffend die Zulässigkeit der Erstrebung wirtschaftlicher Vorteile seitens der Gemeinde bei Aufschließungsverträgen (Verträgen über künftige Fluchtlinien). Akten: Stadtbau 71, Prozeß 5.

Aus den Gründen.

In erster Linie fragt es sich, ob es widerrechtlich war, wenn die Stadt die Feststellung eines neuen Fluchtlinienplanes von wirtschaftlichen Gegenleistungen des B. abhängig machte. Nach § 1 des Preuß. Gesetzes vom 2. Juli 1875 betr. die Anlegung und Veränderung von Straßen und Plätzen in Städten und ländlichen Ortschaften sind die Straßen- und Baufluchtlinien vom Gemeindevorstande im Einverständnis mit der Gemeinde bzw. deren Vertretung dem öffentlichen Bedürfnisse entsprechend unter Zustimmung der Ortspolizeibehörde festzusetzen, bei der Festsetzung aber ist nach § 3 das. auf Förderung des Verkehrs, der Feuersicherheit und der öffentlichen Gesundheit Bedacht zu nehmen, auch darauf zu halten, daß keine Verunstaltung der Straßen und Plätze eintritt. Bei der Aufhebung oder Änderung bestehender Fluchtlinien gelten nach § 10 a. a. O. die gleichen Grundsätze. Mit der Offenlegung des Fluchtlinienplans, § 8 a. a. O. tritt die Wirkung ein, daß Neubauten, Um- und Ausbauten über die Fluchtlinie hinaus versagt werden können, § 11 a. a. O. Im vorliegenden Falle ergriff diese Beschränkung das gesamte Gelände, da es seiner ganzen Ausdehnung nach als Ladeplatz bestimmt war. Die Entscheidung darüber, ob im Einzelfalle eine Bauerlaubnis über die Fluchtlinie hinaus erteilt werden soll, liegt in der Hand der Baupolizei, nicht in der der Gemeinde, Friedrichs (Strauß und Torney), Anm. 2 zu § 11; Saran, Anm. 3 zu § 3; Entsch. des Preuß. Oberverwaltungsgerichts, Bd. 53, S. 403 fg. Über das von der Polizeibehörde einzuhaltende Verfahren bestimmt der Erlaß der Minister des Innern und der öffentlichen Arbeiten vom 15. Februar 1887, daß die Polizeibehörde in eine Prüfung derartiger Baugesuche erst eintreten soll, wenn die Einwilligung der Gemeinde nachgewiesen wird, andernfalls soll die Genehmigung regelmäßig versagt werden. Nur dann, wenn die Polizei die pflichtmäßige Überzeugung gewinnt, daß die Gemeinde Bedingungen stellt, die ihr Vorteile über das Maß der Notwendigkeit hinaus verschaffen sollen, hat die Polizei an die vorgesetzte Behörde zu berichten, die dann nach Kommunikation mit der Kommunalaufsichtsbehörde die weitere

Entscheidung trifft. Wie der Ministerialerlaß anerkennt, verfolgt der § 11 den Zweck, die Gemeinden, die nach § 13, Nr. 1 a. a. O. den Grundeigentümer erst zu entschädigen haben, wenn die zu Straßen und Plätzen bestimmten Flächen auf Verlangen der Gemeinden für den öffentlichen Verkehr abgetreten werden, dagegen zu schützen, daß durch bauliche Veränderungen der Wert eines zu Straßenzwecken bestimmten Grundstücks gesteigert wird. Die obrigkeitliche Gewalt greift mithin zum Schutze der berechtigten privatwirtschaftlichen Interessen der Stadt ein. In welcher Weise die Stadt letztere ermittelt, ist unerheblich, insbesondere steht nichts im Wege, daß sie sich hierüber vertraglich mit dem Baulustigen verständigt. Derartige Verträge sind namentlich dann, wenn es sich um Ausnahmen von dem nach § 12 des Gesetzes zugelassenen ortsstatutarischen Bauverbote handelt, allgemein üblich, vgl. Saran, Anm. 26 d zu § 12 (S. 195 fg). Die Aufstellung eines neuen Fluchtlinienplans kann rechtlich nicht anders angesehen werden; auch hier ist die Gemeinde nicht gehindert, sich wegen ihrer privatwirtschaftlichen Interessen mit den Beteiligten im Vertragswege zu verständigen, bevor sie von ihrem obrigkeitlichen Rechte der Fluchtlinienfestsetzung Gebrauch macht. Auf eine Fluchtlinienfestsetzung hatte B. überhaupt keinen Rechtsanspruch, es stand, vorbehaltlich des aus § 1 Abs. 2 a. a. O. sich ergebenden Rechtes der Ortspolizeibehörde, im Ermessen der Stadt, wenn sie mit der Fluchtlinienfestsetzung vorgehen wollte. Ob eine solche Maßregel aus irgendwelchen Gründen zweckmäßig gewesen wäre, ist für den erhobenen Anspruch unerheblich.

Liegt sonach auch darin, daß die Beklagte für eine Fluchtlinienfestsetzung Bedingungen wirtschaftlicher Art aufstellte, an und für sich noch keine Rechtswidrigkeit, so könnte sie doch dadurch gegeben sein, daß die Stadt unverhältnismäßig große Vorteile angestrebt hätte. Der Vorderrichter hat das verneint und dabei erwogen, daß das von B. abzutretende Terrain zur Verbreiterung der Wullenweberstraße und zur Herstellung der neuen Uferstraße habe dienen sollen. Hätte die Beklagte nichts anderes verlangt als die unentgeltliche Abtretung des Straßenterrains, so würde von einer Rechtswidrigkeit schon mit Rücksicht auf die Vorschrift des § 15 a. a. O. nicht die Rede sein können, der Revision muß aber darin zugestimmt werden, daß die Annahme des Berufungsgerichts einer prozeßgerechten Unterlage entbehrt. Daß der Lageplan Bl. 165 der beigefügten Grundakten von Moabit, den der Vorderrichter als Grundlage seiner Ansicht anführt, Gegenstand der mündlichen Verhandlung gewesen ist, läßt sich zwar aus der Bezugnahme auf S. 3 des Tatbestandes entnehmen, er zeigt aber im Gegenteil, daß auch ein größeres, außerhalb der Fluchtlinie liegendes Gebiet, soweit es dort rot ausgezeichnet ist, abgetreten werden sollte. Nach der Behauptung der Klägerinnen in dem vorgetragenen Schriftsatze vom 1. Juni 1910 handelte es sich um zwölf Baustellen nebst Zubehör. Von den sonstigen von B. übernommenen Leistungen erwähnt der Vorderrichter noch die Kosten der Futtermauer, läßt aber unbeachtet, daß B. auch zu den Kosten der Uferstraße einen festen Beitrag von 300 M. für den laufenden Meter Baufront, soweit seine Restgrundstücke an die Uferstraße stoßen, leisten sollte. Soll aber ermittelt werden, ob die Beklagte übermäßige Anforderungen gestellt hat, so müssen alle gegenseitigen Leistungen gegen einander abgewogen werden. Nicht rechtsirrtümlich ist es, wenn der Vorderrichter hierbei den Vorteil berücksichtigt, den B. durch die neue Fluchtlinienfestsetzung erlangte. Daß es sich bei der Fluchtlinienfestsetzung um die Ausübung eines obigkeitlichen Rechtes handelt, steht nicht entgegen, auch kann unerörtert bleiben, ob ein Versprechen der Stadt, neue Fluchtlinien festzusetzen, privatrechtliche Wirkungen haben würde, letzteres um so mehr, als die Beklagte in dem Vertrage eine solche Festsetzung nicht zusagt, sondern das Zustandekommen von Fluchtlinien als Bedingung der beiderseitigen Leistungen bezeichnet wird. Zu beachten ist nur, daß die Stadt ihre obrigkeitliche Stellung nicht zur Erlangung unberechtigter und übermäßiger Vorteile ausnutzen darf; die zulässige Grenze ist unter Berücksichtigung der gesamten Sachlage nach richterlichem Ermessen zu finden.

---

4. Beispiel eines Aufschließungsvertrages (Angebot vom 23. Juni 1910 der Terraingesellschaft Berlin-Nordost).

Verhandelt

Berlin, den 23. Juni 1910.

Vor mir als dem durch Verfügung des Oberbürgermeisters der Königlichen Haupt- und Residenzstadt Berlin vom 10. Juni

1909 zu Beurkundungen gemäß Artikel 12 § 2 und Artikel 27 des preußischen Ausführungsgesetzes zum Bürgerlichen Gesetzbuche bestimmten Beamten, Magistratsrat Dr. Georg Simonsohn, erschien persönlich bekannt der Direktor Herr Fritz Hartmann, hier, Linkstraße 16, als einziger vertretungsberechtigter Direktor der Aktiengesellschaft in Firma Terraingesellschaft Berlin-Nordost, sich ausweisend durch Vorleguug der Ausfertigung aus dem Handelsregister des Königlichen Amtsgerichts Berlin-Mitte, Abteilung 189, vom 29. Januar 1910.

Der Erschienene erklärte:

Die Terraingesellschaft Berlin-Nordost ist Eigentümerin des auf dem beiliegenden Übersichtsplan gelb umränderten, im Grundbuche von Berlin von den Umgebungen Band II Nr. 18 verzeichneten Geländes. Sie beabsichtigt, ihr Gelände aufzuteilen und der Bebauung zu erschließen und hat zu diesem Zwecke bei der städtischen Tiefbaudeputation die Festsetzung von Fluchtlinien für die in dem Plane ersichtlich gemachten Straßen A, B, C, D und E beantragt.

Für den Fall, daß die Stadtgemeinde die Königliche Genehmigung zur Anlegung der projektierten Straßen bis zum 15. November 1910 beantragt und diese Genehmigung später wirklich erteilt wird, verpflichtet sich die von mir vertretene Gesellschaft zu folgendem:

1. Das gesamte auf dem Übersichtsplan als Straßenland ausgewiesene Terrain des genannten Grundstücks sowie das zum Platz H^1 bestimmte Gelände wird der Stadtgemeinde von der Gesellschaft unentgeltlich, pfand- und lastenfrei innerhalb dreier Monate nach der Fluchtlinienfestsetzung übereignet, die südliche Hälfte des Straßenlandes der Straße 24 zwischen Straße 22a und 18a wird dagegen an die Stadtgemeinde zum Preise von 10 M. für 1 qm verkauft. Der Preis wird bei der Anlegung der Straße gezahlt und der Stadtgemeinde bis dahin zinslos gestundet.

2. Zur Anlegung des Platzes H als Schmuckplatz wird von der Gesellschaft ein einmaliger Beitrag von 20 000 M nach Ausführung der Anlage an die Stadthauptkasse, Depositenkonto, gezahlt.

3. Die auf dem Plane blau angelegten Flächen von rund 6700 und rund 6900 qm und die mit den Buchstaben a, b, c, d, a umschriebene Fläche von rund 1200 qm, zusammen rund 14 800 qm werden der Stadtgemeinde übereignet und unentgeltlich, lasten- und pfandfrei aufgelassen, wogegen seitens der Stadtgemeinde die

beiden rot angelegten Flächen von rund 7400 qm = 14 800 qm der Gesellschaft übereignet und unentgeltlich, lasten- und pfandfrei aufgelassen werden. Die gegenseitige Übereignung soll ebenfalls innerhalb dreier Monate nach der Fluchtlinienfestsetzung erfolgen. Die Nutzrießung bleibt den bisherigen Eigentümern bis zum 1. Oktober des auf die Auflassung folgenden Jahres.

4. Die Gesellschaft verkauft an die Stadtgemeinde das in dem Plan mit den Buchstaben e, f, g, h, i, k, l, m, e bezeichnete Grundstück von etwa 5500 qm zum Preise von 40 M. für 1 qm zu Schulzwecken oder anderen öffentlichen Zwecken und läßt es frei von Lasten und Eintragungen zusammen mit dem Straßenlande auf. Der Kaufpreis wird unmittelbar nach der Auflassung gezahlt, den Reichs- und Landesstempel trägt die Stadtgemeinde als Käuferin. Die Nutznießung bleibt der Gesellschaft bis zum 1. Oktober des auf die Auflassung folgenden Jahres.

5. Das Straßenland bleibt nach der Auflassung im Besitz der Gesellschaft; diese ist damit einverstanden, daß das Straßenland von der Kanalisationsverwaltung jederzeit betreten und benutzt wird, um Röhren für die Zwecke dieser Verwaltung einzulegen und sonstige erforderliche Arbeiten vorzunehmen. Die Freilegung und Übergabe an die Stadtgemeinde hat zu erfolgen, sobald diese es verlangt.

6. Für die Entwässerung des Geländes der Gesellschaft ist der Bau verschiedener Vorflutleitungen notwendig. Die Stadtgemeinde verpflichtet sich, den Bau dieser Leitungen auszuführen, und zwar zunächst derjenigen, die zur Entwässerung des südöstlichen Teils des Geländes dienen. Zu diesem Zweck ist das zur Herstellung und späteren Beaufsichtigung sowie Reparatur der Vorflutanlage erforderliche Straßenland der Stadtgemeinde vorher unentgeltlich von der Gesellschaft zur Verfügung zu stellen, und zwar in einer Breite von 12 m oder 8 m, je nachdem gemauerte Kanäle oder Tonrohrleitungen hergestellt werden. Zur Reparatur und zum Betriebe der Vorflutanlagen ist ein Streifen von 3 m zur Verfügung zu stellen.

Dieses Benutzungsrecht ist als persönliche Dienstbarkeit in das Grundbuch einzutragen. Sollten die von der Gesellschaft aufzuwendenden Bemühungen auf Erwerb des zur Vorflutanlage benötigten Straßenlandes zu einem Ergebnis nicht führen, so wird die Stadtgemeinde auf Verlangen der Gesellschaft alsbald die

Enteignungsbefugnis nachsuchen und das erforderliche Gelände enteignen.

Nachdem das Gelände der Stadtgemeinde zur Verfügung gestellt ist, muß mit dem Bau der Vorflutanlage innerhalb 6 Monate nach Aufforderung begonnen werden.

Die Terraingesellschaft hat die 70 M für das laufende Meter Grundstücksfront betragenden Kosten der Kanalisationsanlagen, soweit diese fremdes Gelände berühren, einschließlich der Enteignungsentschädigung sowie der Kosten des Verfahrens und der durch etwaige Prozesse entstehenden Aufwendungen der Stadtgemeinde mit 4 % solange zu verzinsen, bis diese die Anliegerbeiträge für die einzelnen Grundstücke der betreffenden Straße einziehen kann.

Soweit Kanalisationsanlagen innerhalb des Geländes der Gesellschaft liegen, sind die 70 M sofort nach Herstellung der Anlagen zu zahlen.

7. Die Gesellschaft beabsichtigt mit der Bebauung des Geländes blockweise vorzugehen und wird die Genehmigung zur bebauungsplanmäßigen Anlegung der einzelnen Straßen nach Bedarf einholen.

Die Gesellschaft erklärt sich bereit, sich bei den im Bebauungsplan bereits vorhandenen wie auch bei den jetzt vorgeschlagenen Straßen allen Bedingungen zu unterwerfen, die von der Tiefbaudeputation bei der Regulierung derartiger Straßen gestellt zu werden pflegen. Hierzu gehört die Zahlung der Kosten für die Entwässerungsleitungen und die Beleuchtungsvorrichtungen bei denjenigen Straßenfronten, die durch die Festsetzung der neu projektierten Straßen A, B, C, D, E in Fortfall kommen.

8. Die Stadtgemeinde übernimmt die Pflasterung der Straße 24 auf der Strecke von Straße 22a bis 18a und führt sie nach Aufforderung seitens der Gesellschaft aus, vorausgesetzt, daß die erforderliche Vorflut für die Entwässerung vorhanden ist (Ziffer 6). Diese Aufforderung ist der Stadtgemeinde bis zum 1. Oktober des der Ausführung vorhergehenden Jahres auszusprechen.

Die Terraingesellschaft verpflichtet sich, die Regulierungskosten der Straße 24 von Straße 22a bis 18a einschließlich der auf den Platz H entfallenden Strecke zur Hälfte zu tragen. Die andere Hälfte der Kosten einschließlich der Grunderwerbskosten (Ziffer 1), die auf das jetzt der Georgenkirche gehörende Gelände entfallen, hat die Gesellschaft mit 4 % der Stadtgemeinde von dem Zeitpunkt der Beendigung der Straßenregulierung an solange zu verzinsen, bis die Stadtgemeinde die Anliegerbeiträge für die einzelnen Grundstücke einziehen kann. Die Zahlung der auf die Gesellschaft entfallenden Hälfte der Kosten einschließlich der Kosten der Entwässerung und Beleuchtungsvorrichtung hat schon vor der Bebauung des Geländes zu erfolgen, sobald es die Stadtgemeinde verlangt.

9. Außer den unter Ziffer 8 aufgeführten Kosten übernimmt die Terraingesellschaft die Kosten aller Straßenregulierungen auf ihrem Gelände in ganzer Straßenbreite, soweit sie zu beiden Seiten der in Betracht kommenden Strecken Anliegerin ist, einschließlich der Strecken:

Straße	24	von	Kniprodestraße	bis	Straße	22 a,
"	21 b	"	Straße 24	bis	Straße	18 a,
"	18 a	"	" 21 b	"	"	26 a.

Die Terraingesellschaft ist an nachstehenden Straßenstrecken zu beiden Seiten Anliegerin:

1.	Straße	B	von	Straße	24	bis	Straße	A,
2.	"	A	"	"	B	"	"	21 b,
3.	"	22 a	"	"	24	"	"	18 a,
4.	"	C	"	"	21 b	"	"	26 a,
5.	"	26 a	"	"	24	"	"	17 b,
6.	"	17 b	"	"	26 a	"	"	D,
7.	"	D	"	"	17 b	"	"	17.

Den Ausbau dieser Straßenstrecken führt die Gesellschaft auf eigene Kosten aus.

10. Der Stadtgemeinde steht es frei, die Regulierung derjenigen Straßenstrecken, in denen sowohl sie als auch die Gesellschaft nach Ausführung des in diesem Vertrage vorgesehenen Landaustausches mit Bauland anliegen, selbst auszuführen und die Hälfte beziehungsweise den nach Maßgabe der Baufrontlängen zu berechnenden auf die Gesellschaft entfallenden Teil der vollen Kosten einschließlich der Kosten der Entwässerung und Beleuchtungsvorrichtung unmittelbar nach der Ausführung einzufordern. Die Kosten für die Herstellung der Entwässerungsanlage sind zu zahlen ohne Rücksicht darauf, ob die Straßenregulierung der Herstellung der Entwässerungsanlagen unmittelbar folgt.

In Betracht kommen nachstehende Straßenstrecken:

1.	Straße	18 a	von	Straße 22 a	bis	Straße	21 b,
2.	„	A	„	Kniprodestr.	„	„	B,
3.	„	B	„	Straße A	„	„	18 a,
4.	„	21 b	„	„ 18 a	„	„	17 b,
5.	„	17 b	„	„ 26 a	„	„	21 b,
6.	„	26 a	„	„ 17 b	„	„	17.

Das Straßenland derjenigen Straßen, bei denen die Stadtgemeinde und die Gesellschaft gemeinsam Anlieger sind, wird bei den Straßenregulierungskosten nicht berücksichtigt. Die Stadtgemeinde ist daher nicht berechtigt, Landerwerbskosten von der Gesellschaft einzuziehen. Dies erstreckt sich auf das der Gesellschaft zu übereignende Bauland an Straße 18 a.

11. Die Terraingesellschaft ist berechtigt, von der Stadtgemeinde jederzeit die Anlegung des Platzes H^1 und die Regulierung der unter Ziffer 10 genannten Strecken zu fordern, wenn seitens der Gesellschaft die Zahlung oder Hinterlegung der für die Anlegung des Platzes H^1 vereinbarten 20 000 M. (Ziffer 2) bzw. des Kostenanteils der betreffenden Straße erfolgt ist und die Entwässerung der Straße möglich ist (Ziffer 6). Das Verlangen ist der Stadtgemeinde jedesmal bis zum 1. Oktober des der Ausführung vorhergehenden Jahres auszusprechen, jedoch kann für jedes Jahr nur die Regulierung von höchstens 4000 qm Straßenland gefordert werden. Voraussetzung für die Verpflichtung der Stadtgemeinde ist, daß die Vorflut für die Entwässerung der betreffenden Straßen vorhanden ist (Ziffer 6). Im Fall der Hinterlegung erfolgt die Zahlung der anteiligen Kosten durch die Gesellschaft sofort nach Herstellung der Straße.

Stellt die Gesellschaft die unter Ziffer 10 genannten Straßen selbst her, so wird ihr die Stadtgemeinde die auf die städtischen Grundstücke entfallenden anteiligen Regulierungskosten nach der Abnahme der Straße erstatten.

12. Von einer Vereinbarung über den Ausbau folgender Strecken wird vorläufig abgesehen:

Straße	17 b	von	Straße D	bis	Landsberger Allee,	
„	D	„	„ 17 b	„	Straße	18 a,
„	E	„	„ 17 b	„	„	17.

Falls die Gesellschaft den Antrag stellt, ihr die Genehmigung zur Regulierung der halben Straße 18a zwischen Straße 22a und Straße B zu erteilen, so soll dem Antrage stattgegeben werden, falls der Entwässerung keine Schwierigkeiten entgegenstehen.

13. Die Beschaffung der Pläne und der zur Auflassung erforderlichen Materialien übernimmt die Stadtgemeinde.

14. Den Stempel für die auszutauschenden Baugrundstücke trägt die Stadtgemeinde zur einen, die Gesellschaft zur anderen Hälfte.

15. Von der Erhebung der Umsatzsteuer wird bei den Tauschgrundstücken und bei dem Schulgrundstück Abstand genommen.

16. Sämtliche übrigen Kosten trägt die Terraingesellschaft.

17. Zur Sicherheit für die Erfüllung der übernommenen Verpflichtungen läßt die Gesellschaft auf ihrem gesamten Grundbesitz mit Ausnahme der an die Stadtgemeinde aufzulassenden Straßen- und Schulgrundstückflächen eine Sicherheitshypothek zugunsten der Stadtgemeinde in Höhe von 500 000 M. hinter einer Hypothek von 2 Millionen Mark eintragen. Die Gesellschaft ist berechtigt, an Stelle der Sicherheitshypothek die Bürgschaft einer der Stadtgemeinde genehmen Bank beizubringen.

An dieses Angebot halte ich mich bis zum 1. Oktober 1910 dergestalt gebunden, daß das Angebot als angenommen gilt, wenn die Annahmeerklärung bis zu diesem Tage beurkundet ist.

Die Verhandlung wurde dem Erschienenen vorgelesen, von ihm genehmigt und, wie folgt, eigenhändig unterschrieben.

Terraingesellschaft Berlin-Nordost.

F. W. Hartmann.
Georg Simonsohn.

---

5. Schema einer Pflastergenehmigung für eine Unternehmerstraße.

Pflastergenehmigung

für die Straße .... Straße
von Straße .... Straße
bis Straße .... Straße.

Geprüft

im Technischen Bureau I des Stadtbaurates für den Tiefbau.

Berlin, den .... 19.....

Der Magistratsbaurat.

D ....
....
wird auf den Antrag vom .... 19..... die Genehmigung zur Herstellung ....
....
nach Maßgabe der §§ 13 bis 15 des Ortsstatuts vom 25. Juni 1906 und unter folgenden besonderen Bedingungen erteilt.

Vor Beginn der Arbeiten ist das Straßenland, soweit es noch nicht der Stadtgemeinde Berlin gehört, unentgeltlich, pfand-, lasten- und kostenfrei an diese aufzulassen und im ganzen Umfange freizulegen.

I. Für die Regulierung.

Die Straßenstrecke ist in der ganzen Breite, einschließlich der Bürgersteige herzustellen. Maßgebend ist hierfür, namentlich für die Erdarbeiten, der beigefügte, im Monat .... 19.... im technischen Bureau I des Stadtbaurats für den Tiefbau geprüfte Entwurf, der aus ...... Blatt Lage- und Höhenplan..... besteht.

In den Profilen ist die Dammkrone durch eine scharf ausgezogene rote — blaue — Linie angedeutet.

Die rot und blau eingeschriebenen Ordinaten bezeichnen die Höhenlage des Dammes über dem Normalnullpunkt für das Königreich Preußen.

Aufhöhungsarbeiten und Material.

Die Straße darf erst aufgehöht werden, nachdem die daselbst einzubauenden Entwässerungsanlagen fertiggestellt sind, und der Vorsteher des Tiefbauamtes die Genehmigung erteilt hat.

Zur Sicherung des Straßenkörpers und der Grundstückseinfriedigung hat die Anschüttung so zu erfolgen, daß die Oberkante der 1½ fachen Böschung 1 m hinter der Straßenfluchtlinie liegt.

Auftragsboden darf nur aus Sandboden bestehen; die Verwendung anderer Bodenarten ist von der Genehmigung des Tiefbauamtes abhängig.

Bodenarten, die im Wasser lösliche, das gleichmäßige Setzen des Dammes verhindernde organische oder für das Grundwasser nachteilige Bestandteile enthalten, sind ausgeschlossen.

Die Städtische Polizeiverwaltung Abt. I (Straßenbau) behält sich vor, durch Aufgrabungen zu prüfen, ob die vorstehenden Bestimmungen beachtet worden sind, und Bodenarten, deren Verwendung unzulässig ist, auf Kosten der Unternehmer beseitigen zu lassen.

Bei Aufschüttungen ist der Boden zur Vermeidung nachträglicher Sackungen in Lagen von höchstens 0,40 m Höhe aufzubringen. Jede Lage ist sorgfältig einzuschlämmen und festzustampfen.

Abtragsarbeiten.

Bei Abträgen darf der Erdboden unter keinen Umständen tiefer als bis zur vorgeschriebenen Planumshöhe aufgelockert werden. Der Gebrauch der Picke zum Lösen des Bodens ist daher untersagt bei gewöhnlichen Boden für die letzten 0,40 m, bei festem Lehmboden nur für die letzten 0,20 m über dem Planum.

Bei Lehmboden ist, wenn es das zuständige Tiefbauamt für erforderlich hält, das Planum des Straßendammes bis ...... m unter Pflasteroberkante abzuschachten und mit einer 0,40 m hohen Lage reinen, trocknen Sandbodens auszufüllen. Dieser darf aber erst eingebracht werden, nachdem das Tiefbauamt auf Antrag die Ausschachtung abgenommen hat.

Werden bei den Ab- und Aufgrabungen Kabel, Mauerwerk, größere Wurzeln lebender Bäume u. a. freigelegt, so ist dies sofort dem Tiefbauamte und derjenigen Verwaltung anzuzeigen, der die Unterhaltung der berührten Anlagen, Bäume usw. obliegt.

Den Bestimmungen dieser Verwaltung über eine Abänderung oder Beseitigung der aufgedeckten Gegenstände sowie über die zu ihrer Sicherung erforderlichen Maßregeln hat d.... Unternehmer... nachzukommen, auch die dadurch erwachsenen Kosten zu tragen; des weiteren haftet er — sie — für alle Beschädigungen, welche infolge seiner — ihrer — Arbeiten den Anlagen, Bäumen usw. zugefügt werden.

Wert- oder Kunstgegenstände oder solche, die in archäologischer Beziehung ein Interesse gewähren, sind sofort nach ihrem Auffinden an das Tiefbauamt abzuliefern; ist letzteres wegen der Größe oder sonstigen Beschaffenheit des Fundstücks nicht angängig, so hat d.... Unternehmer.... oder de....en auf der Baustelle anwesender Vertreter unverzüglich hierüber dem Tiefbauamte Anzeige zu erstatten.

Einteilung der Straße.

Die Straße .... Straße erhält zwischen den Baufluchten die im Lageplane angegebene Gesamt-

breite von ...... m und folgende Einteilung ....
....
....

Höhenlage und Gefälle.

Die Dammkrone der Straße muß genau die Höhenlage und das Längengefälle der im Höhenplan mit roter — blauer — Farbe eingetragenen, mit „Dammkrone" bezeichneten Linie erhalten.

II. Für die Pflasterung.

Die Bordschwellen dürfen nicht eher versetzt werden, als bis die Rohrleitungen der städtischen Wasser- und Kanalisationswerke, gleichgültig ob sie im Damm oder in den Bürgersteigen liegen, und Gasleitungen, wenn sie im Fahrdamm untergebracht werden sollen, eingebaut sind. Unter den Bürgersteigen können Gasleitungen dagegen gegebenenfalls auch nach erfolgter Pflasterung eingebaut werden. D.... Unternehmer.... ist — sind — aber verpflichtet, dem Tiefbauamt über die spätere Lage der Gasleitung im Bürgersteige glaubwürdigen Nachweis zu erbringen.

Die Verlegung der Entwässerungsleitungen hat vor derjenigen der Wasserwerke zu erfolgen und wird von der Kanalisationsverwaltung ausgeführt.

Sache de.... Unternehmer.... ist es, bei der Deputation für die städtischen Kanalisationswerke die erforderlichen Anträge zu stellen, auch die Verwaltung der städtischen Wasserwerke rechtzeitig von dem Zeitpunkte der Verlegung und Vollendung der Entwässerungsleitung in Kenntnis zu setzen.

Querleitungen jeglicher Art, wozu auch die Kreuzungen von Längsleitungen in Dämmen von Querstraßen gerechnet werden, sind, wenn Leitungen überhaupt in der betreffenden Straße noch nicht liegen oder noch nicht ausgeführt werden, im allgemeinen als Hinderungsgrund für die Herstellung der Pflasterung nicht zu erachten.

Bei Befestigung mit Steinen.

Der Straßendamm der Straße ....
.... Straße ist in seiner ganzen ...... m betragenden Breite mit rechtwinklig bearbeiteten Bruchsteinen — auf einer Kiesunterbettung von mindestens 0,20 m Stärke — auf einer Pack- und Schüttlage von zusammen mindestens 0,20 m und

einer darüber zu bringenden Kieslage von mindestens 2 bis 3 cm Stärke nach den bei der städtischen Tiefbauverwaltung für Pflasterarbeiten bestehenden Vorschriften und den besonderen Bedingungen für die Ausführung von Pflasterungen vom ....
19..... zu befestigen.

Kiesunterbettung
(a nur für Pflaster mit Kiesunterbettung).

a) Der Unterbettungskies muß frei von erdigen, lehmigen, mergligen oder vegetabilischen Bestandteilen sein.

Der Kies muß zum größten Teil aus Körnern von der Größe eines Hanfkornes bis zu der einer Haselnuß (2 bis 13 mm) zusammengesetzt sein. Körner und Steine von 40 mm Durchmesser und darüber sind ausgeschlossen. Bis zu höchstens einem Viertel seiner Gesamtmasse darf der Kies aus Sand bestehen, und auch nur dann, wenn der Sand reiner, scharfer Quarzsand ist.

Vor Beginn der Arbeiten ist eine Probe des Kieses von etwa 10 Litern im geschlossenen Kasten oder Sack mit Angabe des Fundortes zur Genehmigung dem Tiefbauamte einzureichen.

Pack- und Schüttlage
(a 1 und 2 nur für Pflaster mit fester Unterbettung).

1. Die einzelnen Steine der mindestens 100 mm starken Packlage sind mit der Hand dicht nebeneinander zu setzen und zwischen den Spalten mit kleinen Steinen auszuzwicken, darüber ist die Schüttlage von zerschlagenen, höchstens 6 bis 7 cm großen, von den erdigen Teilen durch Sieben befreiten Steinen, mindestens in 10 cm Stärke auszubreiten, alsdann ist diese Unterbettung mit einer mindestens 180 Zentner schweren Walze solange abzuwalzen, bis ein Zusammendrücken nicht mehr eintritt.
2. Zu Pflasterungen mit fester Unterbettung ist Kies, dessen Körner ihrer Mehrzahl nach die Größe von Erbsen, d. h. 4 bis 6 mm besitzen, zu verwenden.

   Körner von einem Durchmesser über 10 mm sind ausgeschlossen, während andererseits Körner unter 1 mm Durchmesser bis höchstens 25 % darin enthalten sein dürfen.

   Vor Beginn der Arbeiten ist eine Probe des Kieses von etwa 10 Litern im geschlossenen Kasten oder Sack mit

Angabe des Fundortes zur Genehmigung dem Tiefbauamte einzureichen.

Pflastersteine.

b) Für die Steine gelten die Bedingungen für die Lieferung der Pflastersteine vom 15 Februar 1907.

Die Steine sollen 13 bis 14 cm breit, 15 bis 30 cm lang und 15 bis 16 cm hoch sein.

Zur Herstellung eines regelrechten Verbandes sind mindestens 15 v. H. der Steine in Längen von 25 bis 30 cm zu beschaffen.

Bearbeitung der Steine.

c) Die Steine müssen in der Kopffläche möglichst voll und scharfkantig und die Kanten der Kopffläche möglichst gerade und rechtwinklig zueinander gerichtet sein.

Die Fuß- (Satz-) fläche der Steine soll mindestens $^4/_5$ (vier Fünftel) der Kopffläche betragen.

Die Verjüngung nach der Fußfläche zu braucht nicht an allen Seiten dieselbe zu sein, darf aber an keiner Seite mehr als 1 cm betragen.

Sämtliche Flächen der Steine brauchen nicht ganz eben, sondern nur rauh bearbeitet zu sein.

Das Pflaster darf keine weiteren Fugen als solche von 1 cm aufweisen.

Die Abweichungen von der regelmäßigen Form der Kopffläche dürfen deshalb in keiner Richtung mehr als $^1/_2$ cm betragen, so daß zwei auf einer ebenen Fläche nebeneinander oder mit der Kopffläche aufeinander gestellte Steine keine breitere Fuge als solche von 1 cm, zwischen den Kanten gemessen, ergeben.

Die Fußfläche der Steine muß der Kopffläche gleichlaufend sein.

Material und Härte der Steine.

d) Die Pflastersteine sollen aus bestem schwedischem, schlesischem, sächsischem Granit oder einem Gestein sein, das diesem an Härte und Druckfestigkeit nicht nachsteht; sie müssen aus den härtesten, zähesten und durchaus gesunden Bänken des betreffenden Steinbruchs stammen, gleich hart und gleich widerstandsfähig sein und keine Spur von beginnender Verwitterung zeigen.

Steine, bei denen teilweise der Verwitterungsprozeß begonnen hat, oder die einzelne weichere Teile enthalten, dürfen nicht verpflastert werden.

Das gleiche gilt von Steinen, welche verwitterbare Steinrinde oder Fäden oder eine weiche Schicht enthalten, oder welche als nicht hinreichend wetterbeständig erkannt werden oder unter kräftigen Schlägen der Ramme leicht spalten.

Über die Härte und Druckfestigkeit des angebotenen Steinmaterials sind auf Verlangen der Tiefbaudeputation glaubhafte Atteste einer staatlichen Versuchsstelle für Prüfung von dergleichen Baumaterialien beizubringen.

Proben des Steinmaterials.

e) Vor dem Beginn der Pflasterung sind dem Tiefbauamt Proben der Steine zur Genehmigung vorzulegen, welche mit dem Namen und Siegel des Lieferanten sowie mit der Bezeichnung des Steinbruchs oder Steinmaterials in dauerhafter Weise zu versehen sind.

Fugenrichtung und Verguß.

f) Das Pflaster ist mit senkrecht auf die Straßenachse gerichteten Längs- und bindenden Stoßfugen genau nach den Angaben der mit der Beaufsichtigung der Arbeiten betrauten städtischen Baubeamten herzustellen.

Die Fugen sind mit einer Bitumenmischung nach den Bedingungen vom 8. April 1908 auszufüllen (vgl. Abschn. IV Abs. 1). Sodann ist die Pflasterfläche mit einer 2,5 mm starken Lage gesiebten Kieses zu überziehen.

Rinnsteine.

g) Die zu beiden Seiten des Straßendammes anzulegenden flachen Rinnen sind aus zwei Reihen rechteckig bearbeiteter Steine in der Weise herzustellen, daß die erste Reihe als Sohle im Querschnitt horizontal, die zweite mit einer Steigung (der Kopffläche in ihrer Breite) von 2 cm gegen die Mittellinie der Straße angesetzt wird.

Bei Befestigung mit Stampfasphalt.

Der Straßendamm der Straße .... Straße ist in seiner ganzen .... m betragenden Breite mit einer 5 cm starken Asphaltschicht auf einer 20 cm starken Betonunterbettung nach den bei der städtischen Tiefbauverwaltung für die Herstellung von Straßenpflasterungen mit Stampfasphalt bestehenden Vorschriften, Verträgen und den besonderen hier beigefügten, einen wesentlichen Bestandteil dieser Genehmigung bildenden technischen Bedingungen vom .... 19.... zu befestigen.

Bei Befestigung mit Holzklötzen.

Der Straßendamm der Straße .... Straße ist in seiner ganzen ...... m betragenden Breite mit Klötzen aus .... von .... cm Höhe auf einer 18 cm starken Betonunterbettung nach der bei der städtischen Tiefbauverwaltung für die Herstellung von Straßenpflasterungen mit Klötzen aus .... bestehenden Vorschriften, Verträgen und den hier beigefügten, einen wesentlichen Bestandteil dieser Genehmigung bildenden technischen Bedingungen vom .... 19..... zu befestigen.

Bordschwellen.

Die Bordkanten sind in ihrer ganzen Länge mit vollkantigen, nach den Vorschriften des § 4 der Polizeiverordnung vom 30. November 1907 bearbeiteten Bordschwellen von 40 bis 45 cm Höhe und 30 cm Breite einzufassen.

Sie sollen in der Regel das gleiche Längengefälle wie die Dammkrone erhalten. Für die Höhe des Auftritts ist § 4 der genannten Polizeiverordnung maßgebend.

Die Bordschwellen sind mit ihren Enden auf einen 30 cm hohen, 40 cm breiten und langen, völlig erhärteten und festgelagerten Betonkörper zu verlegen, der aus einer gut durchgearbeiteten und frisch bereiteten Mischung von Kies und bestem Portlandzement im Verhältnis von 1 : 8 hergestellt ist.

Die Länge der einzelnen zu verwendenden geraden Bordschwellenstücke darf nicht unter 1,5 m betragen.

Die Ecken der Bürgersteige an den Straßenkreuzungen sind nach besonders einzuholender Angabe des zuständigen Tiefbauamtes abzurunden, in der Regel mit einem Halbmesser von 3 m.

Die Bogenschwellen dürfen in den einzelnen Stücken, und zwar in der äußeren Leibung gemessen, keine geringere Länge als 1,2 m besitzen.

Die Fugen sind mit Zementmörtel auszugießen.

Bürgersteige.

Die Bürgersteige sind nach den Vorschriften der §§ 2 bis 8 der Polizeiverordnung vom 30. November 1907 herzustellen.

Vor bereits bebauten Grundstücken hat dies sogleich bei der Straßenanlegung zu geschehen; vor den unbebauten Grundstücken kann die Befestigung ausnahmsweise bis zur Bebauung der Grundstücke ausgesetzt werden, jedoch sind alsdann vor der Abnahme der Straße die Bürgersteige längs der Bordschwellen in mindestens 2,0 m Breite mit Mosaiksteinen auf einer 0,08 m starken Unterbettung von scharfem, reinem Quarzsand nach Vorschriften des § 7 der Polizeiverordnung abzupflastern. Das Mosaikpflaster ist durch eine Streckschicht von 0,10 m breiten, 0,15 bis 0,18 m hohen und ebenso langen, rechteckigen Pflastersteinen desselben Materials seitlich zu begrenzen. Auf das übrige Bürgersteigland ist bis zur Straßenflucht eine 0,05 m starke Schlick- (Lehm-) schicht und eine 0,03 m starke Kiesdecke aufzubringen und durch Abwalzen promenadenmäßig gehörig zu befestigen.

Diese provisorische Befestigung der Bürgersteige ist jedoch auf Erfordern der städtischen Polizeiverwaltung oder der städtischen Tiefbaudeputation jederzeit durch eine solche zu ersetzen, die den Vorschriften der §§ 2 bis 8 der Polizeiverordnung entspricht.

Anschlußpflaster.

Das neu hergestellte Pflaster ist genau in der richtigen Höhenlage an das vorhandene Pflaster der Straße .... Straße anzuschließen und durch angemessene Rampenschüttungen mit den noch ungepflasterten Teilen der .... in Verbindung zu setzen und von letzteren zugänglich zu machen.

Hierbei ist das Anschlußpflaster in de.................. ....Straße.... in der durch das Tiefbauamt zu bestimmenden Ausdehnung aufzunehmen und mit dem vorhandenen Material unter Ersatz des nicht wieder verwendbaren nach der an Ort und Stelle anzugebenden Höhenlage ordnungsmäßig wieder herzustellen.

Promenaden.

Die Promenade ist mit einem zweiseitigen Quergefälle von 1 : 30 anzulegen. Ihre Befestigung besteht aus einer 8 cm starken Schotterschicht aus Granit, Klinkern und ähnlichen, gleich guten Baustoffen, einer darüber liegenden 3 cm starken Lehmschicht sowie einer mindestens 2 cm starken Kiesdecklage und ist gehörig abzuwalzen.

Die Promenadenköpfe sind mit einem Auffahrtspflaster, 2,50 m breit und ...... m lang, aus Kopfsteinpflaster auf Kiesunterbettung nach besonderer Angabe des Tiefbauamtes zu versehen. Die Flächen zu beiden Seiten des Auffahrtspflasters sind entsprechend der Polizeiverordnung vom 30. November 1907 zu befestigen.

Einfriedigung der Straße.

Nach Beendigung der Pflasterarbeiten ist die Straße mit einem in der Straßenflucht zu errichtenden festen Zaun einzufriedigen, der nur mit Genehmigung der Bauverwaltung entfernt werden darf und während seines Bestandes von de..... Unternehmer..... in ordnungsmäßigem Zustande zu erhalten ist.

III.

a) Für die Entwässerung.

Die definitive unterirdische Entwässerung der Straße wird durch die Bauabteilung der Kanalisationswerke der Stadt Berlin auf Kosten de.... Unternehmer ..... ausgeführt. Hierfür sind .... Mark vor Beginn der hierdurch genehmigten Arbeiten bei der von der Deputation für die Kanalisationswerke noch besonders zu bezeichnenden Kassenstelle einzuzahlen.

Das Hauswasser der einzelnen Grundstücke ist unterirdisch in die Leitungen der allgemeinen Kanalisation abzuführen, nach den Bestimmungen der Polizeiverordnung vom 26. Oktober 1910.

(Gilt nur für Asphaltstraßen! J.-Nr. 713 B. II 1909.)

Falls beim Aushub der Baugruben Lehmboden vorgefunden wird, ist er von der Bauabteilung der Kanalisationswerke abzufahren und durch Sandboden zu ersetzen. Die Kosten hierfür hat der Antragsteller zu tragen und innerhalb 2 Wochen nach Aufforderung zu erstatten.

b) Für die Beleuchtung.

Die Beleuchtungsvorrichtungen der Straße werden von der Verwaltung der städtischen Gaswerke für die Stadtgemeinde auf Kosten de.... Unternehmer.... hergestellt.

Der hierfür zu entrichtende Betrag in Höhe von ....Mark ist ebenfalls vor Beginn der hierdurch genehmigten Arbeiten bei der Werkseinziehungsabteilung (Gaswerke), Neue Friedrichstraße 109 I, einzuzahlen.

(Gilt nur für Straßen, die auf Antrag des Unternehmers in den Bebauungsplan aufgenommen sind.)

Die von den städtischen Gaswerken anzugebenden Kosten der Beleuchtung der Straße hat d.... Unternehmer ....bis zum Ablauf des auf das Jahr der Abnahme der Straße folgenden vierten Etatsjahres der städtischen Verwaltung alljährlich zu zahlen. Die Verpflichtung ist ablösbar.

Die Zahlungspflicht beginnt mit dem Tage, an welchem die Beleuchtung in Betrieb genommen wird.

D.... Unternehmer.... ha.... ferner die Kosten der Unterhaltung der Beleuchtungsvorrichtung für dieselben vier Etatsjahre zu tragen.

IV. Im allgemeinen.

Wahl der Unternehmer und Lieferanten.

Die Arbeiten und Lieferungen sind solchen Personen oder Firmen zu übertragen, welche für gleiche Arbeiten und Lieferungen von der städtischen Tiefbauverwaltung herangezogen werden.

Diejenigen Personen oder Firmen, denen die Ausführung der Pflasterarbeiten übertragen werden soll, sind gemäß § 13 des Ortsstatuts II vom 25. Juni 1906 und zwar spätestens 8 Wochen nach Empfang dieser Pflastergenehmigung der städtischen Tiefbaudeputation zwecks Zustimmung namhaft zu machen. Gleichzeitig ist eine Erklärung dieser Person oder Firma beizufügen, welche der Vorschrift des Absatzes „Unterhaltung der Anlagen zu a" auf S. ..... dieser Pflastergenehmigung entspricht.

Die mit der Ausführung der sonstigen Leistungen zu beauftragenden Personen oder Firmen sind spätestens 14 Tage vor Beginn der Arbeiten dem Tiefbauamt schriftlich namhaft zu machen.

Absteckung der Mittellinie.

D.... Unternehmer.... ist verpflichtet, sich die Mittellinie und Höhenlage des Pflasters der zu regulierenden und zu entwässernden Straßenstrecken auf ihre — seine — Kosten durch einen vereideten Landmesser abstecken zu lassen, der gemäß § 13 des Ortsstatuts II vom 25. Juni 1906 vom städtischen Vermessungsamte, nötigenfalls an Ort und Stelle auf Kosten d.... Unternehmer...., unterwiesen wird. Ein schriftlicher Antrag hierzu ist rechtzeitig bei dem städtischen Vermessungsamte Stadthaus, II Treppen, Zimmer 207, zu stellen.

Vorläufige Revision der Mittellinie und Höhenlage.

Nachdem die Bordschwellen verlegt sind und bevor die Dammpflasterung beginnt, muß durch ein Revisionszeugnis nachgewiesen werden, daß sowohl die abgesteckte Mittellinie als auch die angegebene Höhenlage innegehalten ist.

Das Revisionszeugnis kann am geeignetsten von dem Landmesser ausgestellt werden, der die Mittellinie und Höhenlage angegeben hat.

Beginn der Erdarbeiten.

D.... Unternehmer.... ist ferner verpflichtet, drei Tage vor Beginn der Arbeiten das Tiefbauamt.... schriftlich hiervon in Kenntnis zu setzen. Nach erfolgter Abnahme darf das Planum nicht mehr mit Lastwagen befahren werden.

Beginn der Pflasterung.

Der Fahrdamm darf in endgültiger Weise erst dann gepflastert werden, wenn die fertige Anschüttung mindestens 6 Monate gelegen und Zeit und Gelegenheit zum Setzen gehabt hat; andernfalls muß die Straße mit altem Material provisorisch befestigt werden und darf erst, nachdem die Schüttung zur Ruhe gekommen ist, mit einer Pflasterdecke in endgültiger Ausführung versehen werden.

Nach Beendigung der Erdarbeiten bzw. nach Herstellung des Planums und mindestens drei Tage vor Beginn der Pflasterung ist dem Tiefbauamt darüber Anzeige mit dem Ersuchen zu erstatten, eine Feststellung über die Innehaltung der vorgeschriebenen Höhenlage des Planums vornehmen zu lassen. Erst nach erteilter Erlaubnis und nachdem der Nachweis des Einverständnisses der Tiefbaudeputation mit der zur Ausführung der Pflasterarbeiten vorgeschlagenen Person oder Firma erbracht ist, darf mit der Einbringung der Pflasterunterbettung begonnen werden.

Straßenbenennungsschilder.

Vor der Abnahme der Straßenanlage sind auf den Bürgersteigen an allen Ecken von Straßenkreuzungen nach Angabe des Tiefbauamtes .... 3 m hohe schmiedeeiserne Pfosten mit schmiedeeisernen Schildhaltern aufzustellen, an denen Schilder mit der Bezeichnung der neuen und der kreuzenden Straße auf emailliertem Eisenblech ordnungsmäßig zu befestigen sind. Die Pfosten, Schildhalter und Schilder sind in derselben Ausführung herzustellen, wie sie seitens der Stadtgemeinde für die gleichen Zwecke beschafft und angebracht werden. Pfosten und Schildhalter dürfen zur Übereinstimmung daher nur von einer vom Tiefbauamte noch zu benennenden Firma bezogen werden.

Mit Genehmigung des Tiefbauamtes können zur Anbringung der Schildhalter an Stelle der schmiedeeisernen Pfosten die eisernen Kandelaber der Gaslaternen benutzt werden.

Soweit die Straßen noch keine Namen erhalten haben, sind die Bezeichnungen nach dem Bebauungsplan mit Ölfarbe auf die Schildhalter zu schreiben; nach Benennung der Straße sind die vorgeschriebenen Namenschilder anzubringen.

Diese Straßenbenennungsschilder einschließlich der Schildhalter und Pfosten sind von d.... Unternehmer.... für die Zeit von der Abnahme der Straße bis zum Ablauf des auf das Jahr der Abnahme folgenden vierten Etatsjahres in ordnungsmäßigem Zustande zu unterhalten.

D.... Unternehmer.... haftet auch während der obigen Unterhaltungsdauer für jede Beschädigung der Straßenbefestigung, die infolge der Aufstellung der Straßenbenennungsschilder entsteht.

Beendigung der Arbeiten.

Die Ausführung der Arbeiten muß zwischen dem 1. April und dem 1. Dezember und innerhalb Jahresfrist vom Tage der Aushändigung des Pflasterkonsenses an gerechnet erfolgen. Andernfalls erlischt diese Genehmigung und es greifen die Vorschriften des § 14 Abs. 2 des Ortsstatuts II vom 25. Juni 1906 Platz.

Beaufsichtigung der Arbeiten und Abnahme der Materialien.

D.... Unternehmer.... ha.... diejenigen Kosten, welche der Stadtgemeinde durch die Beaufsichtigung der Arbeiten und Abnahme der Materialien usw. erwachsen (20 Pf. für das Quadratmeter auszuführender Pflasterung), mit .... Mark vor Beginn der Arbeiten bei der Stadthauptkasse, Rathaus, Zimmer 4, einzuzahlen.

Abnahme und Freigabe der Straße.

Nach Vollendung sämtlicher Anlagen hat d.... Unternehmer... deren Abnahme bei der städtischen Tiefbaudeputation zu beantragen. Dem Gesuch kann nur dann stattgegeben werden, wenn die neue Straße an eine bereits regulierte und entwässerte Straße angeschlossen ist.

Revisionszeichnungen.

Dem Antrag auf Abnahme sind die Revisionszeichnungen, die aus Lage- und Höhenplan.... bestehen und von einem vereideten Landmesser angefertigt sein müssen, in zweifacher Ausfertigung beizufügen.

Eigentumsverhältnisse der Neuanlagen.

Über sämtliche auf und unter den Straßen ausgeführte Anlagen sowie über deren Benutzung steht de.... Unternehmer.... der Straße eine weitere Verfügung nicht zu.

Diese gehen vielmehr mit der Abnahme der Straße in das Eigentum der Stadtgemeinde über.

Unterhaltung der Anlagen.

Die Unterhaltung der Straße, ausschließlich der Bürgersteige, und die Unterhaltung der vorgedachten Anlagen mit Ausnahme der Straßenbenennungsschilder und der Zäune geht von der durch Abnahme als bedingungsmäßig anerkannten Herstellung ab auf die Stadtgemeinde über, dagegen ha.... d.... Unternehmer....

a) diejenigen Personen oder Firmen, denen er — sie — die Ausführung der Pflasterung zu übertragen beabsichtigt ..., gemäß § 15 des Ortsstatuts II vom 25. Juni 1906 rechtsverbindlich zur unentgeltlichen Unterhaltung des von ihnen hergestellten Pflasters nebst Unterbettung einschließlich Lieferung sämtlicher hierbei erforderlichen Materialien, als Steine, Asphalt, Holzklötze, Zement, Kies, Sand, Fugenvergußmasse usw. der Stadtgemeinde gegenüber zu verpflichten. Diese Verpflichtung, für deren Erfüllung d.... Unternehmer.... verhaftet bleibt, erstreckt sich auf die Zeit bis zum Ablauf des auf die Abnahme folgenden vierten Etatsjahres der städtischen Verwaltung; sie ist, sofern die Straße mit Asphalt oder Holz befestigt wird, noch dahin auszudehnen, daß der Stadtgemeinde gegenüber auch alle diejenigen Leistungen übernommen werden, die den städtischen Unternehmern für Asphalt- und Holzpflasterung von der Tiefbaudeputation auferlegt werden.

b) Außerdem hat d.... Unternehmer.... für den gleichen Zeitraum diejenigen Kosten zu erstatten, welche der Stadtgemeinde durch die Wiederherstellung des Dammpflasters einschließlich aller Nebenarbeiten und Baustofflieferungen infolge etwaiger Bodensackungen, auch solche über den Kanalisationsgräben, erwachsen und durch den zur Unterhaltung der Pflasterung Verpflichteten nicht unentgeltlich zu bewirken sind. Auch hierfür haftet die bestellte Sicherheit.

c) Bezüglich der Bürgersteige liegt die Unterhaltungspflicht nach § 1 der Polizeiverordnung vom 30. November 1907 den angrenzenden Grundbesitzern ob.

d) Endlich ha.... Unternehmer.... für die Zeit von der Abnahme der Straße bis zum Ablauf des auf das Jahr der Abnahme folgenden vierten Etatsjahres die Kosten der Reinigung und Besprengung der Straße mit 40 Pf für das Jahr und Quadratmeter Dammpflaster zu zahlen; hierfür haftet die bestellte Sicherheit.

Diese Verpflichtung ist durch Zahlung von 1,60 M. für das Quadratmeter Dammpflaster ablösbar.

(Gilt nur für Straßen, die auf Antrag des Unternehmers in den Bebauungsplan aufgenommen sind.)

Haftgeld.

Außer den bar zu zahlenden Kosten für die Kanalisation, Beleuchtungsvorrichtungen und Beaufsichtigung hat d.... Unternehmer.... zur Sicherstellung der Stadtgemeinde für die vorstehenden Verpflichtungen ein Haftgeld von

.... Mark

in depositalmäßigen Papieren beim Magistratsdepositorium vor Beginn der Arbeiten zu hinterlegen.

Das Haftgeld wird d.... Unternehmer.... auf seinen Antrag nach Abnahme der Straße bis auf einen noch festzusetzenden Betrag zurückgezahlt werden, welcher als Sicherheit für die Verpflichtung zur Unterhaltung des Straßenpflasters, der Straßenbenennungsschilder und der Zäune, Beseitigung etwaiger Bodensackungen und der dadurch bedingten Pflasterausbesserungen sowie zur eventuellen endgültigen Regulierung der Bürgersteige, ferner

(Gilt nur für Straßen, die auf Antrag des Unternehmers in den Bebauungsplan aufgenommen sind.)

zur vierjährigen Reinigung, Besprengung, Beleuchtung und Unterhaltung der Beleuchtungsanlagen, kurz als Sicherheit für alle mit diesen Bedingungen von ihm anerkannten und noch zu erledigenden Verpflichtungen dient.

Berlin, den .... 19.....

Das Tiefbauamt........

....

Berlin, den .... 19.....

Städtische Tiefbaudeputation.

Städtische Polizeiverwaltung,
Abteilung I (Straßenbau).
Der Oberbürgermeister.
J. A.
....

---

6. Vertragsgrundlagen bei Vergebung von Straßenbauarbeiten für Straßen, deren Anlage durch die Stadt erfolgt.

a) Bietungsbedingungen.

Einsicht und Bezug der Verdingungsunterlagen.

§ 1. Bei jeder Ausschreibung liegen die erforderlichen Unterlagen (Anschläge, Zeichnungen, Bedingungen usw.) an der im Ausschreiben bezeichneten Stelle zur Einsicht aus.

Anschläge und Bedingungen werden beim beschränkten Verdingungsverfahren unentgeltlich in 2 Exemplaren, beim öffentlichen Verfahren gegen Erstattung der Selbstkosten verabfolgt. Zeichnungen und Pläne sind nicht mit einbegriffen.

Form und Inhalt der Angebote.

§ 2. Die Angebote sind unter Benutzung der vorgeschriebenen Formulare unterschrieben, verschlossen und gebührenfrei bis zu dem angegebenen Termine bei der in der Ausschreibung näher bezeichneten Stelle einzureichen; auf dem Umschlage ist anzugeben, auf welche Ausschreibung sich das Angebot bezieht.

Die Angebote müssen enthalten:

a) Die Angabe der geforderten Preise nach Reichswährung, und zwar die Angabe der Preise für die Einheiten in Zahlen und Worten und die Gesamtforderung; bei Nichtübereinstimmung sind die Preise für die Einheiten maßgebend;
b) Namen, Wohnort und Wohnung des Bewerbers; auch soll die Berufsgenossenschaft, der er angehört, angegeben werden;
c) von gemeinschaftlich bietenden Personen die Erklärung, daß sich jeder zur Bewirkung der ganzen Leistung verpflichtet; gleichzeitig soll ein zur Geschäftsführung und zur Empfangnahme von Zahlungen Bevollmächtigter bezeichnet werden; dies gilt auch für Gesellschaften und juristische Personen;
d) die Bezeichnung der eingereichten Proben;
e) die in den Bedingungen geforderten Angaben über die Bezugsquellen von Materialien und Fabrikaten.

Angebote, welche rechtzeitig eingegangen sind, aber sonst den Vorschriften nicht entsprechen, haben keinen Anspruch auf Berücksichtigung.

Wirkung des Angebots.

§ 3. Die Abgabe eines Angebots verpflichtet zur Anerkennung der der Verdingung zugrunde gelegten allgemeinen und besonderen Bedingungen.

Die Bewerber unterwerfen sich mit Abgabe des Angebots in bezug auf alle für die daraus entstehenden Verbindlichkeiten dem im § 28 der Allgemeinen Vertragsbedingungen bezeichneten Gerichtsstand.

Die Bewerber bleiben von der Eröffnung der Angebote an, falls nicht eine andere Zuschlagsfrist festgesetzt ist, vier Wochen an ihre Angebote gebunden.

Eröffnung der Angebote.

§ 4. Die Eröffnung der Angebote erfolgt in dem durch öffentliche Bekanntmachung oder durch besondere Benachrichtigung anberaumten Termine. Den Bewerbern und ihren Bevollmächtigten steht der Zutritt zu dem Eröffnungstermine frei.

Erteilung des Zuschlags.

§ 5. Unternehmer, welche die in allgemeinen Tarifverträgen über Lohnhöhe, Arbeitszeit und Arbeitsbedingungen vereinbarten Festsetzungen nicht einhalten, sind von der Übernahme städtischer Arbeiten und Lieferungen ausgeschlossen.

Der Zuschlag ist demjenigen der drei Mindestfordernden zu erteilen, dessen Angebot unter Berücksichtigung aller Umstände als das annehmbarste zu erachten ist. Ist keins der Angebote für annehmbar zu erachten, so hat die Ablehnung sämtlicher Angebote zu erfolgen.

Der Zuschlag wird von der Bauverwaltung schriftlich erteilt.

Der Zuschlag ist mit bindender Kraft erfolgt, wenn die Benachrichtigung innerhalb der Zuschlagsfrist abgesandt worden ist.

Den Empfang des Zuschlagsschreibens hat der Bewerber umgehend schriftlich zu bestätigen.

Den Bewerbern, welche den Zuschlag nicht erhalten, wird von der Ablehnung ihres Angebots ohne Angabe von Gründen Mitteilung gemacht.

Proben werden im Falle der Annahme des Angebots nicht zurückgegeben: im Falle der Ablehnung findet ihre Rückgabe statt, wenn dies in dem Angebotsschreiben ausdrücklich verlangt ist und soweit sie nicht bei den Prüfungen verbraucht sind.

Eingereichte Entwürfe werden geheim gehalten und auf Verlangen zurückgegeben.

Vertragsabschluß.

§ 6. Der Bewerber, welcher den Zuschlag erhält, ist verpflichtet, auf Erfordern einen besonderen Lieferungsvertrag abzuschließen.

Sofern die Unterschrift des Bewerbers der Bauverwaltung nicht bekannt ist, bleibt vorbehalten, ihre Beglaubigung zu verlangen.

Sicherheitsleistung.

§ 7. Innerhalb 14 Tagen nach der Erteilung des Zuschlags hat der Unternehmer die vorgeschriebene Sicherheit zu bestellen, widrigenfalls die Bauverwaltung befugt ist, von dem Vertrage zurückzutreten und Schadenersatz zu fordern.

b) Allgemeine Vertragsbedingungen betreffend

d ....

Umfang der Leistungen.

§ 1. 1. Art und Umfang der dem Unternehmer obliegenden Leistungen wird durch Verdingungsanschläge und Zeichnungen bestimmt.

2. Die in den Anschlägen angenommenen Vordersätze unterliegen den näheren Feststellungen, die sich bei der Ausführung ergeben.

3. Abänderungen der Bauentwürfe anzuordnen, bleibt der Bauverwaltung vorbehalten. Leistungen, welche in den Bauentwürfen nicht vorgesehen sind, können dem Unternehmer nur mit seiner Zustimmung übertragen werden.

Berechnung der Vergütung.

§ 2. Die dem Unternehmer zukommende Vergütung wird nach den wirklichen Leistungen unter Zugrundelegung der vertragsmäßigen Einheitspreise berechnet.

Ausschluß einer besonderen Vergütung für Nebenleistungen.

§ 3. 1. Insoweit nach den Verdingungsanschlägen Nebenelistungen sowie Vorhaltung von Werkzeug, Geräten und Rüstungen gefordert, aber nicht besonders vergütet werden, umfassen die vereinbarten Preise und Tagelohnsätze zugleich die Vergütung für die zur planmäßigen Herstellung des Bauwerks und zur Erfüllung des Vertrages notwendigen Nebenleistungen aller Art, insbesondere auch für die Heranschaffung der zu den Bauarbeiten erforderlichen Materialien von den auf der Baustelle befindlichen Lagerplätzen nach der Verwendungsstelle am Bau sowie die Entschädigung für Vorhaltung von Werkzeug, Geräten usw.

Herstellung und Unterhaltung von Zufuhrwegen ist Sache der Bauverwaltung.

2. Auch die Gestellung der zu den Absteckungen, Höhenmessungen und Abnahmevermessungen erforderlichen Arbeitskräfte und Geräte liegt dem Unternehmer ob, ohne daß ihm eine besondere Entschädigung hierfür gewährt wird.

3. Etwaige Patentgebühren trägt der Unternehmer. Er hat die Verwaltung gegen Patentansprüche Dritter zu vertreten.

Mehrleistungen gegen den Vertrag.

§ 4. 1. Unternehmer ist verpflichtet, auf Verlangen der Bauverwaltung über die durch den Vertrag ihm übertragenen Leistungen hinaus Mehrleistungen bei den gleichartigen Positionen bis zu 10 % dieser Positionen zu den vertragsmäßigen Preisen zu bewirken.

2. Leistungen, welche in dem Vertrage nicht vorgesehen sind, bedürfen der vorhergehenden ausdrücklichen und schriftlichen Genehmigung des Bauamts unter gleichzeitiger schriftlicher Preisvereinbarung.

3. Die Bauverwaltung ist befugt, einseitig von dem Unternehmer bewirkte Leistungen auf seine Gefahr und Kosten beseitigen zu lassen. Der Unternehmer hat nicht nur keinerlei Vergütung für derartige Leistungen zu beanspruchen, sondern muß auch für alle Schäden aufkommen, welche etwa durch die Abweichungen für die Stadtgemeinde entstanden sind. Werden derartige Leistungen nachträglich als brauchbar anerkannt, so kann Vergütung gewährt werden.

Minderleistungen gegen den Vertrag.

§ 5. Dem Unternehmer steht kein Schadensersatzanspruch zu, wenn die Bauverwaltung bis zu 10 % weniger von den im Vertrage ihm übertragenen einzelnen Leistungen verlangt. Betragen die Minderleistungen mehr als 10 % der gleichartigen Positionen, so hat der Unternehmer Anspruch auf den Ersatz des ihm nachweislich hieraus entstandenen wirklichen Schadens.

Beginn, Fortführung und Vollendung der Leistungen.

§ 6. 1. Der Beginn, die Fortführung und Vollendung der Leistungen haben innerhalb der in den besonderen Bedingungen festgesetzten Fristen zu erfolgen.

2. Ist im Vertrage über den Beginn der Leistungen eine Vereinbarung nicht enthalten, so hat der Unternehmer spätestens 14 Tage nach schriftlicher Aufforderung seitens des Bauamts oder des Bauleitenden zu beginnen.

3. Die Arbeit oder Lieferung muß im Verhältnis zu den bedungenen Vollendungsfristen fortgesetzt angemessen gefördert werden.

4. Die Zahl der zu verwendenden Arbeitskräfte und Geräte sowie die Vorräte an Materialien müssen allezeit dem Umfange der übernommenen Leistungen entsprechen.

Güte der Arbeiten.

§ 7. 1. Bei den Arbeiten dürfen nur tüchtige und geübte Arbeiter beschäftigt werden.

2. Arbeiten, welche den Bedingungen nicht entsprechen, sind auf Verlangen des Bauamts innerhalb einer von ihr zu bestimmenden Frist zu beseitigen und kostenlos durch vertragsmäßige zu ersetzen.

3. Materialien, welche dem Vertrage nicht entsprechen, sind auf Anordnung der Bauinspektion innerhalb einer zu bestimmenden Frist von der Baustelle zu entfernen, widrigenfalls sie auf Kosten und für Rechnung des Unternehmers veräußert werden dürfen.

4. Nichtvertragsmäßige Leistungen (Nummer 2 und 3) können unter Vereinbarung einer Preisermäßigung ausnahmsweise angenommen werden.

5. Zur Überwachung der Ausführung der Arbeiten sowie zur Vornahme von Materialprüfungen steht den Beauftragten der Bauverwaltung jederzeit während der Arbeitsstunden der Zutritt zu den Arbeitsplätzen und Werkstätten frei.

6. Entstehen zwischen der Bauverwaltung und dem Unternehmer Meinungsverschiedenheiten über die Zuverlässigkeit der bei Prüfung der Materialien angewendeten Maschinen oder Untersuchungen, so kann der Unternehmer eine weitere Prüfung in dem städtischen Untersuchungsamt oder Königlichen Materialprüfungsamt verlangen, deren Festsetzungen endgültig entscheidend sind. Die hierbei entstehenden Kosten trägt der unterliegende Teil.

Entscheidung von Meinungsverschiedenheiten.

§ 8. Bei Meinungsverschiedenheiten zwischen dem Unternehmer und der Bauleitung entscheidet der Stadtbaurat. Dessen Entscheidungen sind für den Unternehmer bindend, wenn nicht auf seinen innerhalb 4 Wochen bei der städtischen Baudeputation anzubringenden Antrag eine andere Entscheidung ergeht.

Hinderung der Bauausführung.

§ 9. 1. Wenn durch Umstände, die nicht vom Unternehmer verschuldet werden, Beginn oder Fortsetzung der Leistungen innerhalb der im Vertrage vorgesehenen Fristen gehindert werden, so ist der Unternehmer befugt, unter sofortiger schriftlicher Anzeige an die Bauverwaltung eine Verlängerung der Vollendungsfristen zu verlangen.

2. Arbeitseinstellung von Arbeitern gehört nicht zu denjenigen Umständen, welche den Unternehmer berechtigen, eine Verlängerung der Vollendungsfristen als Recht zu fordern.

3. Dauert die Behinderung länger als 3 Monate, so steht beiden Teilen der Rücktritt vom Vertrage zu. Die Rücktrittserklärung muß schriftlich binnen 14 Tagen nach Ablauf der 3 Monate zugestellt werden.

Schadensersatz.

§ 10. Werden Beginn oder Fortsetzung der Leistungen durch Umstände gehindert, die von dem einen Vertragschließenden verschuldet sind oder sich auf seiner Seite ohne sein Verschulden zugetragen haben, so kann der andere Vertragschließende Ersatz des entstandenen Schadens beanspruchen. Jedoch müssen solche Ansprüche binnen einer Woche nach ihrem Entstehen schriftlich angemeldet und binnen einer weiteren Frist von 4 Wochen unter Vorlage der erforderlichen Nachweise begründet werden. Der durch Naturereignisse herbeigeführte Schaden sowie entgangener Gewinn braucht nicht vergütet zu werden.

Vertragswidriges Verhalten des Unternehmers.

§ 11. 1. Kommt der Unternehmer seinen vertraglichen Verpflichtungen nicht nach, so ist die Bauverwaltung jederzeit berechtigt, nach ihrer Wahl entweder

a) vom Vertrage zurückzutreten und Schadensersatz wegen Nichterfüllung zu verlangen, oder
b) dem Unternehmer die weitere Ausführung der Leistungen ganz oder teilweise zu entziehen und Schadensersatz wegen nicht genügender oder verspäteter Erfüllung zu verlangen, oder

c) auf der Erfüllung der dem Unternehmer obliegenden Verpflichtungen vorbehaltlich aller Schadensersatzansprüche zu bestehen.

Ihre Entscheidung teilt sie dem Unternehmer mittels eingeschriebenen Briefes mit.

2. Die Bauverwaltung kann den Vertrag sofort aufheben, wenn das Guthaben des Unternehmers ganz oder teilweise mit Arrest belegt oder gepfändet wird.

3. Werden dem Unternehmer die Leistungen ganz oder teilweise entzogen, so kann die Bauverwaltung unbeschadet ihrer Schadensersatzansprüche den noch nicht vollendeten Teil auf seine Kosten ausführen lassen oder selbst für seine Rechnung ausführen. Nach beendeter Leistung wird dem Unternehmer eine Abrechnung mitgeteilt.

Vertragsstrafe.

§ 12. 1. Die Bauverwaltung ist berechtigt, für jeden Fall der Säumigkeit und für jede Woche der Verspätung eine Vertragsstrafe bis zu 1 % der Vertragssumme für die in Betracht kommende Leistung zu fordern, sofern nicht durch besondere Bedingungen eine besondere Vertragsstrafe festgesetzt ist. Die angefangene Woche wird voll gerechnet.

2. Bei Ermittelung einer tageweise zu berechnenden Vertragsstrafe bleiben die Sonntage und die allgemeinen Feiertage außer Ansatz.

3. Auf die Vertragsstrafe finden die §§ 339 bis 341 BGB. Anwendung mit der Maßgabe, daß die Strafe auch gefordert werden kann, wenn die Annahme der Leistung ohne Vorbehalt erfolgt ist.

4. Auf die gegen den Unternehmer geltend zu machenden Schadensersatzforderungen (§§ 10 und 11) werden die verwirkten Vertragsstrafen angerechnet. Ist die Schadensersatzforderung geringer als die Vertragsstrafe, so kommt allein die Strafe zur Einziehung.

Vertragsverhältnis zwischen dem Unternehmer und seinen Arbeitern.

§ 13. 1. Der Unternehmer hat dem Tiefbauamt über die mit Handwerkern und Arbeitern in betreff der Ausführung der Arbeiten oder Lieferungen geschlossenen Verträge jederzeit auf Erfordern Auskunft zu erteilen.

2. Wird das angemessene Fortschreiten der Arbeiten und Lieferungen dadurch in Frage gestellt, daß der Unternehmer Handwerkern oder Arbeitern gegenüber die Verpflichtungen aus dem Arbeitsvertrage nicht oder nicht pünktlich erfüllt, so bleibt der Bauverwaltung das Recht vorbehalten, die von dem Unternehmer geschuldeten Beträge für dessen Rechnung unmittelbar an die Berechtigten zu zahlen. Der Unternehmer hat die hierzu erforderlichen Unterlagen, Lohnlisten usw. der Verwaltung zur Verfügung zu stellen.

Ordnungsvorschriften.

§ 14. 1. Auf Aufforderung des Tiefbauamtes oder des Bauleitenden hat sich der Unternehmer oder sein Vertreter auf der Baustelle einzufinden. Den von der Verwaltung zur Aufrechterhaltung der Ordnung auf der Baustelle getroffenen Anordnungen haben der Unternehmer und seine Angestellten Folge zu leisten.

2. Der Unternehmer hat Räume, Vorrichtungen und Gerätschaften, die er zur Verrichtung der Dienste zu beschaffen hat, so einzurichten und zu unterhalten und Dienstleistungen, die unter seiner Anordnung oder Leitung vorzunehmen sind, so zu regeln, daß die Angestellten und Arbeiter gegen Gefahr für Leben und Gesundheit so weit geschützt sind, als die Natur der Dienstleistung es gestattet (§ 618 BGB.).

3. Für die Bewachung seiner Gerüste, Werkzeuge, Geräte usw. sowie seiner auf der Baustelle lagernden Materialien hat der Unternehmer selbst Sorge zu tragen.

4. Werden Wertgegenstände oder Sachen, die einen Kunst- oder Altertumswert haben, auf der Arbeitsstelle gefunden, so sind sie sofort an die Bauverwaltung abzuliefern. Ist dies nicht angängig, so hat der Unternehmer oder sein auf der Baustelle anwesender Vertreter hiervon unverzüglich dem Bauleitenden Anzeige zu erstatten.

5. Der Unternehmer hat dafür zu sorgen, daß seitens der Fuhrleute usw. auf den Bau- und Verladestellen jede rohe und Aufsehen erregende Behandlung der Zugtiere vermieden und in dieser Beziehung allen Anordnungen des Aufsichtspersonals strengstens Folge geleistet wird.

6. Die Anfuhr der Materialien darf ohne besondere Erlaubnis nur innerhalb der festgesetzten Arbeitsstunden stattfinden.

Mitbenutzung der Rüstungen.

§ 15. Die von dem Unternehmer hergestellten Rüstungen sind während ihres Bestehens auch anderen Unternehmern und ihren Arbeitern unentgeltlich zur Benutzung zu überlassen. Änderungen an den Rüstungen im Interesse der übrigen Unternehmer vorzunehmen, ist der Unternehmer gegen Entschädigung verpflichtet.

Beobachtung von Schutzvorschriften.

§ 16. 1. Der Unternehmer ist dafür verantwortlich, daß die gesetzlichen und polizeilichen Vorschriften über die Bauausführung und den Schutz der Arbeiter befolgt werden, und hat die Kosten dafür zu tragen.

2. Der Unternehmer hat insbesondere die Verantwortung für die gehörige Stärke und sonstige Tüchtigkeit der Rüstungen, Transportbrücken usw.

Versicherung der Arbeiter.

§ 17. Die Versicherung der Arbeiter gegen Krankheit, Unfall und Invalidität ist Sache des Unternehmers. Die von ihm bestellte Sicherheit haftet für die Erfüllung seiner Verpflichtung auch in dieser Hinsicht.

Abnahme der Leistungen.

§ 18. 1. Über die Abnahme der Leistungen, zu der der Unternehmer einzuladen ist, wird in der Regel eine Verhandlung aufgenommen. Auf Verlangen des Unternehmers muß eine solche Verhandlung aufgenommen werden. Die Verhandlung soll von dem Unternehmer unterschrieben werden, im Falle der Weigerung sind die Gründe anzugeben.

2. Sind die Leistungen zu einer bestimmten Zeit auszuführen, so ist der Unternehmer nicht berechtigt, Abnahme vor dieser Zeit zu verlangen.

3. Bei Teilleistungen, die ihrer Art nach sofort abgenommen werden müssen, kann die Abnahme ohne Benachrichtigung des Unternehmers erfolgen.

4. Diese Vorschriften über die Abnahme finden sinngemäße Anwendung im Falle der Entziehung der Leistungen (§ 11).

5. Leistungen, bezüglich deren eine Abnahme, wie vorstehend behandelt, nicht stattgefunden hat, gelten als abgenommen, wenn auf Grund der Revision der Rechnungen durch das Tiefbauamt ihre vertragsmäßige Ausführung festgestellt ist.

Rechnungsaufstellung.

§ 19. 1. Die Rechnungen sind unter Benutzung der vorgeschriebenen Formulare nach Maßgabe des Verdingungsanschlages aufzustellen und in zweifacher Ausfertigung einzureichen.

2. Leistungen außerhalb des Vertrages sind besonders kenntlich zu machen.

3. Unterläßt der Unternehmer die rechtzeitige Einsendung, so ist die Bauverwaltung berechtigt, die Rechnung auf Kosten des Unternehmers aufstellen zu lassen.

Tagelohnrechnungen.

§ 20. 1. Die Listen der im Tagelohn beschäftigten Arbeiter sind dem Bauleitenden zur Prüfung und Feststellung der Stundenzahl täglich vorzulegen.

2. Die Wochenzettel über Tagelohnarbeiten sind innerhalb der nächsten Woche dem Tiefbauamt zur Anerkennung und Unterschrift vorzulegen, widrigenfalls die Bauverwaltung berechtigt ist, die Zahlung abzulehnen.

Abschlagszahlungen.

§ 21. Abschlagszahlungen werden dem Unternehmer in angemessenen Fristen auf Antrag nach Maßgabe des jeweilig vertragsmäßig Geleisteten bis zur Höhe von $^9/_{10}$ des Wertes der Leistungen gewährt. Der Unternehmer hat behufs Begründung der Höhe der gewünschten Abschlagszahlung eine überschlägliche Zwischenrechnung einzureichen.

Schlußzahlung.

§ 22. 1. Die Schlußzahlung erfolgt alsbald nach vollendeter Prüfung und Feststellung der Rechnung (§ 20).

2. Bis zur Zahlung des Restguthabens hat der Unternehmer anzugeben, ob er noch Ansprüche aus dem Vertrage erhebt, widrigenfalls die Bauverwaltung berechtigt ist, die Zahlung abzulehnen.

3. Bleiben bei der Schlußabrechnung Meinungsverschiedenheiten zwischen der Verwaltung und dem Unternehmer bestehen, so soll diesem gleichwohl das ihm unbestritten zustehende Guthaben nicht vorenthalten bleiben.

Gewährleistung.

§ 23. Der Unternehmer haftet für die Güte der Leistungen innerhalb der vertragsmäßig festgestellten Frist. Von allen innerhalb dieser Frist hervortretenden Mängeln gilt die Vermutung ihrer Verschuldung durch den Unternehmer bis zum Nachweise des Gegenteils. Die Haftung umfaßt außer der Verpflichtung zur Beseitigung der Mängel innerhalb angemessener, von der Bauverwaltung zu bestimmender Frist Ersatz der auch nur mittelbar infolge der Mängel eingetretenen Nachteile und entgangenen Vorteile. Sofern in dem Vertrage keine andere Frist bestimmt ist, beträgt die Haftfrist 2 Jahre von der Abnahme der Leistung an.

Sicherheitsleistung.

§ 24. 1. Auf Verlangen der Bauverwaltung hat der Unternehmer bei Abschluß des Vertrages eine Sicherheit zu bestellen, die in der Regel auf nicht mehr als 5 % der Vertragssumme bemessen werden soll.

2. Sicherheit kann bestellt werden in barem Gelde, mündelsicheren Schuldverschreibungen und Wertpapieren, in Depotscheinen der Reichsbank über solche Papiere, sichern Wechseln und Sparkassenbüchern der hiesigen Sparkasse, die auf den Namen des Unternehmers lauten.

3. 3 prozentige Schuldverschreibungen und Wertpapiere werden nach einem vom Magistrat nach dem jeweiligen Stand des Geldmarktes festzusetzenden Prozentsatze angenommen.

4. Wechsel müssen bei Sicht zahlbar, gezogen und angenommen sein.

5. Zinstragenden Wertpapieren sind die Zinsscheine und Zinsscheinanweisungen beizufügen. Die Zinsscheine werden, solange die Sicherheit nicht in Anspruch genommen wird, im Februar auf 1 Jahr gegen Vorzeigung des Hinterlegungsscheines und Quittung ausgehändigt. Der Unternehmer hat die Zinsscheinanweisungen umzutauschen und die Kündigung, Verlosung, Zinsherabsetzung und sonstige Veränderungen der Wertpapiere zu überwachen.

6. Falls der Unternehmer seinen Verbindlichkeiten nicht nachkommt, kann die Verwaltung die Wertpapiere, Wechsel und Sparkassenbücher außergerichtlich veräußern oder versilbern.

7. Die Ergänzung der Sicherheit kann gefordert werden, wenn diese nicht mehr genug Deckung bietet.

8. Für die Vertragserfüllung haften außerdem alle Forderungen des Unternehmers gegen die Stadt und die von ihm für städtische Arbeiten gestellten Sicherheiten.

9. Die Sicherheit wird nach vollständiger Erfüllung des Vertrages auf Antrag des Unternehmers zurückgegeben. Eine teilweise oder vollständige Rückgabe ist auch schon früher zulässig.

10. Von der Bestellung einer Sicherheit kann abgesehen werden, wenn der Unternehmer eine genügende Generalsicherheit gestellt hat.

Übertragbarkeit des Vertrages.

§ 25. 1. Ohne Genehmigung der Bauverwaltung darf der Unternehmer seine vertragsmäßigen Verpflichtungen nicht auf andere übertragen.

2. Gerät der Unternehmer vor Erfüllung des Vertrages in Konkurs, so ist die Bauverwaltung berechtigt, den Vertrag aufzuheben. Die Erklärung über die Aufhebung ist nach Bekanntmachung der Konkurseröffnung ohne Verzug durch eingeschriebenen Brief dem Konkursverwalter gegenüber abzugeben.

3. Für den Fall, daß der Unternehmer stirbt, bevor der Vertrag vollständig erfüllt ist, hat die Bauverwaltung die Wahl, ob sie das Vertragsverhältnis mit seinen Erben fortsetzen oder es als aufgelöst betrachten will.

Änderungen im Handelsregister.

§ 26. Unternehmer, die im Handelsregister eingetragen sind, haben während der Vertragsdauer von allen Änderungen im Handelsregister, die ihre Firma betreffen, der Bauverwaltung Mitteilung zu machen.

Zuwendungen an städtische Angestellte.

§ 27. Der Unternehmer verpflichtet sich, wenn er oder sein Vertreter oder einer seiner Angestellten einem Angestellten der Stadtgemeinde eine Zuwendung irgendwelcher Art direkt oder indirekt gewährt oder zusagt, eine Konventionalstrafe von 1000 M für jeden Fall der Zuwiderhandlung an die Stadt Berlin zu zahlen.

Rechtsstreitigkeiten.

§ 28. Alle aus dem Vertragsverhältnisse entspringenden Rechtsstreitigkeiten sind durch ein nach den Bestimmungen der Reichszivilprozeßordnung zusammenzusetzendes Schiedsgericht zu entscheiden, doch ist der Magistrat berechtigt, vor der Zusammensetzung des Schiedsgerichts durch schriftliche Anzeige an den Gegenkontrahenten die Entscheidung durch das ordentliche Prozeßgericht zu verlangen; als Gerichtsstand gilt in diesem Falle — soweit nicht ein ausschließlicher Gerichtsstand begründet ist — das Königliche Amtsgericht Berlin-Mitte bzw. das Königliche Landgericht I Berlin.

Stempelkosten.

§ 29. Die Kosten des Vertragsstempels trägt der Unternehmer.

---

7. Vertrag mit neun Asphaltgesellschaften.

Vertrag

zwischen der Städtischen Tiefbaudeputation zu Berlin einerseits und

1. der Neuchatel Asphalte Company zu Berlin,
2. der Aktiengesellschaft für Asphaltierung und Dachdeckung, vormals Johannes Jeserich zu Charlottenburg,
3. der Berliner Asphaltgesellschaft Kopp & Comp. zu Berlin,
4. Reh & Cie., Asphaltgesellschaft San Valentino, G. m. b. H., zu Berlin,
5. dem Asphaltwerk Franz Wigankow zu Berlin, G. m. b. H.,
6. der French Asphalte Company zu London,
7. der Deutschen Asphalt-Aktiengesellschaft der Limmer und Vorwohler Grubenfelder zu Hannover sowie der Asphaltfabrik F. Schlesing Nachfl., Aktiengesellschaft,
8. dem Münchener Asphaltwerk Kopp & Cie. zu Berlin,
9. der Straßenbaugesellschaft Zöller, Wolfers, Droege zu Berlin

andererseits,

betreffend die Herstellung und Unterhaltung von Asphaltstraßen in Berlin.

§ 1. Die Tiefbaudeputation verpflichtet sich, alle während der Zeit vom 1. April 1911 bis 31. März 1917 mit Stampfasphalt auszuführenden Asphaltierungen von Straßendämmen im Berliner Weichbilde, sofern diese aus städtischen Mitteln hergestellt weroen, nur den vorgenannten vertragschließenden Firmen zu übertragen, auch bei Herstellung von öffentlichen Straßen durch Dritte diesen die Verpflichtung aufzuerlegen, die Straßenasphaltierungen durch eine der diesen Vertrag schließenden Firmen ausführen zu lassen.

Die vertragschließenden Firmen haben kein Anrecht auf Übertragung von Arbeiten in solchen Jahren, in denen die Gemeindebehörden städtische Mittel für Straßenasphaltierungen nicht bereit stellen.

§ 2. Die vertragschließenden Firmen verpflichten sich, die ihnen während der Vertragszeit von der Tiefbaudeputation übertragenen Asphaltierungen bei 20 cm Betonstärke und einer Asphaltdecke von 5 cm Höhe zum Preise von 12,50 M für das Quadratmeter auszuführen.

Der Preis zerfällt in 9,25 M für die Asphaltdecke und 3,25 M für die Betonbettung.

Bei einer geringeren Betonstärke verringert sich der Preis für jedes Zentimeter Minderstärke um 16 Pf für das Quadratmeter, dahingegen ändert sich der Preis bei einer geringeren Asphaltstärke nicht.

Wenn die Betonunterbettung auf Verlangen der Tiefbaudeputation mit Schotter statt mit reinem Kies hergestellt wird, so erhöht sich der Preis um 80 Pf für das Quadratmeter.

Zur Asphaltierung darf, falls die Tiefbaudeputation es nicht besonders genehmigt, nur Asphalt aus den bisher zugelassenen Gruben verwendet werden.

§ 3. Die Preise für Nebenarbeiten, Aufbrüche, Wiederherstellung, Unterhaltung usw. bleiben so, wie bisher mit den einzelnen Firmen vereinbart ist.

Machen Arbeiten auf oder unter der Straße die Beseitigung einer Pflasterfläche in der ganzen Breite erforderlich, so wird die Wiederherstellung als Neupflasterung angesehen. Voraussetzung hierfür ist jedoch, daß sich die Beseitigung auf eine selbständige Straßenstrecke von einer Kreuzung zur anderen erstreckt oder daß sie in einer Länge von mindestens 50 m erfolgt.

Der Preis für besonders gelieferten Zement richtet sich nach dem im Lieferungsjahre gültigen Marktpreis, und zwar derart, daß bei Lieferung bis zu 10 Tonnen ein um 1,40 M gegen den Marktpreis erhöhter Betrag für die Tonne berechnet wird, bei Lieferung von mehr als 10 Tonnen dagegen erhöht sich der Preis nur um 0,90 M über den Marktpreis. Als Marktpreis soll der von der Kanalisations-Deputation für das betreffende Jahr bei ihrer Submission erzielte Einkaufspreis gelten.

Für sonstige Arbeitsleistungen, welche seitens der Unternehmer an Straßenbahngleisen bewirkt werden, haben dieselben eine Vergütung nach folgendem Tarif zu beanspruchen.

a) Bei Neuherstellungen und Reparaturen.

1. Ein Meter Schienenunterguß mit Asphaltmasse in ganzer Breite des Schienenfußes und in solcher Stärke, daß der ganze Schienenfuß überdeckt ist, bis zu 2 cm Stärke des Untergusses zwischen Beton und Schienenunterkante . . . . 2,00 M.

Für jedes Zentimeter Mehrstärke des Untergusses für 1 m Schiene . . . . 0,50 „

2. Für Ausfüllen der Hohlräume zu beiden Seiten des Schienensteges mit Zementbeton für das Meter Schiene doppelseitig . . . . 0,18 „

3. Für Ausfüllen des seitlichen Hohlraumes zwischen Unterkante, Schienenkopf und Oberkante, Beton mit Gußasphalt, für das Meter Schienenkopfseite . . . . 1,00 „

4. Für die Herstellung der Stampfasphaltanschlüsse an die Schienen oder deren Einfassung für das Meter Schienenseite . . . . 0,50 „

b) Dauernde Unterhaltung.

Für die Unterhaltung des Asphaltanschlusses an die Schienen nach Ablauf der unentgeltlichen Unterhaltung für das Meter Gleis und Jahr 2 M.

§ 4. 1. Wenn eine der vertragschließenden Firmen während der Dauer dieses Vertrages in Berlin oder den nachbenannten Vororten die Asphaltierung von Fahrdämmen öffentlicher Straßen und Plätze mit Stampfasphalt zu billigeren Preisen herstellt, als in §§ 2 und 3 festgesetzt ist, so gilt auf Verlangen der Tiefbaudeputation der billigere Preis in demselben Jahre, in dem die fremde Arbeit geleistet ist, auch für die für die Tiefbaudeputation ausgeführte Arbeit.

2. Diese Vororte sind:

1. Charlottenburg mit Westend,
2. Guts- und Forstbezirk Tegel,
3. Tegel,
4. Wittenau und Dalldorf,
5. Reinickendorf,
6. Niederschönhausen mit Schönholz,
7. Pankow,
8. Heinersdorf,
9. Weißensee,

10. Hohenschönhausen,
11. Lichtenberg-Friedrichsberg,
12. Friedrichsfelde,
13. Boxhagen-Rummelsburg,
14. Stralau,
15. Treptow,
16. Rixdorf,
17. Britz,
18. Hasenheide,
19. Tempelhof,
20. Mariendorf und Südende,
21. Schöneberg,
22. Friedenau,
23. Steglitz,
24. Wilmersdorf und Halensee,
25. Schmargendorf,
26. Dahlem,
27. Grunewald.

3. Wenn eine der vertragschließenden Firmen während der Dauer dieses Vertrages in Berlin oder einem der genannten Vororte eine Asphaltierung der in Absatz 1 bezeichneten Art ausführt, bei der sie die unentgeltliche Unterhaltung für längere Zeit, als in den Berliner Verträgen festgesetzt ist, übernimmt, so hat sie auf Verlangen der Tiefbaudeputation die gleiche Dauer der unentgeltlichen Unterhaltung bei denjenigen Pflasteraufträgen gelten zu lassen, die sie von der Stadtgemeinde Berlin in demselben Jahre, in dem jene Pflasterung ausgeführt wird, erhält.

4. Wenn eine der vertragschließenden Firmen während der Dauer dieses Vertrages in Berlin oder einem der genannten Vororte eine Asphaltierung der in Absatz 1 bezeichneten Art ausführt, bei der sie die entgeltliche Unterhaltung zu einem billigeren Preise für das Quadratmeter und Jahr als

50 Pf. in Berlin,
40 „ in Charlottenburg, Westend, Schöneberg und Rixdorf,
30 „ in Pankow, Weißensee, Lichtenberg-Friedrichsberg, Boxhagen-Rummelsburg, Stralau, Treptow, Tempelhof, Friedenau, Steglitz, Wilmersdorf, Halensee und Schmargendorf,
20 „ in den übrigen unter Ziffer 2 genannten Vororten

übernimmt, so hat die Firma auf Verlangen der Tiefbaudeputation bei den Pflasteraufträgen, die sie in demselben Jahre, in dem jene Pflasterung ausgeführt wird, von der Stadtgemeinde Berlin erhält, den Unterhaltungspreis von 50 Pfennigen für die Dauer der 15 jährigen entgeltlichen Unterhaltung um den gleichen Betrag zu ermäßigen.

Dieselbe Ermäßigung soll auf Verlangen der Tiefbaudeputation der Stadtgemeinde Berlin gegenüber für die Dauer dieses Vertrages gelten, wenn eine Firma in einem nach dem 26. Juni 1905 geschlossenen Vertrage in Berlin oder einem der genannten Vororte eine Pflasterung vor dem 31. März 1911 mit Vereinbarung billigerer entgeltlicher Unterhaltung ausgeführt hat, und zwar für dasjenige Jahr oder diejenigen Jahre, für die die günstigeren Bedingungen Geltung haben. Diese letztere Bestimmung bezieht sich nicht nur auf die Verträge, die nach diesem Vertrage abgeschlossen werden, sondern auf alle früheren zwischen den Firmen und der Stadtgemeinde geschlossenen Verträge.

5. Den vertragschließenden Firmen ist nicht gestattet, Dritten Material oder Arbeitskräfte zur Ausführung billigerer Stampfasphaltarbeiten, als in §§ 2, 3 und 4 vorgesehen ist, in Berlin und den genannten Vororten zur Verfügung zu stellen; geschieht dies dennoch, so werden die Arbeiten als eigene Arbeiten der vertragswidrig handelnden Firma angesehen.

6. Auf Verträge, die vor dem 26. Juni 1905 abgeschlossen sind und welche diesen Bestimmungen nicht entsprechen, findet dieser Paragraph keine Anwendung. Diese Verträge sind der Tiefbaudeputation zur Kenntnisnahme vorzulegen.

7. Bezüglich der innerhalb, zwischen und 65 cm zu beiden Seiten der Straßenbahngleise befindlichen Asphaltflächen ist der in Berlin vereinbarte Preis von 75 Pf pro Quadratmeter und Jahr für die Unterhaltung auch in den Vororten innezuhalten.

§ 5. Die Verteilung der jährlich auszuführenden Arbeiten unter die vertragschließenden Firmen erfolgt durch die Tiefbaudeputation nach deren Ermessen.

Über die Ausführung der einzelnen Asphaltierungen sind wie bisher Sonderverträge zu schließen; hierbei sind die Bestimmungen dieses Vertrages zugrunde zu legen.

§ 6. Wenn eine Firma in Berlin oder den Vororten die Ausführung von Asphaltierungen zu billigeren Preisen, als in §§ 2 und 3 vorgesehen ist, oder die Unterhaltung zu günstigeren Bedingungen oder billigeren Preisen, als in § 4 bestimmt ist, übernommen hat oder übernimmt, so hat sie dies innerhalb 14 Tagen nach Abschluß dieses Vertrages bzw. nach Abschluß des betreffenden Vertrages der Tiefbaudeputation anzuzeigen. Wenn eine Firma dies unterläßt oder ihre Arbeiten nicht bedingungsgemäß ausführt oder gegen diesen Vertrag verstößt, so steht der Tiefbaudeputation das Recht zu, die Firma von weiteren Pflastervergebungen auszuschließen.

§ 7. Wenn eine Firma ausscheidet und die Tiefbaudeputation sich infolgedessen veranlaßt sehen sollte, der Firma auch die ihr obliegenden Unterhaltungen zu entziehen, so wird die Tiefbaudeputation mit einer oder mehreren der vertragschließenden Firmen wegen Übernahme der Unterhaltungen zu den in diesem Vertrage angegebenen Bedingungen in Verhandlung treten. Kommt eine Einigung nicht zustande, so hat die Tiefbaudeputation das Recht, eine andere, außerhalb des Kreises der vertragschließenden Firmen stehende Firma heranzuziehen und ihr sowohl Unterhaltungsarbeiten wie auch Neupflasterungen zu übertragen.

§ 8. Die bestehenden Bestimmungen über die Unterhaltung der Asphaltstraßen innerhalb des Berliner Weichbildes werden durch diesen Vertrag nicht berührt und gelten daher auch für die Unterhaltung der auf Grund dieses Vertrages hergestellten Straßen. Die von den vertragschließenden Firmen bereits gestellten und die noch zu stellenden Unterhaltungskautionen haften auch für die in § 4 dieses Vertrages festgesetzten Verpflichtungen.

§ 9. Die Stempelkosten dieses Vertrages übernehmen die vertragschließenden Firmen.

Berlin, den 8. März 1911.

The Neuchatel Asphalte Company (Limited)
gez. John W. Louth.

Aktiengesellschaft für Asphaltierung und Dachdeckung,
vormals Johannes Jeserich
gez. Fuld. gez. Feuchtmann.

Berliner Asphaltgesellschaft Kopp & Cie.

Reh & Cie., Asphaltgesellschaft San Valentino, G. m. b. H.
gez. Adolf Reh.

Asphaltwerk Franz Wigankow, G. m. b. H.
gez. Jean Krapp.

The French Asphalte Co. (Limited)
gez. H. E. Lush.

Deutsche Asphalt-Aktiengesellschaft der Limmer und Vorwohler Grubenfelder
In Vollmacht
gez. Dr. H. Schönewald.

Asphalt-Fabrik F. Schlesing Nachf., Akt-Ges.
gez. Dr. H. Schönewald. Gustav Falbe.

Münchener Asphaltwerk Kopp & Cie.
gez. p. pa. Raßow.

Straßenbau-Gesellschaft Zoeller, Wolfers, Droege
gez. Wolfers. Droege.

Berlin, den 10. März 1911.

Städtische Tiefbau-Deputation
gez. Krause.

Bekanntmachung vom 12. August 1882, betr. Aufnahme und Wiederherstellung des Bürgersteigpflasters.

Bei den vielfach notwendig werdenden Aufnahmen des Straßen- und Bürgersteigpflasters zum Zwecke der Verlegung von Röhren, Telegraphenkabeln usw. ist die Wahrnehmung gemacht, daß das Pflaster nicht immer mit der erforderlichen Sorgfalt aufgenommen und wiederhergestellt wird, wodurch die nach der Baupolizeiverordnung für Berlin zur Unterhaltung der Bürgersteige verpflichteten Grundstückseigentümer oft nicht unerheblich geschädigt werden. Dies veranlaßt die Straßenbaupolizeiverwaltung, hiermit zur allgemeinen Kenntnis zu bringen, daß die zur Aufnahme des Pflasters erforderliche straßenbaupolizeiliche Genehmigung fortan nicht nur unter der

Bedingung der sofortigen ordnungsmäßigen Wiederherstellung des Pflasters erteilt werden wird, daß vielmehr — mit Rücksicht darauf, daß erfahrungsmäßig oft erst nach längerer Zeit die durch die Aufnahme veranlaßten Reparaturbedürftigkeiten sich herausstellen — auch die Verpflichtung auferlegt werden wird, alle in dem Zeitraum von drei Jahren sich ergebenden Mängel an dem Pflaster zu beseitigen.

Über die Dauer dieser Garantiepflicht wird bei der unterzeichneten Verwaltung fortan eine genaue Kontrolle ausgeübt und während derselben jede Aufforderung wegen etwa notwendig werdender Reparaturen, wenn dieselben als eine Folge der stattgefundenen Aufnahmen des Pflasters anzusehen sind, nicht an den Grundstückseigentümer, sondern an diejenigen Verwaltungen oder Unternehmer gerichtet werden, auf deren Veranlassung die Aufnahme des Pflasters stattgefunden hat.

Damit aber endlich auch die Grundstückseigentümer in die Lage versetzt sind, ihre Rechte selbst wahren zu können, namentlich zu kontrollieren, ob das Pflastermaterial unbeschädigt geblieben ist, wird die weitere Bedingung gestellt werden, daß den Grundstückseigentümern bzw. deren Stellvertretern vor der Aufnahme des Bürgersteigpflasters schriftlich angezeigt wird, wann und in wessen Auftrage bzw. für wessen Rechnung die Arbeiten zur Ausführung kommen.

Den Grundstückseigentümern muß hiernach überlassen bleiben, sich erforderlichenfalls mit dem betreffenden Auftraggeber in Einvernehmen zu setzen, etwaige Beschwerden aber im Einzelfalle bei der unterzeichneten Verwaltung anzubringen.

Örtliche Straßenbaupolizeiverwaltung, Abteilung I.
Der Oberbürgermeister.

---

9. Bekanntmachung vom 6. November 1884, betr. Aufbrechen des Straßendammes behufs Aufstellung von Baugerüsten.

Das Publikum wird hierdurch davon in Kenntnis gesetzt, daß in allen Straßen, welche mit Asphalt-, Holz- oder Granitpflaster auf Beton- oder Steinunterbettung versehen sind, das Aufbrechen des Straßendammes zum Zweck der Aufstellung von Baugerüsten ferner nicht gestattet werden wird.

Königliches Polizeipräsidium.	Örtliche Straßenbaupolizeiverwaltung, Abteilung I.

---

10. Bestimmungen der Städtischen Polizeiverwaltung über die Ausführung straßenbaulicher Arbeiten vom Jahre 1908/09.

(Blatt 152 der Akten Straßenbau-Pol. A 1, Bd. IX.)

Zum Beginn einer jeden straßenbaulichen Arbeit ist die Genehmigung der Stadtbauinspektion und des Polizeireviers des betreffenden Bezirks erforderlich.

Die der ersteren ist zunächst einzuholen und dann die des letzteren, unter Vorlegung der Genehmigung der ersteren.

Soweit zur Ausführung der Arbeit die Genehmigung der städtischen Polizeiverwaltung, Abteilung I (Straßenbau) nötig ist, ist diese sowohl der Stadtbauinspektion als auch dem Polizeirevier bei Nachsuchung der Genehmigung zum Beginn der Arbeiten vorzulegen.

Ist die auszuführende Arbeit polizeilicherseits verlangt, so hat das gleiche mit der Aufforderung zu geschehen.

Sind mit den Arbeiten Aufgrabungen in größerer Tiefe verbunden, so ist den vorgenannten Stellen bei Nachsuchung der Genehmigung zum Beginn der Arbeiten durch Vorlegung der abgestempelten Meldescheine nachzuweisen, daß die nachgenannten Verwaltungen bzw. Werke, nämlich

a) das Kaiserliche Telegraphenbauamt,
b) der Telegraphen-Verwaltung des Kgl. Polizeipräsidiums, der Telegraphen-Verwaltung der Feuerwehr,
c) die städtischen Kanalisationswerke,
d) die städtischen Gaswerke,
e) die städtischen Wasserwerke,
f) die Berliner Elektrizitätswerke und
g) die Imperial-Continental-Gas-Association

Einwendungen nicht zu erheben haben.

---

11. Polizeiverordnung zum Schutze des Straßenkörpers und der in ihm liegenden Rohr- und Kabelleitungen.

Auf Grund der §§ 5 und 6 des Gesetzes über die Polizeiverwaltung vom 11. März 1850 (GS. S. 265) und der §§ 143 und 144 des Gesetzes über die Allgemeine Landesverwaltung vom 30. Juli 1883 (GS. S. 195) verordnet die städtische Polizeiverwaltung, Abteilung I (Straßenbau), mit Zustimmung des hiesigen Gemeindevorstandes für den Stadtkreis Berlin, was folgt:

I. Lastenverkehr.

§ 1. Soweit für Brücken oder Straßenteile durch Anschlag eine Gewichtsgrenze für Fahrzeuge bestimmt ist, dürfen sie mit Gewichten, die über diese Grenze hinausgehen, nur nach Erteilung einer besonderen polizeilichen Erlaubnis und nur unter Innehaltung der in der Erlaubnis vorgeschriebenen Bedingungen befahren werden.

Der Erlaubnisschein ist mitzuführen und den Polizeibeamten auf Verlangen vorzuzeigen.

II. Straßenarbeiten.

§ 2. Sollten statt hölzerner eiserne Schnurpfähle bei Arbeiten auf den Straßen Berlins verwendet werden, so dürfen sie nur 0,50 m lang sein.

§ 3. Eiserne Nägel, die zum Festlegen und Ausrichten von Straßenbahnschienen benutzt werden, dürfen in ihrer Länge das Maß von 0,40 m nicht überschreiten.

§ 4. Die zur Prüfung der Dichtigkeit der im Straßenkörper liegenden Gasrohre — zum sogenannten Abriechen der Erdproben — dienenden Bohrer müssen mit einem festangebrachten Teller oder Querriegel versehen sein, der sich in höchstens 0,50 m Entfernung von der Spitze befindet.

§ 5. Bei Ausschachtungsarbeiten im Straßenkörper oder in seiner unmittelbaren Nähe müssen die Baugruben so sorgfältig ausgeschalt und abgesteift bzw. später wieder verfüllt werden, daß ein Nachrutschen des Erdbodens und somit eine Gefährdung der Straßenbefestigung und aller Einbauten (Röhren, Kabel und dgl.) ausgeschlossen ist.

Eine Abböschung der Baugruben statt der Absteifung ist nur bei einer Tiefe von höchstens 0,60 m zulässig, bedarf aber in jedem Fall einer besonderen Genehmigung.

§ 6. Wird bei Aufgrabung des Straßenkörpers Schutt ausgehoben, so darf dieser nicht wieder zur Verfüllung verwendet werden; er ist vielmehr sofort abzufahren und durch guten einschlämmbaren Boden zu ersetzen.

Das gleiche gilt, wenn Lehm vorgefunden wird und der aufgebrochene Straßenteil mit Asphalt befestigt war.

Ausnahmsweise darf Lehm, jedoch nur in ganz trockenem Zustande zum Wiederverfüllen verwendet werden, wenn auf Antrag des Verpflichteten seitens des Tiefbauamtes die Herstellung eines vorläufigen Pflasters genehmigt wird.

Die Verfüllung hat in einzelnen, höchstens 0,15 m hohen Schichten zu erfolgen. Jede dieser Schichten ist gehörig festzustampfen und einzuschlämmen, Lehm nur festzustampfen.

§ 7. Während der Zeit von 15. November bis 15. März jedes Jahres darf das Straßenpflaster zur Vornahme von Arbeiten jeglicher Art nur aufgenommen werden, wenn es sich um die Beseitigung eines den Verkehr gefährdenden Zustandes handelt oder wenn die Vornahme der Arbeit während der genannten Zeit von der Städtischen Polizeiverwaltung, Abteilung I, ausdrücklich genehmigt oder gar gefordert worden ist.

III. Ordnungsbestimmungen.

§ 8. Wenn ein Pflaster bei seiner Neuherstellung eine derartige Höhenlage erhalten soll, daß dort befindliche öffentliche Anlagen (vergleiche § 10) dieser Höhenlage angepaßt werden müssen, so ist dies so rechtzeitig bei der in Betracht kommenden Verwaltung schriftlich zu beantragen, daß die Änderung unmittelbar vor Inangriffnahme, der Pflasterarbeiten erfolgen kann.

§ 9. Schieber und Hydrantfahrkästen, Einsteigebrunnen, Kabelkästen, Wasser- und Absperrtopfklötze der Gaswerke und dergleichen müssen stets zugänglich bleiben und dürfen daher nicht mit Baumaterialien Erde und dergleichen bedeckt werden.

§ 10. Mit Rücksicht auf die im Straßenkörper vorhandenen öffentlichen Anlagen sind von allen Arbeiten an oder in demselben, ausgenommen reine Pflasterarbeiten, den Verwaltungen, denen diese Anlagen unterstehen, mindestens 3 Tage vorher schriftliche Anzeigen zur Abstempelung vorzulegen.

Diese abgestempelten Anzeigen sind den Tiefbauämtern und den Polizeirevieren bei der Anmeldung der Straßenarbeiten mit einzureichen. Das gleiche gilt, wenn die feste Unterbettung aufgebrochen werden soll.

Zu den öffentlichen Anlagen im Sinne dieser Polizeiverordnung sind auch die Privatgesellschaften gehörigen, aber der Allgemeinheit dienenden Anlagen zu rechnen.

Anmerkung: Zurzeit kommen die Anlagen der nachstehenden Verwaltungen bzw. Gesellschaften in Betracht:

Kaiserliches Telegraphenbauamt, Mühlenstraße 39/40, Telegraphenverwaltung des Königlichen Polizeipräsidiums, die Feuerwehrabteilung des Königlichen Polizeipräsidiums, die Städtischen Gas-, Wasser- und Kanalisationswerke, die Imperial-Kontinental-Gas-Association (Englische Gaswerke Gitschiner Straße) und die Berliner Elektrizitätswerke.

§ 11. Die sonstigen Bestimmungen, nach denen zur Vornahme von Straßenarbeiten die Genehmigung der städtischen Tiefbauämter und demnächst die der Königlichen Polizeireviere einzuholen ist, werden durch diese Polizeiverordnung nicht berührt.

IV. Strafbestimmung.

§ 12. Zuwiderhandlungen gegen diese Polizeiverordnung werden mit einer Geldstrafe bis zu 30 M. geahndet, an deren Stelle im Falle des Unvermögens Haft bis zu 2 Wochen tritt.

§ 13. Diese Polizeiverordnung tritt mit dem Tage ihrer Verkündigung*) in Kraft.

Berlin, den 3. April 1913.

Städtische Polizeiverwaltung, Abteilung I,
(Straßenbau).
Der Oberbürgermeister.
In Vertretung:
Dr. Reicke.

E. Anlegung der Bürgersteige.

1. Polizeiverordnung vom 30. November 1907, betr. die Anlegung und Unterhaltung der Bürgersteige.

Auf Grund der §§ 5 und 6 des Gesetzes über die Polizeiverwaltung vom 11. März 1850 (GS. S. 265) und der §§ 143 und 144 des Gesetzes über die allgemeine Landesverwaltung vom 30. Juli 1883 (GS. S. 195) sowie des für Berlin bestehenden Gewohnheitsrechtes verordnet die städtische Polizeiverwaltung, Abteilung I (Straßenbau), mit Zustimmung des hiesigen Gemeindevorstandes für den Stadtkreis Berlin was folgt:

§ 1. Die Verpflichtung der Grundstückseigentümer zur Anlegung und Unterhaltung der Bürgersteige ist nach den folgenden Bestimmungen zu erfüllen.

*) Die Verkündigung ist rechtsverbindlich am 1. Juni 1913 erfolgt.

I. Anlegung.

A. Allgemeine Vorschriften.

§ 2. Die Oberfläche der Bürgersteige muß eben sein, ihr Längengefälle hat dem der Straße zu folgen, ihr Quergefälle muß nach dem Fahrdamm hin eine Neigung von 1 : 40 haben. Das Gefälle der Anschlußflächen zwischen den Bürgersteigen vor zwei benachbarten Grundstücken darf höchstens 1 : 20 betragen.

§ 3. Die Bürgersteige sind mit Bordschwellen, mit Mosaiksteinpflaster und, wenn sie mindestens 2 m breit sind, auch mit einer Plattenbahn zu befestigen.

1. Bordschwellen.

§ 4. Die Bordschwellen müssen aus bestem Granit, vollkantig und sauber bearbeitet sein, gute Lagerflächen und scharf schließende, zur Oberfläche winkelrecht stehende Stoßflächen haben. Sie müssen 30 cm breit und 40—45 cm hoch sein.

Die Oberfläche muß in ganzer Ausdehnung, die vordere Fläche auf 20 cm Höhe, die Rückenfläche auf mindestens 3 cm Höhe vollständig eben und sauber gestockt, die übrigen Flächen müssen gespitzt sein. Die Länge der einzelnen geraden Bordschwellen darf nicht unter 1,50 m, die der Bogenbordschwellen nicht unter 1,20 m, im äußeren Bogen gemessen, betragen.

Die vordere Fläche ist 15 cm breit von oben derartig abzuschrägen, daß die obere Kante um 4 cm aus dem Lote zurücktritt.

Die Bordschwellen sind mit ihren Enden auf einen 30 cm hohen, 40 cm breiten und langen, völlig erhärteten und festgelagerten Betonkörper zu verlegen, der aus einer gut durchgearbeiteten und frisch bereiteten Mischung von Kies und bestem Portlandzement im Verhältnis von 1 : 8 hergestellt ist.

Die Höhe der Bordschwellen über der anstoßenden Dammfläche muß mindestens 10 cm betragen und darf 15 cm nicht überschreiten; nur vor Regeneinlässen kann das Höhenmaß bis auf 20 cm ausgedehnt werden.

Bei einem Richtungswechsel sind die Bordschwellen nicht im Winkel, sondern nach einzuholender Vorschrift der städtischen Polizeiverwaltung im Bogen zusammenzuführen.

Die Fugen sind mit Zementmörtel auszugießen.

2. Plattenbahn.

§ 5. Die Breite der Plattenbahn beträgt bei Bürgersteigen von 2 bis 2,49 m Breite 1 m, bei Bürgersteigen von 2,5 bis 2,99 m 1,5 m, bei Bürgersteigen von 3 bis 5,99 m 2 m, bei breiteren Bürgersteigen 3 m.

Die Lage der Plattenbahn bestimmt sich bei Bürgersteigen bis zu 3,30 m Breite dadurch, daß zwischen hinterer Bordschwellenkante und Plattenbahn ein Mosaikpflasterstreifen von 50 cm anzulegen ist.

Bei anderen Bürgersteigen bis zu 6 m Breite liegt die Plattenbahn in der Mitte zwischen Straßenflucht und hinterer Bordschwellenkante.

Bei breiteren Bürgersteigen beträgt die Entfernung zwischen der Plattenbahn und der Straßenflucht 1,85 m.

§ 6. Die Plattenbahn ist aus Granitplatten oder Kunststeinplatten herzustellen.

Die Granitplatten müssen aus bestem Granit und in ihren Kanten voll und rechtwinklig bearbeitet sein, ihre Oberfläche darf keine Vertiefungen erhalten, in denen sich Wasser sammeln kann, sie ist ebenso wie die Seitenflächen, letztere jedoch nur in einer Breite von 8 cm, mittelfein zu stocken.

Die Platten müssen, in der Längsrichtung der Bürgersteige gemessen, eine Breite von mindestens 60 cm und in deren Querrichtung eine solche von mindestens 75 cm haben.

Bei Bahnen aus Platten von ungleicher Breite müssen die einzelnen Reihen des Plattenbelages in der Querrichtung des Bürgersteiges gleiche Breite erhalten.

Die Platten müssen an den Kanten mindestens 8 cm, dürfen im übrigen nicht unter 10 cm und nicht über 15 cm stark sein. Sie sind auf einer mindestens 8 cm starken Lage von Kiessand festgebettet zu verlegen. Die Fugen dürfen höchstens 10 mm betragen und müssen mit Kiessand eingeschlämmt und bis zur Oberkante der Platten ausgefüllt werden.

Die Art und die Verlegung der Kunststeinplatten bedarf der Genehmigung der städtischen Polizeiverwaltung.

3. Mosaikpflaster.

§ 7. Zur Herstellung von Mosaikpflaster sind Bernburger Kalkstein und Plötzkyer Sandstein sowie andere, diesen ähnliche

Gesteinsarten zu verwenden. Für schmale, farbige Mosaikstreifen darf ausnahmsweise Basaltgestein benutzt werden.

Die zu verwendenden Mosaiksteine dürfen nicht unter 6 cm hoch sein und müssen scharfkantig gespaltene, ebene Köpfe besitzen, deren Abmessungen höchstens 3 bis 4 cm betragen darf.

Die Steine müssen auf einer 8 cm starken Lage von Kiessand fest und dichtschließend verlegt werden. Die Verwendung von Zementmörtel ist nicht gestattet.

4. Einfahrten.

§ 8. Vor den Einfahrten kann das Quergefälle des Bürgersteiges unter entsprechender Senkung der Bordschwellen bis auf 1 : 20 erhöht werden. Jedoch muß die Bordschwelle mindestens 4 cm über das Dammpflaster hervorragen, sie kann an ihrer vorderen Kante abgerundet werden.

Die durchgehende Höhenlage des Bürgersteiges ist mit dem gesenkten Teile durch ein Gefälle zu verbinden, das 1 : 20 nicht übersteigt.

Im Falle der Senkung der Bordschwellen ist der Bürgersteig vor den Einfahrten mit Pflastersteinen aus Granit, Porphyr, Bernburger Kalkstein oder Plötzkyer Sandstein zu befestigen.

Die zu verwendenden Steine müssen eine gut bearbeitete, rechteckige und ebene Kopffläche von 12 bis 13 cm Breite, 15 bis 25 cm Länge und 15 bis 20 cm Höhe haben. Die Fußfläche muß mindestens zwei Drittel der Kopffläche besitzen und darf an keiner Seite mehr als 2 cm hinter der Kopffläche zurücktreten.

Die Steine sind auf einer mindestens 15 cm starken Bettung aus bestem Pflasterkies zu versetzen. Die Fugen sind mit feinem Kies einzuschlämmen und bis zur Straßenoberfläche zu füllen.

Die Senkung der Bordschwellen und die Steinpflasterung muß erfolgen, wenn es die städtische Polizeiverwaltung fordert.

B. Ausnahmen.

§ 9. Abweichungen von den §§ 2—8 kann die städtische Polizeiverwaltung zulassen und anordnen, wenn besondere Verhältnisse dies gestatten oder erforderlich machen. Diese Anordnungen dürfen jedoch eine Erschwerung der Verpflichtungen der Grundstückseigentümer nicht enthalten.

C. Zeitpunkt der Anlegung.

§ 10. Die in den §§ 2—9 vorgeschriebene Befestigung ist herzustellen, sobald auf dem anliegenden Grundstücke ein Neubau oder ein Umbau beendet wird.

Bei Bürgersteigen vor unbebauten Grundstücken und vor Grundstücken, die nicht mit Wohnhäusern bebaut sind, sowie auf unbefestigten Bürgersteigen ist diese Befestigung herzustellen, sobald es die städtische Polizeiverwaltung anordnet, die vor unbebauten Grundstücken die Breite der Plattenbahn auf 1 m beschränken kann.

Ist die Breite eines Bürgersteiges zu ändern, so ist seine Befestigung mit den Vorschriften im § 5 dieser Polizeiverordnung in Einklang zu bringen.

Ist die vorhandene Befestigung des Bürgersteiges so mangelhaft, daß die Ordnung, Sicherheit und Leichtigkeit des Verkehrs erheblich beeinträchtigt wird, so kann gleichfalls die städtische Polizeiverwaltung die Herstellung der Befestigung gemäß §§ 2—9 anordnen.

II. Unterhaltung.

§ 11. Die nach den §§ 2—9 angelegten Bürgersteige sind in der hier vorgeschriebenen Beschaffenheit dauernd zu erhalten. Ältere Bürgersteigbefestigungen sind derart in Stand zu halten, daß sie den Anforderungen des Verkehrs hinsichtlich Ordnung, Sicherheit und Leichtigkeit in jeder Beziehung genügen.

III. Ordnungs- und Strafbestimmungen.

§ 12. Mit Arbeiten an den Bürgersteigen darf erst begonnen werden, wenn wenigstens drei Tage vorher der zuständigen städtischen Bauinspektion schriftliche Anzeige erstattet worden ist, es sei denn, daß Gefahr im Verzuge ist. In diesem Falle ist die Anzeige mit dem Beginne der Arbeiten zu erstatten.

Sollen Kunststeinplatten zur Verlegung gelangen, so ist dies in der Anzeige auszusprechen und der Stadtbauinspektion gleichzeitig nachzuweisen, daß die Verlegung der Platten seitens der städtischen Polizeiverwaltung genehmigt ist.

§ 13. Zuwiderhandlungen gegen diese Polizeiverordnung werden mit einer Geldstrafe bis zu 30 M. geahndet, an deren Stelle im Falle des Unvermögens Haft bis 2 Wochen tritt.

§ 14. Diese Polizeiverordnung tritt mit dem 1. Januar 1908 an Stelle der Polizeiverordnung vom 17. Januar 1873.

Ist die Verpflichtung zur Bürgersteiganlegung nach den bisherigen Verordnungen entstanden, aber noch nicht erfüllt, so ist sie nach den Vorschriften dieser Verordnung zu erfüllen.

Städtische Polizeiverwaltung, Abteilung I
(Straßenbau).
Der Oberbürgermeister.

---

2. Entscheidungen des Oberverwaltungsgerichts:

a) vom 18. März 1880 über die Unterhaltungspflicht der Anlieger.

a) Grund der Verpflichtung und Einfluß des Gesetzes vom 2. Juli 1875 auf dieselbe.

Aus der Entscheidung des Oberverwaltungsgerichts vom 18. März 1880 (Entscheidung Band VI, S. 212 ff.).

Für Berlin läßt sich nun in der Tat ein entsprechendes Gewohnheitsrecht nachweisen.

Schon in der für die damaligen Residenzstädte Berlin und Cölln gegebenen Brunnen- und Gassenordnung vom 14. August 1660 (Mylius C. C. M. Bd. V, S. 314) Artikel V, § 1, findet sich die Bestimmung:

„Ein Jeder, wer in diesen Churfürstlichen Residenzstädten ein Haus hat, soll nach Publikation dieser Ordnung, immer sechs Wochen und so oft es Noth, bei zwei Thaler Strafe das Pflaster für seiner Thüre, soweit sein Haus geht, bis an die Rönne inklusive, dergestalt anfertigen lassen, damit bei regenhaftigem Wetter das Wasser ablaufen könne und nicht das eine hoch, das andere niedrig oder grubicht sein möge."

Verordnungen ähnlichen Inhalts sind in den Jahren 1676, 1680, 1684 und 1690 für Berlin, Cölln bzw. Friedrichswerder ergangen (Mylius a. a. O. S. 335—346).

Ob diese Vorschriften für alle Teile des damaligen Berlin, insbesondere auch für die Dorotheenstadt und Friedrichstadt Geltung hatten, mag zweifelhaft sein. Es kann ferner Bedenken erregen, daß diese Verordnungen nur eine Verpflichtung des Hausbesitzers, soweit sein Haus geht, festsetzen, sowie daß im siebzehnten Jahrhundert Bürgersteige in der gegenwärtigen Bedeutung in Berlin noch nicht existierten, vielmehr nur eine Rinne durch die Mitte der Straße ging, die beiden Bürgersteige also mit der ganzen Straße identisch waren. Einer näheren Erörterung dieser Bedenken bedarf es jedoch nicht, weil sich jedenfalls im Anschluß an die obengedachten Gassenordnungen eine für ganz Berlin geltende Observanz dahin gebildet hat, daß jeder Grundbesitzer den Bürgersteig vor seinem Grundstücke anzulegen und zu unterhalten habe. In dem Berichte der Königlichen Regierung zu Berlin vom 7. Juli 1819, auf Grund dessen das in von Kamptzs Annalen Band III, S. 830, abgedruckte Reskript der Königlichen Ministerien des Innern usw. und des Handels vom 22. September 1819 ergangen ist, wird bezeugt, daß früher den Hausbesitzern die Pflicht der ganzen Straßenunterhaltung obgelegen habe, dies jedoch infolge der den Fiskus zur Unterhaltung der Straßendämme verurteilenden Judikate des Obertribunals aus den Jahren 1770—1780 eingeschränkt und den Hausbesitzern nur die Pflicht zur Bürgersteigsunterhaltung verblieben sei.

Ferner ist in dem von dem Ministerium des Innern usw. und der Verwaltung für Handel usw. erlassenen Reglement vom 30. Juni 1835 (von Kamptzs Annalen Band XIX, S. 838) auf Grund einer Allerhöchsten Kabinettsordre vom 18. Mai 1828 angeordnet, daß zur Anlegung und Unterhaltung von Granitbahnen auf den Bürgersteigen alle Eigentümer der betreffenden Grundstücke unter gewissen Modalitäten verpflichtet seien. Dieser Anordnung gemäß ist seit jener Zeit verfahren, ohne daß eine im Rechtswege verfolgte und durchgesetzte Weigerung eines Interessenten bekannt geworden wäre. Die Erfordernisse des Gewohnheitsrechts — gleichförmige, ununterbrochene Handlungen, welche sich lange Zeit hindurch wiederholen und im Gefühle rechtlicher Notwendigkeit vorgenommen sind — treffen daher hier zu. Auch konnte sich nach Einführung des Allgemeinen Landrechts ein derartiges Gewohnheitsrecht bilden, weil dasselbe den Bestimmungen des § 81, Tit. 8, Teil I. ALR. nicht entgegensteht, vielmehr — selbst bei einer vom Obertribunal abweichenden Auslegung — nur etwas festsetzt, was in den Gesetzen unentschieden gelassen ist. (Entscheidungen des Oberverwaltungsgerichts Band I, S. 227 ff.)

Der Umstand, daß die Grundstücke der Badstraße erst durch die Allerhöchste Kabinettsordre vom 28. Januar 1860 (Amtsblatt Stück 14, S. 120) mit dem Stadtbezirke von Berlin vereinigt worden sind, ist auf die Entscheidung der Sache nicht von Einfluß. Aus § 2 der Städteordnung vom 30. Mai 1853 ergibt sich, daß nur privatrechtliche Verhältnisse durch eine derartige Veränderung nicht berührt werden sollen, daß dagegen die öffentlich-rechtlichen Verhältnisse nach den für den gesamten Stadtbezirk geltenden Normen zu regeln sind. (Vgl. § 1 Absatz 6 des Gesetzes vom 14. April 1856 GS. S. 359 und § 5 der Kreisordnung vom 13. Dezember 1872.)

Ebenso wie die Grundbesitzer in der Badstraße nach der Vereinigung mit dem Stadtbezirke an allen städtischen Rechten der Berliner Grundbesitzer teilnehmen und die Lasten derselben zu tragen haben — ebenso ist auch die im Jahre 1860 bereits bestehende öffentlich-rechtliche Verpflichtung zur Unterhaltung des Bürgersteiges auf sie übergegangen. Die jene Verpflichtung näher regelnde Polizeiverordnung vom 17. Januar 1873 findet daher auch auf den vorliegenden Fall mit voller Rechtsgültigkeit Anwendung. Mit Unrecht behauptet der Kläger ferner, daß die gedachte Polizeiverordnung infolge des Gesetzes vom 2. Juli 1875 außer Kraft getreten sei. Allerdings setzt der § 19 a. a. O. fest, daß alle Bestimmungen der im Verwaltungswege erlassenen Bauordnungen, sonstigen polizeilichen Anordnungen und Ortsstatuten, welche mit den Vorschriften des Gesetzes vom 2. Juli 1875 im Widerspruch stehen, außer Kraft treten. Ein Widerspruch der Polizeiverordnung vom 17. Januar 1873 mit irgend einer Bestimmung des Gesetzes vom 2. Juli 1875, insbesondere mit dem § 15, ist aber nicht anzuerkennen, selbst wenn man die von der Straßenbau-Polizeiverwaltung bestrittene Behauptung des Klägers für richtig halten wollte, daß die Badstraße eine neue Straße im Sinne des § 15 ist, d. h. daß dieselbe noch nicht gemäß der baupolizeilichen Bestimmungen des Orts für den öffentlichen Verkehr und den Anbau fertig hergestellt ist. (Entscheidungen des Oberverwaltungsgerichts Band III, S. 304 ff.) Denn der § 15 enthält nur die fakultative Bestimmung, daß unter gewissen Voraussetzungen durch Ortsstatut dem angrenzenden Eigentümer noch viel umfassendere Verpflichtungen als die Anlegung und Unterhaltung des Bürgersteiges auferlegt werden können. Diese Möglichkeit steht nicht in Widerspruch mit der bereits observanzmäßig bestehenden Verpflichtung, sondern ergänzt dieselbe nur. Gibt man selbst dem Kläger zu, daß er durch ein in Gemäßheit des § 15 zu erlassendes Ortsstatut zur Anlegung und Unterhaltung des Bürgersteiges nicht verpflichtet werden kann, so wird er doch dadurch von seiner bereits bestehenden Verbindlichkeit nicht befreit. Es ist dies namentlich in dem Falle klar, wenn überhaupt ein Ortsstatut nicht zustande kommt.

Auch die Berücksichtigung der Spezialbestimmungen für Berlin führt zu keinem anderen Resultate. Nach § 15, Absatz 4 a. a. O. bewendet es für Berlin bis zu dem Zustandekommen eines entsprechenden Statuts bei den Bestimmungen des Regulativs vom 31. Dezember 1838. Nach § 4 dieses Regulativs soll innerhalb der damaligen Ringmauern den städtischen Behörden für die Zukunft die Befugnis zustehen, von den angrenzenden Eigentümern die Legung des ersten Straßenpflasters zu verlangen, während außerhalb der Ringmauern die Kommune die Anlegung und Unterhaltung des Straßenpflasters überall auf ihre alleinigen Kosten zu bewirken hat (§ 7 ebendaselbst). Legt man auch dieses Regulativ der gegenwärtigen Beurteilung zugrunde und nimmt man ferner zugunsten des Klägers an, daß die Allerhöchste Kabinettsordre vom 28. Januar 1860 (Amtsblatt Stück 19, S. 170):

> wonach der § 4 des Regulativs in Zukunft nicht bloß innerhalb der Ringmauern, sondern in dem ganzen Gemeindebezirk von Berlin Anwendnug finden soll,

hier nicht in Betracht kommt, so ist doch ein Widerspruch der Polizeiverordnung vom 17. Januar 1873 mit dem Regulativ nicht anzuerkennen. Die Nichtverpflichtung des Klägers zur ersten Anlegung des ganzen Straßenpflasters schließt seine Verpflichtung zur Anlegung und Unterhaltung des Bürgersteiges nicht aus: beide Verbindlichkeiten können nebeneinander bestehen.

Übrigens war zur Zeit der angefochtenen Verfügung vom 16. August 1878 bereits das in Gemäßheit des § 15 a. a. O. erlassene Ortsstatut vom 7./19. März 1877 in Kraft getreten, welches den Bestimmungen des § 15 völlig entspricht und daher, wie oben gezeigt, mit der Polizeiverordnung vom 17. Januar 1873 wohl vereinbar ist. Letztere ist daher noch gegenwärtig in voller gesetzlicher Kraft.

b) vom 28. März 1896 über den Umfang der Unterhaltungspflicht.

b) Umfang der Anlage des Bürgersteiges.

Aus der Entscheidung des Oberverwaltungsgerichts vom 28. März 1896. (StP. Klage 252.)

Der Bezirksausschuß hat den Gegenstand des Streites richtig dahin präzisiert, daß es sich darum handele, ob nach dem in Berlin geltenden Ortsrechte den Adjazenten lediglich die Ausgestaltung der Oberfläche des Bürgersteiges, wie sie in dem § 5 der Polizeiverordnung vom 17. Januar 1873 näher beschrieben ist, oder auch die Beschaffung des Wegekörpers des Bürgersteiges obliegt. Der Bezirksausschuß hat sich dahin schlüssig gemacht, daß nur die genannte Ausgestaltung Pflicht der Adjazenten sei, und begründet dies damit, daß gemeinrechtlich der Gemeinde die Beschaffung der ganzen Straße einschließlich des Bürgersteiges obliege; von dieser Regel, so führt er weiter aus, bestehe in Berlin eine auf Gewohnheitsrecht sich stützende Ausnahme, deren Inhalt durch die Polizeiverordnung vom 17. Januar 1873 näher geregelt sei.

In dieser Polizeiverordnung sei aber eine Stütze dafür, daß die Adjazenten ein Weiteres zu leisten hätten als die Ausgestaltung des bezüglich des Wegekörpers schon vorhandenen Bürgersteiges nicht zu finden, namentlich sei mit den Worten „Anlegung" und „Herstellung" des Bürgersteiges nichts anderes als die Regulierung und Neuherstellung der Ausgestaltung des Bürgersteiges gemeint. Die Beklagten dagegen wollen die „Anlegung" und „Befestigung" des Bürgersteiges voneinander scheiden. Sie finden diese Scheidung schon in der — in dem Erkenntnisse des Oberverwaltungsgerichts vom 18. März 1880 (Entscheidungen Band VI, Seite 212) in Bezug genommenen — Gassenordnung von 1660 und 1680 und in einigen späteren dort erwähnten Verordnungen usw. und ebenso in der Polizeiverordnung vom 17. Januar 1873 ausgedrückt. Sie machen ferner geltend, daß die Beschränkung der Verpflichtung der Adjazenten, welche der Bezirksausschuß als das geltende Recht hinstelle, zu unausführbaren Ergebnissen führe, und behaupten, daß eine nähere Regelung der ortsrechtlichen Verpflichtung, soweit sie sich auf die Beschaffung des Wegekörpers, Nivellierung desselben usw. und den seitlichen Schutz des Straßenkörpers gegen die anliegenden Grundstücke beziehe, in der Polizeiverordnung von 1873 nicht möglich gewesen sei, da die Beschaffung des Wegekörpers usw. sich nach den gegebenen Verhältnissen in jedem Einzelfalle anders gestalte und nur durch Einzelverfügung geregelt werden könne.

Die Entstehung des hier maßgebenden Lokalrechtes in Berlin ist in dem Erkenntnisse des Oberverwaltungsgerichts vom 18. März 1880 (Entscheidungen Band VI, S. 212) ausführlich dargelegt, worauf hiermit hingewiesen wird.

Darüber zunächst besteht kein Streit, daß nach diesem Lokalrechte zur Anlegung des Bürgersteiges durch die Adjazenten die Beschaffung des dazu erforderlichen Grund und Bodens nicht gehört. Das kann auch gar nicht anders sein, da andernfalls zwischen Bürgersteig und Straßendamm Schranken aufgerichtet würden, die mit der Einheitlichkeit der Straße als öffentlichen Kommunikationsmittels nicht wohl vereinbar wären. Die Linie zwischen Bürgersteig und Fahrdamm kann jederzeit aus polizeilichen Rücksichten und lediglich nach polizeilichen Gesichtspunkten verrückt werden; denn dabei handelt es sich nicht darum, daß eine städtische Fahrstraße durch Zuschlagung eines Teiles des angrenzenden Adjazentenfußweges (Bürgersteiges) vergrößert wird oder umgekehrt, sondern darum, daß über Einteilung und Nutzung der rechtlich und tatsächlich einheitlichen städtischen Straße verfügt wird. Daraus folgt nun allerdings zunächst nur, daß die Stadt den Grund und Boden der Straße, auch soweit sie als Bürgersteig hergerichtet werden soll, beschaffen muß. Damit ist aber noch nicht gesagt, daß sie auch alle erforderlichen Aufschüttungen zur völligen Herstellung des Straßenkörpers, so daß er zum Verkehre die erforderliche Niveauhöhe hat, vornehmen muß, und die Frage ist da, wo durch Observanz den Adjazenten die Pflicht zur Anlegung und Herstellung des Bürgersteiges auferlegt ist, so daß ihnen auch die Innehaltung eines bestimmten Niveaus obliegt, um so schwieriger zu entscheiden, als die Grenze zwischen Aufschüttung und Anlegung des Bürgersteiges schwer zu ziehen ist. Bei der Entscheidung dieser Frage muß man aber davon ausgehen, daß die Beschaffung eines Straßenkörpers durch Aufschüttung der Natur der Sache nach etwas Einheitliches ist, was für die drei Abschnitte der Straße, Fahrdamm und die zwei Bürgersteige, gar nicht geteilt, sondern vernünftigerweise nur einheitlich erfolgen kann. Die Notwendigkeit einer solchen einheitlichen Behandlung zeigt sich in den oft genug vorkommenden Fällen klar, in denen das Maß der Einteilung in die drei genannten Abschnitte von vornherein noch gar nicht feststeht und erst nach Fertigstellung des Straßenkörpers endgültig beschlossen wird. Am schärfsten tritt sie aber in einem Falle der vorliegenden Art hervor, wo es sich um den Abschluß und die Sicherung der gesamten Aufschüttung gegen die Nachbarschaft durch eine Bretterwand oder Mauer handelt. Denn das ist eine Vorrichtung, welche dem Bestande der ganzen einheitlichen Straße dient, und welche deshalb nicht lediglich zur Anlegung des Bürgersteiges gehören kann.

Wo mithin ein Straßenkörper überhaupt nur durch Aufschüttungen erst gewonnen werden kann, wird der Regel nach die Pflicht hierzu demjenigen beigemessen werden müssen, welcher nach gemeinem Rechte der Wegebaupflichtige ist und auch die Straßenanlegung durch Beschaffung des Grund und Bodens ermöglichen muß — natürlich immer vorausgesetzt, daß die Pflicht hierzu nicht durch besondere Lokalobservanzen anderen auferlegt ist. Die Beklagten nehmen nun freilich an, daß der Inhalt des in Berlin geltenden Lokalrechts so weit gehe, daß die Adjazenten auch verpflichtet seien, den Straßenkörper des Bürgersteiges da zu beschaffen, wo dieses nur durch Aufschüttungen tunlich ist. Die Möglichkeit einer solchen Observanz wird nicht bestritten werden können, sie wird aber in diesem ausnahmsweisen und, wie oben angegeben, der Natur der Sache an sich nicht entsprechenden Umfange nur da als bestehend angenommen werden können, wo sie unzweifelhaft nachgewiesen ist. Daran fehlt es aber hier. Schon in dem oben angeführten Erkenntnisse vom 18. März 1880 ist darauf hingewiesen, daß sich das fragliche Ortsrecht in Berlin im Anschlusse an die Bestimmungen der Brunnen- und Gassenordnung von 1660 und ähnlicher Verordnungen entwickelt habe. In weiterem Verfolg der Entwicklung der Observanz findet sich über den Umfang und Inhalt der den Adjazenten obliegenden Last die erste polizeiliche Regelung in dem § 100 der Baupolizeiverordnung vom 21. April 1853, ferner in der, wie es ausdrücklich heißt, „in näherer Ausführung des § 100" a. a. O. erlassenen Polizeiverordnung vom 13. Oktober 1866 (Amtsblatt für den Regierungsbezirk Potsdam, S. 415) und sodann in der die letztere Verordnung aufhebenden und ersetzenden Polizeiverordnung vom 17. Januar 1873 (Amtsblatt, S. 73), nachdem schon vorher infolge Allerhöchster Kabinettsordre vom 18. Mai 1828 das Reglement über Anlegung von Granitbahnen in den Bürgersteigen vom 30. Juli 1835 (von Kamptz, Annalen, Band 19, S. 834) erlassen war. Nirgends in diesen Bestimmungen ist erkennbar gemacht, daß es sich bei dieser näheren Regelung der Ausführung und Ausübung des bestehenden Ortsrechts um etwas weiteres handelt, als um die Aptierung des Bürgersteiges auf einem bereits vorhandenen Wegekörper. Das Reglement von 1835 spricht nur von der Legung der Granitplatten, und wenn im § 10 daselbst vorgeschrieben wird, daß die Platten in das vom Polizeipräsidium vorgeschriebene Niveau zu legen sind, so kann das unmöglich die Bedeutung haben, daß zunächst der ganze Wegekörper da, wo er erst durch Aufschüttung zu gewinnen ist, beschafft werden solle.

Es ist damit dasselbe gemeint, was schon im § 1 des Artikel V der mehrerwähnten Brunnen- und Gassenordnung vom 14. August 1660 seinen Ausdruck gefunden hat, wenn es daselbst heißt, daß ein jeder das Pflaster vor seiner Tür, soweit sein Haus geht, bis an die Rinne dergestalt anfertigen lassen soll, „damit bei regenhaftigem Wetter das Wasser ablaufen könne und nicht das eine hoch, das andere niedrig oder grubicht sein möge." Es bezieht sich das offenbar auf eine gleichmäßige Ebnung der Oberfläche, ohne die der Zweck, ein gleichmäßiges Pflaster zum Abfluß des Wassers usw. herzustellen, nicht erreicht werden kann. Eine solche Ebnung der Oberfläche läßt sich von einer sachgemäßen Pflasterung nicht trennen; es können auch bei ihr Abtragungen und Aufschüttungen in mehr oder weniger erheblichem Maße vorkommen, aber immerhin ist sie als integrierender Teil einer sachgemäßen Pflasterung etwas ganz anderes als eine Aufschüttung, welche lediglich den Zweck hat, erst den Wegekörper herzustellen, auf dem diese sachgemäße Pflasterung sodann erst möglich ist. Aus einer solchen Bestimmung, welche die Pflasterung im richtigen Niveau vorschreibt, ist also ein Schluß auf eine Verpflichtung, wie sie die Beklagten im Auge haben, nicht möglich. Der weiter angeführte § 100 der Verordnung von 1853 aber, zu dessen Ausführung die neueren Bestimmungen ausdrücklich erlassen sind, ist bezüglich des Umfanges der Verpflichtung der Adjazenten ganz unmißverständlich. Er lautet: „Die Breite anzulegender Bürgersteige soll in der Regel ein Fünftel der Straßenbreite und nicht über 20 Fuß betragen. Auch hat jeder Grundbesitzer den Bürgersteig vor seinem Grundstück, einschließlich des Rinnsteins, nach näherer Anweisung der Polizeibehörde zu pflastern und das Pflaster zu unterhalten." Hiernach geht die Pflicht der Grundbesitzer nicht über die Anlegung des Pflasters und seiner weiteren Unterhaltung hinaus. Und wenn nun, wie gezeigt, die Polizeiverordnungen von 1866 und 1873 nur zur Ausführung und weiteren Regelung d i e s e r Bestimmung erlassen sind, so ist der Schluß, daß auch diese Verordnungen den Rahmen der Bestimmung des § 100 a. a. O. nicht haben überschreiten sollen, berechtigt. Es ist deshalb der Auslegung, welche das Erkenntnis des Bezirksausschusses der mehrgenannten Polizeiverordnung von 1873 gegeben hat, zuzustimmen.

Kann deshalb aus den bestehenden Vorschriften für die Geltung eines Gewohnheitsrechtes in so weitem Umfange, wie die Beklagten es in Anspruch nehmen, nichts entnommen werden, so fehlt es auch an jedem weiteren Nachweise, aus welchem neben diesen Vorschriften eine solche weitergehende Observanz erkennbar sein könnte. Die Bezugnahme der Beklagten auf den Erlaß vom 17. September 1836 (von Kamptz, Annalen, Band XX, S. 701) ist schon deshalb ganz abwegig, weil es sich in dem dort behandelten Falle um das Ortsrecht in Stendal, und nicht in Berlin handelte. Und wenn sich die Beklagten weiter auf das, auch in dem Erkenntnis im 6. Bande der Entscheidungen des Oberverwaltungsgerichts, S. 217, erwähnte Reskript der Königlichen Ministerien des Handels usw. vom 22. September 1819 (von Kamptz, Annalen, Band III, S. 830) berufen, so kann ganz dahingestellt bleiben, inwieweit die dort gefällte Entscheidung bezüglich der Unterhaltung des Bürgersteigpflasters dem bestehenden Ortsrechte entsprach, jedenfalls ist es nicht wohl möglich, daraus ein Moment für die Entscheidung der hier vorliegenden Streitfrage zu entnehmen.

Nach alledem ist anzunehmen, daß das in Berlin bestehende Ortsrecht, welches den Adjazenten die Anlegung und Unterhaltung des Bürgersteiges auferlegt, sich nur auf die niveaumäßige Ausgestaltung des Bürgersteiges, nicht aber auf den durch Aufschüttung erst zu beschaffenden Straßenkörper des Bürgersteiges bezieht.

c) Urteil des Bezirksausschusses Berlin vom 3. 1. 1913, betreffend die Verpflichtung des Anliegers, bei Bürgersteigarbeiten die Verbindung mit dem Straßendamm herzustellen.

Aus den Gründen:

Allerdings hat der Bezirksausschuß in seinem obenerwähnten rechtskräftig gewordenen Erkenntnisse vom 3. November 1911 in Sachen Greifelt gegen die Städtische Polizeiverwaltung, Abteilung I, in Berlin — in welcher Sache die jetzige Klägerin beigeladen war — (I. A. 101, 1911) ausgeführt: Es sei nicht ersichtlich, aus welchem Grunde der zweifellos gewohnheitsrechtlich zur Herstellung des Bürgersteiges verpflichtete Grundstückseigentümer öffentlich-rechtlich zur Vornahme von Dammarbeiten verpflichtet sein sollte. Hierzu sei vielmehr die Stadtgemeinde öffentlich-rechtlich verpflichtet, selbst unter der Voraussetzung, daß der betreffende Grundstückseigentümer die Notwendigkeit derartiger Arbeiten durch die von ihm vorgenommene Bürgersteigregulierung „schuldhaft herbeigeführt haben sollte".

Wenn der Bezirksausschuß trotz dieser Ausführungen der vorliegenden, auf § 56 Ziffer 5 des Zuständigkeitsgesetzes gestützten Klage in der Hauptsache stattgegeben hat, so hat er hierbei folgendes in Erwägung gezogen:

Für einen auf die genannte Bestimmung gestützten Ersatzanspruch ist Erfordernis, daß dem Beklagten die öffentlich-rechtliche Wegeunterhaltung obliegt und daß anstatt seiner der Kläger die jenem obliegende Leistung aus dem zivilrechtlichen Gesichtspunkt der Geschäftsführung ohne Auftrag beziehungsweise der nützlichen Verwendung geleistet hat. Die rechtliche Grundlage ist also eine völlig andere als in der vorgenannten Streitsache, in welcher dem Grundstückseigentümer gemäß § 56 Ziffer 1 a. a. O. eine wegepolizeiliche Auflage gemacht worden war.

In ersterer Beziehung liegt in Berlin notorisch und unstreitig die Pflicht zur Bürgersteigunterhaltung dem angrenzenden Grundstückseigentümer ob. Die Vornahme von Bürgersteigherstellungsarbeiten, welche — wie hier — die Aufnahme der Bordschwellen und Bordkanten notwendig gemacht haben, führt der Regel nach mit Notwendigkeit eine Unterbrechung des unmittelbaren Anschlusses zwischen Bordschwellen und Dammasphaltpflaster herbei, ohne daß irgendwelche „schuldhafte" Handlungsweise des Grundstückseigentümers in Frage käme. Die Verpflichtung zur Beseitigung dieser regelmäßig eintretenden Störung des normalen Zustandes folgt aber aus der öffentlich-rechtlichen Verpflichtung zur Bürgersteigherstellung unmittelbar. Letztere kann nur dann ihren Zweck erfüllen, wenn in der genannten Beziehung der normale Zustand nach vorübergehender Unterbrechung wiederhergestellt wird. Die Annahme einer derartigen gewohnheitsrechtlichen, d. h. öffentlich-rechtlichen Verpflichtung des Grundstückseigentümers steht auch keineswegs im Widerspruch zu der grundsätzlichen und unstreitigen öffentlich-rechtlichen Verpflichtung der Stadtgemeinde zur Erhaltung des Straßendammes. Sie bildet vielmehr lediglich eine logische Ergänzung zu letzterer. Aus dem beiderseitigen Parteivorbringen folgt übrigens auch, daß in anderen gleichartigen Fällen die Grundstückseigentümer die ihnen auferlegte Leistung erfüllt haben bzw. ihrer Erstattungspflicht nachgekommen sind. Vorausgesetzt wird hierbei ein vorher vorhandener normaler, d. h. gemeingewöhnlicher Zustand des Dammasphaltpflasters. Auch kann es sich lediglich um die Wiederherstellung eines ganz *schmalen* Asphaltstreifens handeln. Beschädigungen des Pflasters, welche nicht unmittelbar mit der Aufnahme der Bordschwellen in ursächlichem Zusammenhange stehen, und die durch ihre Beseitigung entstehenden Kosten können dem Grundstückseigentümer nicht zur Last fallen. Der Sachverständige hat nun bekundet, daß die Wiederherstellungsarbeit, welche sich auf beide Grundstücksfronten — in der Friedrich- und in der Linienstraße — erstreckte, in einer Breite von 10—15 Zentimetern, von der unteren Kante der Bordschwelle aus gerechnet, notwendig war und vorgenommen worden ist, und daß der von der Stadtgemeinde insgesamt aufgewendete Betrag von 98,71 M unter der Voraussetzung eines vorhanden gewesenen normalen Zustandes des Pflasters durchaus angemessen sei.

Hiermit liegen die Voraussetzungen für die Erstattungspflicht des Beklagten aus § 56 Ziffer 5 a. a. O. vor. Es bedarf im vorliegenden Verfahren namentlich auch nicht der Untersuchung, ob die Vornahme der Wiederherstellung zu dem fraglichen Zeitpunkte *zweckmäßig* war, oder ob sie mit Rücksicht auf kurz nachher vorgenommene weitergehende, angeblich auch jenen Asphaltstreifen umfassende Pflasterherstellungsarbeiten damals hätte unterbleiben können. Ganz abgesehen davon, daß eine schuldhafte Nachlässigkeit der städtischen Organe in dieser Beziehung keineswegs nachgewiesen ist, würde auch selbst ein derartiger Nachweis nicht ausreichend sein, die öffentlich-rechtliche Grundlage der Erstattungspflicht des Beklagten der Klägerin gegenüber zu beseitigen. Die Zulässigkeit des erweiterten Klageantrages unterliegt im übrigen keinem Zweifel.

Der Klage war daher der Erfolg nicht zu versagen.

F. Kosteneinziehung für Straßenanlagen.

1. Die Grundlagen für die Kosteneinziehung der Anliegerbeiträge ergeben sich aus dem Fluchtliniengesetz und dem Ortsstatut II (s. oben).

2. Die Einheitssätze auf Grund § 3 des Ortsstatuts vom 7./19. März 1877 und seit 1906 des § 4 des Ortsstatuts vom $\frac{25.6.}{20.9.}$ 1906.

Es sind folgende Einheitssätze für die Kosten des zur ersten Pflasterung verwendeten Materials inklusive Arbeitslohnes durch Kommunalbeschluß für Haupt- und Nebenstraßen festgesetzt.

Der Einheitsatz betrug für die Etatsjahre:

	Hauptstraßen	Nebenstraßen
1877—1889	13,00 M.	11,50 M
1889—1899	14,00 „	13,00 „
für das Rechnungsjahr:		
1899	14,50 „	13,50 „
1900	15,00 „	14,00 „
1901	16,75 „	15,00 „
1902	16,75 „	15,00 „
1903	16,75 „	15,00 „
1904	16,75 „	15,00 „
1905	15,75 „	14,25 „
1906 (1. 4.—30. 6)	15,75 „	14,25 „
1906 (1. 7. Inkrafttreten des neuen Ortsstatuts) bis 1908 (31. 3.):		
Steinpflaster	15,75 „	14,25 „
Asphalt	13,00 „	
Schwedischer Kiefer	17,50 „	
Hartholz	19,50 „	
Beleuchtungskosten	5,00 „	
Entwässerungskosten pro Meter Grundstücksstraßenfront	70,00 „	
1908 besonders festgelegt (Bl. 93, Bd. II in act. Stadtbau 5 c):		
Steinpflaster	15,10 „	13,70 „
(sonst wie 1. 7. 1906 bis 31. 3. 1908).		
1909—1911: Steinpflaster.	15,65 „	14,10 „
Asphalt	12,75 „	
Schwedischer Kiefer	16,25 „	
Hartholz	20,05 „	
Beleuchtungskosten	5,75 „	
Entwässerungskosten	70,00 „	
1912—1914: Steinpflaster.	15,05 „	13,60 „
Asphalt	12,75 „	
Schwedischer Kiefer	16,50 „	
Hartholz	20,75 „	
Beleuchtungskosten	7,50 „	
Entwässerungskosten	70,00 „	

Die vorstehenden Angaben sind entnommen aus den Akten Stadtbau 5 c, Bd. I und II.

Kanalisationskosten werden erhoben durch Beschluß des Magistrats vom 29. II. 1884 (act. Bauten 53, Bd. I, Bl. 312) für 1 m Baufront 50 M.

Durch Beschluß vom 12. 6. 1904 70 M. für die Leitungen, die nach 1904 angelegt worden sind für 1 m Baufront bis zum Inkrafttreten des neuen Ortsstatuts, dann: für 1 m Grundstücksstraßenfront.

---

3. Rechtsgrundlagen für die Pflasterkostenerstattung betr. alle vor 1877 hergestellten Straßen.

Noch heute kommen Pflasterkosten zur Einziehung für Straßen, welche vor Erlaß des ersten Ortsstatutes II vom 7., 19. März 1877 angelegt sind. Für die ältere Zeit folgt das Recht der Stadt, Straßenanlagekosten einzuziehen, aus der Kabinettsorder vom 31. Dezember 1838 Nr. 11 und dem Regulativ vom selben Tage über die Unterhaltung des Straßenpflasters in Berlin, Nr. 4 für Straßen innerhalb der Ringmauer, für Straßen außerhalb derselben aus dem Regulativ Nr. 7 und der Kabinettsorder vom 28. Januar 1860.

a) Kabinettsorder vom 31. Dezember 1838.

Aus den mir vorgelegten Verhandlungen über die Ausgleichung der gegenseitigen Forderungen des Staates und der Stadt Berlin habe Ich gern ersehen, daß die städtischen Behörden sich nunmehr von dem Ungrunde des bisher an die Staatskasse erhobenen, angeblich aus der Kriegsperiode herrührenden Anspruchs überzeugt und anerkannt haben, daß der Staatskasse eine überschießende Forderung zustehe.

Da gleichzeitig auch auf alle Ansprüche an den Staat und an die Kur- und Neumark, soweit dieselben aus der Kriegsperiode des Jahres 1806 und der folgenden Jahre herrühren, ausdrücklich Verzicht geleistet worden ist, so will Ich aus Billigkeitsrücksichten der Stadt diejenge Summe erlassen, welche die Staatskasse noch aus jener Zeit zu fordern hat, und welche nach den Mir eingereichten Verhandlungen und nach dem eigenen Zugeständnis der städtischen Behörden fast 800 000 Taler beträgt, sich jedoch durch teilweise Kompensation mit den Rückständen der der Stadt zuerkannten Entschädigung für den Verlust der Einlagefälle und des Bierzinsanteils ungefähr bis auf 600 000 Taler ermäßigt.

Diesen Erlaß wird die Stadt Berlin zugleich als einen Beitrag des Staates zu den von ihr gezahlten Kriegskontributionen zu betrachten haben, wogegen Ich den Antrag auf Bewilligung einer höheren Beihilfe zu dem fraglichen Zwecke wiederholt zurückweisen muß, weil ein solcher Anspruch weder aus Meiner in Bezug genommenen Ordre vom 29. August 1807 oder anderen Zusicherungen hergeleitet, noch durch die damaligen oder jetzigen Verhältnisse der Stadt begründet werden kann. Bei dem im Gesuche vom 8. Juni d. J. ausgesprochenen Verlangen in Rücksicht auf die gezahlte Kriegskontribution mit der Kurmark völlig gleich behandelt zu werden, ist namentlich übersehen, daß bei Bewilligung an die Provinz besondere Rechtsverhältnisse obgewaltet haben, aus welchen dieselbe die Übernahme eines Teils ihrer Kriegsschuld auf die Staatskasse rechtlich fordern konnte. Dergleichen zugunsten der Stadt Berlin sprechende Gründe sind nicht vorhanden und es ist umsoweniger Veranlassung, die übrigen Einnahmen des Staates durch Befreiung der Stadt Berlin von einem Teile der ihr obliegenden Kriegsschuld zu belasten, als den angestellten Ermittlungen zufolge die Kommune wohl imstande ist, mit den bisherigen Einnahmen ihre Ausgaben zu decken, zumal wenn Ich, wie hiermit geschieht, genehmige, daß das Aufkommen der für die Stadtkasse erhobenen indirekten Steuern und Steuerzuschläge, soweit dasselbe nach dem unter Beibehaltung der von Mir unterm 24. Juni 1829 genehmigten Tilgungsperiode für sämtliche städtische Schulden neu aufzustellenden Amortisationsplane zur Verzinsung und Tilgung dieser Schulden nicht erforderlich ist, nach näherer Bestimmung der vorgesetzten Behörden zu anderweitigen Kommunalausgaben verwendet werden darf. Was die außer den Forderungen aus der Kriegsperiode zur Erörterung gezogenen und mir zur Entscheidung vorgelegten anderweiten gegenseitigen Ansprüche der Staatskasse und der Stadt betrifft, so setze ich zunächst in Gemäßheit der nunmehr zustande gekommenen Abrechnung mit der Stadt:

1. als Termin, bis zu welchem alle gegenseitigen Ansprüche als kompensiert und aufgehoben zu betrachten sind, hierdurch den 31. Dezember 1836 fest, dergestalt, daß die festgestellten gegenseitigen Beteiligungen, sofern nicht weiterhin ein anderes ausdrücklich bestimmt wird, zu Nachzahlungen oder nachträglichen

Abrechnungen für die Zeit vor dem 1. Januar 1837 keinen Anlaß geben sollten;

2. die der Stadt zuerkannte Entschädigung für die entzogenen Einlagefälle und der Ersatz für den Anteil an der Bierzinse soll vom 1. Januar 1837 ab jährlich mit resp. 9385 Taler 2 Silbergr. 11 Pf. inkl. 3252 Taler 15 Silbergr. Gold und 703 Taler 20 Silbergr. 11 Pf. zusammen mit 10 522 Taler 10 Silbergr. 10 Pf. Kurant der Kämmereikasse gewährt werden; dagegen sind die bis zu diesem Zeitpunkte fällig gewordenen Beträge in der oben festgesetzten Kompensation begriffen und findet deshalb ein Anspruch für die Vergangenheit nicht statt. Indessen will Ich im Wege der Gnade und um nicht die Stadt die Folgen der freilich größtenteils von ihr selbst durch Aufstellung unbegründeter Forderungen herbeigeführten Vergrößerung der Abrechnung allein tragen zu lassen, derselben auf die von 1830 bis zum Jahre 1837 fällig gewesenen Entschädigungssummen ein Geschenk von 100 000 Talern machen, welche Summe jedoch nach Maßgabe der von dem Minister des Innern zu erlassenden näheren Bestimmung zur Tilgung der Schulden außer dem Schuldentilgungsplan verwendet werden soll, so daß die Kommune in dieser Gnadenbewilligung ebenfalls einen Beitrag zur Abbürdung ihrer Schuld anzuerkennen hat.

3. Hinsichtlich der aufkommenden und der Stadt zu überweisenden Polizeistrafgelder soll es bei den anliegenden Bestimmungen bewenden, welche sich auf die Verhandlung vom 29. Mai 1837 gründen, und sind die Minister des Innern der Finanzen von Mir angewiesen worden, die beteiligten Behörden demgemäß zu instruieren. Auf das in der Vorstellnng vom 8. Juni d. J. vorgetragene Gesuch, den Kommunalbehörden durch das Polizeipräsidium jährlich einen Nachweis der wegen der verschiedenen Vergehen festgesetzten, eingezogenen oder niedergeschlagenen Strafen mitteilen zu lassen, kann nicht eingegangen werden.

4. Das in der Verhandlung vom 31. Juli 1837 von neuem regulierte, auch bisher schon seinem wesentlichen Inhalte nach beobachtete Beitragsverhältnis hinsichts des Nachtwachts-, Straßen-Erleuchtungs- und Reinigungswesens will Ich hiermit bestätigen und unter den dort bemerkten Bedingungen auch ferner und bis zu Meiner weiteren Bestimmung einen Zuschuß von 33 000 Taler jährlich zu dem fraglichen Zweck aus der Staatskasse zahlen lassen. Der Antrag des Magistrats, die Straßenreinigungskasse ohne alle

Mitwirkung und ohne allen Zuschuß der Kommune von dem Polizeipräsidium verwalten zu lassen, die Verwaltung des Nachtwach- und Straßenerleuchtungswesens aber einer aus Mitgliedern der Kommunal- und Polizeibehörde gemischten Kommission zu übertragen, würde nur zu Kollisionen führen und ist umsomehr unstatthaft, da der Kommune auch nach der bisherigen Geschäftseinrichtung zur Geldentmachung ihres Interesses bei diesen Anstalten genugsam Gelegenheit gegeben ist.

5. Ich habe aus den gepflogenen Verhandlungen entnommen, daß die städtischen Behörden sich nunmehr überzeugt haben, daß die Kommune für die Unterhaltung der Armen allein zu sorgen verpflichtet und daß eine Beihilfe dazu aus Staatsfonds, soweit sie nicht auf besonderen Stiftungen beruht, immer nur aus Rücksichten der Gnade erfolgt ist und ferner erfolgen kann.

Ich habe hiernach zwar die fernere Zahlung des seither gewährten Zuschusses der 55 000 Taler genehmigt, zu einer Erhöhung dieser beträglichen Summe ist jedoch keine Veranlassung vorhanden, indem mit dem Steigen der Bevölkerung und mit den erhöhten Ansprüchen an die Armenverwaltung sich auch die Mittel ebenmäßig vermehrt haben, um diese Last zu bestreiten, und es daher den Forderungen der Gerechtigkeit widersprechen würde, wenn die übrigen Gemeinden der Monarchie zu den Kosten der Armenpflege der Stadt Berlin beitragen sollten; zumal in anderen Städten aus der Kommunalkasse viele Lasten bestritten werden müssen, welche Berlin gar nicht oder nur in geringem Maße zu tragen hat.

6. Wenn Ich daher nachgebe, daß vom 1. Januar 1839 ab auf die Einnahme aus der Pacht für das Leichenfuhrwesen seitens der Staatskasse Verzicht geleistet und dies Einkommen zum Besten der Stadt verwendet werde, um daraus Leichenhäuser zu errichten und den ärmeren Einwohnern bei Bezahlung des Preises der Grabstellen sowie der kirchlichen Begräbnisgebühren nach der noch zu treffenden näheren Anordnung zu Hilfe zu kommen, so wird die Stadt, welcher ein Rechtsanspruch hierauf nicht zusteht, auch hierin eine Erhöhung des bisher zur Armenpflege gewährten Zuschusses erkennen und um so weniger auf das unstatthafte Verlangen einer noch beträchtlicheren Unterstützung aus der Staatskasse zurückkommen dürfen.

Der Antrag, nach Ablauf der jetzigen Pachtperiode am 1. Januar 1849 das Leichenfuhrwesen nicht ferner an den Meistbietenden zu verpachten, wird zu seiner Zeit in Erwägung gezogen werden.

7. Die Handhabung der Bettelpolizei steht mit der, der Stadt obliegenden Armenpflege im Zusammenhange, und die Verpflichtung, die dazu erforderlichen Kosten herzugeben, ist mit der Verwaltung des Armenwesens überhaupt und auf Grund Meiner Ordre vom 3. Mai 1819 auf die Stadt übergegangen.

Ich will jedoch auf den Wunsch der städtischen Behörden genehmigen, daß dieser Teil der Polizei vom 1. Januar 1839 ab von dem Magistrat auf das Polizeipräsidium übergehe, wogegen die Stadt eine Entschädigung an die hiesige Polizeikasse zu zahlen hat, welche für die nächsten 10 Jahre auf 3000 Taler jährlich festgesetzt wird, da die gehörige Verwaltung dieses, einer Verbesserung sehr bedürfenden Zweiges der Polizei nachgewiesenermaßen selbst mit diesem Kostenaufwande nicht wird bestritten werden können, vielmehr dazu noch ein weiterer Zuschuß aus Staatskosten erforderlich sein wird.

8. Der Antrag des Magistrats wegen Erstattung der Mahl- und Schlachtsteuer von den in der Stadtvogtei und in den Armeninstituten verbrauchten mahl- und schlachtsteuerpflichtigen Gegenständen würde eine Ausnahme von einem allgemeinen Gesetz involvieren und ist daher nicht zulässig.

9. Ebensowenig ist der Antrag gerechtfertigt, die Befreiungen der servisberechtigten Militärpersonen und der Geistlichen und Schullehrer von der Kommunalsteuer aufzuheben, weil diese Befreiungen auf allgemeinen Vorschriften beruhen, welche für Berlin zu ändern keine Veranlassung ist.

10. Inwiefern bei dem Abgange des jetzigen Hebeammenlehrers der bisher gezahlte Beitrag der Stadt zur Besoldung desselben fortfallen könne, darüber behalte Ich Mir die schließliche Entscheidung nach der von Mir angeordneten näheren Erörterung der beteiligten Behörden vor.

11. Was endlich die Verpflichtung zur Anlegung und Unterhaltung des Straßenpflasters betrifft, so ist rechtskräftig entschieden, daß die Kommunen zu den Kosten der Anlegung und Unterhaltung des Steinpflasters von den seit 16. September 1820 innerhalb der Ringmauern neu angelegten Dammstraßen einen verhältnismäßigen Teil der Kommunalabgaben zu entrichten hat. Obschon nun hiernach die Pflasterung sämtlicher seit jener Zeit angelegten

und noch anzulegenden Straßen der Kommunalbehörde obliegen würde, so will Ich doch zur Vereinfachung der Verwaltung genehmigen, daß die Stadt gegen billig abgemessene Aversionalzahlungen von allen Verpflichtungen in betreff der Anlegung und Unterhaltung des Steinpflasters in dem seit dem 16. September 1820 bis zum 1. Januar 1837 neu angelegten Straßen entbunden werde. In betreff der nach dem 1. Januar 1837 neu angelegten oder künftig anzulegenden Straßen habe Ich zwar zu einer ähnlichen Einrichtung Meine Zustimmung nicht erteilen können. Im übrigen sind aber die Anträge der städtischen Behörden in dem von den Ministern des Innern und der Finanzen aufgestellten und hier beigefügten Regulative, welches hierdurch von Mir genehmigt wird und überall zur Ausführung zu bringen ist, möglichst berücksichtigt worden.

Durch diese Bestimmungen sind alle in den bisherigen Verhandlungen zur Sprache gebrachten Differenzpunkte, welche Meiner Entscheidung bedürfen, beseitigt.

Ich erwarte daher, daß die Stadt in deren Erledigung einen Beweis Meines Wohlwollens erkennen und nicht ferner mit unbegründeten Ansprüchen an die Staatskasse hervortreten werde. Über die auf Grund dieser Festsetzungen von der Staatskasse und der Stadt zu leistenden Zahlungen und Gegenzahlungen habe Ich das Erforderliche den Ministern des Innern und der Finanzen und der Hauptverwaltung der Staatsschulden zugehen lassen, welche der Stadt das Weitere demgemäß eröffnen werden.

Berlin, den 31. Dezember 1838.

gez. Friedrich Wilhelm.

An den Magistrat der Stadt Berlin.

---

b) Regulativ über die Unterhaltung des Straßenpflasters in Berlin.

1. Innerhalb der gegenwärtigen Ringmauer der Stadt Berlin ist die Anlegung und Unterhaltung des Steinpflasters

a) in allen vor dem 1. Januar 1837 vorhanden gewesenen Straßen mit Hilfe des zu 2 festgesetzten Zuschusses aus der Kommunalkasse auf Kosten des Staates von der damit beauftragten Baubehörde, dagegen

b) in allen nach dem 1. Januar 1837 neu angelegten oder künftig anzulegenden Straßen und Straßenverlängerungen ohne einen Zuschuß aus Staatsfonds auf Kosten der Kommunalkasse von dem Magistrat zu bewirken, wobei dem letzteren jedoch vorbehalten bleibt, sich mit der gedachten Baubehörde dahin zu einigen, daß dieselbe auch in den unter b bezeichneten Straßen und Straßenverlängerungen die Leitung und Ausführung der Pflasterungsarbeiten für Rechnung der Kommunalkasse übernimmt.

2. In betreff derjenigen zu 1 unter a bezeichneten Straßen, welche in der Zeit vom 16. September 1820 bis zum 1. Januar 1837 neu angelegt und teils bereits gepflastert, teils noch ungepflastert sind, hat die Stadt an die Staatskasse, und zwar an den Berliner Straßenpflasterungsfonds zu den seit dem 1. Januar 1837 aufgewendeten oder noch aufzuwendenden Kosten der ersten Pflasterung ein für allemal ein Aversionalquantum von achttausend Talern, welches vom 1. Januar 1837 ab in jährlichen Raten von achthundert Talern abzuführen ist, und außerdem zu der Unterhaltung sowohl der bereits ausgeführten sowie der noch anszuführenden Pflasterungsarbeiten ebenfalls vom 1. Januar 1837 ab einen dauernden Beitrag von neunhundert Talern jährlich zu entrichten.

3. Der Beitrag, welchen die Stadt judikatmäßig auch zu denjenigen Kosten leisten müßte, welche bereits vor dem 1. Januar 1837 auf die erste Anlegung des Pflasters in den zu 2 bezeichneten Straßen verwendet worden sind, wird derselben mit Rücksicht auf die nach den Bestimmungen zu 1 und 2 von ihr zu erfüllenden Verpflichtungen erlassen.

4. Für die Zukunft soll den städtischen Behörden die Befugnis zustehen, bei der Anlage einer neuen Straße oder bei der Verlängerung einer schon bestehenden von dem Unternehmer der neuen Anlage oder von den angrenzenden Eigentümern die Legung des ersten Straßenpflasters oder den Beitrag der hierzu erforderlichen Kosten zu verlangen.

Die Verpflichtung soll bei Erteilung der Erlaubnis zur Anlegung einer neuen oder zur Verlängerung einer schon bestehenden Straße den Beteiligten bekannt gemacht, auch soll der Kommunalbehörde behufs Wahrnehmung ihrer Gerechtsame von der erteilten Erlaubnis Nachricht gegeben werden.

5. Die auf dem Köpenicker Felde und in den Stadtteilen am Frankfurter und Landsberger Tore bisher nur projektierten Straßen sind zurzeit für angelegt noch nicht zu erachten und unterliegen den Bestimmungen zu 1 unter b und zu 4.

6. Um bei den hiernach von der einen und von der anderen Seite zu erfüllenden Verbindlichkeiten für die Zukunft jedem Zweifel vorzubeugen, soll alsbald unter Teilnahme der Kommunalbehörde ein vollständiges Verzeichnis aller Straßen und Straßenstrecken aufgenommen werden, welche vor dem 1. Januar 1837 innerhalb der Ringmauer schon vorhanden gewesen sind, und deren Unterhaltung und Pflasterung sonach ausschließlich oder mit Hilfe des zu 2 bestimmten Beitrages der Staatskasse obliegt.

7. Außerhalb der Ringmauer hat die Kommune die Anlegung und Unterhaltung des Straßenpflasters überall auf ihre alleinigen Kosten zu bewirken, insofern nicht für einzelne Straßen oder Straßenteile besondere Rechtstitel der Befreiung nachgewiesen werden können.

Die Minister des Innern und der Finanzen sind autorisiert, geeignetenfalls bei Anlegung neuer Straßen außerhalb der Ringmauer die Bestimmung zu 4 gleichfalls zur Anwendung zu bringen.

Berlin, den 31. Dezember 1838.

---

c) Bekanntmachung des Polizei-Präsidiums vom 25. April 1860 betr. Kabinetsorder vom 28. Januar 1860.

Nachstehender, Namens Seiner Majestät des Königs, von des Prinz Regenten Königlichen Hoheit an den Herrn Minister für Handel, Gewerbe und öffentliche Arbeiten gerichteter Allerhöchster Erlaß:

Unterhaltung des Straßenpflasters in dem ganzen Gemeindebezirk von Berlin.

In Verfolg der an das Staatsministerium wegen Erweiterung des Gemeindebezirks von Berlin heute erlassenen Ordre bestimme Ich hierdurch, daß die Bestimmung zu 4 des Regulatives vom 31. Dezember 1838 über die Unterhaltung des Straßenpflasters in Berlin, wonach den städtischen Behörden die Befugnis zusteht, bei der Anlegung einer neuen oder bei der Verlängerung einer schon bestehenden Straße innerhalb der Ringmauer von dem Unternehmer der neuen Anlage oder den angrenzenden Eigentümern die Legung des ersten Straßenpflasters oder den Betrag der hierzu erforderlichen Kosten zu verlangen, in Zukunft nicht bloß innerhalb der Ringmauern, sondern auch außerhalb derselben in dem ganzen Gemeindebezirk von Berlin einschließlich der durch Meine vorgedachte Ordre dahin einverleibten Gebietsteile zur Anwendung kommen soll.

Berlin, den 28. Januar 1860.

Im Namen Seiner Majestät des Königs.
gez. Wilhelm,
Prinz von Preußen, Regent.
gegez. von der Heydt.

An den Minister für Handel, Gewerbe und öffentliche Arbeiten,

wird in höherem Auftrage unter Bezugnahme auf die Bekanntmachung des Herrn Oberpräsidenten der Provinz Brandenburg, Staatsministers von Flottwell, vom 27. März d. J. in betreff der durch den Allerhöchsten Erlaß vom 28. Januar d. J. getroffenen Anordnungen wegen Erweiterung des Gemeindebezirks von Berlin in dem 14. Stück des Amtsblatts der Königlichen Regierung zu Potsdam und der Stadt Berlin vom 6. April d. J. hierdurch zur öffentlichen Kenntnis gebracht.

Berlin, den 25. April 1860.

Königliches Polizeipräsidium.
gez. Freiherr von Zedlitz.

---

4. Ministerialerlaß vom 13. 1. 1885 betreffend Einziehung der Pflasterkosten im Verwaltungszwangsverfahren.

Ministerium des Innern. Berlin, den 13. Januar 1885.

In dem Ortsstatut II für Berlin vom 7./19. März 1877 sind in den §§ 1—6 die zu den Kosten der Anlage neuer Straßen oder Straßenteile von deren Adjazenten an die Stadtgemeinde zu erstattenden Beiträge normiert, und ist im § 7 bestimmt, daß die Zahlung der qu. Beiträge gegen Erteilung der Bauerlaubnis zur Errichtung von Gebäuden an den qu. neuen Straßen bzw. Straßenteilen zu erfolgen hat.

Es wird der Tendenz dieser Bestimmung entsprechend die polizeiliche (baupolizeiliche wie straßenbaupolizeiliche) Genehmigung von Bauprojekten an neuen Straßen bzw. Straßenteilen hieselbst bislang von dem jedesmaligen formellen Nachweise der Befriedigung der Stadtgemeinde und somit dem definitiven Abschlusse der von den Baulustigen zuvörderst wegen Erfüllung ihrer ortsstatutarischen Verpflichtungen mit der Gemeindebehörde zu führenden Verhandlungen abhängig gemacht.

Die Entscheidung der bei den diesfälligen Verhandlungen etwa vorkommenden Meinungsverschiedenheiten würde der Natur des Gegenstandes nach den ev. anzurufenden kommunalen Instanzen zufallen.

Wiewohl nun aber bei den betreffenden Verhandlungen notorisch nicht selten Differenzen bzw. Schwierigkeiten hervortreten, und gelegentlich zur Sprache kommende Einzelfälle erkennen lassen, wie seitens der Gemeindebehörde die sich für ihre Ansprüche aus dem Ortsstatute ergebenden Grenzen nicht immer streng innegehalten werden, sind doch förmliche Entscheidungen der kommunalen Instanzen hierüber unseres Wissens nur ganz vereinzelt angerufen worden.

Der Grund hierfür wird neben der im Publikum vielfach herrschenden Unsicherheit über den Umfang der aus dem Ortsstatut herzuleitenden kommunalen Anforderungen wesentlich auch darin zu finden sein, daß die Baulustigen in dem mit ev. Austragung der ihre statutarischen Verpflichtungen betreffenden Vorfragen im Kommunalinstanzenzuge verbundenen Zeitverlust ein noch empfindlicheres Opfer als in der Erfüllung der, wenn auch vielleicht zurückgehenden Anforderungen der Gemeindebehörde erblicken. Seitens des Königlichen Polizeipräsidiums hierselbst ist, was wir unter den obwaltenden Umständen nicht zu mißbilligen vermögen, die jedesmalige tatsächliche Feststellung darüber, ob die Befriedigung der kommunalen Ansprüche stattgefunden hat, der städtischen Straßenbaupolizeiverwaltung überlassen und die geschäftliche Behandlung von Baugesuchen zuletzt unterm 8. November 1879 durch Vereinbarung mit der Straßenbaupolizeiverwaltung dahin geregelt, daß Gesuche zu Bauten an neuen Straßen bzw. Straßenteilen zunächst überhaupt der Straßenbaupolizeiverwaltung zugehen und erst, wenn die auf die Kommunalleistungen bezügliche Vorfrage erledigt und die straßenbaupolizeiliche Zustimmung erteilt ist, zu baupolizeilicher Prüfung gezogen werden.

Bei einer neuerdings stattgehabten grundsätzlichen Erörterung dieser Verhältnisse haben wir uns zunächst der Überzeugung nicht verschließen können, daß der vorstehend skizzierte Zustand ebensowenig der Gesamtstellung der Polizeibehörde als den Interessen des baulustigen Publikums entspricht. Wir glauben aber ferner, diesen Zustand auch aus rechtlichen Gründen für unhaltbar erachten und der von dem Königlichen Oberverwaltungsgerichte in konstanter Rechtsprechung festgehaltenen Auffassung dahin beitreten zu müssen, daß den Gemeinden ein Anspruch auf polizeiliche Unterstützung bei Geltendmachung ihrer auf dem Baufluchtgesetze vom 2. Juli 1875 beruhenden Forderungsrechte gesetzlich nicht zusteht, demnach aber Statutsbestimmungen, welche in dieser Richtung einen Zwang durch Vorenthaltung des Baukonsenses zu verwirklichen beabsichtigen, der Gültigkeit entbehren (vgl. Endurteil des Oberverwaltungsgerichts vom 6. Dezember 1878 Entscheidungen IV S. 364 und den Friedrichsschen Kommentar zum Baufluchtengesetze Bemerkung 7 zu § 15).

Wir halten es für dringend geboten, aus dieser Sach- und Rechtslage nunmehr auch für Berlin die tatsächliche Konsequenz dahin zu ziehen, daß die baupolizeiliche bzw. straßenbaupolizeiliche Erledigung von Baugesuchen von der Kontrolle über die Erfüllung der durch Bauausführungen begründeten kommunalen Anforderungen getrennt wird, und finden uns demgemäß zu der Anordnung veranlaßt, daß der § 7 des Ortsstatuts vom 7./19. März 1877, insoweit danach die Erteilung polizeilicher Baugenehmigungen von der vorgängigen Erfüllung kommunaler Verbindlichkeiten abhängig erscheint, als gesetzlich nicht haltbar fortan außer Anwendung zu bleiben hat.

Zugleich aber erkennen wir hiermit ausdrücklich an, daß die den Berliner Grundeigentümern nach §§ 1—6 des qu. Ortsstatuts obliegenden Lasten den Charakter von G e m e i n d e lasten haben und demgemäß der Einziehung im Wege der administrativen Exekution unterliegen. Es ist dieser Grundsatz schon bei Prüfung des Entwurfes des qu. Ortsstatuts angenommen und die ausdrückliche Aufnahme einer entsprechenden Bestimmung in dasselbe damals nur deshalb beanstandet worden, weil derartige nach allgemeinen Landesgesetzen zu beurteilende Fragen überhaupt außerhalb des Bereiches statutarischer Regelung liegen (vgl. auch Friedrichs Kommentar Bemerkung 6 zu § 15 und das dort in Bezug genommene Erkenntnis des Reichsgerichts vom 24. März 1881).

Nach Durchführung der bezeichneten grundsätzlichen Änderung des bisherigen Verfahrens wird auch für Aufrechterhaltung des

Punktes I a der vorgedachten zwischen dem Polizeipräsidium und der Straßenbaupolizeiverwaltung getroffenen Vereinbarung vom 8. November 1879, wonach Anträge wegen Genehmigung von Bauausführungen an neuen Straßen usw. jedesmal bei der Straßenbaupolizeiverwaltung eingereicht werden sollen, ein ausreichender Anlaß nicht mehr vorliegen. Es werden vielmehr alsdann wieder alle Baugesuche dem Polizeipräsidium als der ordentlichen Baupolizeibehörde einzureichen und von diesem, soweit straßenbaupolizeiliche Interessen in Frage kommen, der Straßenbaupolizeiverwaltung zur Kenntnisnahme und ressortmäßigen Prüfung mitzuteilen sein.

Dem Polizeipräsidenten wird es zufallen, von Aufsichts wegen darüber zu wachen, daß bei dieser letzteren Prüfung unnötige Verzögerungen vermieden und die Grenzen des straßenbaupolizeilichen Gebietes fernerhin nicht überschritten werden. Andererseits wird dafür Sorge zu tragen sein, daß von der Erteilung der polizeilichen Genehmigung zu Bauten, durch welche ortsstatutarische Interessen berührt werden, die Gemeindebehörde jedesmal alsbald Kenntnis erhalte.

Ew. Exzellenz ersuchen wir ganz ergebenst, im Sinne des Vorstehenden den Königlichen Polizeipräsidenten sowie den Magistrat bzw. die städtische Straßenbaupolizeiverwaltung zu Berlin mit Anweisung zu versehen und gleichzeitig Fürsorge dahin zu treffen, daß das bei Handhabung der hiesigen Bau- bzw. Straßenbaupolizei seither stattfindende Verfahren zu einer entsprechend veränderten geschäftlichen Praxis unter geeigneten Modalitäten übergeleitet werde.

Der Minister des Innern. gez. Puttkamer.

Der Minister der öffentlichen Arbeiten. gez. Maybach.

An den Königlichen Oberpräsidenten, Staatsminister Herrn Dr. Achenbach, Exzellenz, zu Potsdam.

M. d. J. II. 11 398.
M. d. ö. A. III. 615.

Oberpräsidium
der Provinz Brandenburg.

O. P. 589. Potsdam, den 22. Januar 1885.

Abschrift übersende ich Ew. Hochwohlgeboren zur gefälligen Kenntnisnahme und Beachtung mit dem ergebensten Ersuchen, unter Aufhebung bezw. entsprechender Änderung der mit dem gefälligen Berichte vom 8. November 1879 vorgelegten Vereinbarung mit der örtlichen Straßenbaupolizeiverwaltung wegen Überleitung des bei Handhabung der dortigen Bau- und Straßenbaupolizei seither stattfindenden Verfahrens zu einer dem vorstehenden Erlasse entsprechend veränderten Behandlung baldigst in Verbindung treten zu wollen und mir die demnächstigen Festsetzungen sowie die infolge derselben zu erlassende Bekanntmachung in je zwei Exemplaren gefälligst einzureichen.

An den Königlichen Polizeipräsidenten, Wirklichen Geheimen Oberregierungsrat Herrn von Madai, Hochwohlgeboren, Berlin.

Abschrift teile ich der örtlichen Straßenbaupolizeiverwaltung zur gefälligen Kenntnisnahme und Nachachtung ergebenst mit.

Der Oberpräsident.
J. V.
Schultze.

An die örtliche Straßenbaupolizeiverwaltung zu Berlin.

---

5. Verzeichnis derjenigen Straßen, für welche ortsstatutarische Anliegerbeiträge nicht zu zahlen sind.

(Der Abdruck erfolgt ohne Gewähr für die Richtigkeit.)

Straße	von Straße	bis Straße
Aalesunder	Bornholmer	Ibsen
Acker	Linien	Schering
Adalbert	Dresdener	Köpenicker
Adler	ganz	
Admiral	Kottbuser Ufer	Skalitzer
Adolf	Max	Gericht
Afrikanische	Müller	Lüderitz
"	Otavi	Londoner
Ahlbecker	Prenzlauer Allee	Duncker
Albrecht	Schumann	Schiffbauerdamm
Agricola	Hansaufer	Wickinger Ufer
Alexanderplatz	ganz	
Alexander	Kl. Alexander	Holzmarkt
"	Holzmarkt	Stadtbahn
Alexander, Kl.	Alexander	Weydinger
Alexanderufer (Landseite)	Invaliden	Friedrich Karlufer
Alexandrinen	Waterloobrücke	Dresdener
Allensteiner	Kniprode	Esmarch
Alsen	ganz	

Straße	von Straße	bis Straße
Alt-Moabit	Moltkebrücke	Ostgrenze des Grundstücks 84
" Südseite	Knick östlich der Crefelder	Otto
Altonaer	Brückenallee	Schleswiger Ufer
Alvensleben	Potsdamer	Bülow
Am Köllnischen Park siehe unter K.		
Amalien nicht mehr existierend		
Am Zirkus	Karl	Schiffbauerdamm
Am Falckplatz	Gleim	Gaudy
Amsterdamer	Müller	Turiner
"	Turiner	Malplaquet
Andersen	Bornholmer	Straße Ia XI (jetzt Ibsen)
Andreasplatz	Kleine Andreas	Grüner Weg
Andreas	Große Frankfurter	Holzmarkt
Andreas, Kleine	Andreas	Kraut
Angermünder	Lothringer	Lottum
Anhalt	Wilhelm	Askanischer Platz
Anklamer	Acker	Granseer
Annen	Dresdener	Kaiser-Franz-Genadier-Platz
Anton	Müller	Max
Apostelkirche, An der	Kurfürsten	Froben
Arkonaplatz	Ruppiner	Swinemünder
Arndt	Nostiz	Heim
Artillerie	Ebertsbrücke	Linien
Askanischer Platz	ganz	
August	Oranienburger	Kleine Rosenthaler
August, Kleine	Linien	August
Augustenburger Platz (Straße 15a)	Amrumer	Föhrer
Bach	Cuxhavener	Charlottenb. Chaussee
Bad	ganz	
Bärwald	Gneisenau	Planufer
Bahnhof	ganz	
Bandel	Turm	Birken
Bardeleben	Werneuchener	Kniprode
Barfus	Müller	Straße 30 X 1
Barnim	Landsberger	Neue König
Bartel	Hirten	Weydinger
Baruther	Belle-Alliance	Zossener
Bastian	Bad	Böttger
Bauhof	ganz	
Beethoven	Kronprinzenufer	In den Zelten
Behm, nördl. Hälfte	Überführung über die Nordbahn	Malmöer
Behren	Wilhelm	Hedwigskirchgasse
Belforter	Prenzlauer Allee	Weißenburger
Belle-Alliance-Platz	ganz	

Straße	von Straße	bis Straße
Belle-Alliance	ganz	
Bellermann	Prinzenallee	bis zum Grundstück der Stettiner Eisenbahn an der Grünthaler Straße
Bellevue	Potsdamer Platz	Tiergarten
Bendler	Königin-Augusta	Tiergarten
Berg	Elsasser	Garten
Bergener	Bornholmer	Str. 1a XI (jetzt Ibsenstraße)
Bergmann	Belleallianee	Zossener
Berlichingen	Hutten	Sickingen
Bernauer	Berg	Schwedter
Bernburger	Askanischer Platz	Köthener
Bessel	Friedrich	Markgrafen
Bethanienufer (Landseite)	ganz	
Beussel	Alt Moabit	Turm
Beussel (Westseite)	Turm	Wittstocker
Beussel	Wittstocker	Weichbildgrenze. Für die Strecke von Eisenbahnbrücke bis Weichbildgrenze kommen Kanalisationskosten zur Erhebung.
Beuth	Leipziger	Kommandanten
Bevern	Köpenicker	Gröbenufer
Beyme	Stralauer Allee	Rudolf
Biesenthaler	Wriezener	Prinzenallee
Birken	Rathenower	Bremer
Bischof	Spandauer	Kloster
Bismarck	Moltke	Roon
Björnson	Bornholmer	Ibsen
Blankenfelder	Schilling	Marsilius
Blücherplatz	ganz	
Blücher	Blücherplatz	Kaiser-Friedrich-Platz
Blumen	Alexander	Andreas
	einschließlich des Ganges zwischen Blumenstr. 10-13	
Blumenthal	Bülow	Kurfürsten
Blumeshof	Lützow	Schöneberger Ufer
Böckh	Grimm	Kottbuser Damm
Bochumer	Alt-Moabit	bis Bundesratsufer
Bödiker	Stralauer Allee	Goßler
Böhmische Kirche, An der	ganz	
Bötzow	Straße am Friedrichshain	Elbinger
Bopp	Schönlein	Kottbuser Damm
Bornemann	Gottsched	Ufer
Borsig	Elsasser	Invaliden
Bornholmer	Schönhauser Allee	Malmöer

Straße	von Straße	bis Straße
Bornholmer südl. Damm	Malmöer	Straße 3a XI
" " "	Grünthaler	Straße 5b
Boyen	Chaussee	Scharnhorst
Boxhagener	Warschauer	Weichbildgrenze
Brandenburger Tor, Platz vor dem	ganz	
Brandenburg	Oranien	Gitschiner
Braunsberger	Lippehner	Elbinger
"	Elbinger	Kurische
Bredow	Turm	Birken
Breite	Schloßplatz	Kölln. Fischmarkt
Bremer	Turm	Birken
Breslauer	Kraut	Koppen
Britzer	Elisabethufer	Kottbuser Ufer
Bromberger	Rüdersdorfer	Pillauer
"	Pillauer	Memler (Nordostseite)
Brückenallee	Flensburger	Holsteiner Ufer
Brücken	ganz	
Brüder	Breite	Scharrn
Brunnen	Elsasser	Bad
Buch	Norduser	Föhrer
Buchholzer	Pappelallee	Schönhauser Allee
Buckower	Dresdener	Luisenufer
Bülowplatz	ganz	
Bülow	Zieten	Froben
"	Potsdamer	Göben bzw. Yorck
Büschingplatz	ganz	
Büsching	Mehner	Frieden
Bugenhagen	Jonas	Strom
Bunsen	Dorotheen	Reichstagsufer
Burg (Landseite)	Kleine Präsidenten	etwa 6m von der Grundstücksgrenze Nr.7 (früh. Burgstr. 1/2)
Burggrafen	Kurfürsten	Wichmann
Burgsdorf	Müller	Sparr
Buttmann	Bad	Thurneysser
Cadiner	Boxhagener	Romintener
Calvin	Alt-Moabit	Helgoländer Ufer
Camphausen	Urban	Freiligrath
Cantian	Gleim	Gaudy
Caprivi	Stralauer Allee	Rudolf
Carmen-Sylva	Schönhauser Allee	Greifenhagener
"	Dunker	Lychener
"	Straße 23a XII	Greifswalder
"	Greifenhagener	Stahlheimer
"	Prenzlauer Allee	Duncker
"	Stahlheimer	Lychener
Chamissoplatz	Arndt	Willibald-Alexis (Ost- und Westseite)
Charité	Luisen	Schumann

Straße	von Straße	bis Straße
Charlotten	Dorotheen	Enckeplatz
Chaussee	Elsasser	Müller
Chodowiecki	Prenzlauer Allee	Greifswalder
Choriner	Zehdenicker	Schwedter
Christburger	Greifswalder	Prenzlauer Allee
"	Prenzlauer Allee	Wins
Christiania	Wriezener	Prinzenallee
Christinen	Lothringer	Schwedter
Cirkus, Am	Karl	Schiffbauerdamm
Claudius	Flensburger	Holsteiner Ufer
Clever (10a XI)	Jülicher (5a)	Euler (10d)
Cösliner	Wedding	Wiesen
Colberger	Gericht	Wiesen
Colmarer	Belforter	Treskow
Comeniusplatz, Am	Memeler	Gubener
Cornelius (Landseite)	Rauch	Friedrich-Wilhelm
Cothenius	Thorner	Elbinger
Crefelder	Alt-Moabit	Bundesratsufer
Cremmener, ausschl. des Grundstücks Bd. 86, Nr. 4361 (jetzt Bd. 69, Nr. 2068), für welches noch Kosten zu zahlen sind	Wolliner	Schwedter
Culm	Bülow	Großgörschen
Cuvry	Schlesische	Görlitzer
Cuxhavener	Klopstock	Schleswiger Ufer
Czarnikauer	Malmöer	Schönfließer
Dänen	Schönhauser Allee	Malmöer
Dalldorfer (jetzt Schönwalder)	Neue Hoch	Reinickendorfer
Danziger	Schönhauser Allee	Prenzlauer Allee
Danziger (südlicher Damm)	Greifswalder	Prenzlauer Allee
Demminer, ausschl. Nr. 16, Ecke Wolliner Str. 36	Brunnen	Nordbahn
Dennewitz	Steglitzer	Bülow
Derfflinger	Kurfürsten	Lützow
Dessauer	Königgrätzer	Hafenplatz
Diedenhofener	Belforter	Treskow
Dieffenbach	Platz am Urban	Schönlein
Dirksen	König	südl. Grenze des Polizeipräsidiums
Dirksen	Alexanderplatz	An der Spandauer Brücke
Dirschauer	Revaler	Simplon
Dörnberg	Lützowufer	Lützow
Dolziger	Proskauer	Pettenkofer
Dorotheen	Sommer	Kupfergraben
Dortmunder	Elberfelder	Bundesratsufer

Straße	von Straße	bis Straße
Dragoner	Münz	Linien
Drake	Cornelius	Stüler
Dresdener	ganz	
Dreyse	Bandel	Rathenower
Driesener	Bornholmer	Dänen
Duncker	Danziger	Königl. Ringeisenbahn
"	Ringbahn	Carmen-Sylva
"	Carmen-Sylva	Krüger
Ebeling	ganz	
Eberty	Landsberger Allee	Thaer
Eckert	Weidenweg	Zorndorfer
Eichendorf	Invaliden	Tieck
Eichhorn	Potsdamer	Link
Eiergasse	ganz	
Eisenbahn	Köpenicker	Skalitzer
Ehrenberg	Stralauer Allee	Rudolf
Elberfelder	Alt-Moabit	Levetzow
Elbinger, Ostseite	Landsberger Allee	Kniprode
" Westseite	Greifswalder	Bötzow
" "	Langenbeck	Werneuchener
" Nördl. Damm	Greifswalder	Kniprode
" "	Bötzow	Kniprode
Elisabeth	Weber	Kurze
Elisabethufer (Landseite)	Kottbuser Ufer	Bethanienufer
Elisabethkirch	Acker	Invaliden
Elsasser	Chaussee	Brunnen
Elßholz	Pallas	Grunewald
Emdener (Westseite)	Turm	Siemens
Engelufer (Landseite)	Michaelkirchplatz	Schillingsbrücke
Enckeplatz	ganz	
Esmarch	Lippehner	Pasteur
Essener	Crefelder	Elberfelder
"	Strom	Crefelder
Euler	Bellermann	Jülicher
Eylauer	Monumenten	Dreibund
Eyke-von-Repkow-Platz	Tile-Wardenberg	Wullenweber
Falckenstein	Görlitzer	Oberbaum
Falckplatz, Am	Gleim	Gaudy
Falkoniergasse	Werder	Werdersche Rosen
Fehmarn	Nordufer	Föhrer
Fehrbelliner	Anklamer	Schönhauser Allee
Feilner	Linden	Alte Jakob
Feld	Garten	Hussiten
Feldzeugmeister	Krupp	Perleberger
Fenn	Fennstraßenbrücke	Reinickendorfer
Festungsgraben, Am	vor der Singakademie und dem Finanzministerium	
Fichte	Urban	Hasenhaide
Fidicin	Kloeden	Friesen
Finnländische	Norwegische	Malmöer

Straße	von Straße	bis Straße
Fischerbrücke, An der (Landseite)	Inselbrücke	Mühlendamm
Fischer	Friedrichsgracht	Cöllnischer Fischmarkt
Flemming	Paul	Werft
Flensburger	Brückenallee	Schleswiger Ufer
Flieder	Barnim	Gollnow
Flotow	Schleswiger Ufer	Bach
Flottwell	Schöneberger Ufer	Steglitzer
Forster	Wiener	Kottbuser Ufer
Frankfurter Allee	Frieden	Thaer
"	Proskauer	Voigt
Frankfurter, Große	Schilling	Memeler
Frankfurter, Kleine	Landsberger	Große Frankfurter
Fransecki	Schönhauser Allee	Weißenburger
"	Ryke	Prenzlauer Allee
Franz	Schmid	Annen
Französische	Mauer	Oberwall
Freiligrath	Camphausen	Fontane-Promenade
Frieden, mit Ausnahme des südl. Dammes von Grundstück Nr. 62 bis Weidenweg	Prenzlauer Allee	Gr. Frankfurter
Friedeberger	Braunsberger	Kniprode
Friedrich-Karl-Ufer (Landseite)	Unterbaum	Alt-Moabit
Friedrichsberger	Frieden	Palisaden
Friedrichsfelder	Str. am Ostbahnhof	Frucht
Friedrichsgracht (Landseite)	Inselbrücke	Spreestraße
Friedrichshain, Am	Bötzow	Hufeland
Friedrich	Belle Allianceplatz	Elsasser
Friedrich, Neue	Waisenbrücke	Friedrichsbrücke
Friedrich Wilhelm	Tiergarten	Herkulesbrücke
Friesen	Bergmann	Fidicin
Friesen	Fidicin	Prinz-August-von-Württemberg
Froben	Kurfürsten	Winterfeld
Frucht	Frieden	zur Spree
Fürbringer	Solms	Schleiermacher
Fürsten	Wassertor	Ritter
Fürstenberger	Wolliner	Schwedter
Fürstenwalder	Palisaden	Gr. Frankfurter
Gabelsberger	Frankfurter Allee	Rigaer
Garnisonkirche, Hinter der	ganz	
Garten	Elsasser	Grenz
Gasse hinter der Kommandantur	Schinkelplatz	Niederlag
Gaudy	Schönhauser Allee	Kantian
Geibel	Urban	Wilms

Straße	von Straße	bis Straße
Gendarmenmarkt	ganz	
Genter	Trift	Luxemburger,
Genthiner	Kurfürsten	Schöneberger Ufer
Georgen	Kupfergraben	Neustädt. Kirch
Georgenkirch	Georgenkirchplatz	Barnim
Georgenkirch	Höchste	Frieden
Gerhard	Paul	Grenze des Grundstücks Gerhardstraße 14/15
Gericht	Müller	Grenz
Gertraudten	Breite	Friedrichsgracht
Gertraudten, Kleine	Gertraudten	Scharrn
Gethsemane	Platzartige Einbuchtung dieser Straße: Grundstücke 4—4c	
Gießhause, H. d.	Kupfergraben	Am Festungsgraben
Gips	August	Rosenthaler
Gitschiner (Landseite)	Hallescher Tor-Platz	Wassertorplatz einschl. dieses Platzes
Glaßbrenner	Kugler	Wisbyer
Glasgower	Barfus	Liverpooler
Gleditsch	Grunewald (innerhalb des Berliner Weichbildes)	Winterfeldt
Gleim	Schönhauser	Kantian
Gleim	Swinemünder	zur Nordbahn
Glücksburger	Jülicher	Sonderburger
Gneisenau	Belle Alliance	Schleiermacher
Gneisenau	Bärwald	Kaiser-Friedrich-Platz
Gneist	Schönhauser Allee	Pappelallee
Göben	Potsdamer	Bülow
Göhrener	Senefelder	Raumer
Görlitzer	Skalitzer	Oppelner
GörlitzerUfer (Landseite)	Wrangel	Görlitzer
GörlitzerUfer (Landseite)	Reichenberger	Wiener
Goldaper	Kniprode	Braunsberger
Gollnow	Neue König	Landsberger
Golßener	Prinz August von Württemberg	Jüterboger
Gontard	König	Panorama
Gormann	Linien	Weinmeister
Goßler	Bödiker	Markgrafendamm
Gotland	Bornholmer	Straße 1a XI
Gottsched	Reinickendorfer	Exerzier
Gotzkowsky	Alt-Moabit	Turm
Gotzkowsky	Turm	Spree
Gräfe	Planufer	Hasenhaide
Granseer	Ruppiner	Wolliner
Graudenzer	Gubener	Littauer
Graun	Rammler	Demminer
Greifenhagener	Stargarder	Gethsemane
Greifenhagener	Ringbahn	Wisbyer
Greifenhagener	Buchholzer	Gneist
Greifswalder	Frieden	Danziger

Straße	von Straße	bis Straße
Grell (südlicher Damm)	Prenzlauer Allee	Greifswalder
Grenadier	Hanke	Münz
Grenz	Neue Hoch	Brunnen
Griebenow	Fehrbelliner	Schwedter
Grimm	Planufer	Urban
Gröbenufer (Landseite)	Pfuel	Falckenstein bzw. Oberbaum
Gropius (Landseite)	Bad	Thurneyſſer
Großbeeren	Kreuzberg	Königgrätzer
Großgörschen	Potsdamer	Bautzener
Grün	Gertraudten	Friedrichsgracht
Grün, Neue	Kommandanten	Grünstraßenbrücke
Grünauer	Wiener	städtisches Grundstück, früher Moesersches Grundstück
Grüner Weg	Küstriner Platz	Blumen
Grünthaler	Bad	Bellermann
Gruner	Alexanderplatz	Neue Friedrich
Gubener	Frankfurter Allee	1,9 m südlich der Grenze von Nr. 52/53
Gubener	Warschauer	Torell
Gubener	Torell	Comeniusplatz
Gubener	Posener	Str. am Comeniusplatz
Guinea	See	Kameruner
Gustav-Meyer-Allee	ganz	
Gubitz	Ringbahn	Grell
Hackescher Markt	ganz	
Hanke	Hirten	Lothringer
Händel	Klopstock	Brückenallee
Hafenplatz	Schöneberger	Köthener
Hagelsberger	Belle Alliance	Großbeeren
Hagelsberger	von den Grundstücken Nr. 40 und Nr. 18	Möckern
Hagenauer	Fransecki	Danziger
Heide	Invaliden	Straße am Nordhafen bzw. Gleise der Hamburger Bahn
Hallesche	Möckern	Großbeeren
Hallesches Ufer (Landseite)	Königgrätzer	Möckern
Hamburger, Gr.	August	Oranienburger
Hamburger, Kl.	August	Elsasser
Hannoversche	Chaussee	Eingang zur Charité
Hansaplatz	ganz	
Hansa-Ufer (Landseite)	Wullenweber	Tile-Wardenberg
Hasenhaide	Jahn	Kaiser-Friedrich-Platz
Hausburg	Landsberger Allee	Thaer
Hausvogteiplatz	ganz	
Havelberger	Birken	Quitzow
Josef Haydn	Klopstock	Bach

Straße	von Straße	bis Straße
Heckmannufer (Landseite)	ganz	
Hedemann	Königgrätzer	Wilhelm
Hedwigkirchgasse	Behren	Französische
Hegelplatz	ganz	
Heidenfeld	Petersburger	Eberty
Heidereutergasse	ganz	
Heiligegeistgasse	Spandauer	Heiligegeist
Heiligegeist	König	Heiligegeistgasse
Heim	Bergmann	Jüterboger
Heinersdorfer	Greifswalder	Prenzlauer Allee
Helgoländer Ufer (Landseite)	Kirch	Lüneburger
Hennigsdorfer	See	ca. 33 m nördlich der Oudenarder
Hennigsdorfer	Max	Südgrenze vom Grundstück Band 35 Nr. 1793 — Grenze von 2/3 — ca. 50 m von Maxstr.
Hermsdorfer	Acker	bis Grundstück Nr. 6, Band 67 Nr. 3422 Umgeb.
Herwarth	Kronprinzenufer	In den Zelten
von der Heydt	Königin-Augusta	Friedrich-Wilhelm
Hiddenseer	Prenzlauer Allee	Senefelder
Hindersin	Roon	Am Königsplatz
Hint. d. Kommandantur	Schinkelplatz	Niederlag
Hirten	Grenadier	Prenzlauer
Hitzig	Stüler	Cornelius
Hoch	Gericht	Bad
Hoch, Neue	Liesen	Gericht
Hochmeister	Wörther	Fransecki
Hochstädter	Liebenwalder	Max
Höchste	Georgenkirch	Landsberger
Hohenlohe	Stralauer Allee	Rother
Hohenzollern	Tiergarten	Königin-Augusta
Hoher Steinweg	König	Bischof
Hollmann	Alexandrinen	Linden
Holsteiner Ufer (Landseite)	Claudius	Lessingbrücke
Holsteiner Ufer (Landseite)	Brückenallee	Claudius
Holzgarten	Unterwasser	Kur
Holzmarkt	Andreas	Alexander
Horn	Großbeeren	Möckern
Hosemann	Zelter	Naugarder
"	Ringbahn	Straße 19 XII
Hübner	Weidenweg	Eldenaer
Hufeland	Esmarch	Straße am Friedrichshain

Straße	von Straße	bis Straße
Hufeland	Greifswalder	Esmarch
Hussiten	Feld	Schering
Hutten	Beussel	Berlichingen
Jablonski	Prenzlauer Allee	Greifswalder
Jakob, Alte	Dresdener	Alte Jakobstr. 147/166
Jakob, Neue	Dresdener	Köpenicker
Jakobikirch	Ritter	Mathieu
Jäger	Kur	Mauer
Jäger, Kleine	Kur	Niederwall
Jagow	Alt-Moabit	Levetzow
Jagow	Tile-Wardenberg	Wullenweber
Jannowitzbrücke, An der	ganz	
Jasmunder	Stralsunder	Volta
Ibsen	Straße 9b	Stavanger
Jerusalemer Kirche, An der	Linden	Jerusalemer
Jerusalemer	Linden	Hausvogteiplatz
Iffland	Grüner Weg	Wallnertheater
Immanuelkirch	Prenzlauer Allee	Greifswalder
Insel	Neue Jakob	Neu-Kölln am Wasser
Insterburger	Weidenweg	Richthofen
Invaliden	Alt-Moabit	Brunnen
Joachim	Linien	Gips
Johannes	Friedrich	Artillerie
Johanniter	Planufer	Tempelherrn
Jonas	Turm	Bugenhagen
Josef	Franz	Michaelkirchplatz
Joseph Haydn	Klopstock	Bach
Jüden	König	Stralauer
Jüdenhof, Gr.	ganz	
Jüterboger	Friesen	Golßener
Junker	Markgrafen	Linden
Island	Norweger	Malmöer
Kaiser-Franz-Grenadier-Platz	Michaelkirchplatz	Annen
Kaiser	Alexander	Kleine Frankfurter
Kaiser-Friedrich-Platz	Nord- und Ostseite	
Kaiserhof	Mauer	Wilhelmplatz
Kaiserin-Augusta	v. d. Heydt	Friedrich-Wilhelm
Kaiser-Wilhelm	Burg	Hirten
Kalandsgasse	Kloster	Neue Friedrich
Kalkscheunen	Johannis	Ziegel
Kameruner	Müller	Guinea
Kameruner	Guinea	Afrikanische
Kanonier	Behren	Mauer
Kanzow	Duncker	Prenzlauer Allee
Karl	Friedrich	Schiffbauerdamm
Karlsbad, Am	Flottwell	Grundstück Nr. 16 inkl.

Straße	von Straße	bis Straße
Kastanienallee	Fehrbelliner	Schönhauser Allee
Katharinen	Georgenkirch	Landsberger
Katholischen Kirche, Hinter der	ganz	
Katzbach	Yorck	Kreuzberg
Katzler	Yorck	Großgörschen
Keibel	Alte Schützen	Linien
Keith	Kurfürsten	Lützowufer
Kessel, einschl. der einspringenden beiden Straßenstücke	Scharnhorst	Chaussee
Kiautschou	Torf	Tegeler
Kieler	Scharnhorst	Scharnhorst
Kirchbach	Alvensleben	Göben
Kirchgasse, Kleine	ganz	
Kleinbeeren	Großbeeren	Möckern
Kloeden	Willibald-Alexis	Fidicin
Klopstock	Siegmundshof	Flensburger
Kloster	Stralauer	Neue Friedrich
Kniprode	Elbinger	Schönlanker
Koblank	Hanke	Lothringer
Koch	Jerusalemer	Wilhelm
Kochhann	Tilsiter	Hausburg
Kölln, Neu, a./W.	Neue Roß	Waisenbrücke
Köllnische	Fischerbrücke	Fischer
Köllnischer Fischmarkt	ganz	
Köllnischen Park, Am	Märkischen Platz bzw. Brandenburger Ufer	Köpenicker
König	Burg	Stadtbahn
König, Neue	Alexanderplatz	Frieden
Königgrätzer (vom Halleschen Ufer bis Hallesche Torbrücke nur auf der Landseite)	Belle Alliancebrücke	Brandenburger Tor
Königin-Augusta (Landseite)	Köthener	Kaiserin-Augusta
Königsberger	Rüdersdorfer	Grenze von Hausnummer 4 und 5, ca. 65 m von d. Rüdersdorfer Str.
Königsberger	Gubener	Frankfurter Allee
Königsgraben, Am	Alexander	Alexanderplatz
Königsplatz, Straße am	Sommer	Herwarth
Köpenicker	Neue Jakob	Schlesische
Körner	Lützow	Steglitzer
Köthener	Königgrätzer	Königin-Augusta
Kommandanten	Leipziger	Oranien
Kopenhagener	Schönhauser Allee	Schwedter
Kopisch	Willibald-Alexis	Wasserhebestation (Fidicinstr.)
Kopernikus	Gubener	Warschauer

Straße	von Straße	bis Straße
Koppenplatz	ganz	
Koppen	Frieden	Stralauer Platz
Korsörer	Schwedter	Ystadter
Kottbuser Damm	Planufer	Hasenhaide
Kottbuser	Skalitzer	Kottbuser Ufer
Kottbuser Ufer (Landseite)	Admiral	Elisabethufer
Krausen	Kommandanten	Mauer
Krausnick	Oranienburger	Gr. Hamburger
Kraut	Gr. Frankfurter	Breslauer
Kreuz	Oberwasser	Niederwall
Kreuzberg	Belle Alliance	Haus Nr. 10
Krögel, Am	Molkenmarkt	zu Ende
Kronen	Kanonier	Jerusalemer
Kronprinzenufer (Landseite)	Roon	Richard-Wagner
Krupp	Wilsnacker	Lehrter
Kugler	Schönhauser Allee	Greifenhagener
Kugler	Prenzlauer Allee	Straße 14a
Kugler	Greifenhagener	Stahlheimer
Kugler	Hosemann	Greifswalder
Kugler	Gräb	Duncker
Kunkel (Landseite)	Gericht	Dalldorfer
Kürassier	Alte Jakob	Oranien
Küstriner Platz	ganz	
Kupfergraben, Am (Landseite)	ganz	
Kur	Spittelmarkt	Jäger
Kur, Kleine	Oberwasser	Niederwall
Kurfürstendamm	Kurfürsten	Lützowufer
Kurfürsten	Kurfürstendamm	Dennewitz
Kurische	Greifswalder	Kniprode
Kurze	Landsberger	Kaiser
Lachmann	Schönlein	Kottbuser Damm
Landgrafen	Kurfürsten	Lützowufer
Landsberger Allee	Landsberger Platz	Hausburg
Landsberger Platz	ganz	
Landsberger	Alexanderplatz	Landsberger Platz
Landwehr	Katharinen	Gollnow
Lange	Frucht	Markus
Langenbeck	vom Knick	Elbinger
Lankwitz	Teltower	Tempelhofer Ufer
Lausitzer Platz	östlicher, westlicher, nördlicher Damm	
Lausitzer	Skalitzer	Kottbuser Ufer
Lehniner	Bergmann	Sibold
Lehrter	Invaliden	Perleberger
Leipziger Platz	ganz	
Leipziger	Leipziger Platz	Spittelmarkt
Leipziger, Alte	Oberwasser	Niederwall

Straße	von Straße	bis Straße
Lenne	Königgrätzer	Kemper Platz
Lessing	Händel	Lessingbrücke
Lette	Lychener	Duncker
Lewald	Kugler	Wisbyer
Libauer	Revaler	Kopernikus
Lichtenberger	Landsberger	Palisaden
Lichtensteinallee	Stüler	Rauch
Lichterfelder	Kreuzberg	Grenze des militärfiskal. Grundst. Bd. 1 Nr. 22 Hasenh. u. Weinberg. m d. Grundst. d. Tivolibr.
Liebenwalder	Reinickendorfer	Schul
Liegnitzer	Wiener	Kottbuser Ufer
Liesen	Chaussee	Garten
Lietzmann	Neue König	Landwehr
Linden Gasse	ganz	
Linden	Kommandanten	Belle-Allianceplatz
Linden, Unter den	Pariser Platz	Platz am Opernhaus
Lindower	Müller	Reinickendorfer
Linien	Oranienburger	Neue König
Link	Potsdamer	Königin-Augusta
Lippehner	Greifswalder	Am Friedrichshain
Loewe	Weidenweg	Richthofen
Lortzing	Brunnen	Nordbahnhof
Lothringer	Brunnen	Prenzlauer Allee
Lottum	Choriner	Schönhauser Allee
Luckauer	Oranien	Dresdener
Luckenwalder	Tempelhofer Ufer	Schöneberger
Lübbener	Skalitzer	Görlitzer
Lübecker	Turm	Birken
Lüderitz	See	Kameruner
Lüderitz	Transvaal	28b
Lüneburger	Alt-Moabit	Werft
Lüneburger	Paul	Helgoländer Ufer
Lützowplatz	ganz	
Lützow	Flottwell	Lützowplatz
Lützowufer (Landseite)	Genthiner	Gartenufer
Luisenplatz	ganz	
Luisen	Schiffbauerdamm	Luisenplatz
Luisenufer (Landseite)	Kaiser-Franz-Grenadier-Platz	Prinzen
Lustgarten, Am	ganz	
Luxemburger	Müller	Genter
Lychener	Danziger	Raumer
Lychener	Wichert	Carmen-Sylva
Maaßen	Lützowplatz	Kurfürsten
Madai	Frucht	Koppen
Magazin	Alexander	Schilling
Magdeburger Platz, Straße am	Magdeburger	Genthiner

Straße	von Straße	bis Straße
Magdeburger	Schöneberger Ufer	Steglitzer
Malmöer	Dänen	Bornholmer
Malplaquet	See	Liebenwalder
Mandel	Straße 20b	nördl. Bauflucht der Straße am Platz F. II, jetzt Ostseeplatz
Manstein	Göben	Großgörschen
Manteuffel	Köpenicker	Kottbuser Ufer
Margarethen	Matthäikirch	Grundstück Nr. 8
Marheinekeplatz	Schleiermacher	Zossener
Mariannenplatz	ganz	
Mariannen	Mariannenplatz	Kottbuser Ufer
Mariannenufer (Landseite)	Bethanienufer	Schillingbrücke
Marienkirchhof	ganz	
Marien	Albrecht	Luisen
Mariendorfer	Nostiz	Zossener
Markgrafen	Behren	Linden
Markus	Gr. Frankfurter	Holzmarkt
Markus, Kl.	Kraut	Markus
Marsilius	Blumen	Gr. Frankfurter
Martin-Opitz	Gotsched	Ufer
Mathieu	Alexandrinen	Brandenburg
Mattern	Petersburger	Eberty
Matthäikirch	Tiergarten	Königin-Augusta
Mauer	Behren	Friedrich
Max	Schul	Adolf
Max	Hochstädter	Hennigsdorfer
Max (Nordseite). Für die Südseite nur Kanalisation	Hochstädter	Schul
Mehner	Flieder	Landsberger
Melanchthon	Paul	Calvin
Melchior	Engelufer	Michaelkirchplatz
Memeler	ganz	
Mendelssohn	Linien	Meyerbeer
Metzer	Schönhauser Allee	Prenzlauer Allee
Meyerbeer	Mendelssohn	Neue König
Meyerheim	Carmen-Sylva	20 b
"	Zelter	Carmen-Sylva
Michaelkirchplatz	ganz	
Michaelkirch	Michaelkirchplatz	Michaelbrücke
Mila	Schönhauser Allee	Cantian
Mirbach	Proskauer	Pettenkofer
"	Liebig	Proskauer
Mittel	Charlotten	Schadow
Mittenwalder	Blücher	Marheinekeplatz
Moabit, Alt-	Moltkebrücke	Ostgrenze von Nr. 84
" Südseite	Knick östlich der Crefelder	Otto

Straße	von Straße	bis Straße
Möckern	Königgrätzer	Kreuzberg
Mohren	Hausvogteiplatz	Ziethenplatz
Molkenmarkt	ganz	
Molken	Post	Molkenmarkt
Mollersgasse	ganz	
Moltke	Königsplatz	Kronprinzenufer
Monbijouplatz	ganz	
Moritz	Prinzen	Brandenburg
Mühlendamm	Köllnischer Fischmarkt	Post
Mühlengraben, Am	Spreestraße	bis zum Ende
Mühlen	Frucht	Stralauer Tor
Mühlhausener	Colmarer	Prenzlauer Allee
Müller	Chaussee	Ofener
Müncheberger	Frucht	Koppen
Münz	Weinmeister (Alte Schönhauser)	Alexander
Mulack	Alte Schönhauser	Kleine Rosenthaler
Museum, Kleine	ganz	
Museum	Friedrichsbrücke	Eiserne Brücke
Muskauer	Mariannenplatz	Zeughof
Nagler	Stralauer Allee	Rudolf
Naugarder	Greifswalder	Hosemann
"	Hosemann	Carmen-Sylva
Naunyn	Elisabethufer	Manteuffel
Nazarethkirch	Müller	Max
Neander	Annen	Köpenicker
Neue Gasse	ganz	
Neuenburger	Linden	Alexandrinen
Neuer Markt	ganz	
Neukölln am Wasser (Landseite)	Neue Roß	Waisenbrücke
Neumannsgasse	Breite	Brüder
Neustädtische Kirch	Reichstagsufer	Unter den Linden
Nicolaikirchhof	ganz	
Niederlag	Platz am Zeughause	Werderscher Markt
Niederwall	Spittelmarkt	Hausvogteiplatz
Nordhafen (Landseite), Nordostseite des Hafens	Fenn	Sellerbrücke
Nordkap	Bornholmer	Ibsen
Nordufer (Landseite)	Torf	Buch
Norweger	Bornholmer	Behm
Nostiz	Baruther	Arndt
Novalis	Elsasser	Tieck
Nürnberger	Kurfürsten	Kurfürstendamm
Oberbaum, Am	ganz	
Oberbaum	ganz	
Oberwall	Platz am Zeughause	Hausvogteiplatz
Oberwasser (Landseite)	Alte Leipziger	Gertraudten
Oderberger	Schwedter	Schönhauser Allee
Ofener	Müller	Straße 30 X 1

Straße	von Straße	bis Straße
Ohm	Köpenicker	Runge
Oldenburger	Turm	Siemens (Union)
Opernhaus, Platz am	ganz	
Opernhaus, Straße am	Behren	Opernplatz
Oppelner	Grenze des Grundstücks Nr. 1/2	Görlitzer
Oranien	Linden	Skalitzer
Oranienburger	Friedrich	Hackescher Markt
Orth (Landseite)	Thurneysser	Schönstedt
Ostbahnhof, Am	Frucht	Friedrichsfelder
Ostsee	Straße 23b	Greifswalder
Ostseeplatz, nördl. und südl. Damm	Hosemann	23 b
Otavi	Müller	Afrikanische
Otto	Alt Moabit	Turm
Oudenarder	Reinickendorfer	See
nebst Verbindungsstraße an der Seestraße		
Pallas	Potsdamer	Weichbildgrenze
Palisaden	Landsberger	Frucht
Pank	Reinickendorfer	Bad
Panorama	Neue Friedrich	Parallel
Pappelallee (mit Ausnahme der Grundstücke 69—73, Bd. 3 Nr. 100, Niederschönhausener Parzellen)	Schönhauser Allee	Verbindungsbahn
Pariser Platz	ganz	
Parochial	Spandauer	Waisen
Pasewalker	Gericht	Plantagen
Pasteur	Kniprode	Esmarch
Pasteur	Esmarch	Greifswalder
Paul	Altmoabit	Spree
Perleberger	Fennstraßenbrücke	Birken
Petersburger Platz, Am	Zorndorfer	Straßmann
Petersburger (Ostseite)	Landsberger Allee	Thaer
" (Westseite)	" "	"
Petriplatz	ganz	
Petri	Gertraudten	Friedrichsgracht
Pettenkofer	Eldenaer	Mirbach
"	Schreiner	"
"	Schreiner	Rigaer
Pfarr, Verlängerte Pankower (jetzt Trelleborger)	Wisbyer	Schonensche
Pflug	Wöhlert	Schwartzkopff
Pfuel	Köpenicker	Gröbenufer
Philipp	Luisen	Hannoversche
Pintsch	Kochhann	Straßmann
Pillauer	Bromberger	Memeler

Straße	von Straße	bis Straße
Planufer	Blücherplatz	westl. der Straße am Urban
Planufer	westl. der Grimmstraße bis zum Knick am Beginn des Hafens	
"	Kottbuser Brücke	Grenze des Grundstückes 91/92
Plantagen	Reinickendorfer	Ruheplatz/Anton
Platz am Neuen Tor (beide Seiten)	Invaliden	Hannoversche
Posener	Gubener	Rüdersdorfer
Post	Molkenmarkt	König
Post, Kleine	Spandauer	Heiligegeist
Potsdamer Platz	ganz	
Potsdamer	Potsdamer Platz	Weichbildgrenze
Präsidenten, Große	Monbijouplatz	Hackescher Markt
Präsidenten, Kleine	Monbijouplatz	Neue Promenade
Prenzlauer Allee	Lothringer	Belforter
" " (westl. Damm)	Ringbahn	Weichbildgrenze
Prenzlauer Allee	Fransecki	Danziger
" " (östl. Damm)	Ringbahn	Straße 19 XII
Prenzlauer Allee (östl. Damm)	Straße 20b	Weichbildgrenze
Prenzlauer	Alexander	Lothringer
Prinz-August-von-Württemberg	Friesen	Golßener
Prinz Eugen	Schul	Plantagen
Prinzen-Allee	Bad	Weichbildgrenze
Prinzen	Annen	Bärwaldbrücke
Prinzessinnen	Oranien	Luisen-Ufer
Prinz-Friedrich-Karl	ganz	
Pritzwalker	Turm	Dreyse
Probst	Spandauer	Post
Promenade, Neue	Kleine Präsidenten	Hackescher Markt
Pückler	Köpenicker	Waldemar
Putbuser	Nr. 11/48 (Grenze des Mack'schen Grundstücks)	Rammler
Putlitz	Birken	Quitzow
Puttkamer	Friedrich	Wilhelm
Quitzow	Perleberger	Bremer
Raabe	Prenzlauer Allee	Wins
Rammler	Brunnen	Graun
Rastenburger	Greifswalder	Trakehner
Rathenower	Alt Moabit	Quitzow
Rathaus	Spandauer	Jüden
Rauch	Friedrich-Wilhelm	Lichtensteinallee
Raumer	Senefelder	Duncker
"	Lychener	"
"	Prenzlauer Allee	Senefelder

Straße	von Straße	bis Straße
Raupach	Holzmarkt	Wallnertheater
Ravené	Kunkel	Reinickendorfer
Regenten	Tiergarten	Königin-Augusta
Reichenberger	Elisabethufer	Liegnitzer
Reinickendorfer	Müller	Weichbildgrenze
Rheinsberger	Strelitzer	Schwedter
Revaler	Warschauer	Bromberger
"	"	Memeler
Rhinower	Gleim	Kopenhagener
Richthofen	Weidenweg	Tilsiter
Rigaer	Liebig	Proskauer
Rittergasse	Petri	Roß
Ritter	Linden	Luisenufer
Roch	Münz	Neue Friedrich
Rochow	Stralauer Allee	Goßler
Rodenberg	Schönhauser Allee	Greifenhagener
"	Scherenberg	Stahlheimer
"	Greifenhagener	Scherenberg
Romintener	Gubener	Weichbildgrenze
Roon	Königsplatz	Kronprinzenufer
Rosen	Neue Friedrich	Kaiser-Wilhelm
Rosen, Werdersche	Oberwall	Niederlag
Rosenthaler	Hackescher Markt	Elsasser
" , Kleine	Linien	Rosenthaler
Rosmarien	Charlotten	Friedrich
Rostocker	Hutten	Sickingen
Roß	Gertraudten	Friedrichsgracht
Roß, Neue	Alte Jakob	Roßstraßenbrücke
Rother	Caprivi	Straße am Warschauer Platz
Rücker	Linien	Mulack
Rüdersdorfer	Memeler	Koppen
Rügener	Brunnen	Swinemünder
Ruheplatz	Gericht	Schul
Rummelsburger Platz	ganz	
Runge	Wassergasse	Grundstück Nr. 18 — Bd. 22 Nr. 1293 des Grundbuchs von der Luisenstadt —
Ruppiner	Anklamer	Demminer
Ryke	Treskow	Danziger
Saarbrücker	Straßburger	Schönhauser Allee
Salzwedeler	Stephan	Quitzow
Samariterplatz	um die Kirche	
Samariter	Frankfurter Allee	Eldenaer
Samoa	Trift	Nordufer
Sansibar	Müller	Afrikanische
Schadow	Unter den Linden	Dorotheen
Schaefer	Annen	Schmid
Scharnhorst	Invaliden	Kieler

Straße	von Straße	bis Straße
Scharrn	Breite	Friedrichsgracht
Schelling	Eichhorn	Königin-Augusta
Schendelgasse	Alte Schönhauser	Grenadier
Schenkendorf	Bergmann	Arndt
Scherenberg	Wichert	Rodenberg
"	Rodenberg	Kugler
"	Kugler	Wisbyer
Schickler	Alexander	Neue Friedrich
Schiffbauerdamm (Landseite)	Friedrich	Unterbaum
Schill	Lützowufer	Kurfürsten
Schillerplatz	ganz	
Schillingsbrücke, An der		
Schilling	Blumen	Große Frankfurter
Schinkelplatz (Landseite)	ganz	
Schivelbeiner	Malmöer	Schönhauser Allee
Schlegel	Chaussee	Borsig
Schlesische	Köpenicker	Schlesische Brücke
Schlesischen Tor, Vor dem	Schlesische Brücke	Oberfreiarchenbrücke
Schleswiger Ufer (Landseite)	Lessingbrücke	Achenbachbrücke
Schleuse, An der (Landseite)	Spree	Schleusenbrücke
Schliemann	Danziger	Stargarder
Schloßfreiheit	ganz	
Schloßplatz	ganz	
Schmale Gasse	ganz	
Schmid	Neue Jakob	Michaelkirchplatz
Schöneberger	Askanischer Platz	Luckenwalder
Schöneberger Ufer (Landseite)	Schöneberger	Genthiner
Schonensche	Trelleborger	Behnsen
Schönfließer	Bornholmer	Dänen
Schönhauser Allee	Bornholmer	Weichbildgrenze
Schönhauser Allee	Lothringer	Danziger bzw. Eberswalder
" "	Ringbahn	Südseite der Bornholmer
Schönhauser, Alte	Lothringer	Münz
" , Neue	Münz	Rosenthaler
Schönholzer	Brunnen	Ruppiner
Schöning	Müller	Straße 30 X 1
Schönlein	Kottbuser Damm	Urban
Schönwalder siehe Dalldorfer		
Schornsteinfegergasse	Roß	Fischer
Schreiner	Proskauer	Pettenkofer
Schröder	Garten	Berg
Schützen	Mauer	Linden
" , Alte	Neue König	Prenzlauer

Straße	von Straße	bis Straße
Schul	Müller	Christiania
Schulzendorfer	"	Neue Hoch
Schumann	Albrecht	Unterbaum
Schwartzkopff	Stettiner Bahn	Chaussee
Schweden	Ufer (früher Gustav-Adolf-Brücke)	Schul
Schwedter (Ostseite)	Gleim	Kopenhagener
"	Schönhauser Allee	Bernauer
Schwerin	Froben	Ziethen
Sebastian	Alte Jakob	Dresdener
See (südöstl. Damm)	Müller	Lütticher
" (nördl. Seite)	Müller	Weichbildgrenze
" (südöstl. Damm)	Lütticher	Weichbildgrenze (a. d. Amrumer Straße)
Sedanufer (Landseite)	Gitschiner	Waterloobrücke
Seller	Müller	Am Nordhafen
Seelower	Stolpische	Schivelbeiner
"	"	Bornholmer
Senefelder	Danziger	Stargarder
Seydel	Alte Jakob	Leipziger
Seydlitz	Rathenower	Lehrter
Sibold	Lehniner	Züllichauer
Sickingen	Beussel	Weichbildgrenze
Sieber	Jüden	Kloster
Siegmundshof	Bach	Spreefluß
Sigismund	Matthäikirch	Regenten
Siemens	Beussel	Bremer
Simon-Dach	Kopernikus	Weichbildgrenze
"	Revaler	Kopernikus
Simson	Sommer	Königsplatz
Skalitzer, ausschl. der Nr. 34–38 an der platzartigen Erweiterung bei der Manteuffelstr.	Elisabethufer	Oppelner bzw. Köpenicker
Solms	Baruther	Bergmann
Sommer	Brandenburger Tor	Reichstagsplatz
Sonderburger	Glücksburger	Bornholmer
Sonnenburger	Kopenhagener	Gleim
"	Gaudy	"
"	Kopenhagener	bis Ringbahn
Sophien	Rosenthaler	Große Hamburger
Sorauer	Wrangel	Görlitzer
Spandauerbrücke, An der	Hackescher Markt	Neue Friedrich
Spandauer	Neue Friedrich	Molkenmarkt
Spanheimer	Jülicher	Euler
Sparrplatz, Westseite	Lynar	Sprengel
Sparr	Lynar	Burgsdorf
"	Trift	Nordgrenze d. Schwartzkopffschen Grundstücks, ca. 20 m südlich der Sprengelstraße

Straße	von Straße	bis Straße
Spener	Alt Moabit	Lüneburger
Spittelmarkt, Am	Nr. 1	Nr. 17
Splittgerbergasse	ganz	
Spree	Brüder	An der Schleuse
Sprengel	Tegeler	Sparr
"	Torf	Tegeler
Stahlheimer	Wichert	Rodenberg
Stahlheimer	Rodenberg	Carmen-Sylva
Stallschreiber	Alte Jakob	Prinzen
Stargarder	Prenzlauer Allee	Duncker
" Schnittpunkt der	Greifenhagener	"
Stavanger	Bornholmer	Ibsen
Steglitzer	Flottwell	Genthiner
Stein	Rosenthaler	Alte Schönhauser
Steinmetz	Kurfürsten	Großgörschen
Stendaler	Perleberger	Stephan
Stephan	Perleberger	Birken
Stettiner	Bad	Christiania
Stockholmer, am rechten Pankeufer (Landseite)	Soldiner	Grenze des Grundstücks der Immobilien-Verkehrsbank, d. i. 296,8 m von der Mitte der Soldiner Straße ab
Stolpische	Schönhauser Allee	Driesener
"	Driesener	Malmöer
Wilhelm-Stolze	Landsberger Allee	Straßmann
Stralauerbrücke, An der (Landseite)	Neue Friedrich	Stadtbahn
Stralauer Platz		
Stralauer	Molkenmarkt	Neue Friedrich
" , Kleine	Stralauer	Spreefluß
Stralsunder	Hussiten	Ruppiner
Straßburger	Lothringer	Belforter
Straße nach der Königl. Proviantbäckerei		
Straße 9b Abt. XI	Bornholmer	Straße 1a Abt. XI
Straßmann	Petersburger	Hausburg
Strausberger	Landsberger Platz	Große Frankfurter
Strelitzer	Elisabethkirch	Stralsunder
Strom	Lessingbrücke	Birken
Stubbenkammer	Prenzlauer Allee	Senefelder
Stüler	Tiergarten	Lichtensteinallee
Swakopmunder	Müller	Togo
Swinemünder	Zionskirchplatz	Straße 44 (Vinetaplatz)
"	Nordbahn (Brücke)	Demminer
" (östl. Damm)	Vinetaplatz	"
Tauben	Mauer	ehem. Grüner Graben
Tegnér	Bornholmer	Straße 1a XI
Teltow	Belle-Alliance	Möckern
Tempelherrn	Planufer	Blücher
Tempelhof. Ufer (Lands.)	Blücherplatz	Schöneberger

Straße	von Straße	bis Straße
Templiner	Fehrbelliner	Schwedter
Tiergarten	Viktoria	Friedrich-Wilhelm
Thaer	Frankfurter Allee	Baltenplatz
Thomasius	Alt Moabit	Helgoländer Ufer
Thurm	Rathenower	Beussel
Thurneysser	Gropius	Pank
Tieck	Chaussee	Garten
Tile-Wardenberg	Straße 30 (Solinger)	Wikinger Ufer
Thorner	Landsberger Allee	Cothenius
Tilsiter	" "	Straßmann
"	Frankfurter Allee	Weidenweg
Togo	See	Kameruner
Torell	Gubener	Memeler
Trakehner	Elbinger	Kurische
Transvaal	Afrikanische	Weichbildgrenze
Transvaal	Müller	Afrikanische
Trebbiner	ganz	
Treskow	Fransecki	Wörther
Treskow	Fransecki	Danziger
Treskow	Weißenburger	Prenzlauer Allee
Trift	Müller	6 m östlich des ehemaligen Fenngrabens
Turiner	Schul	Nazarethkirch
Türken	Müller	Straße 31
Überfahrtsgasse	ganz	
Ückermünder	Norweger	Malmöer
Ulmen	ganz	
Union	Oldenburger	Siemens
Universitäts	Unter den Linden	Dorotheen
Unterbaum	Schiffbauerdamm	Schumann
Unter den Linden	Pariser Platz	Platz am Opernhaus
Unterwasser (Landseite)	Werder	Alte Leipziger
Urban	Blücher	Am Urban
"	Am Urban	östl. Bauflucht der Grimmstraße
Urban	105 m westlich der Schönleinstraße	Kottbuser Damm
Usedom	Hussiten	Brunnen
Utrechter	Müller	Hennigsdorfer bzw. Max
Veteranen	Brunnen	Fehrbelliner
Viktoria	Tiergarten	Königin-Augusta
Vinetaplatz, Am (Nords.)	Ruppiner	Wolliner
" " (Süds.)	"	"
Virchow	Landsberger Allee	Einfahrt z. Krankenh.
Voigt	Eldenaer	Rigaer
Volta	Hussiten	Brunnen
Voltaire	ganz	
Voß	Königgrätzer	Wilhelm
Verbindungsstraße an der Einmündung der Hagelberger in die Yorkstraße		
Wadzeck	Prenzlauer	Neue König

Straße	von Straße	bis Straße
Waisen	Stralauer	zu Ende
Wald	Turm	Siemens
Waldemar	Elisabethufer	Lausitzer Platz
Waldenser	Emdener	Wald
Waldeyer	Frankfurter Allee	Rigaer
Wall (von Gertraudtensteg bis Neue Grünstraße nur auf der Landseite)	Spittelmarkt	Waisenbrücke
Wallnertheater	Markus	Blumen
Warschauer	Mühlen	Warschauer Brücke zum südl. Fuß der Rampe
Wartenburg	Großbeeren	Möckern
Wassergasse	Insel	Runge
Wassertor	Alexandrinen	Luisenufer
Waßmann	Landsberger	Große Frankfurter
Waterloooufer (Landseite)	Haus Nr. 1	Haus Nr. 11
Watt	Volta	Stralsunder
Weber	Landsberger	Große Frankfurter
Wedding (Frontlänge der Häuser Nr. 5 u. 6)	vorh. Pflaster	Reinickendorfer
Wehlauer	Elbinger	Kurische
Weidendamm, Am (Landseite)	ganz	
Wein	Gollnow	Frieden
Weinbergsweg	Lothringer	Fehrbelliner
Weinmeister	Rosenthaler	Schönhauser
Weisbach	Kochhann	Ebeling
Weißenburger	Schönhauser Allee	Danziger
Wenden	Wiener	Skalitzer
Werderscher Markt	ganz	
Werder	Oberwall	Schleusenbrücke
Werdersche Rosen	〃	Niederlag
Werft	Alt Moabit	Gerhard
Werneuchener	Virchow	Elbinger
Weydinger	Lothringer	Hirten
Wichert	Schönhauser Allee	Scherenberg
〃	Prenzlauer Allee	Lychener
〃	Lychener	Stahlheimer
Wichmann	Schill	Kurfürstendamm
Wiclef	Beussel	Wald
〃	Wald	Emdener
Wiener	Skalitzer	Görlitzer Ufer
Wiesen	Reinickendorfer	Grenz
Wikinger Ufer (Landseite)	Levetzow	Wullenweber
Wildenow	Lynar	Trift
Wilhelmplatz	ganz	
Wilhelmshavener	Turm	Quitzow

Straße	von Straße	bis Straße
Wilhelm	Belle Allianceplatz	Unter den Linden
Wilhelm, Neue	Unter den Linden	Marschallbrücke
Wilhelmsufer (Landseite)	ganz	
Willibald-Alexis	Heim	Kopisch
Wilms	Tempelherrn	Planufer bzw. Geibel
Wilsnacker	Thurm	Perleberger
Wins	Marienburger	Immanuelkirch
Wins	Heinersdorfer	Immanuelkirch
Wins	Christburger	Danziger
Wins	Marienburger	Christburger
Winterfeld	Ziethen	Weichbildgrenze
Winterfeld	Potsdamer	Froben
Wisbyer	Schönhauser Allee	Greifenhagener und Behnsen
Wisbyer (Südseite)	Greifenhagener	Stahlheimer
Wittstocker	Beussel	Berlichingen
Wöhlert	Chaussee	Pflug
Wörther	Schönhauser Allee	Prenzlauer Allee
Woldenburger	Greifswalder	Bötzow
St.-Wolfgang	Heiligegeist	Burg
Wolgaster	Bernauer	Stralsunder
Wolliner	Griebenow	Bernauer
Wolliner	Vinetaplatz	Demminer
Wrangel	Cuvry	Görlitzer Ufer
Wrangel	Bethanienufer	Oppelner
Wriezener	Christiania	Soldiner
Wriezener	Nr. 21/22. Alte Weichbildgrenze	Elisabethkirchhof
Wusterhausener	Köpenicker	Michaelkirch
Yorck	Belle Alliance	Möckern
Ystader	Ringbahn	Gleim
Zechliner	Kolonie	Stockholmer
Zehdenicker	Weinbergsweg	Christinen
Zelle	Rigaer	Mirbach
Zelten, In den	Kurfürstenplatz	Herwarth
Zelter	Hosemann	Naugarder
Zelter	Prenzlauer Allee	Lychener
Zeughaus, Am (Landseite)	Hinter dem Gießhause	Platz am Zeughaus
Zeughaus, Hinter dem	Festungsgraben	Straße am Zeughaus
Zeughaus, Platz am	ganz	
Zeughof	Skalitzer	Köpenicker
Ziegel	Friedrich	Monbijou
Zietenplatz	ganz	
Zimmer	Wilhelm	Linden
Zinzendorf	Alt-Moabit	Levetzow
Zionskirchplatz	um die Zionskirche	
Zionskirch	Anklamer	Christinen
Zorndorfer	Weidenweg	Tilsiter

Straße	von Straße	bis Straße
Zorndorfer	Petersburger	Platzartige Erweiterung an der Thaerstraße
Zossener	Baruther	Bergmann
Züllichauer	Golßener	Sibold
Zwingli	Otto	Beussel
Zwirngraben, Am	Spandauer Brücke	Neue Promenade

6. Kommunalabgabengesetz vom 14. Juli 1893 (GS. S. 152).

§ 9. Die Gemeinden können behufs Deckung der Kosten für Herstellung und Unterhaltung von Veranstaltungen, welche durch das öffentliche Interesse erfordert werden, von denjenigen Grundeigentümern und Gewerbetreibenden, denen hierdurch besondere wirtschaftliche Vorteile erwachsen, Beiträge zu den Kosten der Veranstaltungen erheben. Die Beiträge sind nach den Vorteilen zu bemessen.

Beiträge müssen in der Regel erhoben werden, wenn anderenfalls die Kosten, einschließlich der Ausgaben für die Verzinsung und Tilgung des aufgewendeten Kapitals, durch Steuern aufzubringen sein würden.

Der Plan der Veranstaltung ist nebst einem Nachweise der Kosten offen zu legen. Der Beschluß der Gemeinde wegen Erhebung von Beiträgen ist unter der Angabe, wo und während welcher Zeit Plan nebst Kostennachweis zur Einsicht offen liegen, in ortsüblicher Weise mit dem Bemerken bekannt zu machen, daß Einwendungen gegen den Beschluß binnen einer bestimmt zu bezeichnenden Frist von mindestens 4 Wochen bei dem Gemeindevorstande anzubringen seien. Handelt es sich um eine Veranstaltung, welche nur einzelne Grundeigentümer oder Gewerbetreibende betrifft, so genügt an Stelle der Bekanntmachung eine Mitteilung an die Beteiligten. Der Beschluß bedarf der Genehmigung.

Zu diesem Behufe hat der Gemeindevorstand den Beschluß nebst den dazu gehörigen Vorverhandlungen und der Anzeige, ob und welche Einwendungen innerhalb der gestellten Frist erhoben sind, der zuständigen Behörde einzureichen

Der Beschluß der zuständigen Behörde ist in gleicher Weise zur Kenntnis der Beteiligten zu bringen wie der Beschluß der Gemeinde bekannt gemacht worden ist.

Gegen den Beschluß der zuständigen Behörde steht den Beteiligten die Beschwerde offen.

§ 10. Die Vorschriften des Gesetzes, betreffend die Anlegung und Veränderung von Straßen und Plätzen in Städten und ländlichen Ortschaften, vom 2. Juli 1875 (GS. S. 561) bleiben mit der Maßgabe in Kraft, daß die im § 15 daselbst vorgesehenen Beiträge nach einem anderen als dem dort angegebenen Maßstabe, insbesondere auch nach der bebauungsfähigen Fläche, bemessen werden dürfen.

§ 20. Die direkten Gemeindesteuern sind auf alle der Besteuerung unterworfenen Pflichtigen nach festen und gleichmäßigen Grundsätzen zu verteilen.

Handelt es sich um Veranstaltungen, welche in besonders hervorragendem oder geringem Maße einem Teile des Gemeindebezirks oder einer Klasse von Gemeindeangehörigen zu statten kommen, und werden Beiträge nach §§ 9 und 10 nicht erhoben, so kann die Gemeinde eine entsprechende Mehr- oder Minder belastung dieses Teiles des Gemeindebezirks oder dieser Klasse von Gemeindeangehörigen beschließen. Bei der Abmessung der Mehr- oder Minderbelastung ist namentlich der zur Herstellung und Unterhaltung der Veranstaltungen erforderliche Bedarf nach Abzug des etwaigen Ertrages in Betracht zu ziehen. Der Beschluß bedarf der Genehmigung.

§ 69. Dem Abgabepflichtigen steht gegen die Heranziehung (Veranlagung) zu Gebühren, Beiträgen, Steuern und Naturaldiensten der Einspruch zu. Das Rechtsmittel ist binnen einer Frist von vier Wochen bei dem Gemeindevorstande einzulegen.

Der Lauf der Frist beginnt:

1. soweit die Bekanntmachung durch Auslegung der Hebelisten erfolgt ist, mit dem ersten Tage nach Ablauf der Auslegungsfrist;
2. soweit eine besondere Mitteilung vorgeschrieben ist, mit dem ersten Tage nach erfolgter Mitteilung;
3. in allen übrigen Fällen mit dem ersten Tage nach der Aufforderung zur Zahlung beziehungsweise Leistung.

Einsprüche, welche sich gegen den der Veranlagung zugrunde liegenden Staatssteuersatz (§§ 26, 30, 36, 38) und bei besonderen Gemeindeeinkommensteuern (§ 37) gegen die Höhe des zur Staatseinkommensteuer veranlagten Einkommens richten, sind unzulässig.

Vorstehende Bestimmungen finden sinngemäße Anwendung auf Einsprüche wegen Heranziehung oder Veranlagung von Grundbesitzern, Gewerbetreibenden und Einwohnern eines Gutsbezirks zu den öffentlichen Lasten desselben.

§ 70. Über den Einspruch beschließt der Gemeindevorstand.

Gegen den Beschluß steht dem Pflichtigen binnen einer, mit dem ersten Tage nach erfolgter Zustellung beginnenden Frist von zwei Wochen die Klage im Verwaltungsstreitverfahren offen. Zuständig in erster Instanz ist für Landgemeinden (Gutsbezirke) der Kreisausschuß, für Stadtgemeinden der Bezirksausschuß. Der Gemeindevorstand kann zur Wahrnehmung der Rechte der Gemeinde einen besonderen Vertreter bestellen. Gegen die Entscheidung des Bezirksausschusses bei Stadtgemeinden ist nur das Rechtsmittel der Revision zulässig.

Der Entscheidung im Verwaltungsstreitverfahren unterliegen desgleichen Streitigkeiten zwischen Beteiligten über ihre in dem öffentlichen Rechte begründete Verpflichtung zu den im § 69 Absatz 1 bezeichneten Lasten.

§ 75. Durch Einspruch und Klage wird die Verpflichtung zur Zahlung oder Leistung nicht aufgeschoben.

§ 87. Die Berechtigung der Gemeinden zur Nachforderung anderer Gemeindeabgaben als direkter Steuern beschränkt sich ohne Unterscheidung, ob die Abgabe gar nicht oder mit einem zu geringen Betrage erhoben worden ist,

1. bei Verbrauchsabgaben auf die Frist eines Jahres, vom Tage des Eintritts der Zahlungsverpflichtung an gerechnet,
2. bei sonstigen indirekten Steuern, Gebühren und Beiträgen (§§ 4—11) sowie bei Kosten auf die Frist von drei Jahren seit dem Ablaufe desjenigen Jahres, in welchem die Forderung entstanden ist.

Die Nachforderung von Naturaldiensten ist, sofern die Nachleistung nach den Zwecken der zu leistenden Dienste überhaupt noch möglich ist, auf die Dauer des laufenden Rechnungsjahres beschränkt.

§ 88. Zur Hebung gestellte Gemeindeabgaben und Kosten, welche im Rückstande verblieben oder befristet sind, verjähren in 4 Jahren, von dem Ablaufe des Jahres an gerechnet, in welches der Zahlungstermin fällt.

Die Verjährung wird durch eine an den Pflichtigen erlassene Zahlungsaufforderung, durch Verfügung der Zwangsvollstreckung und durch Stundung unterbrochen.

Nach Ablauf des Jahres, in welchem die letzte Aufforderung zugestellt, die Zwangsvollstreckung verfügt oder die bewilligte Frist abgelaufen ist, beginnt eine neue vierjährige Verjährungsfrist.

---

7. Gemeindebeschluß vom 16. April 1902, betreffend Erhebung von Beiträgen bei Straßenlandverbreiterungen usw.

1. Zu den Kosten für Herstellung von Straßenverbreiterungen, Anlegung von Plätzen und, sofern dadurch ein neuer Verkehrsweg geschaffen wird, für Herstellung von Brücken, Straßenüber- und -unterführungen einschließlich der hierzu erforderlichen Anrampungen und Zugangswege haben diejenigen Grundeigentümer, denen hierdurch besondere wirtschaftliche Vorteile erwachsen, Beiträge zu leisten, die nach diesen Vorteilen zu bemessen sind.

2. Diese Verpflichtung tritt nur ein, falls die in 1 erwähnten Veranstaltungen von der Stadtgemeinde im öffentlichen Interesse vorgenommen werden. Solche Veranstaltungen, mit denen nach dem 1. April 1895 begonnen ist, die aber beim Inkrafttreten dieses Beschlusses noch nicht vollendet sind, unterliegen bereits dieser Verpflichtung.

3. Soweit auf Straßen oder Straßenteile das Gesetz vom 2. Juli 1875 und das darauf gegründete Ortsstatut Anwendung findet, ist die Anwendung dieses Beschlusses ausgeschlossen.

4. Der Umfang der nach 1 und 2 eintretenden Verpflichtung wird im Einzelfalle durch besondere Beschlüsse nach Maßgabe des § 9 des Kommunalabgabengesetzes vom 14. Juli 1893 von den Gemeindebehörden festgestellt.

Berlin, den 16. April 1902.

Magistrat hiesiger Königlichen Haupt- und Residenzstadt.
gez. Kirschner.

---

8. Gesetz, betreffend die Vorausleistungen zum Wegebau, vom 18. August 1902.

§ 1. Wird ein öffentlicher Weg oder eine Brücke, welche eine selbständige Verkehrsanlage bildet, infolge der Anlegung von Fabriken, Bergwerken, Steinbrüchen, Ziegeleien oder ähnlichen Unternehmungen vorübergehend oder durch deren Betrieb dauernd in erheblichem Maße abgenutzt, so kann auf Antrag derjenigen, deren Unterhaltungslast dadurch vermehrt wird, dem Unternehmer nach Verhältnis dieser Mehrbelastung, wenn und insoweit sie nicht durch die Erhebung von Chaussee-, Pflaster- oder Brückengeld gedeckt wird, ein angemessener Betrag zu der Unterhaltung des betreffenden Weges auferlegt werden.

§ 2. Insoweit ein engerer oder weiterer Kommunalverband die gesetzlich einem anderen Kommunalverbande oder dem Staate obliegende Unterhaltung von Wegen auszuführen hat, ist er zur Stellung von Anträgen gemäß § 1 selbständig berechtigt.

§ 3. Der Staat ist zur Stellung derartiger Anträge nur befugt, sofern er als Gutsherr in Betracht kommt.

§ 4. Bei dauernder Abnutzung eines Weges kann für die Vorausleistung ein Beitrag oder ein Beitragsverhältnis mit der Maßgabe festgesetzt werden, daß die Festsetzung so lange gilt, bis der Beitrag oder das Beitragsverhältnis im Wege gütlicher Vereinbarung oder anderweiter Festsetzung geändert ist.

Mangels gütlicher Vereinbarung steht die Klage auf anderweite Festsetzung des Beitrages oder Beitragsverhältnisses beiden Teilen zu. Sie kann nur auf die Behauptung gestützt werden, daß die tatsächlichen Voraussetzungen, von welchen bei Festsetzung des Beitrags oder Beitragsverhältnisses ausgegangen ist, eine wesentliche Änderung erfahren haben.

§ 5. Die zuständigen Behörden haben über Anträge auf Festsetzung von Vorausleistungen sowie über Anträge auf Abänderung des festgesetzten Beitrags oder des festgesetzten Beitragsverhältnisses nach freiem billigen Ermessen zu entscheiden.

§ 6. Über die Festsetzung von Vorausleistungen entscheidet in Ermanglung gütlicher Vereinbarung auf Klage des Wegebaupflichtigen in erster Instanz:

a) bei Wegen, welche von den Provinzialverbänden (in der Provinz Hessen-Nassau von den Bezirksverbänden, in den Hohenzollernschen Landen von dem Landeskommunalverband) oder von den Kreisen unterhalten werden, bei Wegen in Stadtkreisen und in Städten mit mehr als 10 000 Einwohnern (in der Provinz Hannover in den bezüglich der allgemeinen Landesverwaltung selbständigen Städten) der Bezirksausschuß.

b) in allen übrigen Fällen der Kreisausschuß.

Zur Entscheidung über Klagen auf Änderung einer Vorausleistung gemäß § 4 ist diejenige Behörde zuständig, welche zur Festsetzung in erster Instanz zuständig sein würde.

§ 7. Die vereinbarten oder festgesetzten Beiträge unterliegen der Beitreibung im Verwaltungszwangsverfahren.

§ 8. Die Vorausleistungen gemäß § 1 dürfen nur vom Beginne desjenigen Kalenderjahres ab in Anspruch genommen werden, welches dem Jahre, worin die Klage erhoben wird, unmittelbar vorausgeht. Auf rückständig gebliebene oder gestundete Vorausleistungen finden die Bestimmungen des § 8 des Gesetzes über die Verjährungsfristen bei öffentlichen Abgaben vom 18. Juni 1840 (G.-S. S. 140) Anwendung.

§ 9. Alle diesem Gesetz entgegenstehenden oder dadurch ersetzten Bestimmungen, insbesondere:

1. § 24 der Wegeordnung für das Herzogtum Lauenburg vom 7. Februar 1876, Off.-Wochenblatt S. 27;
2. § 42 des Hannoverschen Gesetzes über Gemeindewege und Landstraßen vom 28. Juli 1851 in der Fassung des Gesetzes, betreffend die Abänderung dieses Gesetzes, vom 26. Februar 1877 (G.-S. S. 18);
3. § 7 des Gesetzes, betreffend die Abänderung der Wegegesetze im Regierungsbezirk Kassel, vom 16. März 1879 (G.-S. S. 225);
4. Abschnitt II des Gesetzes, betreffend die Abänderung einiger Bestimmungen der Wegegesetze im Regierungsbezirke Wiesbaden, vom 27. Juni 1890 (G.-S. S. 225);
5. die Gesetze, betreffend die Heranziehung der Fabriken usw. mit Präzipualleistungen (Vorausleistungen) für den Wegebau
   a) in der Provinz Sachsen, vom 28. November 1887 (G.-S. S. 277),
   b) in der Provinz Westfalen, vom 14. Mai 1888 (G.-S. S. 116),
   c) in der Provinz Schlesien, vom 16. April 1899 (G.-S. S. 100),
   d) in der Provinz Schleswig-Holstein mit Ausnahme des Kreises Herzogtum Lauenburg, vom 2. Juli 1891 (G.-S. S. 299),
   e) in der Provinz Brandenburg, vom 7. Juli 1891 (G.-S. S. 315),
   f) in der Rheinprovinz, vom 4. August 1891 (G.-S. S. 334),

g) in der Provinz Pommern, vom 8. März 1897 (G.-S. S. 95);

6. Das Ergänzungsgesetz, betreffend die Vorausleistungen zu Wegebauten, vom 11. Juli 1891 (G.-S. S. 329), soweit es sich auf die Wegeunterhaltung bezieht,

werden aufgehoben.

§ 10. Auf die vor dem Inkrafttreten dieses Gesetzes bereits im Verwaltungsstreitverfahren anhängig gemachten Sachen finden die Bestimmungen der früheren Gesetze Anwendung.

IV. Anbau an Straßen.

A. Vorgärten.

1. Polizeiverordnung vom 27. Oktober 1855, betreffend Anlegung von Vorgärten.

Auf Grund der §§ 6 und 11 des Gesetzes vom 11. März 1850 über die Polizeiverwaltung und zur Ausführung der §§ 78 und 82, Titel 8, Teil I des Allgemeinen Landrechts verordnet das Polizeipräsidium für den Baupolizeibezirk Berlins, was folgt:

§ 1. Wo Vorplätze zwischen den Baufluchtlinien (vgl. § 10 und 12 der Berliner Bauordnung vom 21. April 1853) und den Bürgersteigen bzw. Fahrdämmen der öffentlichen Straßen und Plätze zugelassen worden sind, dürfen dieselben nur zu Gartenanlagen benutzt und nur mit einer aus Gitterwerk bestehenden Einfriedigung versehen werden. Zu Abweichungen von dieser Vorschrift ist besondere polizeiliche Erlaubnis erforderlich.

§ 2. Wer den vorstehenden Bestimmungen entgegenhandelt oder den ihm dadurch auferlegten Verpflichtungen nachzukommen unterläßt, verfällt in eine Geldbuße bis zu 10 Talern oder im Unvermögensfalle in eine Gefängnisstrafe bis zu achttägiger Dauer.

Berlin, den 27. Oktober 1855.

Königliches Polizeipräsidium.
gez. Lüdemann.

---

2. Vereinbarung zwischen dem Magistrat und dem Polizeipräsidium über die Anlegung von Vorgärten.

Die Vorgärten zerfallen in solche, auf deren Anlegung zu halten ist, und solche, deren Anlegung erlassen werden kann. Ein derartiger Erlaß wird infolge von Vereinbarungen zwischen Magistrat und Polizeipräsidium, die die ministerielle Genehmigung erhalten haben, von der Erfüllung folgender Bedingungen abhängig gemacht:

1. unentgeltliche Auflassung des Vorgartenlandes an die Stadtgemeinde;
2. bürgersteigartige Befestigung dieses Landes;
3. unentgeltliche und pfandfreie Auflassung des etwa noch im Eigentum des Antragstellers befindlichen Straßenlandes vor dem Vorgartenlande;
4. Rückgewähr des dem Antragsteller oder seinem Erblasser für das Straßenland vor dem Vorgartenland gezahlten Betrages;
5. Rückgewähr des dem Antragsteller oder seinem Erblasser für die Unbebaubarkeit des Vorgartenlandes bzw. die Wertsverminderung des Baugrundstücks durch den Vorgarten gezahlten Entschädigungsbetrages.

---

3. Verzeichnis I der Straßen, in denen

Aufgestellt in der städtischen

(Der Abdruck erfolgt ohne

Straße	Angabe über die Festsetzung	In den Akten
Altonaer Straße	A. C. O. v. 21. 3. 1874	Bauten 292
Augustenburger Platz	A. C. O. v. 8. 8. 1898	Bauten 1351
Bachstraße	A. C. O. v. 6. 4. 1888	
Bärwaldstraße	Separations-Rezeß und straßenbaupol. Genehmigung v. 27. 4. 83 — 2260 Str. P.	
Belle-Alliance-Straße von Kreuzbergstraße bis Weichbildgrenze	Minist.-Reskript v. 19. 3. 1875, 19. 3. 1875	Str. P. S. B. 581
Bellevuestraße	Vorhandene frühere Einteilung	
Bendlerstraße	A. C. O. v. 25. 7. 1836	Str. P. S. B. 862 I.

auf Anlage von Vorgärten zu halten ist.

Plankammer im März 1908.
(Gewähr für die Richtigkeit.)

Bemerkung	Straßeneinteilung
Altonaer Straße 35 und 36 haben Vorgärten von ungleicher Tiefe. Altonaer Straße 37 hat keinen Vorgarten.	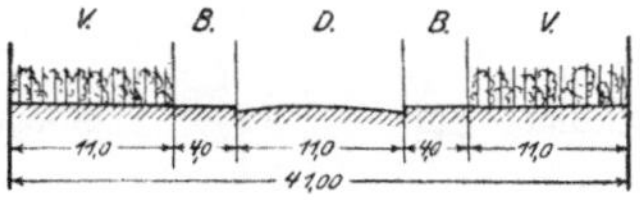 V. B. D. B. V. 11,0 4,0 11,0 4,0 11,0 41,00
	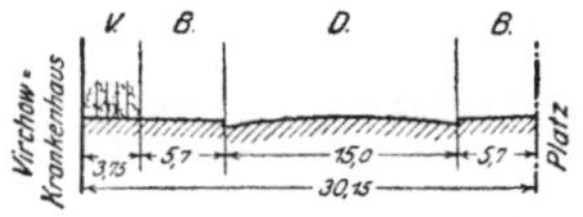 V. B. D. B. Virchow-Krankenhaus 3,75 5,7 15,0 5,7 Platz 30,15
	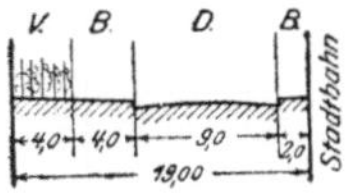 V. B. D. B. 4,0 4,0 9,0 2,0 Stadtbahn 19,00
	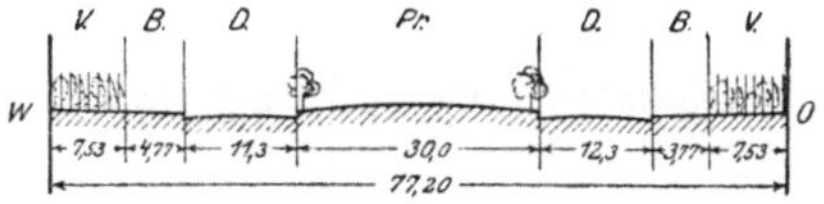 V. B. D. Pr. D. B. V. W 7,53 4,77 11,3 30,0 12,3 3,77 7,53 O 77,20
	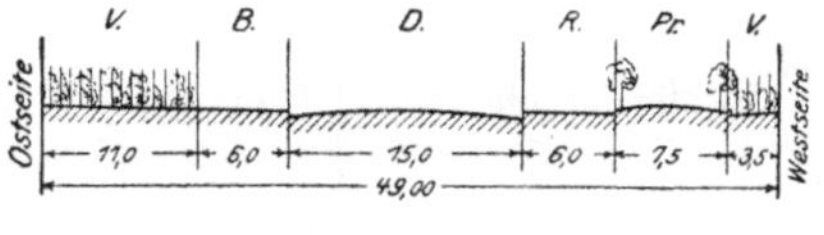 V. B. D. R. Pr. V. Ostseite 11,0 6,0 15,0 6,0 7,5 3,5 Westseite 49,00
Profil örtlich gemessen; die Einteilung ist nicht gleichmäßig.	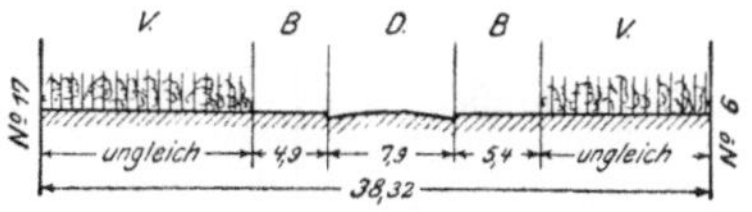 V. B D. B V. No 17 ungleich 4,9 7,9 5,4 ungleich No 6 38,32
	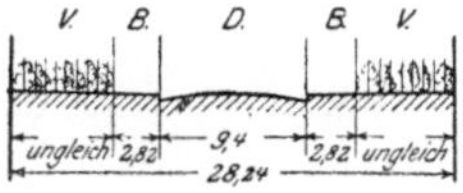 V. B. D. B. V. ungleich 2,82 9,4 2,82 ungleich 28,24

Straße	Angabe über die Festsetzung	In den Akten
Birkenstraße	Normaleinteilung	
Blumes Hof	Pflasterkonsens	
Brückenallee	A. C. O. v. 21. 3. 1874	Bauten 292
Burggrafenstraße	A. C. O. v. 28. 1. 1874	Str. P. S. B. 673
Bornholmer Straße	Minist.=Erlaß v. 14. 11. 1863	Str. P. S. B. 414
Christianiastraße	Minist.=Erlaß v. 14. 11. 1863	Str. P. S. B. 414
Claudiusstraße	A. C. O. v. 21. 3. 1874	Bauten 292
Corneliusstraße	A. C. O. v. 2. 11. 1863	Str. P. S. B. 455

Bemerkung	Straßeneinteilung
	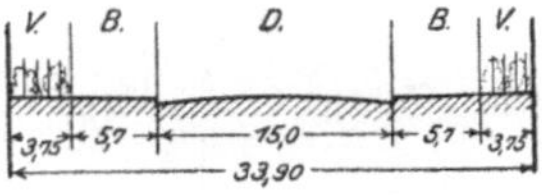 V. B. D. B. V. 3,75 5,7 15,0 5,7 3,75 33,90
Öffentliche Straße seit 1876.	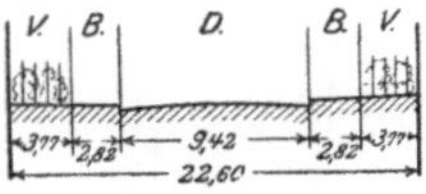 V. B. D. B. V. 3,77 2,82 9,42 2,82 3,77 22,60
Vorgärten vor den Grundstücken Nr. 34, 35 und 36 sind verschieden tief.	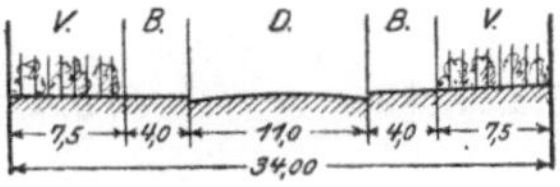 V. B. D. B. V. 7,5 4,0 11,0 4,0 7,5 34,00
	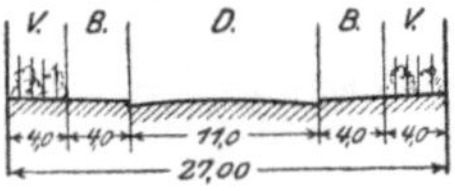 V. B. D. B. V. 4,0 4,0 11,0 4,0 4,0 27,00
	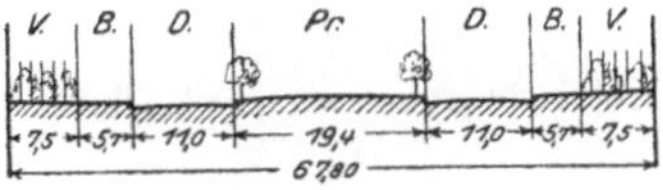 V. B. D. Pr. D. B. V. 7,5 5,7 11,0 19,4 11,0 5,7 7,5 67,80
	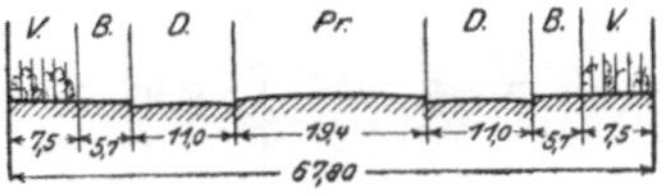 V. B. D. Pr. D. B. V. 7,5 5,7 11,0 19,4 11,0 5,7 7,5 67,80
	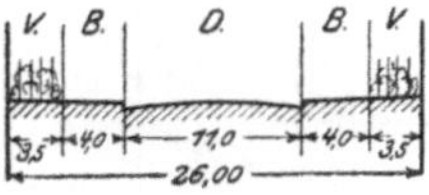 V. B. D. B. V. 3,5 4,0 11,0 4,0 3,5 26,00
	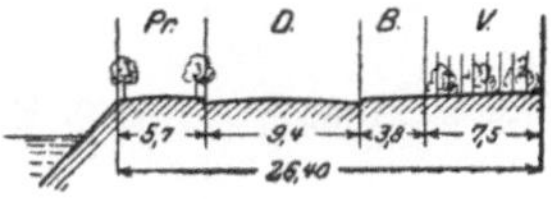 Pr. D. B. V. 5,7 9,4 3,8 7,5 26,40

Straße	Angabe über die Festsetzung	In den Akten
Cuxhavener Straße	A. C. O. v. 21. 3. 1874	Bauten 292
Dörnbergstraße	A. C. O. v. 30. 8. 1880	
Drakestraße	A. C. O. v. 2. 11. 1863	Str. P. S. B. 455
Dortmunder Straße		
Elisabethufer	C. A. O. v. 6. 9. 1858	Str. P. S. B. 255
Essener Straße	A. C. O. v. 15. 4. 1903	
Fichtestraße	Normaleinteilung	
Flensburger Straße	A. C. O. v. 21. 3. 1874	Bauten 292

Bemerkung	Straßeneinteilung
	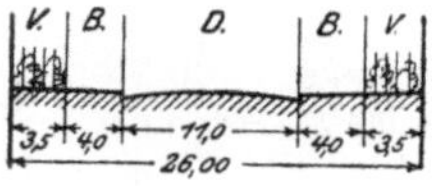 V. B. D. B. V. 3,5 4,0 11,0 4,0 3,5 26,00
	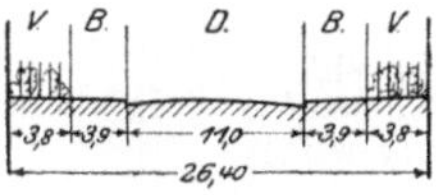 V. B. D. B. V. 3,8 3,9 11,0 3,9 3,8 26,40
	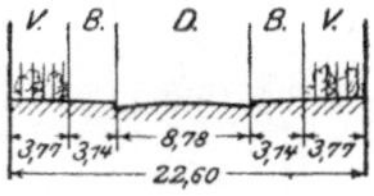 V. B. D. B. V. 3,77 3,14 8,78 3,14 3,77 22,60
	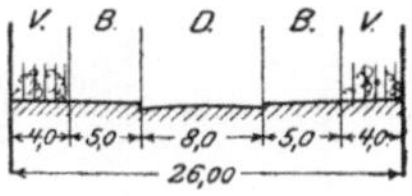 V. B. D. B. V. 4,0 5,0 8,0 5,0 4,0 26,00
	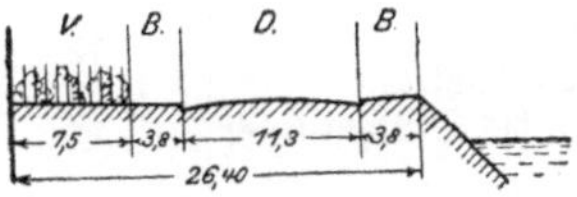 V. B. D. B. 7,5 3,8 11,3 3,8 26,40
	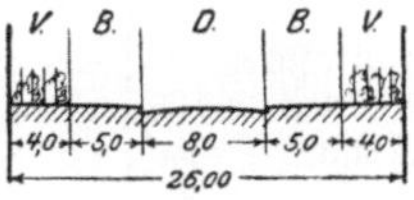 V. B. D. B. V. 4,0 5,0 8,0 5,0 4,0 26,00
	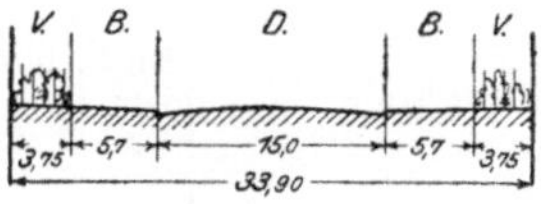 V. B. D. B. V. 3,75 5,7 15,0 5,7 3,75 33,90
Die Flensburger Straße hat zwischen Brückenallee und Klopstockstraße eine unregelmäßige Einteilung und infolgedessen Vorgärten von ungleicher Tiefe.	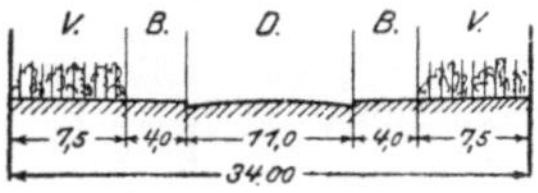 V. B. D. B. V. 7,5 4,0 11,0 4,0 7,5 34,00

Straße	Angabe für die Festsetzung	In den Akten
Friedenstraße von Weinstraße bis H. Nr. 35	A. C. O. v. 26. 7. 1862	Str. P. S. B. 360
Friedenstraße von Weidenweg bis Frankfurter Allee		
Friedrich=Wilhelm=Straße	A. C. O. v. 27. 5. 1871	Str. P. S. B. 204
Flotowstraße	Verf. der Str. P. v. 2. 2. 1903 Str. P. 11. 12. 03	A. G. Str. P.
Gneisenaustraße von Nostiz= bis Blücherstraße	A. C. O. v. 4. 6. 1866	Str. P. S. B. 342
Gneisenaustraße von Belle=Alliance= bis Nostizstraße		
Görlitzer Ufer	Straßenbaupol. Zustimmung vom 2. 4. 1894. Nr. 15 097 Str. P. I (94)	Str. P. S. B. 336
Große Querallee		

Bemerkung	Straßeneinteilung
	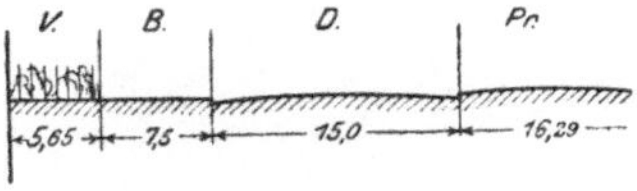 V. B. D. Pr. 5,65 7,5 15,0 16,29
	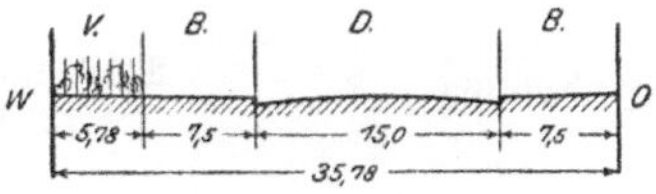 V. B. D. B. W O 5,78 7,5 15,0 7,5 35,78
	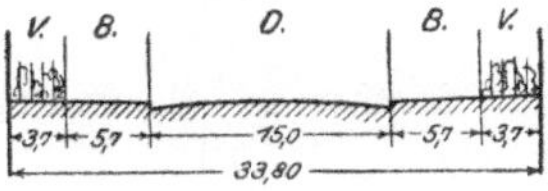 V. B. D. B. V. 3,7 5,7 15,0 5,7 3,7 33,80
	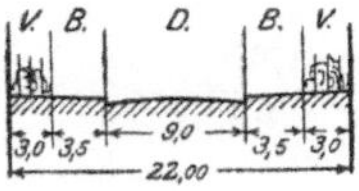 V. B. D. B. V. 3,0 3,5 9,0 3,5 3,0 22,00
	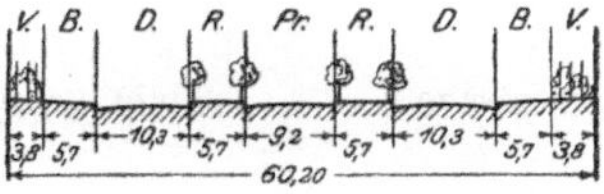 V. B. D. R. Pr. R. D. B. V. 3,8 5,7 10,3 5,7 9,2 5,7 10,3 5,7 3,8 60,20
	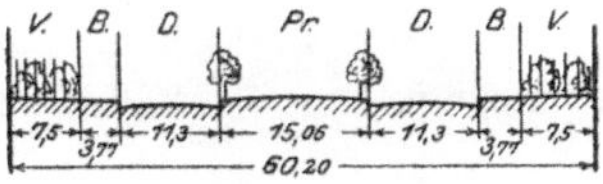 V. B. D. Pr. D. B V. 7,5 3,77 11,3 15,06 11,3 3,77 7,5 60,20
	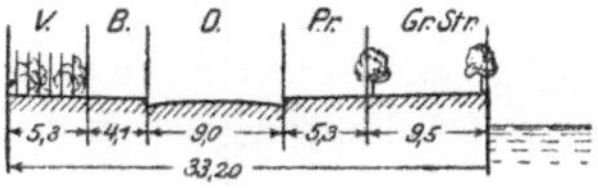 V. B. D. Pr. Gr.Str. 5,8 4,1 9,0 5,3 9,5 33,20
	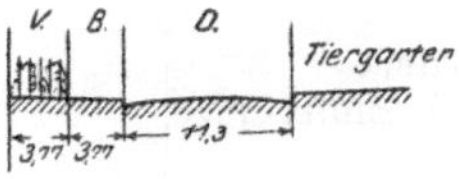 V. B. D. Tiergarten 3,77 3,77 11,3

Straße	Angabe für die Festsetzung	In den Akten
Händelstraße	A. C. O. v. 21. 3. 1874	Bauten 292
Heidestraße	Pflasterkonsens vom 12. 12. 61	Berlin-Hamburger Eisenbahn Nr. 11
Hallesche Straße	Minist.-Erlaß v. 31. 7. 1865	Str. P. S. B. 374
Hallesches Ufer von Möckern- bis Königgrätzer Straße	A. C. O. v. 5. 3. 1855	Str. P. S. B. 228
Hasenheide	Minist.-Erlaß v. 25. 5. 1872	Wegebesserungen 47
Herwarthstraße	A. C. O. v. 14. 6. 1865	Str. P. S. B. 149
Hitzigstraße von Cornelius- bis Rauchstr.	A. C. O. v. 28. 1. 1874	Str. P. S. B. 673
Hitzigstraße von Rauch- bis Stülerstraße	A. C. O. v. 2. 11. 1863	Str. P. S. B. 455

Bemerkung	Straßeneinteilung
	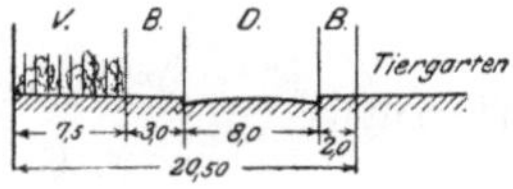 V. B. D. B. Tiergarten 7,5 3,0 8,0 2,0 20,50
	Westseite V. B. D. B. Ostseite 7,53 3,77 15,06 3,77 30,13
	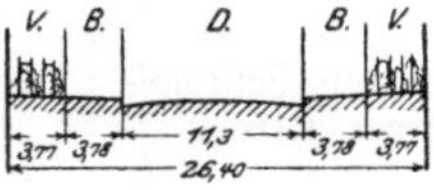 V. B. D. B. V. 3,77 3,78 11,3 3,78 3,77 26,40
Haus Nr. 1—17 Vorgärten = 7,53 m, Haus Nr. 18—32 Vorgärten von ungleich. Tiefe (zwischen Großbeeren- und Möckernstraße)	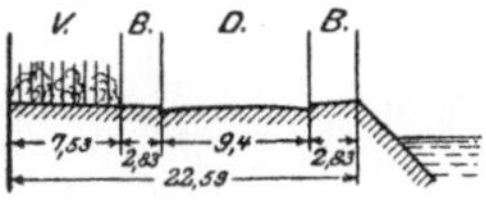 V. B. D. B. 7,53 2,83 9,4 2,83 22,59
	Hasenheide V. Pr. D. B. V. 14,0 7,75 13,0 7,75 14,0 56,50
	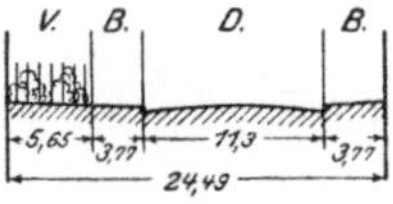 V. B. D. B. 5,65 3,77 11,3 3,77 24,49
	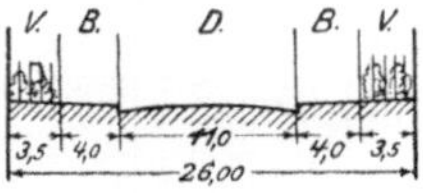 V. B. D. B. V. 3,5 4,0 11,0 4,0 3,5 26,00
	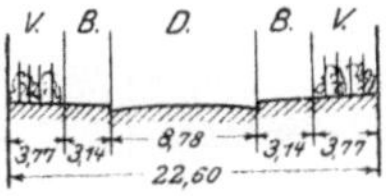 V. B. D. B. V. 3,77 3,14 8,78 3,14 3,77 22,60

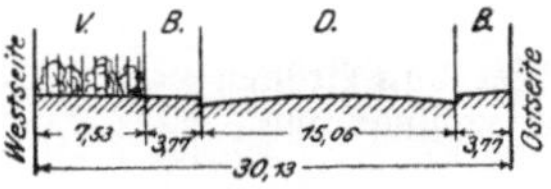

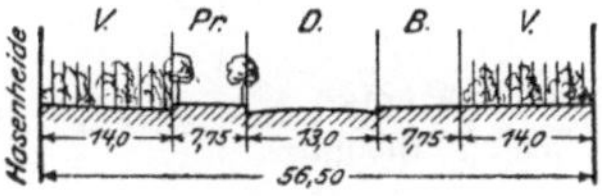

Straße	Angabe für die Festsetzung	In den Akten
Hohenzollernstraße	Festgesetzte und vorhandene Einteilung A. C. O. v. 25. 9. 61	Str. P. S. B. 331
Holsteiner Ufer von Brücken-Allee bis Lessingstraße	A. C. O. v. 21. 3. 1874	Bauten 292
Holsteiner Ufer von Lessing- bis Flensburger Straße	A. C. O. v. 21. 3. 1874	Bauten 295
Hornstraße	A. C. O. v. 3. 5. 1872	Bauten 278
Josef-Haydn-Straße, früher Klopstockstraße	A. C. O. v. 21. 3. 1874	Bauten 292
Kaiserin-Augusta-Straße	A. C. O. v. 22. 5. 1872	Str. P. S. B. 204
Karlsbad, Auf dem	Verf. des Königl. Pol. Präsid. v. 23. 11. 1861	Str. P. S. B. 33
Keithstraße (vgl. Verzeichnis II)	Verf. v. 8. 11. 1879 ad Nr. 2966 Str. P. 79	Str. P. S. B. 373

Bemerkung	Straßeneinteilung
Zu der etwa notwendig werdenden Verbreiterung der Straße sind die Adjazenten zu unentgeltlicher Abtretung von 6 Fuß = 1,88 m auf jeder Seite der Straße grundbuchlich verpflichtet (exkl. Grundstück 5—5 a).	V. B. D. B. V.; 5,7 – 2,8 – 9,4 – 2,8 – 5,7; 26,40
	V. B. D. B.; 7,5 – 3,0 – 9,0 – verschieden
	V. B. D. B.; 7,5 – 2,0 – 7,0 – 2,0; 18,5
	V. B. D. Pr. D. B. V.; 7,65 – 4,0 – 11,0 – 15,0 – 11,0 – 4,0 – 7,65; 60,30
	V. B. D. B. Tiergarten; ca 7,5 – ca 3,0 – ca 9,5 – ca 3,2; ca 23,2
	V. B. D. B. V.; 3,8 – 3,9 – 11,0 – 3,9 – 3,8; 26,40
Bauflucht festgesetzt durch A. C. O. v. 18. 5. 1861. — vgl. Plan i. a. Straßenpflaster Nr. 182, Vol. II, Seite 72.	V. B. D. B. V.; 6,6 – 3,75 – 11,3 – 3,75 – 6,6; 32,00
	V. B. D. B. V.; Defin. W. – Provis. O; 3,77 – 3,78 – 11,30 – 3,78 – 3,77; 26,40

Straße	Angabe für die Festsetzung	In den Akten
Kleinbeerenstraße	Minist.-Erlaß v. 31. 7. 1865	Str. P. S. B. 374
Klopstockstraße	A. C. O. v. 21. 3. 1874	Bauten 292
Königin-Augusta-Straße Haus von Nr. 3 (einschl.) bis Potsdamer Straße	A. C. O. v. 11. 8. 1848	Bauten 271
Königgrätzer Straße vom Potsdamer Platz bis Lennéstraße	A. C. O. v. 20. 6. 1865	Bauten 268
Königgrätzer Straße von Lennéstraße bis zum Haus Nr. 40 (ausschl.)	A. C. O. v. 20. 6. 1865	Bauten 268
Kottbuser Ufer von Görlitzer Ufer bis Kottbuser Straße	A. C. O. v. 26. 3. 1900 15 323 Str. P. I/00	Str. P. S. B. 255
Kreuzbergstraße von Nr. 1 bis 10	A. C. O. v. 7. 6. 1871	
Kurfürstendamm von Lützowufer bis alte Grenze d. Zoologischen Gartens bei Haus Nr. 8	A. C. O. v. 28. 1. 1874	

Bemerkung	Straßeneinteilung
	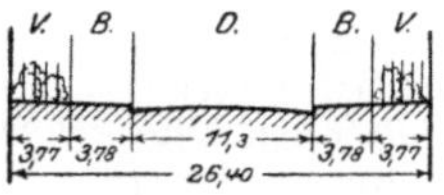
	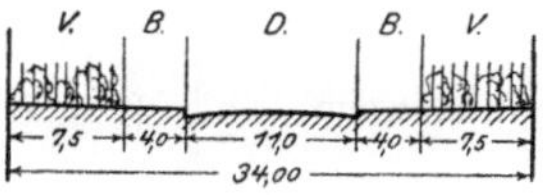
Zum Teil Vorgärten von ungleicher Tiefe.	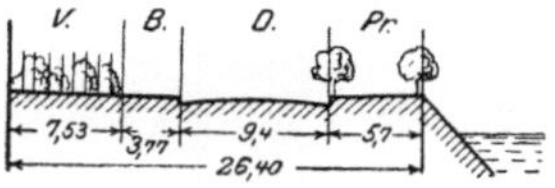
Ablehnung betr. Versetzung der Vorgärten in Abt. II des Verzeichnisses. (Vgl. J. Nr. 1563. St. P. 1. 13.) Die Westseite der Königsgrätzer Straße (also Haus Nr. 1—12) hat Vorgärten von ungleicher Tiefe.	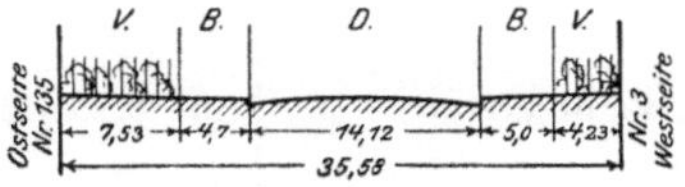
	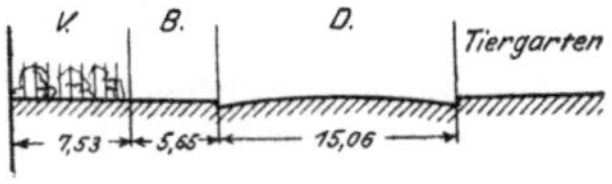
	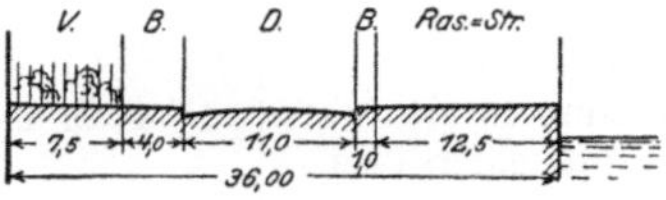
	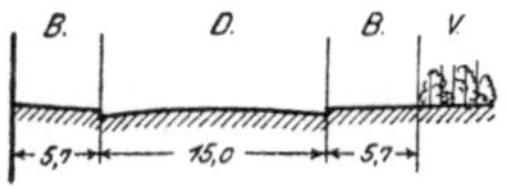
	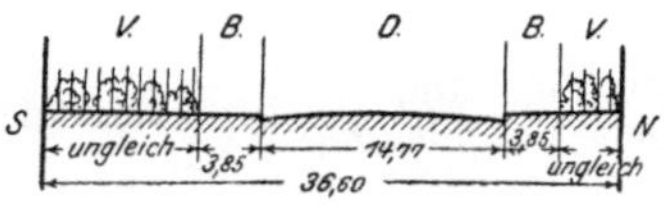

Straße	Angabe über die Festsetzung	In den Akten
Kurfürstendamm von der Grenze des Zoologischen Gartens (Nr. 8) bis Kurfürstenstraße	A. C. O. v. 28. 1. 1874	Str. P. S. B. 673
Landgrafenstraße	A. C. O. v. 26. 5. 1869	Str. P. S. B. 592
Lennéstraße	A. C. O. v. 21. 8. 1838	Str. P. S. B. 45
Lessingstraße	A. C. O. v. 21. 3. 1874	Bauten 292
Lichtensteinallee	Minist.-Erlaß v. 9. 10. 1868	Pflasterungssachen 148
Luisenufer von Wassertorplatz bis Kaiser-Franz-Grenadier-Platz	A. C.O. v. 6. 9. 1858	Str. P. S. B. 255
Lützowufer	A. C. O. v. 11. 8. 1848	Bauten 271
Lützowplatz, Am, von Haus Nr. 1 bis 8	Normaleinteilung	B. 107 Str. P. S. vol. V

Bemerkung	Straßeneinteilung
	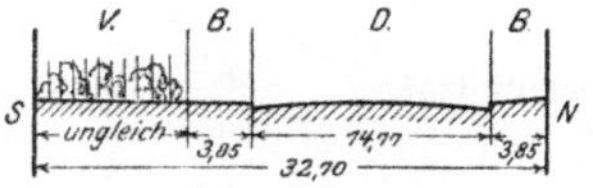
	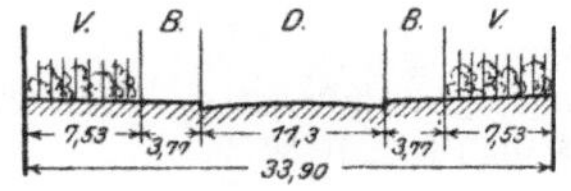
Profil örtlich gemessen. Die Einteilung ist nicht gleichmäßig.	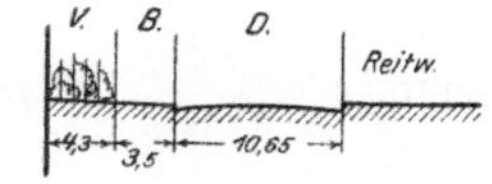
	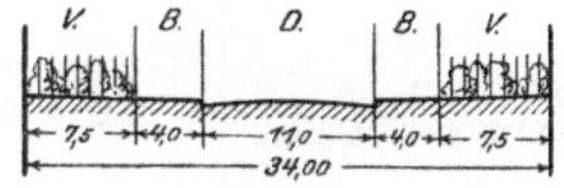
	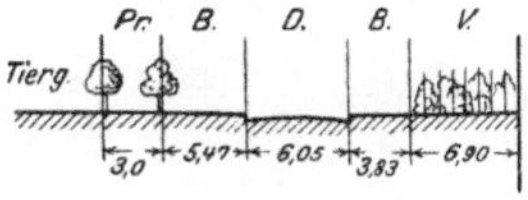
	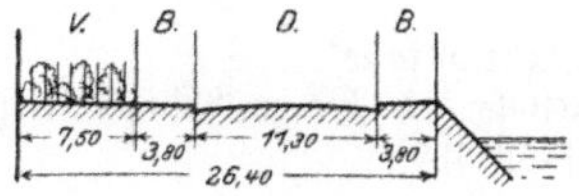
	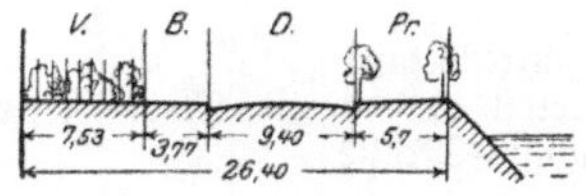
	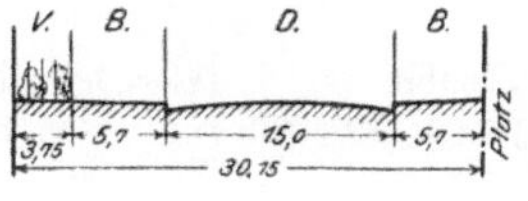

Straße	Angabe über die Festsetzung	In den Akten
Levetzowstraße	A. C. O. v. 4. 4. 1880	
Luxemburger Straße von Triftstraße bzw. Lütticher Straße bis Genter Straße	Normaleinteilung	
Maaßenstraße	Normaleinteilung	
Margaretenstraße bis Potsdamer Straße	A. C. O. v. 7. 4. 1856	Str. P. S. B. 248
Marheinekeplatz	Verf. des Königl. Pol.-Präsid. v. 11. 10. 73 ad 3920 I°.	Str. P. S. B. 6771
Matthäikirchstraße von Tiergarten- bis Margaretenstraße	Minist.-Reskr. v. 21. 1. 1864	Str. P. S. B. 97
Matthäikirchstraße von Margareten- bis Königin-Augusta-Straße	Minist.-Reskr. v. 21. 1. 1864	Str. P. S. B. 97
Alt-Moabit von Lüneburger bis Werftstr.	Verf. des Königl. Pol.-Präsid. v. 9. 3. 1867	Str. P. S. B. 500

Bemerkung	Straßeneinteilung
	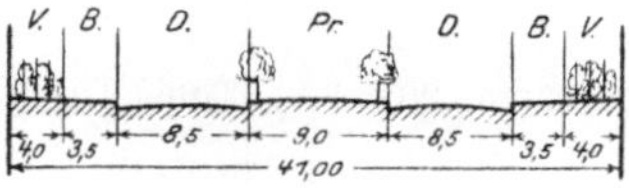 V. B. D. Pr. D. B. V. — 4,0 3,5 8,5 9,0 8,5 3,5 4,0 — 41,00
	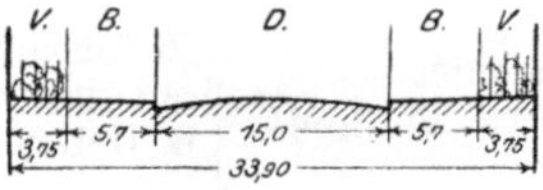 V. B. D. B. V. — 3,75 5,7 15,0 5,7 3,75 — 33,90
	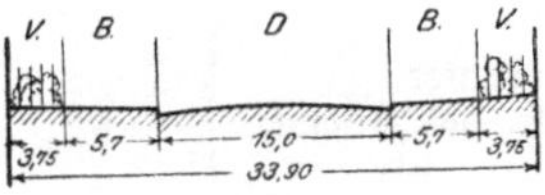 V. B D B. V. — 3,75 5,7 15,0 5,7 3,75 — 33.90
	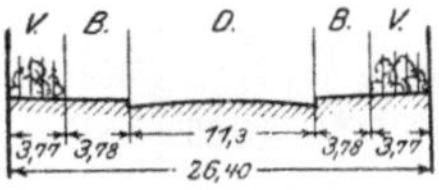 V. B. D. B. V. — 3,77 3,78 11,3 3,78 3,77 — 26,40
	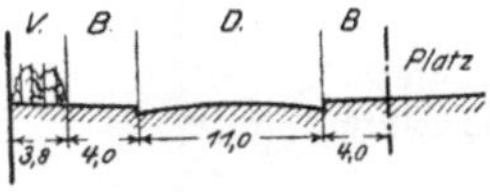 V. B D. B Platz — 3,8 4,0 11,0 4,0
	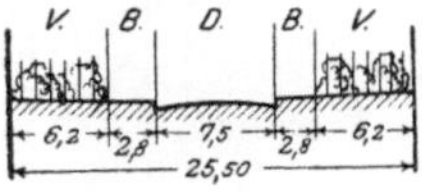 V. B. D. B. V. — 6,2 2,8 7,5 2,8 6,2 — 25,50
	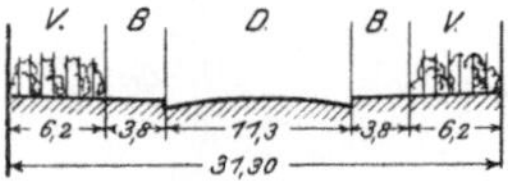 V. B D B V. — 6,2 3,8 11,3 3,8 6,2 — 31,30
	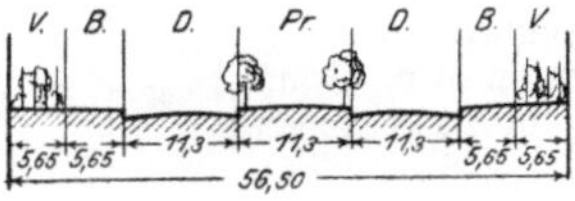 V. B. D. Pr. D. B. V — 5,65 5,65 11,3 11,3 11,3 5,65 5,65 — 56,50

Straße	Angabe über die Festsetzung	In den Akten
Nordhafen, Am	Minist.-Erlaß v. 21. 3. 1860	Bauten 274 II
Nordufer von Fenn- bis Torfstraße	Straßenbaupolizeilich festgesetzte Einteilung vgl. Nr. 12171 B. II 15 238 Str. P. I. 98.	
Nordufer von Torfstr. bis Buchstr.	desgl.	
Nordufer von Buch- bis Föhrer Straße	desgl.	
Nordufer von Föhrer bis Sylter Straße	desgl.	
Nordufer von Sylter bis Seestraße	desgl.	
Oskarplatz	A. C. O. v. 30. 10. 1911	
Planufer von Blücherplatz bzw. Straße am Johannistisch bis Johanniterstraße	A. C. O. v. 11. 8. 1848	Bauten 271

Bemerkung	Straßeneinteilung
	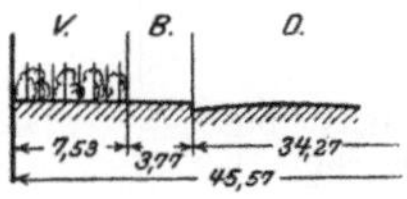 V. B. D. — 7,53 / 3,77 / 34,27 — 45,57
	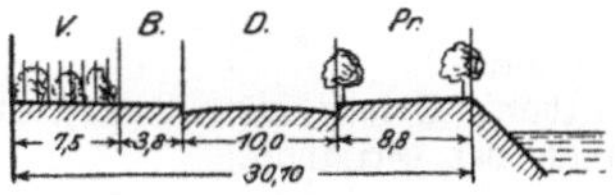 V. B. D. Pr. — 7,5 / 3,8 / 10,0 / 8,8 — 30,10
	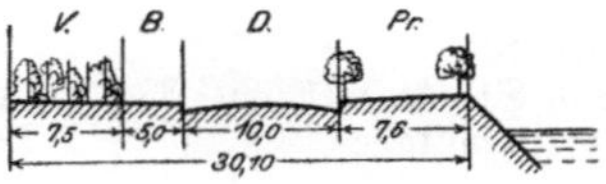 V. B. D. Pr. — 7,5 / 5,0 / 10,0 / 7,6 — 30,10
	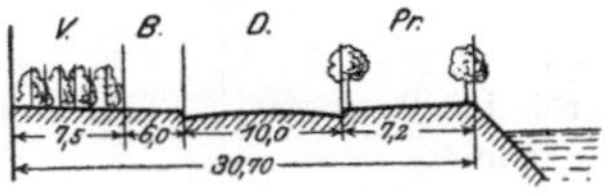 V. B. D. Pr. — 7,5 / 6,0 / 10,0 / 7,2 — 30,70
	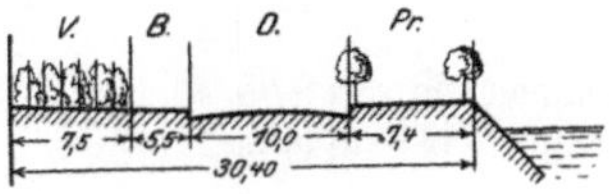 V. B. D. Pr. — 7,5 / 5,5 / 10,0 / 7,4 — 30,40
	Platz B. D. Pr. — 5,3 / 10,0 / 7,3 — 22,60
	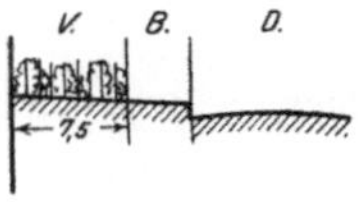 V. B. D. — 7,5
	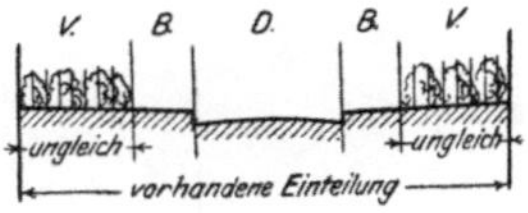 V. B. D. B. V. — ungleich / ungleich — vorhandene Einteilung

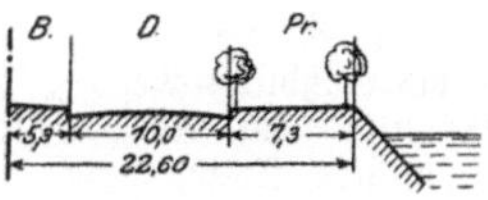

Straße	Angabe über die Festsetzung	In den Akten
Planufer von Johanniter- bis Bärwaldstraße	A. C. O. v. 11. 8. 1848	Bauten 271
Planufer von Am Urban (Ostseite bis 53 m westlich der Grimmstr.	A. C. O. v. 27. 1. 1889	
Planufer für die 53 m-Strecke westlich der Grimmstraße	A. C. O. v. 27. 1. 1889	
Planufer von Admiral- bis Kottbuser Brücke	A. C. O. v. 26. 8. 1887	
Rathenower Straße von Perleberger bis Kruppstr.	Normaleinteilung	
Rathenower Straße von Krupp- bis Seydlitzstraße (beiderseits) und bis Alt-Moabit (westliche Seite)	A. C. O. v. 21. 9. 1891	
Rauchstraße	A. C. O. v. 2. 11. 1863	Str. P. S. B. 455
Regentenstraße	Vorhandene frühere Einteilung	Str. P. S. B. 281

Bemerkung	Straßeneinteilung
	V. B. D. Pr. 7,53 3,77 9,4 5,7 26,40
	V. B. D. Pr. Ladestr. 4,0 4,0 12,0 6,0 26,00
	V. B. D. Pr. 6,0 4,0 15,0 5,0 30,00
	V. B. D. Pr. 6,4 4,0 11,0 5,0 26,40
Haus Nr. 27—48 haben keine Vorgärten.	V. B. D. B. V. 3,7 5,7 15,0 5,7 3,7 33,80
Von Seydlitzstr. bzw. Haus Nr. 9—18 Vorgärten = 4,7 m, von Haus Nr. 57—83 Vorgärten = 3,7 m.	V. B. D. B. V. Kaserne 3,7 5,7 15,0 4,7 4,7 33,80
Rauchstraße Nr. 15 hat Vorgarten = 7,5 m.	V. B. D. B. V. 3,77 3,14 8,78 3,14 3,77 22,60
Vertrag vom 23. 4. 1859.	V. B. D. B. V. 4,7 1,88 5,65 1,88 4,7 18,80

Straße	Angabe über die Festsetzung	In den Akten
Richard-Wagner-Straße	A. C. O. v. 19. 7. 1874	Str. P. S. B. 751
Reichstagsplatz (Nordseite) zwischen Königsplatz und Reichstagsufer	A. C. O. v. 5. 4. 1882	
Schellingstraße	Pflasterkonsens	Str. P. S. B. 135
Schleswiger Ufer von Flensburger Straße bis Haus Nr. 16/17	Straßenbaupolizeiliche Genehmigung v. 16. 5. 79 Nr. 2935. Str. P. I. 79	Stadtbau 69 II
Schleswiger Ufer von Haus Nr. 16/17 bis Siegmunds Hof	Pflasterkonsens vom 19. 8. 02	Stadtbau 69 II
Schöneberger Ufer	A. C. O. v. 11. 8. 1848	Bauten 271
Schulstraße	Normaleinteilung	
Seestraße	Minist.-Erlaß v. 27. 7. 1888	Str. P. S. B. 414

Bemerkung	Straßeneinteilung
Haus Nr. 1 Vorgarten = 3,77 m, an der Westseite des Grundstücks Vorgarten von ungleicher Tiefe.	V. B. D. B. V. — 3,77 3,78 11,3 3,78 3,77 — 26,40
	Bauflucht Reichstagsgbd. B. D. B. V. — 7,0 33,2 6,2 8,2 — 41,40
	V. B. D. B. V. — 3,77 3,78 11,3 3,78 3,77 — 26,40
	V. B. D. B. Ladestraße — 7,5 3,5 9,0 2,5 11,0 — 33,50
	V. B. D. B. — 7,5 3,5 9,0 u. mehr 2,0
Die Einteilung ist nicht gleichmäßig Haus Nr. 1—9 Vorgärten = 7,53 m Haus Nr. 10 Vorg. v. ungl. Tiefe „ „ 11—22 Vorg. = 7,53 m „ „ 23—25 „ v. ungl. Tiefe „ „ 26—37 „ = 7,53 m „ „ 38—40 „ v. ungl. Tiefe „ „ 41—48 „ = 7,53 m	V. B. D. — 7,53 3,77 9,4 5,7 — 26,40
	V. B. D. B. V. — 3,75 5,7 15,0 5,7 3,75 — 33,90
	SO. V. B. D. Pr. R. D. B. V. NW. — 7,5 5,0 11,0 15,0 5,8 11,0 5,0 7,5 — 67,80

Straße	Angabe über die Festsetzung	In den Akten
Sellerstraße	Minist.-Erlaß v. 21. 3. 1860	Bauten 274 II
Siegmunds Hof	Consens v. 10. 1. 1863	Str. P. S. B. 362
Sigismundstraße	A. C. O. v. 24. 8. 1863	Str. P. S. B. 379
Sommerstraße von Dorotheenstr. bis Brandenburger Tor	A. C. O. v. 9. 3. 1868	Str. P. S. B. 121
Stülerstraße	A. C. O. v. 2. 11. 1863	Str. P. S. B. 455
Swinemünder Straße zwischen Bernauer Straße und Demminer Straße	Pflasterkonsens	Str. P. S. B. 394
Tegeler Straße	Bestehende Einteilung	
Tempelhofer Ufer von Schöneberger Str. bis Großbeerenstraße	A. C. O. v. 11. 8. 1848	Bauten 271

Bemerkung	Straßeneinteilung
	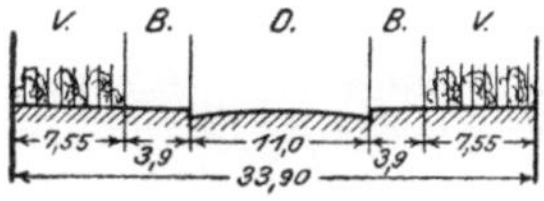 V. B. D. B. V. 7,55 3,9 11,0 3,9 7,55 33,90
	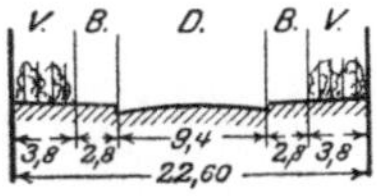 V. B. D. B. V. 3,8 2,8 9,4 2,8 3,8 22,60
	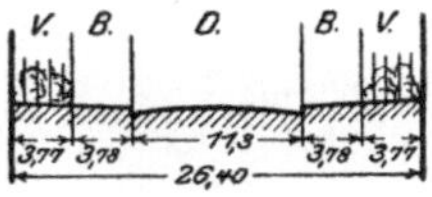 V. B. D. B. V. 3,77 3,78 11,3 3,78 3,77 26,40
Haus Nr. 1 und 2 haben Vorgärten von ungleicher Tiefe Haus Nr. 3, 4 und 4a Vorgärten = 5,65 m.	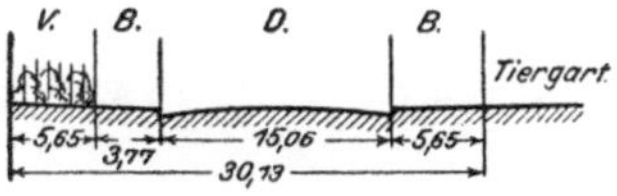 V. B. D. B. Tiergart. 5,65 3,77 15,06 5,65 30,13
	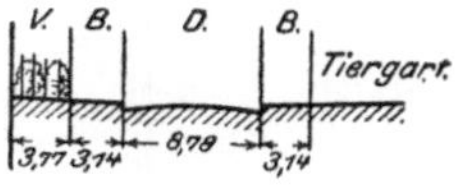 V. B. D. B. Tiergart. 3,77 3,14 8,78 3,14
	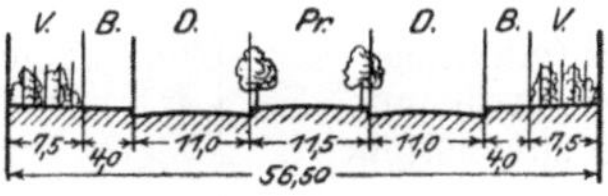 V. B. D. Pr. D. B. V. 7,5 4,0 11,0 11,5 11,0 4,0 7,5 56,50
	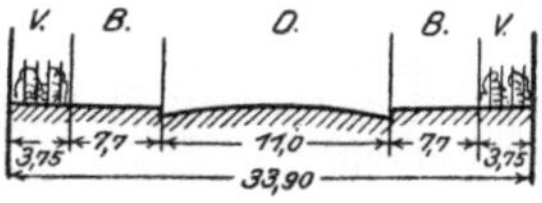 V. B. D. B. V. 3,75 7,7 11,0 7,7 3,75 33,90
Die Einteilung ist nicht gleichmäßig. Haus Nr. 1—12 haben keine Vorgärten, Haus Nr. 13—37 haben Vorgärten = 7,53 m.	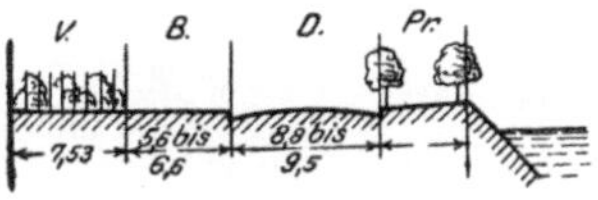 V. B. D. Pr. 7,53 5,6 bis 6,6 8,6 bis 9,5

Straße	Angabe über die Festsetzung	In den Akten
Tiergartenstraße von Haus Nr. 33–37	Vorhandene Einteilung A. C. O. v. 2. 8. 1870	Str. P. S. B. 1170
Ulmenstraße	A. C. O. v. 5. 9. 1883	
Urban, Platz am	A. C. O. v. 27. 1. 1889	
Urbanstraße	Normaleinteilung	
Unionstraße	A. C. O. v. 9. 6. 1880	
Viktoriastraße von Königin-Augusta- bis Margaretenstraße	Vorhandene Einteilung, der früheren Normaleinteilung entsprechend	
Viktoriastraße von Margareten- bis Tiergartenstraße	Vertrag v. 3. 11. 1855	Str. P. S. B. 248
Waterlooufer	A. C. O. v. 18. 12. 1854 und 10. 1. 1863	Bauten 271

Bemerkung	Straßeneinteilung
Profil örtlich gemessen. Die Einteilung ist nicht gleichmäßig.	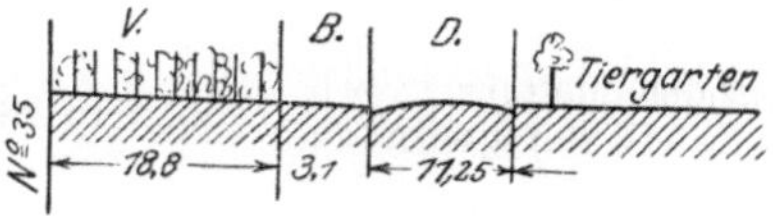
	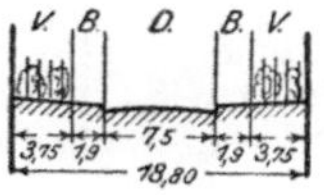
	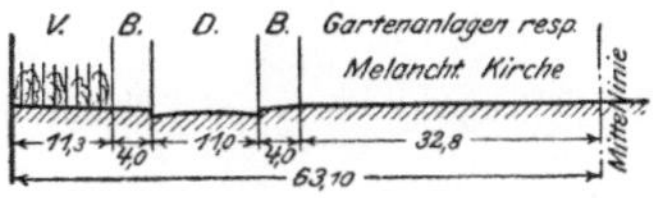
	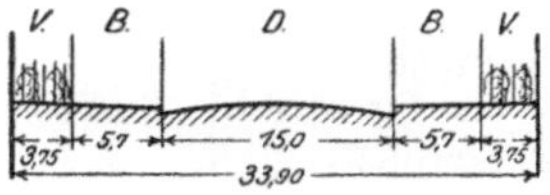
	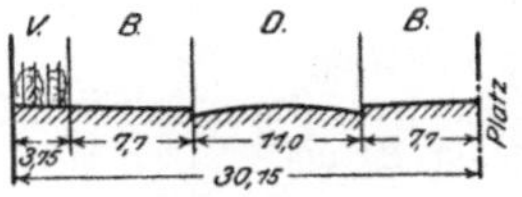
	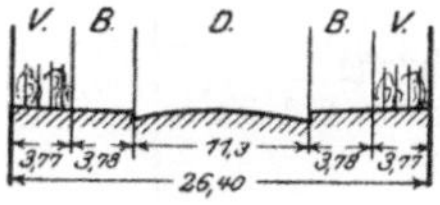
Vorgärten von ungleicher Tiefe.	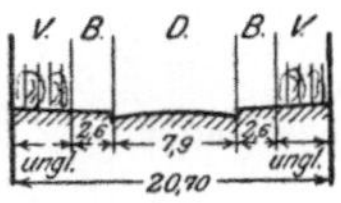
	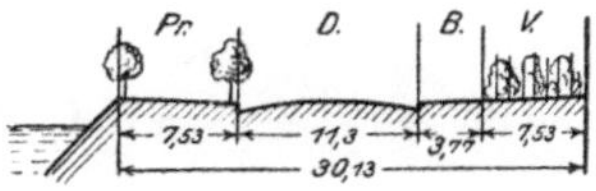

Straße	Angabe über die Festsetzung	In den Akten
Wichmannstraße von Keith- bis Burggrafenstr.	A. C. O. v. 28. 1. 1874	Str. P. S. B. 673
Wichmannstraße von Burggrafenstr. bis Kurfürstendamm	A. C. O. v. 28. 1. 1874	Str. P. S. B. 673
Werftstraße	Normaleinteilung	
Winsstraße von Gedike- bis Stargarder Straße (Westseite)	A. C. O. v. 25. 6. 1900	
Wysbyer Straße von Schönhauser Allee bis Lychener Straße	Minist.-Erlaß v. 14. 11. 1863	Str. P. S. B. 414
Yorckstraße von Belle-Alliance- bis Horn-straße	A. C. O. v. 4. 6. 1866	Str. P. S. B. 342
Yorckstraße von Horn- bis Katzbachstraße	A. C. O. v. 3. 5. 1872	Bauten 278
Zelten, In den	A. C. O. v. 14. 6. 1865	Str. P. S. B. 149

Bemerkung	Straßeneinteilung
	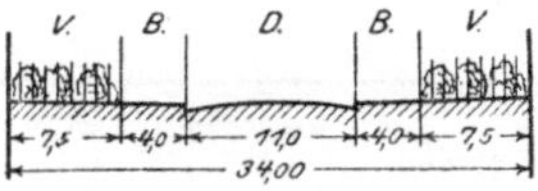
	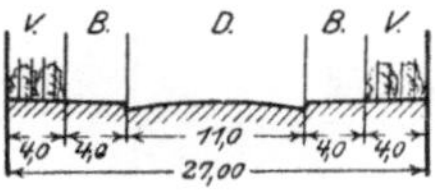
	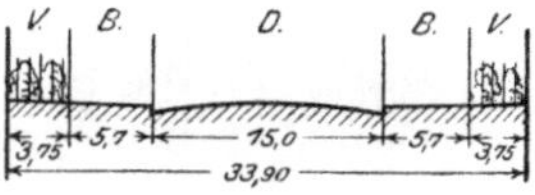
	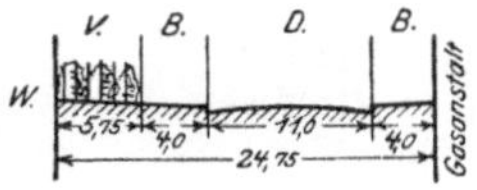
	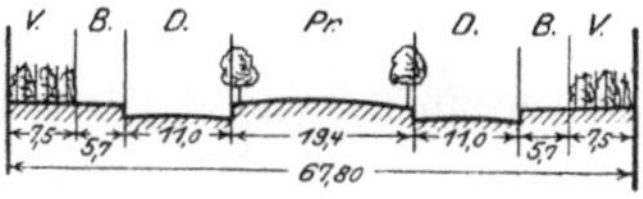
Haus Nr. 1—14, Haus Nr. 79—90, Vorgarten = 7,53 m.	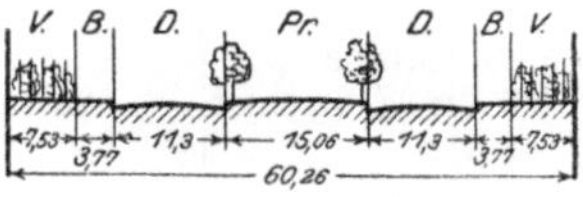
Haus Nr. 15—34 Vorg. = 7,65 m " " 58—61 Vorg. = 7,65 m " " 62 Vorgarten ungl. " " 63—65 keine Vorgärten " " 66—78 Vorg. = 7,65 m	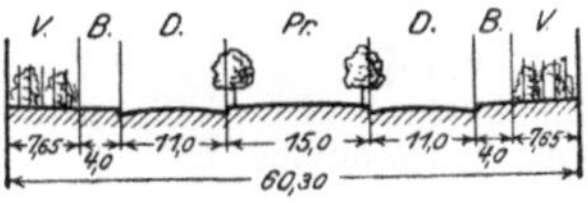
Haus Nr. 1 in Front nach dem Tierg. kein Vorg. Hs. Nr. 1 an der Westgr. Vorg. I von ungl. Tiefe Haus Nr. 2—18 Vorg. = 7,53 m " " 19 Vorgarten ungl. " " 20 kein Vorgarten " " 21—23 Vorg. = 3,77 m	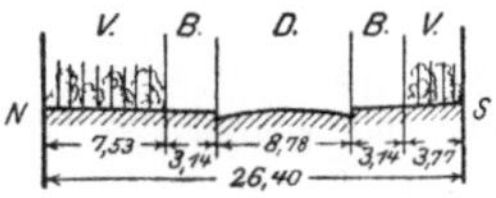

4. Verzeichnis II der Straßen, in denen Vorgärten

Aufgestellt in der städtischen

(Der Abdruck erfolgt ohne

Straße	Angabe über die Festsetzung	In den Akten
Badstraße	Konzession v. 2. 12. 1872	Eisenbahn 15
Belforter Straße	A. C. O. v. 14. 12. 1872	Bauten 285
Belle-Alliance-Straße von Baruther bis Kreuzberg-straße	Minist.-Erlaß v. 17. 11. 1865	
Bellermannstraße	Normaleinteilung	
Bernauer Straße von Brunnen- bis Schwedter Straße	Normaleinteilung	
Brunnenstraße von Invaliden- bzw. Veteranen- bis Badstraße	Konzession v. 2. 12. 1872	Eisenbahnen 15
Bülowstraße von Potsdamer bis Yorckstr.	Minist.-Erlaß v. 14. 2. 1868	Str. P. S. B. 453

vorgesehen, jedoch bedingungsweise erlassen werden können.
Plankammer im März 1908.
(Gewähr für die Richtigkeit.)

Bemerkung	Straßeneinteilung
	V. B. D. B. V. — 3,7 · 4,75 · 17,0 · 4,75 · 3,7 — 33,90
	V. B. D. B. V. — 5,5 · 4,0 · 11,0 · 4,0 · 5,5 — 30,0
	Ostseite — V. B. D. Reitw. Pr. B. — 7,53 · 15,06 · 5,65 · 7,53
	V. B. D. B. V. — 3,75 · 5,7 · 15,0 · 5,7 · 3,75 — 33,90
	V. B. D. B. V. — 3,75 · 5,7 · 15,0 · 5,7 · 3,75 — 33,90
	V. B. D. B. V. — 3,7 · 4,75 · 17,0 · 4,75 · 3,7 — 33,90
Bülowstraße Haus Nr. 60—69 (am Dennewitzplatz) hat keine Vorgärten.	V. B. D. Pr. D. B. V. — 5,65 · 5,7 · 11,3 · 15,0 · 11,3 · 5,7 · 5,65 — 60,30

Straße	Angabe über die Festsetzung	In den Akten
Bülowstraße von Potsdamer Straße bis Weichbildgrenze	Minist.-Erlaß v. 18. 3. 1874	Str. P. S. B. 453
Camphausenstraße	Verfügt v. d. B.-D. II vom 14. 9. 1896 — 16423 II. 96	Straßenpflaster 757 III
Danziger Straße von Treskowstr. bis Prenzlauer Allee	Verf. des Königl. Pol.-Präsid. v. 17. 9. 1873	
Danziger Straße von Prenzlauer Allee bis Greifswalder Straße	Minist.-Erlaß v. 30. 4. 1873	Str. P. S. B. 572
Elbinger Straße	Minist.-Erlaß v. 30. 4. 1873	Str. P. S. B. 572
Föhrer Straße	Verf. der Städt. Polizei-Verwltg. I vom 9. 5. 1877 Nr. 1576 St. P. I/77	
Fontanepromenade	Minist.-Erlaß v. 29. 7. 1897 ad Nr. 16 978 Bd. II 97	Str.-Pfl. 356
Franseckistraße	A. C. O. v. 14. 12. 1872	Bauten 285

Bemerkung	Straßeneinteilung
	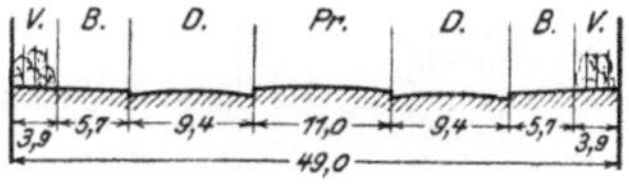 V. B. D. Pr. D. B. V. 3,9 5,7 9,4 11,0 9,4 5,7 3,9 49,0
	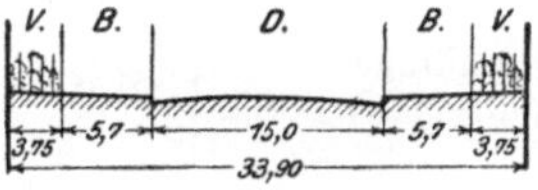 V. B. D. B. V. 3,75 5,7 15,0 5,7 3,75 33,90
	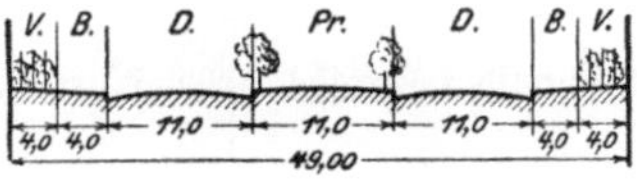 V. B. D. Pr. D. B. V. 4,0 4,0 11,0 11,0 11,0 4,0 4,0 49,00
	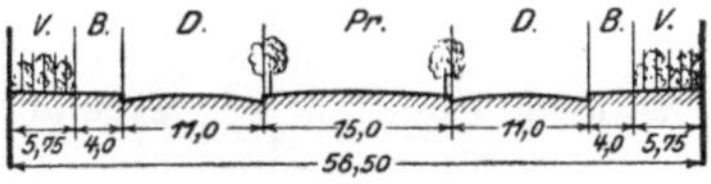 V. B. D. Pr. D. B. V. 5,75 4,0 11,0 15,0 11,0 4,0 5,75 56,50
	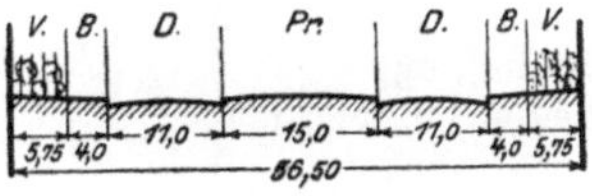 V. B. D. Pr. D. B. V. 5,75 4,0 11,0 15,0 11,0 4,0 5,75 56,50
	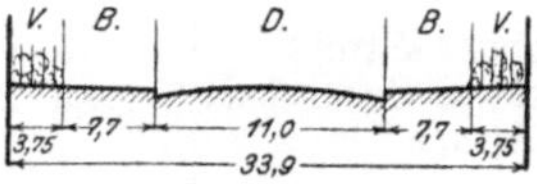 V. B. D. B. V. 3,75 7,7 11,0 7,7 3,75 33,9
	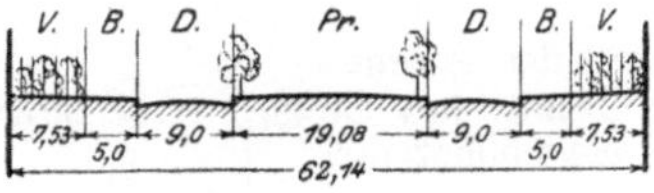 V. B. D. Pr. D. B. V. 7,53 5,0 9,0 19,08 9,0 5,0 7,53 62,14
	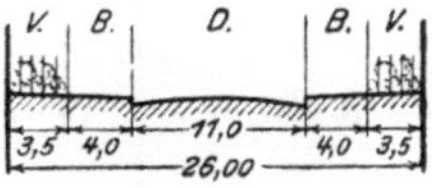 V. B. D. B. V. 3,5 4,0 11,0 4,0 3,5 26,00

Straße	Angabe über die Festsetzung	In den Akten
Friedenstraße von Landsberger Platz bis Weidenweg	Minist.-Erlaß v. 17. 12. 1874	Str. P. S. B. 363
Friesenstraße von Bergmann- bis Fidicinstr.	A. C. O. v. 30. 1. 1882	
Greifswalder Straße	Minist.-Erlaß v. 30. 4. 1873	Str. P. S. B. 572
Grimmstraße	Separations-Rezeß	
Grimmstraße zwischen Böckhstr. u. Planufer	A. C. O. v. 27. 1. 1889	
Grünthaler Straße zwischen Bad- u. Bornholmer Straße	vgl. 2079 Bd. II/98	Stadtbau 103a
Grünthaler Straße zwischen Bornholmer Straße und Weichbildgrenze	vgl. 2079 Bd. II/98	Stadtbau 103a
Hochmeisterstraße	A. C. O. v. 14. 12. 1872	Bauten 285

Bemerkung	Straßeneinteilung
	B. D. Pr. D. B. V. 4,0 10,0 8,5 10,0 4,0 4,0 40,50
	Ostseite V. B. D. B. Westseite 3,2 3,9 11,0 3,9 22,00
	V. B. D. Pr. D. B. V. 4,0 4,0 10,5 12,0 10,5 4,0 4,0 49,00
	V. B. D. Promenade und Anlage D. B. V. 7,53 3,77 11,3 32,02 11,3 3,77 7,53 77,20
	Haus Nr. 29 und 30 V. B. D. 5,0 4,5
	B. D. B. V. 3,9 11,0 3,9 3,8 22,6
Die Promenade ist Eigentum des Eisenbahnfiskus.	B. D. B. Pr. B. D. B. V. 6,0 11,0 3,0 18,0 4,8 11,0 3,9 3,8 61,50
	V. B. D. B. V. 3,5 4,0 11,0 4,0 3,5 26,00

Straße	Angabe über die Festsetzung	In den Akten
Huttenstraße von Beussel- bis Berlichingen-straße	Pflasterkonsens v. 17. 8. 96 12 680 Bd. II/96	
Keithstraße (Ostseite) vgl. Verzeichnis I. Nur provisorische Vorgärten.	Verf. v. 8. 11. 1879 ad Nr. 2966 St. P. 79	Str. P. S. B. 373
Königgrätzer Straße vom Halleschen Ufer bis Großbeerenstraße	A. C. O. v. 12. 2. 1873 u. Minist.-Erlaß v. 11. 3. 1873	Str. P. S. B. 527
Königin-Augusta-Straße von Kaiserin-Augusta- bis Potsdamer Straße	Vorhandene Einteilung (örtl. messen)	vgl. 16 939 B. V. II 93
Kniprodestraße	Verf. der Straßenbaupol.	Bauten 395
Kottbuser Damm	Normaleinteilung	
Kottbuser Straße	Minist.-Erlaß v. 25. 3. 1867	Str. P. S. B. 147
Landsberger Allee von Landsberger Platz bis Thorner Str. bzw. Ebertystr.	Straßenbaupol. v. 13. 12. 01	J.-Nr. 15 846 St. P. I/01

Bemerkung	Straßeneinteilung
	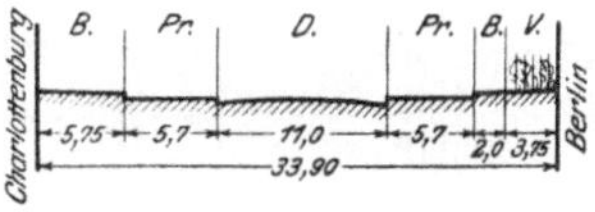 Charlottenburg B. Pr. D. Pr. B. V. Berlin 5,75 5,7 11,0 5,7 2,0 3,75 33,90
	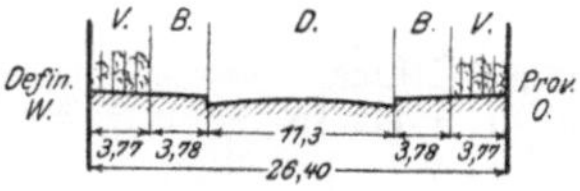 Defin. W. V. B. D. B. V. Prov. O. 3,77 3,78 11,3 3,78 3,77 26,40
	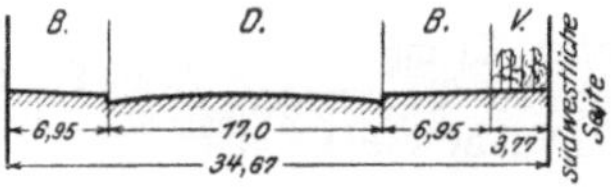 B. D. B. V. südwestliche Seite 6,95 17,0 6,95 3,77 34,67
	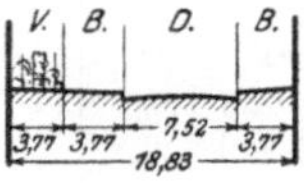 V. B. D. B. 3,77 3,77 7,52 3,77 18,83
	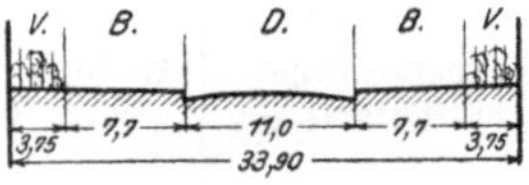 V. B. D. B. V. 3,75 7,7 11,0 7,7 3,75 33,90
	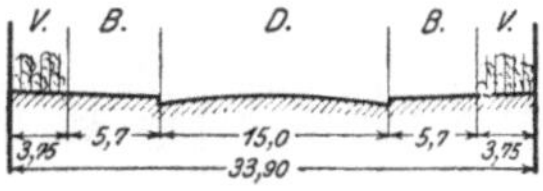 V. B. D. B. V. 3,75 5,7 15,0 5,7 3,75 33,90
Einteilung örtlich messen. Provisorische Vorgärten sind noch vorhanden.	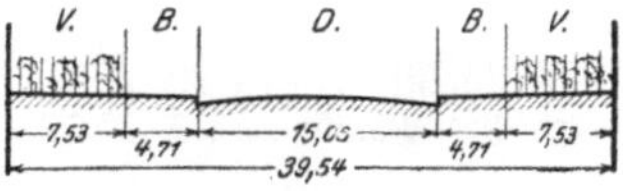 V. B. D. B. V. 7,53 4,71 15,05 4,71 7,53 39,54
Die Landsberg. Allee v. Landsberg. Platz bis Thornerstr.-Ebertystr. hat definit. Vorg. v. 3,75 m Tiefe, die bedingungsweise erlassen werden können. Für die Damm- und Bürgersteigbreiten auf dieser Strecke gilt die vorhandene Einteilung.	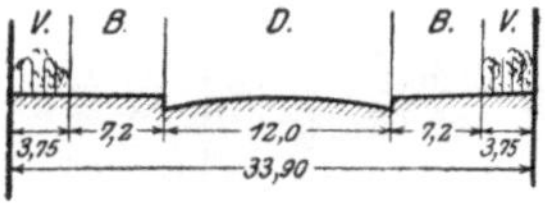 V. B. D. B. V. 3,75 7,2 12,0 7,2 3,75 33,90

Straße	Angabe über die Festsetzung	In den Akten
Landsberger Allee von Thorner Str. bzw. Ebertystraße bis Weichbildgrenze	Straßenbaupol. v. 13. 12. 01	J.-Nr. 15 846 St. P. I/01
Lothringer Straße von Nr. 1 bis 15	A. C. O. v. 20. 6. 1865	Bauten 268
Lehrter Straße von Seydlitz- bis Perleberger Straße (östliche Seite)	A. C. O. v. 10. 2. 1879 vgl. Nr. 1469 B. II. 96	
Luisenufer von Wassertorplatz bis Landwehrkanal	A. C. O. v. 6. 9. 1858	Str. P. S. B. 255 vgl. J.-Nr. 15 763 St. P. I/12
Luxemburger Straße von Müller- bis Genter Str.	Minist.-Erlaß v. 4. 5. 1908 Nr. 12 554 B. II/08	Str. Pol. S. A. 9
Metzer Straße	A. C. O. v. 14. 12. 1872 vgl. Nr. 15 388 St. P. I. 98	Bauten 285
Alt-Moabit von Werft- bis Paulstr-	A. C. O. v. 21. 9. 1891	
Alt-Moabit von Paul- bis Kirchstr.	A. C. O. v. 19. 6. 1878	

Bemerkung	Straßeneinteilung
	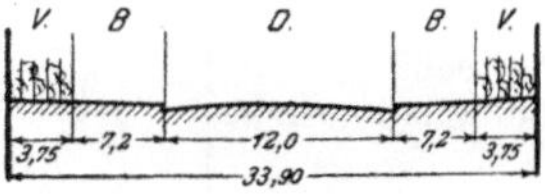
	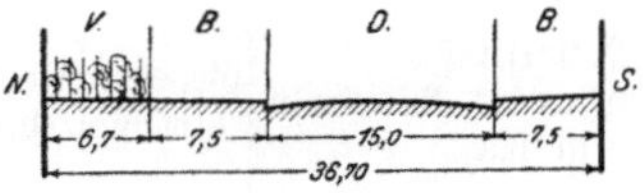
	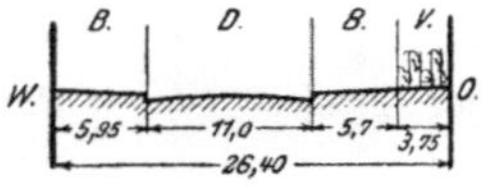
	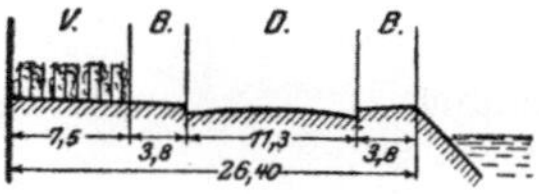
	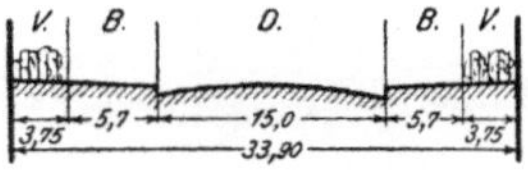
	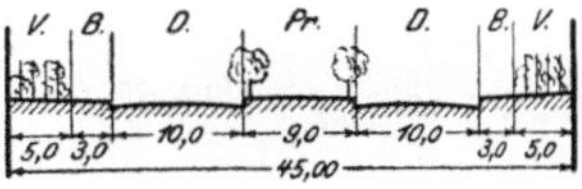
	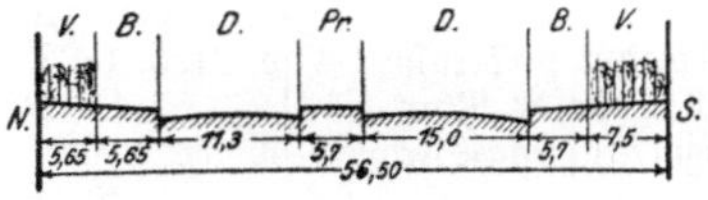
	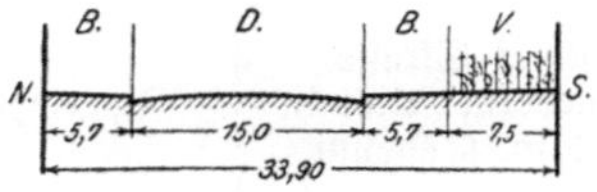

Straße	Angabe über die Festsetzung	In den Akten
Alt-Moabit von Otto- bis Gotzkowskystr.	Normaleinteilung	
Müllerstraße von Sellerstr. bis Weichbild-grenze	Genehmigung der Straßen-baupol. v. 24. 3. 1876	Straßenpflaster 138
Oderberger Straße	Normaleinteilung	
Pankstraße	Normaleinteilung	
Petersburger Platz	vgl. Nr. 6814 B. II. 194	
Petersburger Straße	Minist.-Erlaß v. 30. 4. 1873	Str. P. S. B. 572
Potsdamer Straße von Potsdamer Platz bis Königin-Augusta-Straße	Festgesetzte Einteilung v. 21. 5. 1897. J.-Nr. 15 357. St. P. I/97 v. 30. 4. 09. J.-Nr. 15 183 St. P. I/09	
Potsdamer Straße von Schöneberger Ufer bis Pallas- bzw. Göbenstr.	Festgesetzte Einteilung	

Bemerkung	Straßeneinteilung
	V. B. D. B. V. — 3,75 5,7 15,0 5,7 3,75 — 33,90
Einteilung nicht gleichmäßig.	S.W. Seite V. B D. B. V. N.O. Seite — 3,85 (9,8) 12,0 (8,2) 3,85 — 37,70
	V. B. D. B. V. — 3,75 5,7 15,0 5,7 3,75 — 33,90
	V. B. D. B. V. — 3,75 5,7 15,0 5,7 3,75 — 33,90
	V. B. D. B. Platz — 5,75 4,0 8,0 3,0 — 20,75
	V. B. D. Pr. D. B. V. — 5,75 4,0 11,0 15,0 11,0 4,0 5,75 — 56,50
	V. B. D. B. V. — ungl. 4,25 15,0 4,25 ungl. — 23,50
	V. B. D. B V. — ungleich 4,75 15,0 4,75 ungleich — 24,50

Straße	Angabe über die Festsetzung	In den Akten
Potsdamer Straße von Pallas- bzw. Göbenstr. bis Großgörschenstr.	Festgesetzte Einteilung vgl. J.-Nr. 15 451 B. II/11	
Prenzlauer Allee vom Tor bis Friedenstr.	Verf. der Straßenbau-Pol.-Verw. I v. 11. 2. 1886 J.-Nr. 7120 St. P. I/85	
Prenzlauer Allee von Friedenstr. bis Weichbild-grenze	Verf. der Straßenbaupol.-Verw. v. 11. 2. 1886	
Prenzlauer Berg von Prenzlauer Allee bis Greifswalder Straße	A. C. O. v. 26. 7. 1862	Bauten 254
Prinzenallee	Normaleinteilung	
Proskauer Straße	vgl. Nr. 787 B. II 195	Stadtbau 103a
Rathenower Straße Ostseite zwischen Straße Alt-Moabit und Seydlitzstr.	vgl. Nr. 15 217 St. P. I. 94 Verf. v. 8. 6. 1894	
Reichenberger Straße vom Platz am Kottbuser Tor bis Görlitzer Ufer	Normaleinteilung	

Bemerkung	Straßeneinteilung
	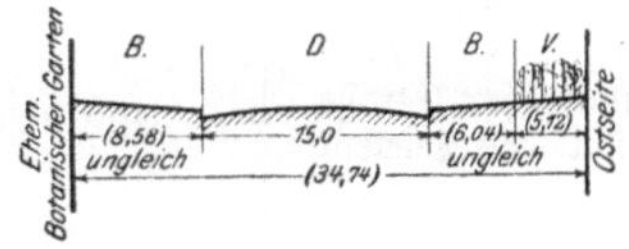
Die Ostseite (5,65 m Vorgart.) zählt unter Prenzlauer Str. 62 =Kirchhöfe) bis Friedenstr.	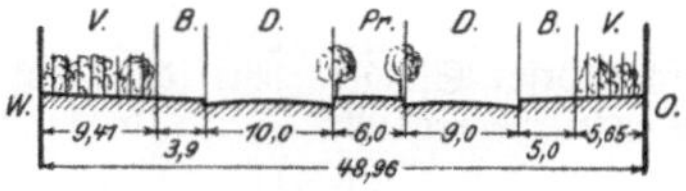
	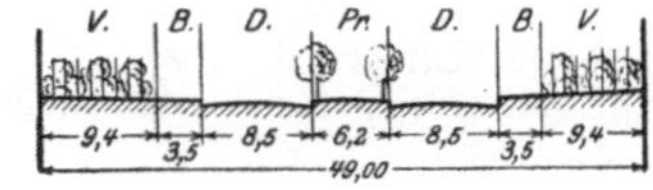
	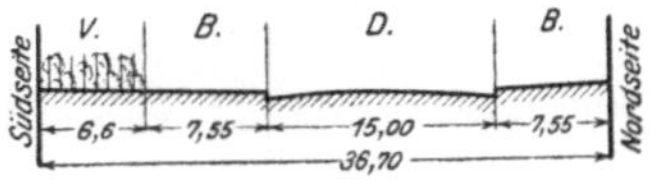
	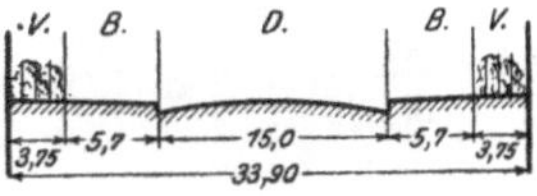
	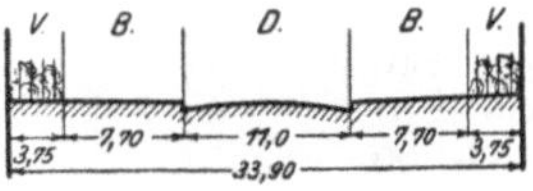
	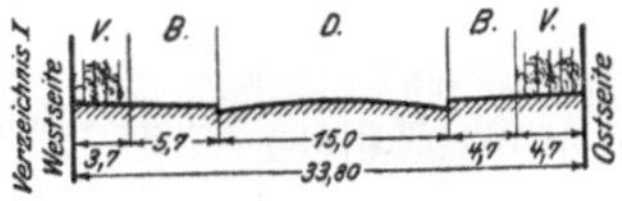
	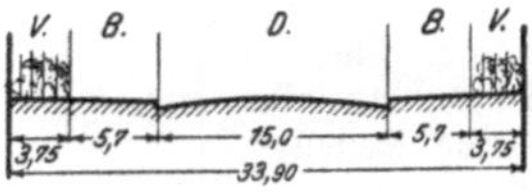

Straße	Angabe über die Festsetzung	In den Akten
Reinickendorfer Straße von Müller- bis Wiesenstr.	Normaleinteilung	
Reinickendorfer Straße von Wiesen- bis Schulstr.	Verf. des Königl. Pol.-Präsid. v. 11. 6. 1870	Str. P. S. B. 465
Reinickendorfer Straße von Schulstr. bis Weichbildgrenze	Normaleinteilung	
Rykestraße	A. C. O. v. 14. 12. 1872	Bauten 285
Saarbrücker Straße von Nr. 6 bis 17	A. C. O. v. 14. 12. 1872	Bauten 285
Schlesische Straße von Köpenicker Str. bis Falckensteinstr.	A. C. O. v. 13. 7. 1870	Str. P. S. B. 580
Schönhauser Allee von Nr. 176 bis 163 (Westseite)	Minist.-Erlaß v. 1. 6. 1888	Str. P. S. B. 813
Schönhauser Allee von Nr. 163 bis Weichbildgrenze (beide Seiten)	Minist.-Erlaß v. 27. 5. 1870 / 1. 6. 1888	

Bemerkung	Straßeneinteilung
	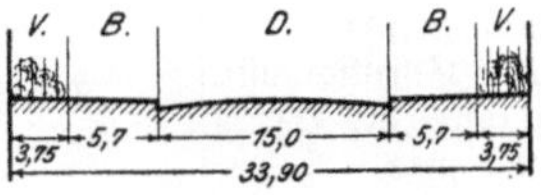 V. B. D. B. V. 3,75 — 5,7 — 15,0 — 5,7 — 3,75 33,90
	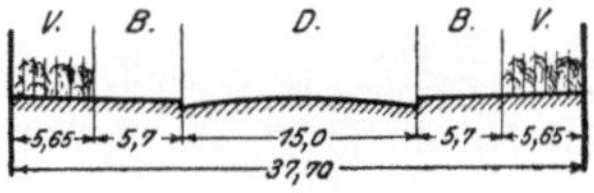 V. B. D. B. V. 5,65 — 5,7 — 15,0 — 5,7 — 5,65 37,70
	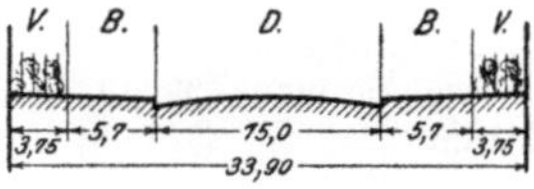 V. B. D. B. V. 3,75 — 5,7 — 15,0 — 5,7 — 3,75 33,90
	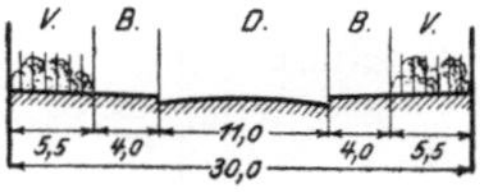 V. B. D. B. V. 5,5 — 4,0 — 11,0 — 4,0 — 5,5 30,0
	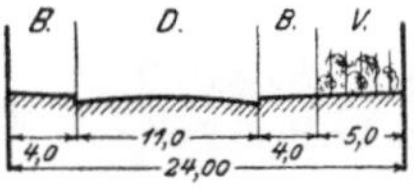 B. D. B. V. 4,0 — 11,0 — 4,0 — 5,0 24,00
	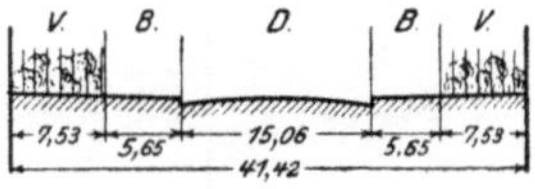 V. B. D. B. V. 7,53 — 5,65 — 15,06 — 5,65 — 7,53 41,42
	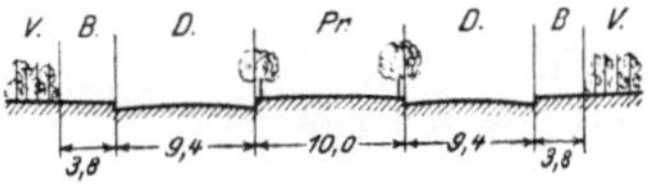 V. B. D. Pr. D. B. V. 3,8 — 9,4 — 10,0 — 9,4 — 3,8
Von Ringbahn bis Wisbyer Str. festgesetzte Vorgärten von 4,7 m Tiefe	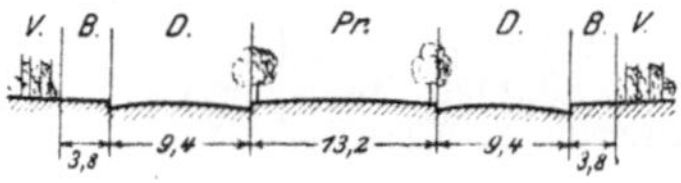 V. B. D. Pr. D. B. V. 3,8 — 9,4 — 13,2 — 9,4 — 3,8

Straße	Angabe über die Festsetzung	In den Akten
Schwedenstraße von Bad- bis Christianiastr. von Christianiastr. bis Weichbildgrenze	Normaleinteilung	
Skalitzer Straße von Köpenicker Straße bis Haus Nr. 43	Verf. der Straßenbaupol. v. 8. 8. 1883	
Stralsunder Straße von Brunnen- bis Ruppiner Straße	Minist.-Erlaß v. 29. 1. 1873	Str. P. S. B. 392
Straßburger Straße von Saarbrücker bis Belforter Straße	A. C. O. v. 14. 12. 1872	Bauten 285
Swinemünder Straße für den 33,9 m breiten Teil	Normaleinteilung	
Trebbiner Straße	Minist.-Erlaß v. 3. 5. 1909	15 115 St. P. I/09
Torfstraße von Triftstr. bis Nordufer	Normaleinteilung	
Treskowstraße von Weißenburger Str. bis Prenzlauer Allee	A. C. O. v. 14. 12. 1872	Bauten 285

Bemerkung	Straßeneinteilung
	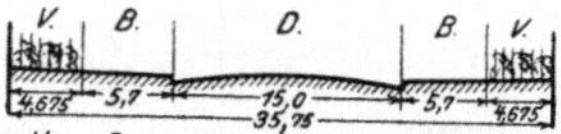 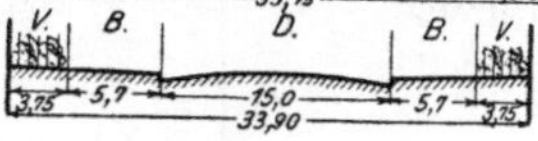 V. B. D. B. V. — 4,675 5,7 15,0 5,7 4,675 — 35,75 V. B. D. B. V. — 3,75 5,7 15,0 5,7 3,75 — 33,90
	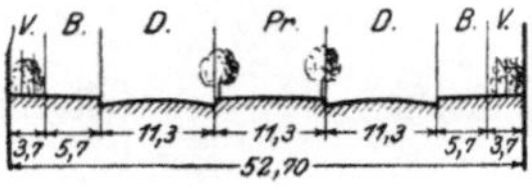 V. B. D. Pr. D. B. V. — 3,7 5,7 11,3 11,3 11,3 5,7 3,7 — 52,70
	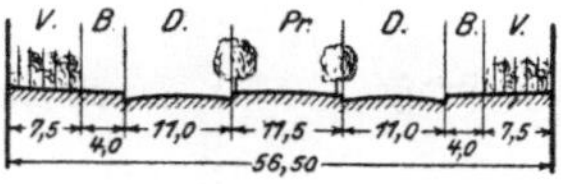 V. B D. Pr. D. B. V. — 7,5 4,0 11,0 11,5 11,0 4,0 7,5 — 56,50
	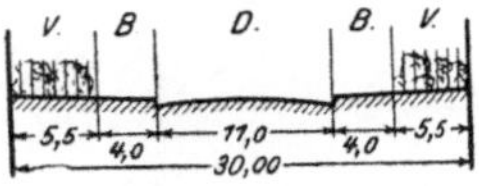 V. B D. B. V. — 5,5 4,0 11,0 4,0 5,5 — 30,00
	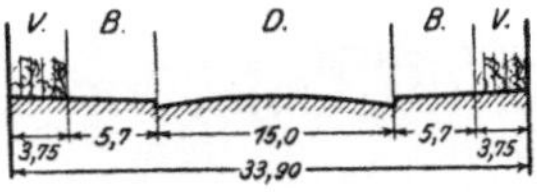 V. B. D. B. V. — 3,75 5,7 15,0 5,7 3,75 — 33,90
	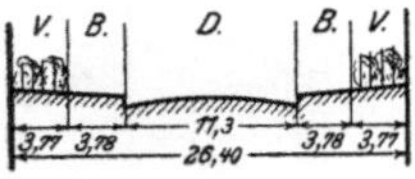 V. B. D. B. V. — 3,77 3,78 11,3 3,78 3,77 — 26,40
	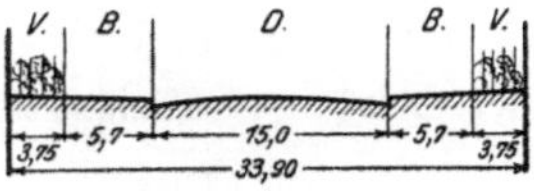 V. B. D. B. V. — 3,75 5,7 15,0 5,7 3,75 — 33,90
	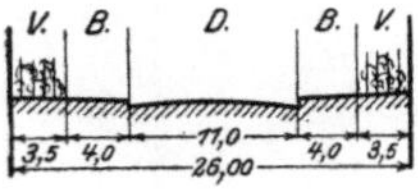 V. B. D. B. V. — 3,5 4,0 11,0 4,0 3,5 — 26,00

Straße	Angabe über die Festsetzung	In den Akten
Triftstraße	Einteilung	
Turmstraße	Normaleinteilung	
Usedomstraße	Normaleinteilung	
Vinetaplatz	Pflasterkonsens	Str. P. S. B. 394
Warschauer Straße von Mühlenstr. bis zur Überführung	A. C. O. v. 3. 6. 1868	Bauten 289
Weißenburger Straße	A. C. O. v. 14. 12. 1872	Bauten 285
Wiener Straße	Minist.-Erlaß v. 27. 3. 1866	Görlitzer Eisenbahn
Wörther Straße	A. C. O. v. 14. 12. 1872	Bauten 285

Bemerkung	Straßeneinteilung
	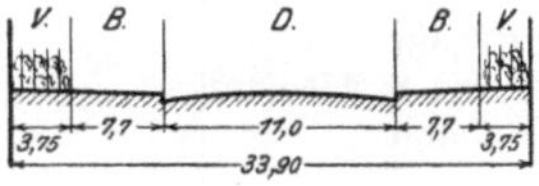 V. B. D. B. V. 3,75 — 7,7 — 11,0 — 7,7 — 3,75 33,90
	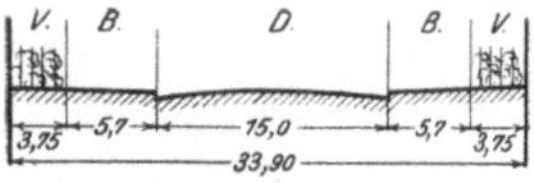 V. B. D. B. V. 3,75 — 5,7 — 15,0 — 5,7 — 3,75 33,90
	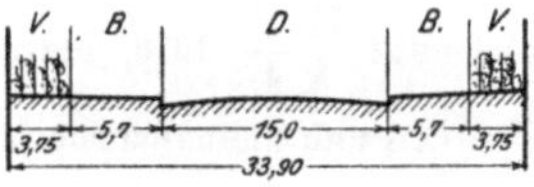 V. B. D. B. V. 3,75 — 5,7 — 15,0 — 5,7 — 3,75 33,90
	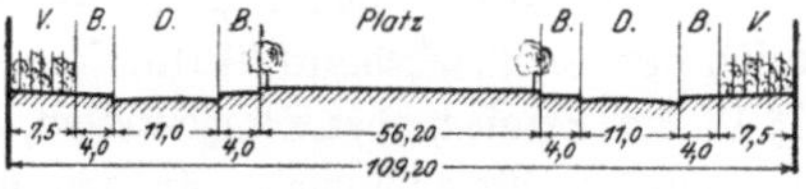 V. B. D. B. Platz B. D. B. V. 7,5 — 4,0 — 11,0 — 4,0 — 56,20 — 4,0 — 11,0 — 4,0 — 7,5 109,20
	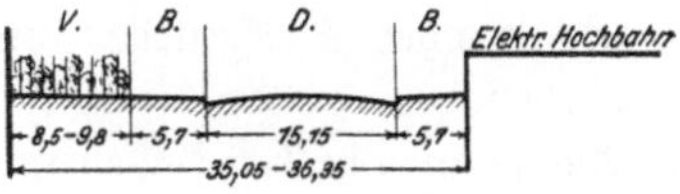 V. B. D. B. Elektr. Hochbahn 8,5–9,8 — 5,7 — 15,15 — 5,7 35,05–36,35
	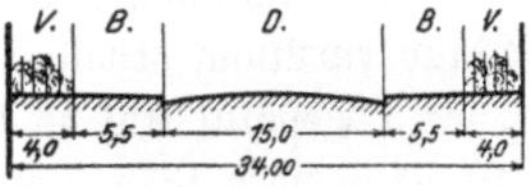 V. B. D. B. V. 4,0 — 5,5 — 15,0 — 5,5 — 4,0 34,00
	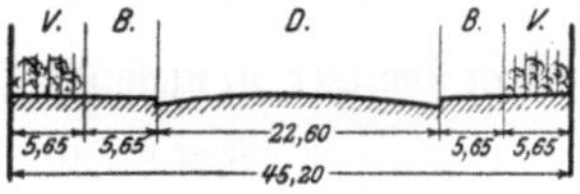 V. B. D. B. V. 5,65 — 5,65 — 22,60 — 5,65 — 5,65 45,20
	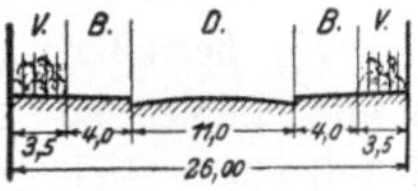 V. B. D. B. V. 3,5 — 4,0 — 11,0 — 4,0 — 3,5 26,00

Straße	Angabe über die Festsetzung	In den Akten
Yorkstraße von Bülowstr. bis Potsdamer Eisenbahn		

B. Der eigentliche Anbau.

1. Ortsstatut I vom $\frac{11.\ 1.}{5.\ 4.}$ 1910, betreffend Verbot des Anbaues an unfertigen Straßen und ausnahmsweise zu erteilende Baugenehmigung.

Auf Grund des § 11 der Städteordnung vom 30. Mai 1853 und des § 12 des Gesetzes vom 2. Juli 1875 (Gesetzsammlung Seite 561) wird für den Gemeindebezirk Berlin folgendes bestimmt:

§ 1. An Straßen oder Straßenteilen, die noch nicht gemäß den baupolizeilichen Bestimmungen für den öffentlichen Verkehr und den Anbau fertig hergestellt sind, dürfen Wohngebäude, die nach diesen Straßen oder Straßenteilen einen Ausgang haben, nicht errichtet werden.

§ 2. Ausnahmen in Einzelfällen mit Rücksicht auf Umfang, Bestimmung, örtliche Lage usw. der beabsichtigten Bauten können vorbehaltlich der Zustimmung der Baupolizeibehörde von der städtischen Bauverwaltung bewilligt werden.

§ 3. Dies Ortsstatut tritt an die Stelle des Ortsstatuts vom 8. Oktober/19. November 1875.

Berlin, den 11. Januar 1910.

Magistrat hiesiger Königlichen Haupt- und Residenzstadt.

Kirschner.

Vorstehendes Ortsstatut wird auf Grund des § 12 des Gesetzes vom 2. Juli 1875, betreffend die Anlegung und Veränderung von Straßen und Plätzen in Städten und ländlichen Ortschaften sowie des § 146 des Zuständigkeitsgesetzes im Einverständnis

Bemerkung	Straßeneinteilung
	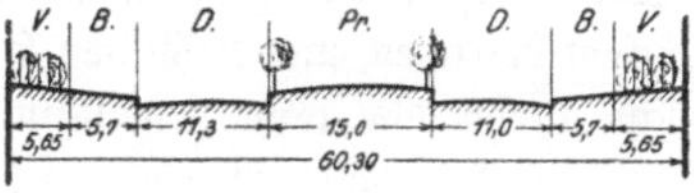 V. B. D. Pr. D. B. V. 5,65 5,7 11,3 15,0 11,0 5,7 5,65 60,30

mit dem Herrn Minister der öffentlichen Arbeiten hierdurch bestätigt.

Berlin, den 5. April 1910.

Der Minister des Innern.
In Vertretung:
Holtz.

---

2. Polizeiverordnung vom 12. 9. 1879, betreffend Beschaffenheit der für den Anbau als fertig hergestellten Straße.

Auf Grund des § 5 des Gesetzes vom 11. März 1850 über die Polizeiverwaltung wird, mit Rücksicht auf den § 12 des Gesetzes vom 2. Juli 1875, betreffend die Anlegung und Veränderung von Straßen usw., und mit Bezug auf das Ortsstatut vom 8. Oktober 1875, für den Umfang des Gemeindebezirks von Berlin nach Beratung mit dem Gemeindevorstande nachstehendes verordnet:

§ 1. Eine Straße oder ein Straßenteil ist für den öffentlichen Verkehr und den Anbau als fertig hergestellt zu erachten, wenn folgende Bedingungen erfüllt sind:

I. Für Straßen, welche nach Erlaß dieser Verordnung angelegt werden:

1. Die zur Straße innerhalb der Straßenfluchtlinien erforderlichen Grundflächen müssen der Stadtgemeinde übereignet sein.
2. Die Straße muß
   a) in der Planlage,
   b) in der Höhenlage,
   c) in der Breite und Breiteneinteilung

   den Festsetzungen des Bebauungsplanes von Berlin und seinen Ergänzungen entsprechen.

3. Der Straßendamm muß mit Pflaster (Stein-, Holz-, Eisen- usw.) befestigt oder asphaltiert sein.

Bei Steinpflasterung müssen rechtwinklig bearbeitete Bruchsteine, deren Fußflächen mindestens $^2/_3$ der Kopfflächen betragen, und die in den Höhen sowie in den Breiten nicht mehr als 1 cm voneinander abweichen, verwendet sein. Das Pflaster muß wenigstens eine Kiesbettung von 20 cm erhalten.

4. Die Straße muß mit einer genügenden, dem Bebauungsplan und seinen Ergänzungen entsprechenden, an eine vorhandene öffentliche sich anschließenden Entwässerungsanlage versehen sein.

5. Die Straße muß an eine bereits regulierte Straße durch Herstellung eines Kreuzdammes angeschlossen sein.

6. Die Herstellung der Bürgersteige muß nach den Vorschriften der Baupolizeiordnung vom 21. April 1853 und der Verordnung vom 17. Januar 1873 geschehen.

II. Bei den gegenwärtig vorhandenen Straßen muß der Straßenkörper zwischen den bestehenden Straßenfluchten in seiner ganzen Breite als Bürgersteig und Fahrdamm mit Steinen, Asphaltierung oder Makadamisierung vollständig befestigt und es müssen unterirdische Entwässerungskanäle oder ausgepflasterte Rinnsteine vorhanden sein, welche dem Bebauungsplan und seinen Ergänzungen entsprechen und sich an eine öffentliche Entwässerungsanlage anschließen.

§ 2. Straßen oder Straßenstrecken, welche nur chausseemäßig unterhalten werden oder nur mit sogenannten Bauerndämmen versehen sind, gelten nicht als für den Anbau fertiggestellt.

§ 7. Ob die vorstehenden Bedingungen erfüllt sind, unterliegt der gemeinschaftlichen Entscheidung des Königlichen Polizeipräsidiums und der Straßenbaupolizeiverwaltung.

Berlin, den 12. September 1879.

Straßenbaupolizeiverwaltung.
Der Oberbürgermeister.
von Forckenbeck.

3. Normalfall einer ausnahmsweise erteilten Baugenehmigung.

An den Antragsteller:

Zum Schreiben vom ....

Wir sind bereit, vorbehaltlich der Zustimmung der Baupolizeibehörde und unbeschadet der Rechte Dritter die Errichtung von Baulichkeiten auf Ihrem Grundstücke........................ ausnahmsweise zu bewilligen,

A. wenn Sie zuvor

1. das von Ihrem vorbezeichneten Grundstücke zur Freilegung der.................Straße noch erforderliche Land der Stadtgemeinde übereignen und unentgeltlich und kostenfrei sowie frei von Eintragungen der II. und III. Abteilung des Grundbuchs auflassen,
2. die später auf Ihr Grundstück entfallenden Kosten der Freilegung, Regulierung, Pflasterung, Entwässerung und Beleuchtungsvorrichtung, welche überschläglich auf ....M berechnet sind, an das Depositenkonto der Stadthauptkasse, Zimmer 1/3 des Rathauses, unter Vorzeigung dieses Schreibens, bar zahlen,
3. auf eine Rechnungslegung über die endgültigen Kosten der Straßenanlage verzichten,
4. abgesehen von der nach dem Ortsstatut jedem Grundstückseigentümer obliegenden Verpflichtung sich persönlich verpflichten, den bei späterer Feststellung der ortsstatutarischen Kosten auf Ihr Grundstück etwa entfallenden Mehrbetrag nachzuzahlen.

Soweit die von Ihnen gezahlte Summe die ortsstatutarischen Beiträge übersteigen sollte, wird sie Ihnen seinerzeit auf Antrag zurückgezahlt werden.

B.

1. wenn Sie die...................Straße in vorläufiger Weise wie folgt regulieren: (besondere Vorschriften je nach Lage des Falles).
2. Zur Sicherheit der Stadtgemeinde Berlin für die ordnungsmäßige Ausführung dieser Arbeiten haben Sie den Betrag von ......M in Gestalt eines Sparkassenbuches oder in sicheren Wertpapieren beim Magistratsdepositorium im Rathaus Zimmer 4 zu hinterlegen.

3. Nach ordnungsmäßiger Ausführung der Arbeiten zu 1, worüber uns allein die Entscheidung zusteht, wird Ihnen die Sicherheit bis auf einen Betrag von......M zurückgegeben werden, welcher für die Unterhaltung dieser Anlagen bis zur endgültigen Straßenanlegung haftet.

Wir ersuchen Sie, uns umgehend zu erklären, ob Sie zur Erfüllung dieser Bedingungen bereit sind. Für den Fall der Zustimmung sind die Quittungen über die erfolgte Einzahlung der .....M und über die Hinterlegung der.....M. uns zur Einsicht vorzulegen.

Sollte binnen 2 Wochen Ihre Erklärung nicht eingehen, werden wir unsere Einwilligung zum Bauen ablehnen.

Berlin, den..........................

Städtische Tiefbaudeputation.

---

4. Bauten über die Fluchtlinie hinaus.

a) Altes Recht und § 11 des Fluchtliniengesetzes.

In der Regel bildet § 11 des Fluchtliniengesetzes die Grundlage für Untersagungen von Bauten (Neubauten, Ausbauten, Umbauten, Anbauten) über die Fluchtlinie hinaus. Doch ist bei Fluchtlinien, welche vor dem Erlaß des Fluchtliniengesetzes festgesetzt sind, zu beachten, daß hier Versagungen solcher Bauten auch heute noch nur auf Grund des alten Rechts erfolgen können. Die Versagungsbefugnis der Polizeibehörde wird für das ältere Recht von der Judikatur aus § 66 I 8 ALR. hergeleitet.

> Doch soll zum Schaden oder Unsicherheit des gemeinen Wesens oder zur Verunstaltung der Städte und öffentlichen Plätze kein Bau und keine Veränderung vorgenommen werden.

Der Begriff der „Veränderungen zum Schaden des gemeinen Wesens" wird vom Oberverwaltungsgericht in Anlehnung an das Bauverbot des § 11 des Fluchtliniengesetzes aufgefaßt. Insbesondere werden nicht nur Neubauten, sondern auch Um- und Ausbauten, soweit sie eine „eingreifende Veränderung der Substanz des Gebäudes" darstellen, hierunter begriffen (Entsch. Bd. 8, S. 303 u. Urteil vom 4. Februar 1913 in Sachen Vogdt gegen Pol. Präs. — 15 544 B. II. 13 —).

b) Zirkularverfügung vom 15. Februar 1887, betreffend Versagung von Bauten über die Fluchtlinie hinaus, § 11 des Fluchtliniengesetzes.

(M.-Bl. f. d. i. V., S. 70.)

Nach § 11 des Gesetzes, betr. die Anlegung und Veränderung von Straßen und Plätzen in Städten und ländlichen Ortschaften vom 2. Juli 1875 (G. S. S. 561) tritt mit dem Tage, an welchem die § 8 vorgeschriebene Offenlegung des festgestellten Straßen- und Baufluchtenplanes beginnt, die Beschränkung des Grundeigentümers dahin endgültig ein, daß Neubauten, sowie Um- und Ausbauten über die Fluchtlinie hinaus versagt werden können. Diese Bestimmung verfolgt den Zweck, die Gemeinden dagegen zu schützen, daß durch eine inzwischen vorgenommene bauliche Veränderung der Wert eines ganz oder teilweise zu Straßenzwecken bestimmten Grundstückes gesteigert und die Gemeinde dadurch in die Lage versetzt wird, dem Eigentümer bei der demnächstigen Abtretung eine höhere Entschädigung als zum Zeitpunkte der Fluchtlinienfestsetzung zahlen zu müssen.

Es sind darüber Zweifel entstanden, wie sich im Hinblick auf die Absicht des § 11 cit. die Polizeibehörden bei der Behandlung der an sie herantretenden Gesuche auf Genehmigung von Bauten der gedachten Art zu verhalten haben. Behufs Herbeiführung eines gleichmäßigen Verfahrens in diesem Punkte sehen wir uns infolgedessen veranlaßt, dahin Bestimmung zu treffen, daß fortan die Polizeibehörden in eine Prüfung der betreffenden Gesuche erst dann einzutreten haben, wenn von dem Unternehmer die Einwilligung der Gemeinde zu dem beabsichtigten Bau in einer der Polizeibehörde genügende Sicherheit bietenden Weise beigebracht worden ist, und daß, wenn diese Einwilligung entweder nicht erteilt oder aber die zur Beibringung derselben eventuell zu bestimmende Frist nicht innegehalten worden ist, die nachgesuchte Genehmigung auf Grund der Vorschriften im § 11 zu versagen ist. Wird dagegen die Einwilligung nachgewiesen, so hat die Polizeibehörde nach Maßgabe der in Betracht zu ziehenden polizeilichen Gesichtspunkte die Erörterung des Gesuches zu veranlassen und dasselbe in gewöhnlicher Weise zu erledigen.

Es bedarf hierbei keiner besonderen Hervorhebung, daß das in vorstehendem geordnete Verfahren nicht dazu bestimmt sein kann, unberechtigten Ansprüchen der Gemeinden Vorschub zu leisten. Wenn daher die Polizeibehörden die pflichtmäßige Überzeugung gewinnen sollten, daß von den Gemeindebehörden die Einwilligung zur Ausführung eines Baues über die Fluchtlinie an Bedingungen geknüpft wird, welche über das Maß des Notwendigen hinaus der Gemeinde Vorteile zu verschaffen bezwecken oder aber die Einwilligung aus dem Grunde abgelehnt worden ist, weil der Unternehmer sich derartigen Bedingungen nicht fügen will, so hat die Polizeibehörde hiervon ihrer vorgesetzten Behörde Anzeige zu erstatten, welche letztere, und zwar, soweit sie nicht zugleich Kommunalaufsichtsbehörde ist, nach Kommunikation mit der letzteren die erforderliche Abhilfe eintreten zu lassen, beziehungsweise darüber Entscheidung zu treffen hat, ob trotz der versagten Einwilligung die Baugenehmigung zu erteilen ist.

Ew. usw. ersuchen wir ergebenst, die vorstehenden Grundsätze den Polizeibehörden zur Nachachtung mitzuteilen und auch Ihrerseits nach denselben zu verfahren.

Berlin, den 15. Februar 1887.

Der Minister des Innern.
von Puttkamer.

Der Minister der öffentlichen Arbeiten.
Maybach.

C. Schutz gegen Verunstaltung des Ortsbildes.

1. Allgemeines Landrecht, Teil I Titel 8 §§ 65 und 66.

§ 65. In der Regel ist jeder Eigentümer seinen Grund und Boden mit Gebäuden zu besetzen oder sein Gebäude zu verändern wohl befugt.

§ 66. Doch soll zum Schaden oder Unsicherheit des gemeinen Wesens oder zur Verunstaltung der Städte und Plätze kein Bau und keine Veränderung vorgenommen werden.

---

2. Gesetz gegen die Verunstaltung landschaftlich hervorragender Gegenden. Vom 2. Juni 1902 (GS. S. 159).

Die Landespolizeibehörden sind befugt, zur Verhinderung der Verunstaltung landschaftlich hervorragender Gegenden solche Reklameschilder und sonstige Aufschriften und Abbildungen, welche das Landschaftsbild verunzieren, außerhalb der geschlossenen Ortschaften durch Polizeiverordnung auf Grund des Gesetzes über die allgemeine Landesverwaltung vom 30. Juli 1883 (GS. S. 195) zu verbieten, und zwar auch für einzelne Kreise oder Teile derselben.

---

3. Gesetz gegen die Verunstaltung von Ortschaften und landschaftlich hervorragenden Gegenden. Vom 15. Juli 1907 (GS. S. 260).

§ 1. Die baupolizeiliche Genehmigung von Bauten und baulichen Änderungen ist zu versagen, wenn dadurch Straßen oder Plätze der Ortschaft oder das Ortsbild gröblich verunstaltet werden würden.

§ 2. Durch Ortsstatut kann für bestimmte Straßen und Plätze von geschichtlicher oder künstlerischer Bedeutung vorgeschrieben werden, daß die baupolizeiliche Genehmigung zur Ausführung von Bauten und baulichen Änderungen zu versagen ist, wenn dadurch die Eigenart des Orts- oder Straßenbildes beeinträchtigt werden würde. Ferner kann durch Ortsstatut vorgeschrieben werden, daß die baupolizeiliche Genehmigung zur Ausführung baulicher Änderungen an einzelnen Bauwerken von geschichtlicher oder künstlerischer Bedeutung und zur Ausführung von Bauten und baulichen Änderungen in der Umgebung solcher Bauwerke zu versagen ist, wenn ihre Eigenart oder der Eindruck, den sie hervorrufen, durch die Bauausführung beeinträchtigt werden würde.

Wenn die Bauausführung nach dem Bauentwurfe dem Gepräge der Umgebung der Baustelle im wesentlichen entsprechen würde und die trotzdem auf Grund des Ortsstatuts geforderten Änderungen in keinem angemessenen Verhältnisse zu den dem Bauherrn zur Last fallenden Kosten der Bauausführung stehen würden, so ist von der Anwendung des Ortsstatuts abzusehen.

§ 3. Durch Ortsstatut kann vorgeschrieben werden, daß die Anbringung von Reklameschildern, Schaukästen, Aufschriften und Abbildungen der Genehmigung der Baupolizeibehörde bedarf. Die Genehmigung ist unter den gleichen Voraussetzungen zu versagen, unter denen nach den §§ 1 und 2 die Genehmigung zu Bauausführungen zu versagen ist.

§ 4. Durch Ortsstatut können für die Bebauung bestimmter Flächen, wie Landhausviertel, Badeorte, Prachtstraßen, besondere, über das sonst baupolizeilich zulässige Maß hinausgehende Anforderungen gestellt werden.

§. 5. Der Beschlußfassung über das Ortsstatut hat in den Fällen der §§ 2 und 4 eine Anhörung Sachverständiger vorauszugehen.

§ 6. Sofern in dem auf Grund des § 2 erlassenen Ortsstatute keine anderen Bestimmungen getroffen werden, sind vor Erteilung oder Versagung der Genehmigung Sachverständige und der Gemeindevorstand zu hören. Will die Baupolizeibehörde die Genehmigung gegen den Antrag des Gemeindevorstandes erteilen, so hat sie ihm dieses durch Bescheid mitzuteilen. Gegen den Bescheid steht dem Gemeindevorstand innerhalb zwei Wochen die Beschwerde an die Aufsichtsbehörde zu.

In Gemeinden, in denen der Gemeindevorstand nicht aus einer Mehrheit von Personen besteht und der Gemeindevorsteher (Bürgermeister) zugleich Ortspolizeiverwalter ist, tritt an die Stelle des Gemeindevorstandes, sofern nicht in dem Ortsstatut etwas anderes bestimmt wird, der Gemeindebeamte, welcher den Gemeindevorsteher in Behinderungsfällen zu vertreten hat.

§ 7. Für selbständige Gutsbezirke können die in dem Ortsstatute vorbehaltenen Vorschriften nach Anhörung des Gutsvorstehers von dem Kreisausschuß erlassen werden. Der Beschluß des Kreisausschusses bedarf der Bestätigung des Bezirksausschusses. Die Bestimmungen des § 2 Abs. 2, § 5 und 6 finden sinngemäß Anwendung.

§ 8. Der Regierungspräsident ist befugt, mit Zustimmung des Bezirksausschusses für landschaftlich hervorragende Teile des Regierungsbezirkes vorzuschreiben, daß die baupolizeiliche Genehmigung zur Ausführung von Bauten und baulichen Änderungen außerhalb der Ortschaften versagt werden kann, wenn dadurch das Landschaftsbild gröblich verunstaltet werden würde und dies durch die Wahl eines anderen Bauplatzes oder eine andere Baugestaltung oder die Verwendung anderen Baumaterials vermieden werden kann.

Bei Versagung der Genehmigung sind Sachverständige und der Gemeindevorstand zu hören. In Gemeinden, in denen der Gemeindevorstand nicht aus einer Mehrheit von Personen besteht und der Gemeindevorsteher (Bürgermeister) zugleich Ortspolizeiverwalter ist, tritt an die Stelle des Gemeindevorstandes, sofern nicht durch Ortsstatut etwas anderes bestimmt wird, der Gemeindebeamte, welcher den Gemeindevorsteher in Behinderungsfällen zu vertreten hat.

---

4. Ortsstatut zum Schutz der Stadt Berlin gegen Verunstaltung.

Auf Grund des Gesetzes gegen die Verunstaltung von Ortschaften und landschaftlich hervorragenden Gegenden vom 15. Juli 1913 wird für den Bezirk der Stadt Berlin gemäß § 11 der Städteordnung vom 30. Mai 1853 mit Zustimmung der Stadtverordnetenversammlung nachfolgendes Ortsstatut erlassen.

§ 1. Die baupolizeiliche Genehmigung zur Ausführung von Bauten und baulichen Änderungen ist zu versagen, wenn dadurch die Eigenart des Orts- oder Straßenbildes wesentlich beeinträchtigt werden würde, an und auf folgenden Plätzen und Straßen:

Pariser Platz,
Unter den Linden,
Am Opernplatz und am Zeughaus,
Opernplatz,
Am Festungsgraben,
Hinter dem Gießhause, Hinter dem Zeughause und Straße am Zeughaus,
Schloßplatz,
Lustgarten,
Burgstraße von der Friedrichs- bis zur Kurfürstenbrücke,
Am Kupfergraben von der Georgenstraße bis Hinter dem Gießhause,
Gensdarmenmarkt,
Wilhelmstraße von Unter den Linden bis zur Leipziger Straße,
Wilhelmplatz,
Leipziger Platz,
Potsdamer Platz und Vorplatz am Potsdamer Bahnhof,
Königsplatz,
Alsenstraße,
Reichstagsplatz,
Sommerstraße vom Reichstagsufer bis zum Brandenburger Tor,
Königgrätzer Straße von der Sommerstraße bis zum Potsdamer Platz,

Monbijouplatz,
Neuer Markt mit Marienkirchhof,
Klosterstraße von Königstraße bis zur Stralauer Straße,
Belle-Alliance-Platz
im sogenanten Tiergartenviertel, begrenzt vom Landwehrkanal, Nordwestseite der Potsdamer Straße, Königgrätzer Straße, Lennéstraße, Tiergartenstraße, Stählerstraße, Lichtensteinallee und Landwehrkanal, mit Ausnahme der genannten Nordwestseite der Potsdamer Straße, Klopstockstraße vom Bahnhof Tiergarten bis zur Händelstraße, Händelstraße

sowie an und auf den öffentlichen Plätzen und Straßen, welche umgeben:

Kastanienwald und Universitätsgarten,
Museumsinsel,
Viktoriapark,
Cöllnischen Park.

§ 2. a) Die baupolizeiliche Genehmigung zur Ausführung von Bauten und baulichen Änderungen in der Umgebung folgender Bauwerke ist zu versagen, wenn ihre Eigenart oder der Eindruck, den sie hervorrufen, durch die Bauausführung beeinträchtigt werden würde:

Kolonnaden an der Leipziger Straße,
Kolonnaden an der Potsdamer Straße (früher Kolonnaden in der Königstraße),
Kolonnaden an der Mohrenstraße,
Invalidenhaus,
Poststraße 16 (Ephraimsches Haus),
Generallotteriedirektion an der Markgrafenstraße 47,
Rathaus,
Amts- und Landgericht an der Grunerstraße,
Rudolf-Virchow-Krankenhaus,
Märkisches Museum,
Stadthaus,
Neue Kaiser-Wilhelm-Akademie,
Gebäude der neuen Königlichen Bibliothek, der Universitätsbibliothek und der Akademie der Wissenschaften,
Handelshochschule.

b) Die baupolizeiliche Genehmigung zur Ausführung baulicher Änderungen an folgenden Bauwerken ist zu versagen, wenn ihre Eigenart oder der Eindruck, den sie hervorrufen, durch die Bauausführung beeinträchtigt werden würde:

Beide Kirchen an der Mauerstraße (Dreifaltigkeit und Bethlehem),
Hedwigskirche,
St.-Johanniskirche,
Werdersche Kirche,
Michaelkirche,
Thomaskirche,
Synagoge an der Oranienburger Straße,
Gertraudtenstraße 16/17,
Reichsbank,
Handelshochschule, mit Kapelle zum Heiligen Geist,
Jakobikirche,
Alte Bauakademie.

§ 3. Die Anbringung von Reklameschildern, Schaukästen, Aufschriften und Abbildungen bedarf für die folgenden Straßen und Plätze der Genehmigung der Baupolizeibehörde:

Pariser Platz,
Unter den Linden,
Am Opernhaus und Am Zeughaus,
Opernplatz,
Am Festungsgraben,
Hinter dem Gießhause, Hinter dem Zeughause und Straße am Zeughause,
Schloßplatz,
Lustgarten,
Burgstraße von der Friedrichs- bis zur Kurfürstenbrücke,
Am Kupfergraben von der Georgenstraße bis Hinter dem Gießhause,
Wilhelmstraße von Unter den Linden bis zur Leipziger Straße,
Wilhelmplatz,
Königsplatz,
Alsenstraße,
Reichstagsplatz,
Sommerstraße vom Reichstagsufer bis zum Brandenburger Tor, Platz vor dem Brandenburger Tor,

Königgrätzer Straße auf der Torseite vom Brandenburger Tor bis Voßstraße,

sowie an und auf den öffentlichen Plätzen und Straßen, welche umgeben:

Kastanienwald und Universitätsgarten,
Museumsinsel,
Viktoriapark.

Diese Genehmigung ist unter den gleichen Voraussetzungen zu versagen, unter denen nach §§ 1 und 2 die Genehmigung zu Bauausführungen zu verweigern ist.

Die straßenbaupolizeiliche Genehmigung bleibt hierdurch unberührt.

§ 4. Wenn die Bauausführung in den im § 1 und 2 bezeichneten Fällen nach dem Bauentwurfe dem Gepräge der Umgebung der Baustelle im wesentlichen entsprechen würde und die Kosten der auf Grund dieses Ortsstatuts geforderten Änderungen in keinem angemessenen Verhältnisse zu den dem Bauherrn zur Last fallenden Kosten der Bauausführung stehen würden, so ist von der Anwendung des Ortsstatuts abzusehen.

§ 5. Vor Erteilung oder Versagung der Genehmigung in den Fällen der §§ 1, 2 und 3 ist der Magistrat und der Sachverständigenbeirat zu hören, dieser jedoch nur, sofern es sich nach der Entscheidung des Magistrats nicht um Fälle von untergeordneter Bedeutung handelt.

Der Sachverständigenbeirat besteht aus:

a) einem Mitgliede der Akademie der Künste,
b) „ „ „ „ des Bauwesens,
c) „ technischen Mitgliede der Abteilung III des Königlichen Polizeipräsidenten,
d) einem Mitgliede des Berliner Architektenvereins,
e) „ „ der Vereinigung Berliner Architekten,
f) dem Stadtbaurat für den Hochbau,
g) zwei sachverständigen Mitgliedern der Stadtverordnetenversammlung.

Die Mitglieder zu a bis c werden von den dort genannten Behörden, die zu d und e von diesen Vereinen auf 6 Jahre ehrenamtlich bestimmt; sie sollen in Berlin oder dessen Vororten wohnhaft sein. Die Mitglieder zu g werden von der Stadtverordnetenversammlung für das laufende Kalenderjahr gewählt.

§ 6. Bei einer auf Grund der Bestimmungen dieses Ortsstatuts erfolgten Beanstandung von Bauprojekten durch den Sachverständigenbeirat oder den Magistrat ist dem Antragsteller unter Angabe der Gründe von der Beanstandung durch den Magistrat Kenntnis zu geben und mit ihm über etwaige Abänderungen zu verhandeln.

Abänderungs- bzw. Neugestaltungsvorschläge dürfen die bauliche Ausnutzungsfähigkeit weder bezüglich der bebauten Fläche noch der Höhe in irgend einer Form beeinflussen.

§ 7. Dieses Ortsstatut tritt mit dem Tage seiner Veröffentlichung in Kraft. Mit dem gleichen Zeitpunkt tritt das Ortsstatut vom $\frac{\text{25. Oktober 1910}}{\text{11. April 1911}}$ außer Kraft.

Berlin, den 20. Dezember 1912.

Magistrat der Königl. Haupt- und Residenzstadt.
gez. Wermuth.

Vorstehendes Ortsstatut wird bestätigt.

Potsdam, den 10. Januar 1913.

L. S.

Der Oberpräsident.
gez. von Conrad.

O. P. 546.

---

5. Polizeiverordnung vom 11. August 1899 und 6. September 1909, betr. Baubeschränkungen der Schöneberger Wiesen (Hansaviertel) usw.

Auf Grund des § 6 des Gesetzes über die Polizeiverwaltung vom 11. März 1850 (GS. S. 256) und der §§ 143 und 144 des Gesetzes über die allgemeine Landesverwaltung vom 30. Juli 1883 (GS. S. 195) wird hiermit unter Zustimmung des Gemeindevorstandes nachstehende Polizeiverordnung als Nachtrag zur Baupolizeiordnung für den Stadtkreis Berlin vom 15. August 1897 erlassen:

§ 1. Die Grundstücke in denjenigen Geländen und an denjenigen Straßen, welche nachstehend aufgeführt sind, werden folgenden besonderen Baubeschränkungen unterworfen.

I. Gelände.

a) Die Schöneberger Wiesen zwischen dem Tiergarten, dem Park Bellevue, der Spree und dem Siegmundshof.

19*

Die Vordergebäude dürfen außer dem Erdgeschoß, dessen Fußboden höchstens 2,60 m über dem Bürgersteige liegen darf, nur noch zwei Stockwerke, an dem Holsteiner und dem Schleswiger Ufer nur noch drei Stockwerke erhalten. Über dem Fußboden des Dachgeschosses darf die Front, gemessen bis zur Oberkante des Hauptgesimses und, wo die Anlage einer Attika beabsichtigt wird, bis zu deren Oberkante, die Höhe von 1,50 m nicht überschreiten. Diese Höhe gilt als die zulässige Fronthöhe im Sinne des § 3, insbesondere der Ziffer 2, 3[3] und 4, der Baupolizeiordnung vom 15. August 1897.

b) Der von der Lichtensteinallee, der Cornelius-, Hitzig- und Stülerstraße umschlossene frühere Albrechtshof sowie der von Hitzig-, Rauch-, Friedrich-Wilhelm- und Tiergartenstraße umschlossene Teil des früheren Hofjäger-Etablissements.

Sämtliche Gebäude dürfen außer dem Erdgeschoß, dessen Fußboden höchstens 2,60 m über dem Bürgersteige liegen darf, nur noch zwei Stockwerke erhalten. Über dem Fußboden des Dachgeschosses darf die Front, gemessen bis zur Oberkante des Hauptgesimses und, wo die Anlage einer Attika beabsichtigt wird, bis zu deren Oberkante, die Höhe von 1,50 m nicht überschreiten. Diese Höhe gilt als die zulässige Fronthöhe im Sinne des § 3, insbesondere der Ziffer 2, 3[4] und 4, der Baupolizeiordnung vom 15. August 1897. Die Vorderhäuser und Seitenflügel müssen mindestens 3,75 m von den Nachbargrenzen entfernt bleiben. Je zwei Nachbargebäude dürfen jedoch unmittelbar aneinander errichtet werden, wenn jedes im übrigen den Bauwich von 3,75 m innehält und die Frontlänge der beiden Gebäude zusammen nicht mehr als 40 m beträgt. An ein Eckhaus darf an beiden Straßenseiten ein Nachbargebäude unmittelbar angebaut werden, wenn an jeder Straße die Front des Eckhauses und des Nachbargebäudes zusammen die Länge von 40 m nicht überschreitet und im übrigen beide Nachbargebäude den Bauwich von 3,75 m innehalten.

II. Straßen.

a) Hohenzollernstraße.

Die Bebauung muß durch Zwischengärten in der Weise unterbrochen werden, daß von den Grenzen zwischen den Grundstücken:

Nr. 4 und Nr. 6, früher Nr. 4 und Nr. 5; Nr. 9 und Nr. 11, früher Nr. 5 und Nr. 6; Nr. 13 und Nr. 14, früher Nr. 8 und Nr. 9; Nr. 15 und Königin-Augusta-Straße Nr. 49, früher Nr. 10 und

Königin-Augusta-Straße Nr. 49; Nr. 17 und Nr. 18, früher Nr. 12 und Nr. 13; Nr. 20 und Nr. 21, früher Nr. 15 und Nr. 16; Nr. 24 und Nr. 25, früher Nr. 19 und Nr. 20,

die Vorderhäuser und Seitenflügel auf jeder Seite mindestens 7,50 m entfernt bleiben.

b) Landgrafenstraße.

Die Vordergebäude und Seitenflügel müssen mindestens 5,34 m von den Nachbargrenzen entfernt bleiben.

Je zwei Nachbargebäude dürfen jedoch unmittelbar aneinander errichtet werden, wenn jedes im übrigen den Bauwich von 5,34 m innehält und die Frontlänge der beiden Gebäude zusammen nicht mehr als 40 m beträgt; bei den Eckhäusern braucht in diesem Falle ein Bauwich nicht innegehalten zu werden.

c) Regentenstraße.

Die Vordergebäude dürfen außer dem Erdgeschoß, dessen Fußboden höchstens 2,60 m über dem Bürgersteige liegen darf, nur noch zwei Stockwerke, die Eckhäuser an der Tiergarten- und an der Königin-Augusta-Straße nur noch drei Stockwerke erhalten. Über dem Fußboden des Dachgeschosses darf die Front, gemessen bis zur Oberkante des Hauptgesimses und, wo die Anlage einer Attika beabsichtigt wird, bis zu deren Oberkante, die Höhe von 1,50 m nicht überschreiten. Diese Höhe gilt als die zulässige Fronthöhe im Sinne des § 3, insbesondere der Ziffer 2, 3 und 4, der Baupolizeiordnung vom 15. August 1897.

§ 2. Auf den durch die Beschränkungen im § 1 betroffenen Grundstücken dürfen Fabrik- oder Speichergebäude nicht errichtet werden.

§ 3. Der Bezirksausschuß kann durch Dispens Ausnahmen von den Bestimmungen dieser Polizeiverordnung zulassen.

§ 4. Die Polizeiverordnung tritt mit dem Tage ihrer Veröffentlichung unter gleichzeitiger Aufhebung der Polizeiverordnung vom 27. April 1894 in Kraft.

Berlin, den 11. August 1899.

Der Polizeipräsident.
gez. von Windheim.

Polizeiverordnung vom 6. September 1909.

Auf Grund des § 6 des Gesetzes über die Polizeiverwaltung vom 11. März 1850 (GS. S. 265) und der §§ 143 und 144 des Gesetzes über die allgemeine Landesverwaltung vom 30. Juli 1883 (GS. S. 195) wird hiermit unter Zustimmung des Gemeindevorstandes nachstehende Polizeiverordnung als Nachtrag zur Baupolizeiordnung für den Stadtkreis Berlin vom 15. August 1897 nebst Nachtrag vom 11. August 1899 erlassen:

§ 1. Den Baubeschränkungen des § 1 Ziffer I b und des § 2 der Polizeiverordnung vom 11. August 1899 unterliegen auch die Grundstücke Rauchstraße Nr. 24, 25, 26 und 27.

§ 2. Der Bezirksausschuß kann durch Dispens Ausnahmen von den Bestimmungen des § 1 zulassen.

§ 3. Die Polizeiverordnung tritt mit dem Tage ihrer Veröffentlichung in Kraft.

Berlin, den 6. September 1909.

Der Polizeipräsident.
In Vertretung
gez. Friedheim.

(1288 III. G. R.)

---

6. Polizeiverordnung vom 7. August 1903, betreffend die Baubeschränkungen des Pariser Platzes.

Auf Grund usw. wird hiermit, nachdem die von dem Gemeindevorstande versagte Zustimmung durch Beschluß des Oberpräsidenten der Provinz Brandenburg und der Stadt Berlin vom 1. August 1903 ergänzt worden ist, nachstehende Polizeiverordnung als Nachtrag zur Baupolizeiordnung für den Stadtkreis Berlin vom 15. August 1897 erlassen:

§ 1. Die an der Nord- und Südseite des Pariser Platzes sowie die an der Westseite des Pariser Platzes bzw. der Königgrätzer- und Sommerstraße belegenen Grundstücke werden folgenden besonderen Baubeschränkungen unterworfen:

Die Fronthöhe der Gebäude (§ 3 der Baupolizeiordnung vom 15. August 1897) darf:

a) an der Westseite des Pariser Platzes bzw. der Königgrätzer- und Sommerstraße das Maß von 16,5 m,

b) an der Nord- und Südseite des Pariser Platzes das Maß von 20 m nicht übersteigen.

§ 2. Diese Polizeiverordnung tritt mit dem Tage ihrer Veröffentlichung in Kraft.

Berlin, den 7. August 1903.

Der Polizeipräsident.

---

7. Polizeiverordnung vom 28. August 1906, betreffend Baubeschränkungen am Viktoriapark.

Auf Grund des § 6 usw. wird hiermit unter Zustimmung des Gemeindevorstandes der folgende Nachtrag zur Baupolizeiordnung für den Stadtkreis Berlin vom 15. August 1897 erlassen:

§ 1. In den Gebieten der Stadtgemeinde Berlin, welche begrenzt werden von der Kreuzbergstraße, Kleinen Parkstraße und dem Viktoriapark einerseits und der Kleinen Parkstraße, Kreuzbergstraße, Lichterfelder Straße und dem Viktoriapark andererseits, dürfen Fabrik- und Speichergebäude nicht errichtet werden, auch ist die Errichtung neuer und die Erweiterung bestehender Anlagen, welche bei ihrem Betriebe durch Verbreitung schädlicher oder übler Dünste, starken Rauches oder durch Erregung ungewöhnlichen Geräusches Gefahren für das Leben und die Gesundheit des Publikums zur Folge haben, verboten.

§ 2. Diese Polizeiverordnung tritt mit dem Tage ihrer Veröffentlichung in Kraft.

---

8. Polizeiverordnung, betreffend Nachtrag zur Baupolizeiordnung für den Stadtkreis Berlin vom 15. August 1897.

Auf Grund des § 6 des Gesetzes über die Polizeiverwaltung vom 11. März 1850 (GS. S. 265) und der §§ 143 und 144 des Gesetzes über die allgemeine Landesverwaltung vom 30. Juli 1883 (GS. S. 195) erlasse ich nach Anhörung des Verbandsausschusses des Verbandes Groß-Berlin und unter Zustimmung des Gemeindevorstandes der Stadt Berlin die folgende Polizeiverordnung als Nachtrag zur Baupolizeiordnung für den Stadtkreis Berlin vom 15. August 1897:

§ 1. In dem Gebiet der Stadtgemeinde Berlin, welches begrenzt wird

1. von der Krefelder Straße, der Straße Alt-Moabit, der Stromstraße und der Straße Bundesratsufer,
2. von der Straße Siegmundshof, beginnend am Bahnhof Tiergarten, von der Spree, der Sommerstraße, der Königgrätzer Straße vom Brandenburger Tor bis zum Potsdamer Platz, der Linkstraße, der Ostseite der Flottwell- und der Dennewitzstraße bis zur Kurfürstenstraße, der Kurfürstenstraße bis zur Gemarkungsgrenze mit der Stadt Charlottenburg, dieser folgend bis zum Bahnhof Tiergarten,

ist die Errichtung neuer Anlagen, die starken Rauch oder Ruß, schädliche Dämpfe oder Gase, üble Gerüche oder ungewöhnliche Wärme verbreiten oder ungewöhnliche Geräusche oder Erschütterungen verursachen, verboten.

Dasselbe gilt von einer Veränderung oder Erweiterung bestehender Anlagen, wenn damit die vorgenannten Wirkungen verbunden sind oder dadurch verstärkt werden.

§ 2. Diese Polizeiverordnung tritt mit dem Tage ihrer Veröffentlichung unter gleichzeitiger Aufhebung des § 2 der Polizeiverordnung vom 11. August 1899 in Kraft.

Berlin, den 15. Mai 1913.

(907. III. G. R.

Der Polizeipräsident.
von Jagow.

---

9. Publikandum vom 31. März 1787.

Auf ausdrücklichen Immediatbefehl Seiner Königlichen Majestät wird denjenigen Einwohnern zu Berlin und Potsdam, welchen auf Königliche Kosten Häuser erbaut worden sind, hierdurch bekannt gemacht, daß sie keineswegs die Freiheit haben, an der Fassade sothaner Häuser Veränderungen nach ihrem Gutbefinden vorzunehmen. Es bleibt ihnen daher alles Ernstes untersagt, weder die Attika, Vasen, Statuen, Gruppen oder auch andere Verzierungen davon wegzunehmen oder zu verändern, wie sich einige bereits erdreistet haben, sondern alles in dem Zustande zu lassen und zu erhalten, wie ihnen solches übergeben ist. Und wollen Seine Königliche Majestät ferner, daß, wenn an solchem Ornament etwas schadhaft geworden ist, die unbemittelten Einwohner dieses sogleich dem Oberhofbauamte anzuzeigen haben, welches Sorge tragen wird, daß die Reparaturen ohne Anstand auf Königliche Kosten geschehen sollen.

Berlin, den 31. August 1787.

(gez.) von Woelner.

Dies Publikandum ist durch nachstehende Bekanntmachung (Amtsbl. Stück 17, S. 87) zur Befolgung erneut in Erinnerung gebracht:

Das auf Allerhöchsten Königlichen Immediatbefehl von dem vormaligen Oberhofbauamt unterm 31. August 1787 erlassene Publikandum, wodurch den Einwohnern, welchen Häuser auf Königliche Kosten erbaut worden sind, verboten ist, an der Fassade solcher Häuser Veränderungen nach ihrem Gutbefinden vorzunehmen, die Attiken, Vasen, Statuen, Gruppen oder auch andere Verzierungen davon wegzunehmen oder zu verändern, wird hierdurch, als noch in seiner Kraft bestehend, zur genauesten Befolgung in Erinnerung gebracht, und dabei zugleich bemerkt, daß auch das Abfärben nnd Abputzen solcher Häuser ohne vorgängige Anzeige bei der Polizeibehörde und ohne deren spezielle Erlaubnis nicht vorgenommen werden darf.

Berlin, den 14. April 1829.

Königlich Preußisches Polizeipräsidium.

(gez.) von Esebeck.

V. Gebrauch und Rechte an öffentlichen Straßen.

1. Der Gemeingebrauch.

Die rechtliche Grundlage enthält § 7 II 15 ALR.:

> Der freie Gebrauch der Land- und Heerstraßen ist einem jeden zum Reisen und Fortbringen seiner Sachen gestattet.

Die Bestimmung ist durch die Rechtsprechung auf öffentliche Wege aller Art ausgedehnt.

Der Gemeingebrauch muß sich innerhalb des Rahmens der Widmung des Weges zu Verkehrszwecken halten (Fußweg, Fahrwege usw.).

Er findet seine Grenze für den einzelnen nach § 25 II 15 ALR.:

> Den nach § 7 einem jeden freistehenden Gebrauch der Landstraßen muß ein jeder so ausüben, daß der andere an dem gleichmäßigen Gebrauch nicht gehindert noch zu Zänkereien oder gar Tätlichkeiten über das Ausweichen Anlaß gegeben werde.

Im übrigen ist es gleichgültig, in welcher Art der Verkehr betrieben wird. So darf z. B. ambulanter Straßenhandel von der Gemeinde und, soweit Verkehrshinderung oder andere Rücksichten des öffentlichen Rechts nicht vorliegen, die die Polizei zu einem Eingreifen ermächtigen, auch von dieser nicht untersagt werden, OVG. E. 43, 209.

Der Gemeingebrauch umfaßt den Verkehr auf der Straße und den Verkehr zu und von den anliegenden Grundstücken. Die Wegepolizei hat also sowohl die Interessen des allgemeinen Verkehrs als auch die Interessen der Anlieger wahrzunehmen.

Der Gebrauch der Wege findet seine Grenze, wo er über den Rahmen der allgemeinen Nutzung hinausgeht und Sonderrechte für einzelne Personen beim Straßengebrauch in Anspruch genommen werden.

Das preußische Recht kennt keine Popularklage zum Schutze des öffentlichen Gebrauchs. Dieser Schutz ist lediglich Sache der Polizeibehörde. (Doch ist die Rechtsprechung des Reichsgerichts schwankend: für das preußische Recht wird eine Art actio ininviarum gegen den Störer auf Beseitigung von Verkehrsbeeinträchtigungen anerkannt, wenn sich die Beeinträchtigungen vornehmlich gegen bestimmte Personen richten, z. B. gegen sonderinteressierte Anlieger (RG. im Pr. VBl. 21, 86 und 282; 23, 567; 27, 521; Entsch. 1, 155).

2. Sonderrechte an Straßen.

Soweit der allgemeine Verkehrsgebrauch nicht entgegensteht, sind Sonderrechte einzelner Personen an Straßen zulässig, und zwar persönliche und dingliche.

Die Gemeinde kann nur als Eigentümerin des Straßenlandes Sonderrechte gewähren.

ALR. §§ 2 und 3 II 15:

§ 2. Ohne besondere Erlaubnis des Staates darf sich niemand eine Verfügung über solche Straßen anmaßen,

§ 3. auch alsdann nicht, wenn die Verfügung an sich dem Gebrauch der Straßen für die Reisenden unschädlich wäre.

Die Bestimmungen werden gleichfalls durch die Rechtsprechung auf alle öffentlichen Wege angewandt und begründen das Recht der Genehmigung der Polizei zu Einräumung von Rechten aller Art. Außerdem aber ist die Zustimmung der Gemeinde als Wegeeigentümerin in jedem Falle erforderlich, so z. B. zur Errichtung von Verkaufsständen, Lagerung von Materialien, Legung von Leitungen und Schienen, Anbringung von Schildern, Vorbauten usw. auf Straßenland. Da das Eigentum sich in den Luftraum und unter die Erde erstreckt, sind auch Anlagen unter der Erdoberfläche und in dem Luftraum (OVG. Entsch. 28, 76 und 35, 28) der Straße der Genehmigung der Gemeinde bedürftig.

Für die Sondernutzung von Straßen stellt ALR. I 8 §§ 73 bis 82 Grundsätze auf:

§ 73. Bauanlagen auf Straßen, wodurch Gehende, Reitende oder Fahrende Beschädigungen ausgesetzt werden, soll die Obrigkeit nicht dulden.

§ 74. Niemand darf in Gegenden, die zum Ab- und Zugang des Publikums bestimmt sind, vor seinen Fenstern oder an seinem Hause etwas aufstellen oder aufhängen, durch dessen Herabsturz jemand beschädigt werden könnte.

§ 75. Der Übertreter muß das Aufgestellte oder Aufgehängte sofort wegzuschaffen angehalten werden.

§ 76. Ohne Erlaubnis der Obrigkeit dürfen Baustellen, die bisher besondere Nummern hatten, nicht in eins gezogen werden.

§ 77. Auch die Zustehung einer solchen Erlaubnis kann in Ansehung der nach den Nummern verteilten oder noch zu verteilenden Lasten und Abgaben weder dem gemeinen Wesen noch andern Privatpersonen zum Nachteile gereichen.

§ 78. Die Straßen und öffentlichen Plätze dürfen nicht verengt, verunreinigt oder sonst verunstaltet werden.

§ 79. Besonders darf niemand ohne ausdrückliche Bewilligung der Obrigkeit einen Kellerhals oder andere dergleichen Nebengebäude auf der Straße anlegen.

§ 80. Auch die Einrichtung von Keller- und Ladentüren, welche auf die Straße gehen, die Anlegung neuer oder Wiederherstellung eingegangener Erker, Löben und auf die Straße hinausgießender Dachrinnen, die Aufsetzung von Wetterdächern und in die Straße hinein sich erstreckenden Schildern sowie die Errichtung von Blitzableitern darf nur unter Erlaubnis der Polizeiobrigkeit und nach den von dieser zu erteilenden Anweisungen vorgenommen werden.

§ 81. Übrigens aber kann jeder Hauseigentümer den sogenannten Bürgersteig, soweit er das Steinpflaster zu unterhalten hat, unter den § 78 bestimmten Einschränkungen benutzen.

§ 82. Nähere Bestimmungen über die §§ 78—81 berührten Gegenstände bleiben den besonderen Polizeigesetzen eines jeden Ortes vorbehalten.

In Berlin werden bei der Überlassung von Straßenland von den Anliegern *Anerkennungsgebühren* erhoben, die teils nur den Zweck haben, die Verdunkelung des Eigentumsverhältnisses zu verhüten, teils ein dem wirtschaftlichen Vorteil der Anlage für den Dritten entsprechendes Entgelt darstellen. Für Anlagen im Luftraum der Straße in einer Höhe von mindestens 30 cm über dem Boden werden zurzeit Gebühren nicht erhoben. Die rechtliche Natur derartiger Überlassungen von Straßenland ist zweifelhaft. Soweit die Anerkennungsgebühr ein Äquivalent für die Benutzung bedeutet, ist vom Reichsgericht *in Hinsicht auf die Stempelpflicht* ein mietsähnliches Verhältnis angenommen.

Für die Anerkennungsgebühren gelten nachstehende Grundsätze:

Gebühren werden in allen Fällen erhoben, in denen städtisches Straßen- oder Bürgersteigland von einer Privatperson für eigene

Zwecke benutzt wird. Ausnahmen werden gemacht bei solchen Anlagen, die lediglich Zwecken der Allgemeinheit dienen (z. B. Transparentlaternen für Sanitätswachen); ferner können solche Eigentümer frei gelassen werden, die das Bürgersteig- oder Vorgartenland, das sie selbst benutzen wollen, unentgeltlich an die Stadtgemeinde abgetreten haben.

Bei der Bemessung der Gebühren sind zu berücksichtigen:

der wirtschaftliche Vorteil, den die Anlage für den Antragsteller hat,
die Belästigung des Verkehrs,
die Größe der in Anspruch genommenen Fläche,
die Gegend,
die Art des Geschäfts des Antragstellers.

Die Gebühren sollen betragen:

1. bei Benutzung von Bürgersteigland:

durch Schauspinden	5 bis	30 M
in guter Geschäftsgegend für kleine und große Spinden	15 und	30 „
in weniger guter Gegend	10 und	20 „
zu Schankzwecken für 1 qm	1 bis	50 „
durch Laternen	10 bis	50 „
jedoch für Badeanstalten		15 „
für Apotheken		30 „
zu Lagerzwecken (bei am Wasser gelegenen Bürgersteigen)	30 bis	100 „
für Aufstellung von Zeltdächern:		
a) vor Theatern		10 „
b) vor Restaurants, Hotels usw.		30 „

2. bei Benutzung des Straßendammes:

zu Lagerzwecken in einer Grundstücksfront		100 M
für Eckgrundstücke		150 „
zu Brücken über Chausseegräben	5 bis	20 „
für Schienengleise	50 „	300 „
für Entwässerungsrohre	10 „	200 „

Die Gebühren sind, sobald die Benutzung länger als 1 Jahr dauert, jährlich zu erheben.

Es handelt sich vorstehend um Normalsätze, von denen mit Rücksicht auf die besondere Lage des Einzelfalls abgewichen wird. In der Regel wird die Erlaubnis nach folgendem Muster erteilt, dem je nach Lage des Falles weitergehende Bedingungen hinzugefügt werden:

Muster einer Erlaubnis zur Benutzung von Straßenland.

An usw.

Namens der Stadtgemeinde Berlin als Eigentümerin des Straßenlandes erteilen wir Ihnen dem Antrage vom .... zufolge die Erlaubnis usw.

Die Genehmigung gilt vorbehaltlich der polizeilichen Erlaubnis und unbeschadet der Rechte Dritter, sie ist jederzeit widerruflich und persönlicher Natur, darf also ohne unsere Zustimmung nicht auf andere übertragen werden; die Genehmigung erlischt, wenn von ihr nach Ablauf eines Monats nicht Gebrauch gemacht worden ist.

Für die Benutzung des städtischen Straßenlandes ist eine Anerkennungsgebühr von jährlich ......M zu entrichten, welche für das laufende Rechnuugsjahr 191... sofort[1]) — und für die folgenden Rechnungsjahre im Monat April ohne besondere Aufforderung — an die Steuerkasse, Stadthaus, Parochialstraße, part. Zimmer 49 (Zahlstunden werktäglich von 9—1 Uhr) bei Vorzeigung dieses Schreibens zu zahlen ist.

Vom 1. April 191... ab wird die Gebühr in der Regel im Monat April vom Steuererheber eingezogen werden, indes bleibt es Ihnen überlassen, die Gebühr wieder unmittelbar an die genannte Kasse zu zahlen.

Diese Gebühr wird auch dann nicht ganz oder teilweise erlassen oder zurückerstattet, wenn im Laufe des Rechnungsjahres das Gebrauchsrecht oder die Benutzung aufhört.

Zur Sicherung der Stadtgemeinde für die Erfüllung der Ihnen gestellten Bedingungen ist ein Berliner Sparkassenbuch oder hinterlegungsfähige Papiere über ...... M, die bei 3 proz. mit 80, bei 3½ proz. mit 90 vom Hundert und bei 3½ proz. Berliner Stadtanleihe sowie 4 proz. Papieren zum Nennwerte angenommen

---

[1]) Diese Bedingung von — bis — gilt nur für die nicht in Berlin wohnhaften Zahlungspflichtigen.

werden, beim Magistrats-Depositorium, Rathaus, Zimmer 20 zu hinterlegen. Die Stadtgemeinde Berlin ist berechtigt, sich aus diesem Haftgelde wegen aller ihrer Ansprüche aus dieser Genehmigung sowohl auf Schadensersatz wie auf Wiederherstellung des früheren Zustandes oder auf Anerkennungsgebühr unmittelbar zu befriedigen. Sie bleiben verpflichtet, das Haftgeld nötigenfalls sofort zu ergänzen, so daß es immer die Höhe von ...... M behält.

Der Zeitpunkt für den Beginn der Bauausführung ist mit dem zuständigen Tiefbauamt .... zu vereinbaren; hierbei ist der Nachweis zu führen, daß die Anerkennungsgebühr gezahlt ist, die Hinterlegung der Sicherheit stattgefunden hat und die Erlaubnis des Königlichen Polizeipräsidenten erteilt worden ist.

Im Falle der Annahme dieser Bedingungen ersuchen wir um Zahlung der Gebühr und Hinterlegung der Sicherheit binnen 14 Tagen, wenngleich die Ausführung der Anlage erst später geschehen sollte.

Berlin, den .... 191....

Städtische Tiefbaudeputation.

....

Dieser Genehmigung, soweit sie straßenbaupolizeilicher Natur ist, schließt sich die unterzeichnete Verwaltung an.

Berlin, den .... 191....

Städtische Polizeiverwaltung, Abteilung I
(Straßenbau).
Der Oberbürgermeister.
J. A.:

....

---

3. Rechte am Bürgersteig.

Nach den oben unter 2 mitgeteilten §§ 73—82, insbesondere § 81 I 8 ALR. ist das Eigentum des Straßeneigentümers am Bürgersteige gesetzlich zugunsten des Hauseigentümers, dem eine Unterhaltungspflicht am Bürgersteige obliegt, eingeschränkt. Zu Anlagen der im Gesetz bezeichneten Art bedarf der Eigentümer der polizeilichen Erlaubnis, von welcher die Ausübung seines Nutzungsrechtes abhängt, jedoch nicht derjenigen des Straßeneigentümers.

Zu den Nutzungsrechten des „Hauseigentümers" gehört nicht die Ausübung eines Gewerbebetriebes auf dem Bürgersteige, z. B.

Schankbetrieb (Germershausen, Wegerecht 3. Aufl. Bd. I, S. 142), Schaukästen, Reklameanlagen usw.

4. Die sogenannte Anliegerservitut.

Das Verhältnis von Anlieger und Straßeneigentümer richtet sich zunächst nach den Grundsätzen des Nachbarrechtes: §§ 907, 909 BGB. und §§ 185—187 I 8 ALR., welche nach Art. 109 und 124 EG. zum BGB. Geltung behalten haben:

BGB.

§ 907. Der Eigentümer eines Grundstücks kann verlangen, daß auf den Nachbargrundstücken nicht Anlagen hergestellt oder gehalten werden, von denen mit Sicherheit vorauszusehen ist, daß ihr Bestand oder ihre Benutzung eine unzulässige Einwirkung auf sein Grundstück zur Folge hat. Genügt eine Anlage den landesgesetzlichen Vorschriften, die einen bestimmten Abstand von der Grenze oder sonstige Schutzmaßregeln vorschreiben, so kann die Beseitigung der Anlage erst verlangt werden, wenn die unzulässige Einwirkung tatsächlich hervortritt.

§ 909. Ein Grundstück darf nicht in der Weise vertieft werden, daß der Boden des Nachbargrundstücks die erforderliche Stütze verliert, es sei denn, daß für genügende anderweitige Befestigung gesorgt ist.

ALR. I. 8.

§ 185. Wer seinen Grund und Boden erhöhen will, muß mit dieser Erhöhung drei Fuß von dem Zaune, der Mauer oder der Planke des Nachbars zurückbleiben.

§ 186. Daraus, daß der Nachbar die Erhöhung in einer größeren Nähe ohne ausdrücklichen Widerspruch geschehen läßt, folgt noch nicht, daß er dem Ersatz des daraus in der Folge erwachsenden Schadens entsagt habe.

§ 187. Erniedrigt jemand seinen Grund und Boden durch Anlegung eines Grabens oder sonst, so muß ein Wall von drei Fuß breit gegen die benachbarte Verzäunung stehen bleiben.

Soweit die nachbarrechtlichen Bestimmungen bei den Straßenveränderungen nicht in Betracht kommen, hat die Judikatur die sogenannte Anliegerservitut geschaffen, nach welcher bei gewissen Veränderungen des Straßenzuges oder des Straßenkörpers im öffentlichen Interesse oder auf polizeiliche Anordnung den anliegenden Hauseigentümern ein Entschädigungsanspruch zusteht.

Im einzelnen ist die rechtliche Natur und der Umfang dieser sogenannten Anliegerservitut sehr bestritten, auch die Auffassungen in der Judikatur haben geschwankt. Wir geben im folgenden die zurzeit vom Reichsgericht festgehaltenen Grundsätze.

Während das Recht eines jeden Anliegers auf Zugang und Benutzung der Straße auf demselben Rechtsgrunde beruht wie das Recht jedes anderen auf Benutzung eines öffentlichen Weges, OVG. Entsch. 32, 213 und 39, 230, und rein öffentlich rechtlicher Natur ist, wird für den, welcher sich an der Straße angebaut hat, eine privatrechtliche Beziehung zur wegebaupflichtigen Gemeinde konstruiert, wenn sie gleichzeitig Straßeneigentümerin ist. Das Reichsgericht nimmt einen stillschweigenden Vertrag zwischen Hauseigentümer und der Gemeinde als Straßeneigentümerin an. Es könne dahingestellt bleiben, ob dieses Vertragsverhältnis ein privatrechtliches oder ausschließlich den Vorschriften des öffentlichen Rechts (§§ 36 ff., 65 ff. ALR. I 8 und dem Fluchtliniengesetz) unterstellt wurde. In jedem Falle begründe es ein dem Privatrecht angehörendes Rechtsverhältnis zwischen Anlieger und Gemeinde, das den Charakter eines privaten Nutzungsrechtes an der Straße, eines servitutähnlichen Verhältnisses trage, ohne daß aber die Vorschriften des Bürgerlichen Rechts über Grundgerechtigkeiten durchweg anwendbar seien. Entscheid. Bd. 70, S. 77 ff. Die Straßen in Städten und Dörfern haben, soweit sie für den Anbau bestimmt sind, neben dem allgemeinen Verkehrszweck auch den Zweck, daß Häuser an ihnen gebaut werden. In der Widmung der Straße für den Anbau liegt eine Aufforderung der Gemeinde zum Bau, die durch den erfolgten Anbau zu einem Vertragsverhältnis führt. Das Reichsgericht sagt im Urteil vom 21. Januar 1902, Pr. VBl. 24, 555:

„Es würde rechtlich nicht haltbar sein, wollte man die Entstehung des Rechtes der Hauseigentümer in ausschließlich objektive Momente verlegen und namentlich den Umstand, daß die Gemeinde den mit dem Bau beginnenden Anlieger an der Ausführung desselben nicht hindert und vielleicht nicht hindern kann, auch die Ortspolizei nicht einschreitet, im Gegenteil die Bauerlaubnis erteilt, schon für sich allein genügen lassen. Notwendig bleibt der den konkreten Umständen zu entnehmende Aufforderungswillen der

Gemeinden; die Verhältnisse müssen so liegen, daß der Bau, den der Anlieger kraft seines Eigentumsrechts und in seinem Interesse ausführt, zugleich auch im Interesse der Gemeinde als Inhaberin des Straßennetzes und Vertreterin des öffentlichen Wohles liegt und in diesem Sinne als eine Leistung an sie erscheinen kann, der gegenüber sie ihrerseits wiederum rechtliche, auf die Benutzung der Straße bezügliche Vorteile bietet. Die äußeren Umstände kommen insoweit in Betracht, als aus ihnen auf den Willen zu schließen ist und als sie die Verkörperung des Willens bilden. Nach Maßgabe der Sachlage im einzelnen Falle muß geprüft werden, was als das Wünschen und Wollen der Gemeinde entsprechend dem von ihr wahrzunehmenden öffentlichen Interesse anzunehmen ist und von dem Bauenden vorausgesetzt werden durfte."

Von einer Aufforderung der Gemeinde zum Anbau kann nur innerhalb von Städten und Dörfern und auf Gelände, das überhaupt der Bebauung freigegeben ist, die Rede sein (RG. in E. 10, 271, Pr. VBl. 10, 432 J. V. 1892, 384 und 1900, 65).

Wer an einer noch nicht regulierten Straße baut, muß auch bei Zustimmung der Gemeinde mit einer Niveauverschiebung bei endgültiger Regulierung rechnen und hat daraus keinen Schadensersatzanspruch (Gruchot Beiträge 45, 77, Pr. VBl. 24, 555, Selbstverwaltung 32, 846).

Ob eine anbaufähige Straße anzunehmen ist, ob also von einer stillschweigenden Anbauaufforderung der Gemeinde gesprochen werden kann, ist nach den Anschauungen zu beurteilen, die am Ort und zur Zeit der Bauausführung maßgebend waren (RG. i. Pr. VBl. 27, 31 und 32).

Von einem Vertragsverhältnis kann erst nach erfolgtem Anbau die Rede sein; also nur wenn und insoweit das Grundstück des Anliegers bebaut ist, existiert eine Entschädigungspflicht (RG. Entsch. 25, 242, 246 und i. Pr. VBl. 27, 508).

Gegenstand des Vertrages ist ein Recht an der Straße, das die Gemeinde nur einräumen kann, wenn sie Eigentümerin ist. Andernfalls besteht kein Entschädigungsanspruch (RG. i. Gruchot 46, 1131).

Der Wille der Gemeinde geht in der Regel nur dahin, dem Anbau eine Verbindung mit der Straße zu gewähren und Anschluß an das allgemeine Straßennetz, nicht aber soll dem Anlieger ein Recht auf die indirekten Vorteile gewährt werden, die der in der betreffenden Straße übliche Verkehr bietet. Vielmehr muß der Anlieger von vornherein damit rechnen, daß die Verkehrsverhältnisse sich der sonstigen Entwicklung des Stadtbildes entsprechend ändern können. Das Recht des Anliegers geht daher nur auf Wahrung seines Kommunikationsinteresses (Gruchot Beiträge 29, 676; Entsch. 24, 245; 25, 242; Pr. VBl. 20, 505). Der Anlieger hat also keinen Anspruch, wenn die bis dahin verkehrsreiche Straße zur Sackgasse wird (Entsch. 25, 242; JW. 1900, 167).

Der Anlieger hat auch keinen Entschädigungsanspruch, wenn es sich um vorübergehende Erschwerungen und Störungen handelt, welche dadurch entstehen, daß die Straße in einen ihren öffentlichen Zwecken möglichst entsprechenden Zustand versetzt und darin erhalten wird (Selbstverwaltung 23, 297; Entsch. 37, 252).

Machen also in der Regel Straßenveränderungen, die im Interesse des Verkehrs erforderlich werden, die Stadtgemeinde nicht erstattungspflichtig, so erwächst doch dem Anlieger ein Entschädigungsanspruch bei Veränderungen zu anderen Zwecken, z. B. solchen, welche durch eine Eisenbahnanlage veranlaßt sind (RG. i. Pr. VBl. 20, 103, 413, 505; Entsch. 36, 273).

Die Veränderungen im Verkehrsinteresse dürfen aber das Kommunikationsinteresse des Eigentümers mit der Straße nicht beeinträchtigen. Die Schadensersatzpflicht besteht also, wen Zu- und Abgang zwischen Haus und Straße, sei es für den Fuß- oder Wagenverkehr oder das Abladen von Gütern, erheblich erschwert wird, wenn der Anlieger insbesondere genötigt ist, zur Herstellung der Verbindung mit der Straße Rampen oder Treppen anzulegen oder zu beseitigen oder den Bürgersteig, zu dessen Unterhalt er verpflichtet ist, zu ändern (Gruchot 41, S. 39; Pr. VBl. 18, S. 117, 259; Entsch. 44, S. 282; Pr. VBl. 24, S. 651; Pr. VBl. 20, S. 412, 21, S. 471, 26, S. 810).

Geringfügige Erschwerungen der Kommunikation begründen dagegen keinen Entschädigungsanspruch (Bolze, Praxis des Reichsgerichts Bd. 22, S. 11, Nr. 23).

Ein Entschädigungsanspruch kann ferner entstehen, wenn durch Tieferlegung des Dammes bei unveränderter Höhenlage des

Bürgersteiges ein Ladengeschäft geschädigt wird (Pr. VBl. 27, S. 31), oder dadurch, daß die Straße näher an das Gebäude herangelegt wird und dadurch Baubeschränkungen entstehen (Gruchot 36, S. 682).

Inhalt der Servitut ist auch das Recht auf Licht und Luft von der Straße.

Die Gemeinde als Straßeneigentümerin hat die erforderliche Entschädigung auch dann zu leisten, wenn die Veränderung auf eine polizeiliche Anforderung zurückzuführen ist.

Bei Entscheidung der Frage, ob ein Entschädigungsanspruch, entsteht, müssen gegenüber den Nachteilen auch die Vorteile berücksichtigt werden, die aus der Straßenänderung erwachsen.

---

5. Gesetz über Kleinbahnen und Privatanschlußbahnen vom 28. 7. 1892.

Wir Wilhelm, von Gottes Gnaden König von Preußen usw., verordnen, unter Zustimmung beider Häuser des Landtages der Monarchie, was folgt:

I. Kleinbahnen.

§ 1. Kleinbahnen sind die dem öffentlichen Verkehre dienenden Eisenbahnen, welche wegen ihrer geringen Bedeutung für den allgemeinen Eisenbahnverkehr dem Gesetze über die Eisenbahnunternehmungen vom 3. November 1838 (GS. S. 505) nicht unterliegen.

Insbesondere sind Kleinbahnen der Regel nach solche Bahnen, welche hauptsächlich den örtlichen Verkehr innerhalb eines Gemeindebezirks oder benachbarter Gemeindebezirke vermitteln, sowie Bahnen, welche nicht mit Lokomotiven betrieben werden.

Ob die Voraussetzung für die Anwendbarkeit des Gesetzes vom 3. November 1838 vorliegt, entscheidet auf Anrufen der Beteiligten das Staatsministerium.

§ 2. Zur Herstellung und zum Betriebe einer Kleinbahn bedarf es der Genehmigung der zuständigen Behörde. Dasselbe gilt für wesentliche Erweiterungen oder sonstige wesentliche Änderungen des Unternehmens, der Anlage oder des Betriebes. Diese Genehmigung ist zu versagen, wenn die Erweiterung oder Änderung die Unterordnung des Unternehmens unter das Gesetz vom 3. November 1838 bedingt

§ 3. Zur Erteilung der Genehmigung ist zuständig:

1. wenn der Betrieb ganz oder teilweise mit Maschinenkraft beabsichtigt wird: der Regierungspräsident, für den Stadtkreis Berlin der Polizeipräsident, im Einvernehmen mit der von dem Minister der öffentlichen Arbeiten bezeichneten Eisenbahnbehörde;
2. in allen übrigen Fällen, und zwar:
   a) sofern Kunststraßen, welche nicht als städtische Straßen in der Unterhaltung und Verwaltung von Stadtkreisen stehen, benutzt oder von der Bahn mehrere Kreise oder nichtpreußische Landesteile berührt werden sollen: der Regierungspräsident, im ersten Fall für den Stadtkreis Berlin der Polizeipräsident,
   b) sofern mehrere Polizeibezirke desselben Landkreises berührt werden: der Landrat,
   c) sofern das Unternehmen innerhalb eines Polizeibezirks verbleibt: die Ortspolizeibehörde.

Wenn die zum Betriebe mit Maschinenkraft einzurichtende Bahn die Bezirke mehrerer Landespolizeibehörden berührt, oder in dem Falle der Nr. 2 a die betreffenden Kreise nicht in demselben Regierungsbezirke liegen, bezeichnet der Oberpräsident, falls jedoch die Landespolizeibezirke bzw. Kreise verschiedenen Provinzen angehören, oder Berlin beteiligt ist, der Minister der öffentlichen Arbeiten im Einvernehmen mit dem Minister des Innern die zuständige Behörde.

Die Zuständigkeit zur Genehmigung von wesentlichen Erweiterungen oder sonstigen wesentlichen Änderungen des Unternehmens, der Anlage und des Betriebes regelt sich so, als ob das Unternehmen in der nunmehr geplanten Art neu zu genehmigen wäre. Jedoch bleibt zur Genehmigung von Änderungen des Betriebes der in Absatz 1 Nr. 1 erwähnten Unternehmungen diejenige Behörde zuständig, welche die Genehmigung zum Bau und Betriebe erteilt hat.

§ 4. Die Genehmigung wird auf Grund vorgängiger polizeilicher Prüfung erteilt. Diese Prüfung beschränkt sich auf:

1. die betriebssichere Beschaffenheit der Bahn und der Betriebsmittel,

2. den Schutz gegen schädliche Einwirkungen der Anlage und des Betriebes,
3. die technische Befähigung und Zuverlässigkeit der in dem äußeren Betriebsdienste anzustellenden Bediensteten,
4. die Wahrung der Interessen des öffentlichen Verkehrs.

§ 5. Dem Antrage auf Erteilung der Genehmigung sind die zur Beurteilung des Unternehmens in technischer und finanzieller Hinsicht erforderlichen Unterlagen, insbesondere ein Bauplan, beizufügen.

§ 6. Soweit ein öffentlicher Weg benutzt werden soll, hat der Unternehmer die Zustimmung der aus Gründen des öffentlichen Rechts zur Unterhaltung des Weges Verpflichteten beizubringen.

Der Unternehmer ist mangels anderweitiger Vereinbarung zur Unterhaltung und Wiederherstellung des benutzten Wegeteiles verpflichtet und hat für diese Verpflichtung Sicherheit zu bestellen.

Die Unterhaltungspflichtigen (Abs. 1) können für die Benutzung des Weges ein angemessenes Entgelt beanspruchen, ingleichen sich den Erwerb der Bahn im ganzen nach Ablauf einer bestimmten Frist gegen angemessene Schadloshaltung des Unternehmers vorbehalten.

§ 7. Die Zustimmung der Unterhaltungspflichtigen kann ergänzt werden:

soweit eine Provinz oder ein den Provinzen gleichstehender Kommunalverband beteiligt ist, durch Beschluß des Provinzialrates, wogegen die Beschwerde an den Minister der öffentlichen Arbeiten zulässig ist;

soweit eine Stadtgemeinde oder ein Kreis beteiligt ist oder es sich um einen mehrere Kreise berührenden Weg handelt, durch Beschluß des Bezirksausschusses, im übrigen durch Beschluß des Kreisausschusses.

Durch den Ergänzungsbeschluß wird unter Ausschluß des Rechtsweges zugleich über die nach § 6 an den Unternehmer gestellten Ansprüche entschieden.

§ 8. Vor Erteilung der Genehmigung ist die zuständige Wegepolizeibehörde und, wenn die Eisenbahnanlage sich dem Bereiche einer Festung nähert, die zuständige Festungsbehörde zu hören. In diesem Falle darf die Genehmigung nur im Einverständnis mit der Festungsbehörde erteilt werden.

Wenn die Bahn sich dem Bereiche einer Reichstelegraphenanlage nähert, so ist die zuständige Telegraphenbehörde vor der Genehmigung zu hören.

Soll das Gleis einer dem Gesetze über die Eisenbahnunternehmungen vom 3. November 1838 unterworfenen Eisenbahn gekreuzt werden, so darf auch in den Fällen, in denen die Eisenbahnbehörde im übrigen nicht mitwirkt (§ 3), die Genehmigung nur im Einverständnis mit der letzteren erteilt werden.

§ 9. Außer den durch die polizeilichen Rücksichten (§ 4) gebotenen Verpflichtungen sind in der Genehmigung zugleich diejenigen zu bestimmen, welchen der Unternehmer im Interesse der Landesverteidigung und der Reichspostverwaltung in Gemäßheit des § 42 zu genügen hat.

§ 10. Bei der Genehmigung von Bahnen, auf welchen die Beförderung von Gütern stattfinden soll, kann vorbehalten werden, den Unternehmer jederzeit zur Gestattung der Einführung von Anschlußgleisen für den Privatverkehr anzuhalten. Art und Ort der Einführung unterliegt der Genehmigung der eisenbahntechnischen Aufsichtsbehörde.

Die Behörde (§ 3) hat mangels gütlicher Vereinbarung der Interessenten auch die Verhältnisse des Bahnunternehmens und des den Anschluß Beantragenden zueinander zu regeln, insbesondere die dem ersteren für die Benutzung oder Veränderung seiner Anlagen zu leistende Vergütung vorbehaltlich des Rechtsweges festzusetzen.

§ 11. Bei der Genehmigung ist die Art und Höhe der Sicherstellung für die Unterhaltung und Wiederherstellung öffentlicher Wege, soweit diese nicht bereits erfolgt ist, vorzuschreiben.

Für die Ausführung der Bahn und für die Eröffnung des Betriebes kann eine Frist festgesetzt und die Erlegung von Geldstrafen für den Fall der Nichteinhaltung derselben, sowie Sicherheitsstellung hierfür gefordert werden.

Auch können Geldstrafen und Sicherheitsstellung zur Sicherung der Aufrechterhaltung des ordnungsmäßigen Betriebes während der Dauer der Genehmigung vorgesehen werden.

§ 12. Der nach den Bestimmungen dieses Gesetzes erforderlichen Sicherstellung bedarf es nicht, wenn das Reich, der Staat oder ein Kommunalverband Unternehmer ist.

§ 13. Die Genehmigung kann dauernd oder auf Zeit erteilt werden. Sie erfolgt unter dem Vorbehalte der Rechte Dritter, der Ergänzung und Abänderung durch Feststellung des Bauplanes (§§ 17 und 18).

§ 14. Im Interesse des öffentlichen Verkehrs ist bei der Genehmigung (§ 2) durch die zuständige Behörde über den Fahrplan und die Beförderungspreise das Erforderliche festzustellen; zugleich sind die Zeiträume zu bezeichnen, nach deren Ablauf diese Feststellungen geprüft und wiederholt werden müssen.

Von der Feststellung über den Fahrplan kann für einen bei der Genehmigung festzusetzenden Zeitraum abgesehen werden. Dieser Zeitraum kann verlängert werden.

Die Feststellung der Beförderungspreise steht innerhalb eines bei der Genehmigung festzusetzenden Zeitraumes von mindestens fünf Jahren nach der Eröffnung des Bahnbetriebes dem Unternehmer frei. Das alsdann der Behörde zustehende Recht der Genehmigung der Beförderungspreise erstreckt sich lediglich auf den Höchstbetrag derselben. Hierbei ist auf die finanzielle Lage des Unternehmens und auf eine angemessene Verzinsung und Tilgung des Anlagekapitals Rücksicht zu nehmen.

§ 15. Der Aushändigung der Genehmigungsurkunde müssen die nach § 11 geforderten Sicherstellungen vorausgehen.

§ 16. Die Genehmigung, welche für eine Aktiengesellschaft, eine Kommanditgesellschaft auf Aktien oder eine Gesellschaft mit beschränkter Haftung behufs Eintragung in das Handelsregister (Artikel 210 Absatz 2 Nr. 4, Artikel 176 Absatz 2 Nr. 4 des Deutschen Handelsgesetzbuches, § 8 Nr. 4 des Reichsgesetzes vom 20. April 1892 — Reichs-Gesetzbl. S. 477 —) ausgehändigt worden ist, tritt erst in Wirksamkeit, wenn der Nachweis der Eintragung in das Handelsregister geführt ist.

§ 17. Mit dem Bau von Bahnen, welche für den Betrieb mit Maschinenkraft bestimmt sind, darf erst begonnen werden, nachdem der Bauplan durch die genehmigende Behörde in folgender Weise festgestellt worden ist:

1. Der Planfeststellung werden die bei der Genehmigung vorläufig getroffenen Festsetzungen zugrunde gelegt.
2. Plan nebst Beilagen sind in dem betreffenden Gemeinde- oder Gutsbezirke während vierzehn Tagen zu jedermanns Ein-

sicht offenzulegen. Zeit und Ort der Offenlegung ist ortsüblich bekannt zu machen.

Während dieser Zeit kann jeder Beteiligte im Umfange seines Interesses Einwendungen gegen den Plan erheben. Auch der Vorstand des Gemeinde- oder Gutsbezirks hat das Recht, Einwendungen zu erheben, welche sich auf die Richtung des Unternehmens oder auf Anlagen der in § 18 dieses Gesetzes gedachten Art beziehen.

Diejenige Stelle, bei welcher solche Einwendungen schriftlich einzureichen oder mündlich zu Protokoll zu geben sind, ist zu bezeichnen.

3. Nach Ablauf der Frist (Nr. 2 Absatz 1) sind die gegen den Plan erhobenen Einwendungen in einem nötigenfalls an Ort und Stelle durch einen Beauftragten abzuhaltenden Termine, zu dem der Unternehmer und die Beteiligten (Nr. 2 Abs. 2) vorgeladen werden müssen und Sachverständige zugezogen werden können, zu erörtern.

4. Nach Beendigung der Verhandlungen wird über die erhobenen Einwendungen beschlossen, und erfolgt danach die Feststellung des Planes sowie der Anlagen, zu deren Errichtung und Unterhaltung der Unternehmer verpflichtet ist (§ 18).

Der Beschluß wird dem Unternehmer und den Beteiligten zugestellt.

Der Feststellung (Absatz 1) bedarf es nicht, wenn eine Planfestsetzung zum Zwecke der Enteignung stattfindet.

Wenn aus der beabsichtigten Bahnanlage Nachteile oder erhebliche Belästigungen der benachbarten Grundbesitzer und des öffentlichen Verkehrs nicht zu erwarten sind, kann, sofern es sich nicht um die Benutzung öffentlicher Wege, mit Ausnahme städtischer Straßen, handelt, der Minister der öffentlichen Arbeiten den Beginn des Baues ohne vorgängige Planfestsetzung gestatten.

§ 18. Dem Unternehmer ist bei der Planfeststellung (§ 17) die Herstellung derjenigen Anlagen aufzuerlegen, welche die den Bauplan festsetzende Behörde zur Sicherung der benachbarten Grundstücke gegen Gefahren und Nachteile oder im öffentlichen Interesse für erforderlich erachtet, desgleichen die Unterhaltung dieser Anlagen, soweit dieselbe über den Umfang der bestehenden Verpflichtungen zur Unterhaltung vorhandener, demselben Zwecke dienenden Anlagen hinausgeht.

§ 19. Zur Eröffnung des Betriebes bedarf es der Erlaubnis der zur Erteilung der Genehmigung zuständigen Behörde. Die Erlaubnis ist zu versagen, sofern wesentliche in der Bau- und Betriebsgenehmigung gestellte Bedingungen nicht erfüllt sind.

§ 20. Die Betriebsmaschinen sind vor ihrer Einstellung in den Betrieb und nach Vornahme erheblicher Änderungen, außerdem aber zeitweilig der Prüfung durch die zur eisenbahntechnischen Aufsicht über die Bahn zuständige Behörde (§ 22) zu unterwerfen.

§ 21. Der Fahrplan und die Beförderungspreise sowie die Änderungen derselben sind vor ihrer Einführung öffentlich bekannt zu machen.

Die angesetzten Beförderungspreise haben gleichmäßig für alle Personen oder Güter Anwendung zu finden.

Ermäßigungen der Beförderungspreise, welche nicht unter Erfüllung der gleichen Bedingungen jedermann zugute kommen, sind unzulässig.

§ 22. Rücksichtlich der Erfüllung der Genehmigungsbedingungen und der Vorschriften dieses Gesetzes ist jede Kleinbahn der Aufsicht der für ihre Genehmigung jeweilig zuständigen Behörde unterworfen. Bei den für den Betrieb mit Maschinenkraft eingerichteten Bahnen steht die eisenbahntechnische Aufsicht der zur Mitwirkung bei der Genehmigung berufenen Eisenbahnbehörde zu, sofern nicht der Minister der öffentlichen Arbeiten die Aufsicht einer anderen Eisenbahnbehörde überträgt.

§ 23. Die Genehmigung kann durch Beschluß der Aufsichtsbehörde für erloschen erklärt werden, wenn die Ausführung der Bahn oder die Eröffnung des Betriebes nicht innerhalb der in der Genehmigung bestimmten oder der verlängerten Frist erfolgt.

§ 24. Die Genehmigung kann zurückgenommen werden, wenn der Bau oder Betrieb ohne genügenden Grund unterbrochen oder wiederholt gegen die Bedingungen der Genehmigung oder die dem Unternehmer nach diesem Gesetze obliegenden Verpflichtungen in wesentlicher Beziehung verstoßen wird.

§ 25. Über die Zurücknahme entscheidet auf Klage der zur Erteilung der Genehmigung zuständigen Behörde das Oberverwaltungsgericht.

§ 26. Bei Erlöschen oder Zurücknahme der Genehmigung wird die für die Unterhaltung und Wiederherstellung öffentlicher Wege bestellte Sicherheit, soweit sie für den bezeichneten Zweck nicht in Anspruch zu nehmen ist, herausgegeben. Mangels anderweiter Vereinbarung hat der Wegeunterhaltungspflichtige die Wahl, die Wiederherstellung des früheren Zustandes, nötigenfalls unter Beseitigung in den Weg eingebauter Teile der Bahnanlage, oder gegen angemessene Entschädigung den Übergang der letzteren in sein Eigentum zu verlangen.

Macht der Unterhaltungspflichtige von dem ersteren Rechte Gebrauch, so geht das Eigentum der zurückgelassenen Teile der Bahnanlage auf den Unterhaltungspflichtigen unentgeltlich über.

Im öffentlichen Interesse kann die Aufsichtsbehörde eine Frist festsetzen, vor deren Ablauf der Unterhaltungspflichtige nicht berechtigt ist, die Wiederherstellung des früheren Zustandes zu verlangen.

§ 27. Ob und inwieweit bei Erlöschen (§ 23) oder Zurücknahme der Genehmigung wegen Unterbrechung des Baues oder Betriebes (§ 24) die für die Ausführung der Bahn oder die fristgemäße Eröffnung oder die Aufrechterhaltung des Betriebes bestimmten Geldstrafen verfallen, entscheidet unter Ausschluß des Rechtsweges der Minister der öffentlichen Arbeiten. Dieser beschließt über die Verwendung solcher Geldstrafen. Letztere sind zugunsten des früheren Unternehmens, anderenfalls ähnlicher Unternehmungen in dem betreffenden Landesteile zu verwenden.

§ 28. Unternehmer von Kleinbahnen sind verpflichtet, sich den Anschluß anderer Bahnen gefallen zu lassen, sofern die Behörde, welche die Genehmigung für die Bahn, an welche der Anschluß erfolgen soll, erteilt hat, mit Rücksicht auf die Konstruktion und den Betrieb der Bahn den Anschluß für zulässig erachtet. Dieselbe Behörde entscheidet auch darüber, wo und in welcher Weise der Anschluß erfolgen soll, regelt in Ermangelung einer gütlichen Vereinbarung die Verhältnisse beider Unternehmer zu einander und setzt, vorbehaltlich des Rechtsweges, die dem erstgedachten Bahnunternehmer für die Benutzung oder Veränderung seiner Anlagen zu leistende Vergütung fest.

§ 29. Unternehmer von Kleinbahnen können die Gestattung des Anschlusses ihrer Bahnen an Eisenbahnen verlangen, welche dem Gesetze über die Eisenbahnunternehmungen vom 3. November 1838 unterliegen, sofern der Minister der öffentlichen Arbeiten mit Rücksicht auf die Konstruktion und den Betrieb der letzteren den Anschluß für zulässig erachtet. Darüber, wo und in welcher

Weise der Anschluß herzustellen ist, und über die Verhältnisse beider Unternehmer zu einander, insbesondere über die dem Eisenbahnunternehmer für die Benutzung oder Veränderung seiner Anlagen zu leistende Vergütung, entscheidet, in letzterer Beziehung unter Vorbehalt des Rechtsweges, der Minister der öffentlichen Arbeiten.

§ 30. Haben Kleinbahnen nach Entscheidung des Staatsministeriums eine solche Bedeutung für den öffentlichen Verkehr gewonnen, daß sie als Teil des allgemeinen Eisenbahnnetzes zu behandeln sind, so kann der Staat den eigentümlichen Erwerb solcher Bahnen gegen Entschädigung des vollen Wertes nach einer mit einjähriger Frist vorangegangenen Ankündigung beanspruchen.

§ 31. Der Erwerb (§ 30) erfolgt unter sinngemäßer Anwendung der Bestimmungen des § 42 Nr. 4 a bis d des Gesetzes über die Eisenbahnunternehmungen vom 3. November 1838, mit der Maßgabe, daß der Berechnung des 25 fachen Betrages nach § 42 Nr. 4 a des vorerwähnten Gesetzes das steuerpflichtige Einkommen nach den Bestimmungen des Einkommensteuergesetzes vom 24. Juni 1891 (Gesetz Samml. S. 175) zu grunde zu legen ist, jedoch bei den Aktiengesellschaften und Kommanditgesellschaften auf Aktien der Abzug von 3½ Prozent des eingezahlten Aktienkapitals (§ 16 Einkommensteuergesetz) fortfällt. Erstreckt sich die Kleinbahn über das Gebiet des Preußischen Staates hinaus in andere deutsche Bundesstaaten, so ist gleichwohl das Einkommen aus dem gesamten Betriebe der Berechnung der Entschädigung zugrunde zu legen. War das zu erwerbende Unternehmen noch nicht fünf Jahre im Betriebe, so ist für die Berechnung der Entschädigung der Jahresdurchschnitt des bisher erzielten Reingewinnes maßgebend. — Ist eine Aktiengesellschaft Unternehmer der zu erwerbenden Bahn, so bedarf es nicht der Einlösung der Aktien von den einzelnen Aktionären, sondern nur der Zahlung der Gesamtentschädigung an die Gesellschaft.

§ 32. Der Unternehmer kann verpflichtet werden, über jede Bahn, für welche ihm eine besondere Genehmigung erteilt worden ist, dergestalt Rechnung zu führen, daß der Reinertrag derselben, und wenn der Unternehmer eine Aktiengesellschaft ist, die von derselben gezahlte Dividende daraus mit Sicherheit entnommen werden kann.

Die Vernachlässigung dieser Verpflichtung begründet für den Staat das Recht, die Berechnung der Entschädigung nach dem Sachwerte (§§ 33 bis 35) zu verlangen.

§ 33. Der Unternehmer kann Entschädigung nach dem Sachwerte verlangen, wenn das Unternehmen noch nicht länger als fünfzehn Jahre im Betriebe ist. Erfolgt die Erwerbung durch den Staat in den ersten fünf Jahren des Betriebes, so werden dem Sachwert 20 Prozent, erfolgt sie in den nachfolgenden zehn Jahren, so werden demselben 10 Prozent zugeschlagen.

§ 34. Im Falle der Entschädigung nach dem Sachwerte bilden den Gegenstand des Erwerbes alle dem Unternehmen unmittelbar oder mittelbar gewidmeten Sachen und Rechte des Unternehmers, die Forderungen und Schulden jedoch nur insoweit, als dieselben nach beiderseitigem Einverständnisse auf den Staat übergehen sollen. In die mit den Beamten und Arbeitern bestehenden Verträge tritt der Staat ein, ebenso in solche Verträge, welche zur Beschaffung des für das Unternehmen erforderlichen Materials abgeschlossen sind.

Für alle Bestandteile ist der volle Wert zu vergüten.

§ 35. Die Abschätzung und die Festsetzung der Entschädigung für die Bestandteile des Unternehmens (§ 34) erfolgt nach einem von dem Unternehmer aufzustellenden Inventar, über dessen Richtigkeit und Vollständigkeit erforderlichenfalls zu verhandeln und von dem Bezirksausschusse zu entscheiden ist.

§ 36. Die Festsetzung der Entschädigung (§§ 31 und 33 bis 35) erfolgt, vorbehaltlich des beiden Teilen zustehenden, innerhalb sechs Monaten nach Zustellung des Festsetzungsbeschlusses zu beschreitenden Rechtsweges, durch den Bezirksausschuß unter sinngemäßer Anwendung der §§ 24 bis 29 des Enteignungsgesetzes vom 11. Juni 1874.

Der Bezirksausschuß ist auch für das Vollziehungsverfahren zuständig.

§ 37. Auf die Ermittelung der Entschädigung finden die §§ 24 bis 28, auf die Vollziehung der Enteignung die §§ 32 bis 37, auf das Verfahren vor dem Bezirksausschusse und auf die Wirkungen der Enteignung die §§ 39 bis 46 des Enteignungsgesetzes vom 11. Juni 1874 sinngemäße Anwendung.

Die Entschädigung für Bestandteile des Unternehmens, welche im Inventar verzeichnet und bei Feststellung der Gesamtentschädigung berücksichtigt, bei der Vollziehung der Enteignung aber nicht mehr vorhanden sind, ist von dem Unternehmer zurückzuerstatten. Für Bestandteile, welche bei Vollziehung der Enteignung über das Inventar hinaus vorhanden sind, ist auf Antrag des Unternehmers von dem Bezirksausschusse nachträglich die vom Staate zu gewährende Entschädigung festzusetzen.

§ 38. Erwerbsberechtigten (§ 6) gegenüber greift das Erwerbungsrecht des Staates gleichfalls Platz. Ihnen ist der volle Wert des Erwerbsrechtes zu erstatten.

§ 39. Zur Anlegung von Bahnen in den Straßen Berlins und Potsdams bedarf es Königlicher Genehmigung.

§ 40. Die Kleinbahnen werden der Gewerbesteuer auf Grund des Gewerbesteuergesetzes vom 24. Juni 1891 (Gesetz-Samml. S. 205) unterworfen.

Bezüglich der Kommunalbesteuerung sind Kleinbahnen als Privateisenbahnunternehmungen im Sinne des § 4 des Gesetzes vom 27. Juli 1885, betreffend Ergänzung und Abänderung einiger Bestimmungen über Erhebung der auf das Einkommen gelegten direkten Kommunalabgaben (Gesetz-Samml. S. 327), nicht zu erachten.

§ 41. Die auf Grund des Allerhöchsten Erlasses vom 16. September 1867 (Gesetz-Samml. S. 1528), des Gesetzes vom 7. März 1868 (Gesetz-Samml. S. 223), des Gesetzes vom 11. März 1872 (Gesetz-Samml. S. 257) und der §§ 2 und 3 des Gesetzes vom 8. Juli 1875 (Gesetz-Samml. S. 497) den dort genannten Provinzial- und Kommunalverbänden überwiesenen Kapitalien und Summen können auch zur Förderung des Baues von Kleinbahnen verwendet werden.

§ 42. Die Kleinbahnen unterliegen nachfolgenden Verpflichtungen gegenüber der Postverwaltung:

1. Die Unternehmer haben auf Verlangen der Postverwaltung mit jeder für den regelmäßigen Beförderungsdienst bestimmten Fahrt einen Postunterbeamten mit einem Briefsack und, soweit der Platz reicht, auch andere zur Mitfahrt erscheinende Unterbeamte im Dienst gegen Zahlung der Abonnementsgebühr oder, falls solche nicht besteht, der Hälfte des tarifmäßigen Personengeldes zu befördern.
2. Die Unternehmer solcher Bahnen, welche sich nicht ausschließlich mit der Personenbeförderung befassen, sind außerdem verpflichtet, auf Verlangen der Postverwaltung mit jeder für den regelmäßigen Beförderungsdienst bestimmten Fahrt:

a) Postsendungen jeder Art durch Vermittelung des Zugpersonals zu befördern, und zwar Briefbeutel, Brief- und Zeitungspakete gegen eine Vergütung von 50 Pfennig für jede Fahrt, die anderen Sendungen gegen Zahlung des Stückguttarifsatzes der betreffenden Bahn oder, sofern dieser Betrag höher ist, gegen eine Vergütung von 2 Pfennig für je 50 Kilogramm und das Kilometer der Beförderungsstrecke nach dem monatlichen Gesamtgewicht der von Station zu Station beförderten Poststücke;

b) in Zügen, mit welchen in der Regel mehr als ein Wagen befördert wird, eine Abteilung eines Wagens für die Postsendungen, das Begleitpersonal und die erforderlichen Postdienstgeräte, gegen Zahlung der in den Artikeln 3 und 6 des Reichsgesetzes vom 20. Dezember 1875 (Reichs-Gesetzbl. S. 318) und den dazu gehörigen Vollzugsbestimmungen festgesetzten Vergütung, sowie gegen Entrichtung des halben Stückguttarifsatzes der betreffenden Bahn einzuräumen.

3. Die Postverwaltung ist berechtigt, auf ihre Kosten an den Bahnwagen einen Briefkasten anbringen und dessen Auswechselung oder Leerung an bestimmten Haltestellen bewirken zu lassen.

II. Privatanschlußbahnen.

§ 43. Bahnen, welche dem öffentlichen Verkehre nicht dienen, aber mit Eisenbahnen, welche den Bestimmungen des Gesetzes über die Eisenbahnunternehmungen vom 3. November 1838 unterliegen, oder mit Kleinbahnen derart in unmittelbarer Gleisverbindung stehen, daß ein Übergang der Betriebsmittel stattfinden kann, bedürfen, wenn sie für den Betrieb mit Maschinen eingerichtet werden sollen, zur baulichen Herstellung und zum Betriebe polizeilicher Genehmigung.

§ 44. Zur Erteilung der Genehmigung (§ 43) ist der Regierungspräsident, für den Stadtkreis Berlin der Polizeipräsident, im Einvernehmen mit der von dem Minister der öffentlichen Arbeiten bezeichneten Eisenbahnbehörde zuständig.

Berührt die Bahn mehrere Landespolizeibezirke, so bestimmt, wenn sie derselben Provinz angehören, der Oberpräsident, falls sie verschiedenen Provinzen angehören oder Berlin dabei beteiligt ist, der Minister der öffentlichen Arbeiten im Einvernehmen mit dem Minister des Innern die zuständige Landespolizeibehörde.

§ 45. Die polizeiliche Prüfung beschränkt sich

1. auf die betriebssichere Beschaffenheit der Bahn und der Betriebsmittel,
2. auf die technische Befähigung und Zuverlässigkeit der in dem äußeren Betriebsdienste anzustellenden Bediensteten,
3. auf den Schutz gegen schädliche Einwirkungen der Anlage und des Betriebes.

Soll eine Bahn, welche an eine dem Gesetze über die Eisenbahnunternehmungen vom 3. November 1838 unterliegende Eisenbahn Anschluß hat, von dem Unternehmer der letzteren angelegt und betrieben werden, so beschränkt sich die Prüfung auf den Schutz gegen schädliche Einwirkungen der Anlage und des Betriebes.

§ 46. Zur Benutzung öffentlicher Wege bedarf es der Zustimmung der Unterhaltungspflichtigen und der Genehmigung der Wegepolizeibehörde.

§ 47. Die Bestimmungen der §§ 8, 17 bis 20 und 22 Satz 1 finden auf diese Bahnen gleichmäßige Anwendung.

§ 48. Polizeiliche Bestimmungen über den Betrieb auf solchen Bahnen können nur im Einverständnis mit der Eisenbahnbehörde (§ 44) erlassen werden.

§ 49. Die Genehmigung kann zurückgenommen werden, wenn wiederholt gegen die Bedingungen derselben in wesentlicher Beziehung verstoßen wird.

Über die Zurücknahme der Genehmigung entscheidet auf Klage der Behörde (§ 44) das Oberverwaltungsgericht.

§ 50. Die eisenbahntechnische Aufsicht und Überwachung der Privatanschlußbahnen erfolgt durch diejenige Behörde, welcher diese Aufgaben bezüglich der dem öffentlichen Verkehre dienenden Bahn, an welche sie anschließen, obliegen.

§ 51. Die Bestimmungen der §§ 43 bis 49 finden auf diejenigen Bahnen, welche Zubehör eines Bergwerks im Sinne des Allgemeinen Berggesetzes vom 24. Juni 1865 (Gesetz-Samml. S. 705) bilden, keine Anwendung.

Durch die Bestimmung in § 50 wird das auf dem Allgemeinen Berggesetze vom 24. Juni 1865 (Gesetz-Samml. S. 705) beruhende Aufsichtsrecht der Bergbehörden gegenüber diesen Bahnen nicht berührt.

Gemeinsame und Übergangsbestimmungen.

§ 52. Gegen die Beschlüsse und Verfügungen, für welche die Landespolizeibehörden in Verbindung mit den Eisenbahnbehörden zuständig sind, und gegen die Beschlüsse und Verfügungen der eisenbahntechnischen Aufsichtsbehörden findet die Beschwerde an den Minister der öffentlichen Arbeiten statt. Im übrigen greifen die nach den Bestimmungen der §§ 127 bis 130 des Gesetzes über die allgemeine Landesverwaltung vom 23. Juli 1883 (Gesetz-Samml. S. 195) zulässigen Rechtsmittel Platz.

§ 53. Für die bereits vor Inkrafttreten dieses Gesetzes genehmigten Kleinbahnen und Privatanschlußbahnen ist diejenige Behörde zuständig, welcher die Genehmigung nach Inkrafttreten dieses Gesetzes gemäß §§ 3 und 44 obgelegen hätte.

Auf diese Bahnen finden die §§ 2, 20 bis 22, 24, 25, 40, 42 und 52, beziehungsweise 48 bis 50 des gegenwärtigen Gesetzes, sowie die Bedingungen und Vorbehalte, welche bei ihrer Genehmigung vorgesehen sind, Anwendung.

Die Unternehmer sind jedoch berechtigt, sich durch eine an die zuständige Aufsichtsbehörde zu richtende Erklärung den sämtlichen Bestimmungen dieses Gesetzes zu unterwerfen.

Die Genehmigung von wesentlichen Erweiterungen oder wesentlichen Änderungen des Unternehmens, der Anlage oder des Betriebes kann von der Unterwerfung des Unternehmens unter sämtliche Bestimmungen dieses Gesetzes abhängig gemacht werden.

Der Zeitpunkt der Unterstellung unter dieses Gesetz ist öffentlich bekannt zu machen.

Wohlerworbene Rechte Dritter werden durch die Unterwerfung nicht berührt.

§ 54. Dieses Gesetz tritt bezüglich des § 40 am 1. April 1893, bezüglich aller anderen Bestimmungen am 1. Oktober 1892 in Kraft.

§ 55. Mit der Ausführung dieses Gesetzes werden der Minister der öffentlichen Arbeiten und der Minister des Innern betraut.

Urkundlich unter Unserer Höchsteigenhändigen Unterschrift und beigedrucktem Königlichen Insiegel.

Gegeben Marmor-Palais, den 28. Juli 1892.

(L. S.) Wilhelm.

Gr. zu Eulenburg. v. Boetticher. Herrfurth.
v. Schelling. Frhr. v. Berlepsch. Miquel.
v. Kaltenborn. v. Heyden. Thielen. Bosse.

---

6. Telegraphenwegegesetz vom 18. 12. 1899.

Wir Wilhelm, von Gottes Gnaden Deutscher Kaiser, König von Preußen usw., verordnen im Namen des Reichs, nach erfolgter Zustimmung des Bundesrats und des Reichstags, was folgt:

§ 1. Die Telegraphenverwaltung ist befugt, die Verkehrswege für ihre zu öffentlichen Zwecken dienenden Telegraphenlinien zu benutzen, soweit nicht dadurch der Gemeingebrauch der Verkehrswege dauernd beschränkt wird. Als Verkehrswege im Sinne dieses Gesetzes gelten, mit Einschluß des Luftraumes und des Erdkörpers, die öffentlichen Wege, Plätze, Brücken und die öffentlichen Gewässer nebst deren dem öffentlichen Gebrauche dienenden Ufern.

Unter Telegraphenlinien sind die Fernsprechlinien mitbegriffen.

§ 2. Bei der Benutzung der Verkehrswege ist eine Erschwerung ihrer Unterhaltung und eine vorübergehende Beschränkung ihres Gemeingebrauchs nach Möglichkeit zu vermeiden.

Wird die Unterhaltung erschwert, so hat die Telegraphenverwaltung dem Unterhaltungspflichtigen die aus der Erschwerung erwachsenden Kosten zu ersetzen.

Nach Beendigung der Arbeiten an der Telegraphenlinie hat die Telegraphenverwaltung den Verkehrsweg sobald als möglich wieder instand zu setzen, sofern nicht der Unterhaltungspflichtige erklärt hat, die Instandsetzung selbst vornehmen zu wollen. Die Telegraphenverwaltung hat dem Unterhaltungspflichtigen die Auslagen für die von ihm vorgenommene Instandsetzung zu vergüten und den durch die Arbeiten an der Telegraphenlinie entstandenen Schaden zu ersetzen.

§ 3. Ergibt sich nach Errichtung einer Telegraphenlinie, daß sie den Gemeingebrauch eines Verkehrsweges, und zwar nicht nur vorübergehend, beschränkt oder die Vornahme der zu seiner Unterhaltung erforderlichen Arbeiten verhindert oder der Ausführung einer von dem Unterhaltungspflichtigen beabsichtigten Änderung des Verkehrsweges entgegensteht, so ist die Telegraphenlinie, soweit erforderlich, abzuändern oder gänzlich zu beseitigen.

Soweit ein Verkehrsweg eingezogen wird, erlischt die Befugnis der Telegraphenverwaltung zu seiner Benutzung.

In allen diesen Fällen hat die Telegraphenverwaltung die gebotenen Änderungen an der Telegraphenlinie auf ihre Kosten zu bewirken.

§ 4. Die Baumpflanzungen auf und an den Verkehrswegen sind nach Möglichkeit zu schonen, auf das Wachstum der Bäume ist tunlichst Rücksicht zu nehmen. Ausästungen können nur insoweit verlangt werden, als sie zur Herstellung der Telegraphenlinien oder zur Verhütung von Betriebsstörungen erforderlich sind; sie sind auf das unbedingt notwendige Maß zu beschränken.

Die Telegraphenverwaltung hat dem Besitzer der Baumpflanzungen eine angemessene Frist zu setzen, innerhalb welcher er die Ausästungen selbst vornehmen kann. Sind die Ausästungen innerhalb der Frist nicht oder nicht genügend vorgenommen, so bewirkt die Telegraphenverwaltung die Ausästungen. Dazu ist sie auch berechtigt, wenn es sich um dringliche Verhütung oder Beseitigung einer Störung handelt.

Die Telegraphenverwaltung ersetzt den an den Baumpflanzungen verursachten Schaden und die Kosten der auf ihr Verlangen vorgenommenen Ausästungen.

§ 5. Die Telegraphenlinien sind so auszuführen, daß sie vorhandene besondere Anlagen (der Wegeunterhaltung dienende Einrichtungen, Kanalisations-, Wasser-, Gasleitungen, Schienenbahnen, elektrische Anlagen und dergleichen) nicht störend beeinflussen. Die aus der Herstellung erforderlicher Schutzvorkehrungen erwachsenden Kosten hat die Telegraphenverwaltung zu tragen.

Die Verlegung oder Veränderung vorhandener besonderer Anlagen kann nur gegen Entschädigung und nur dann verlangt werden, wenn die Benutzung des Verkehrsweges für die Telegraphenlinie sonst unterbleiben müßte und die besondere Anlage anderweit ihrem Zwecke entsprechend untergebracht werden kann.

Auch beim Vorhandensein dieser Voraussetzungen hat die Benutzung des Verkehrweges für die Telegraphenlinie zu unterbleiben, wenn der aus der Verlegung oder Veränderung der besonderen

Anlage entstehende Schaden gegenüber den Kosten, welche der Telegraphenverwaltung aus der Benutzung eines anderen ihr zur Verfügung stehenden Verkehrsweges erwachsen, unverhältnismäßig groß ist.

Diese Vorschriften finden auf solche in der Vorbereitung befindlichen besonderen Anlagen, deren Herstellung im öffentlichen Interesse liegt, entsprechende Anwendung. Eine Entschädigung auf Grund des Abs. 2 wird nur bis zu dem Betrage der Aufwendungen gewährt, die durch die Vorbereitung entstanden sind. Als in der Vorbereitung begriffen gelten Anlagen, sobald sie auf Grund eines im einzelnen ausgearbeiteten Planes die Genehmigung des Auftraggebers und, soweit erforderlich, die Genehmigungen der zuständigen Behörden und des Eigentümers oder des sonstigen Nutzungsberechtigten des in Anspruch genommenen Weges erhalten haben.

§ 6. Spätere besondere Anlagen sind nach Möglichkeit so auszuführen, daß sie die vorhandenen Telegraphenlinien nicht störend beeinflussen.

Dem Verlangen der Verlegung oder Veränderung einer Telegraphenlinie muß auf Kosten der Telegraphenverwaltung stattgegeben werden, wenn sonst die Herstellung einer späteren besonderen Anlage unterbleiben müßte oder wesentlich erschwert werden würde, welche aus Gründen des öffentlichen Interesses, insbesondere aus volkswirtschaftlichen oder Verkehrsrücksichten, von den Wegeunterhaltungspflichtigen oder unter überwiegender Beteiligung eines oder mehrerer derselben zur Ausführung gebracht werden soll. Die Verlegung einer nicht lediglich dem Orts-, Vororts- oder Nachbarortsverkehr dienenden Telegraphenlinie kann nur dann verlangt werden, wenn die Telegraphenlinie ohne Aufwendung unverhältnismäßig hoher Kosten anderweitig ihrem Zweck entsprechend untergebracht werden kann.

Muß wegen einer solchen späteren besonderen Anlage die schon vorhandene Telegraphenlinie mit Schutzvorkehrungen versehen werden, so sind die dadurch entstehenden Kosten von der Telegraphenverwaltung zu tragen.

Überläßt ein Wegeunterhaltungspflichtiger seinen Anteil einem nicht unterhaltungspflichtigen Dritten, so sind der Telegraphenverwaltung die durch die Verlegung oder Veränderung oder durch die Herstellung der Schutzvorkehrungen erwachsenden Kosten, soweit sie auf dessen Anteil fallen, zu erstatten.

Die Unternehmer anderer als der in Abs. 2 bezeichneten besonderen Anlagen haben die aus der Verlegung oder Veränderung der vorhandenen Telegraphenlinien oder aus der Herstellung der erforderlichen Schutzvorkehrungen an solchen erwachsenden Kosten zu tragen.

Auf spätere Änderungen vorhandener besonderer Anlagen finden die Vorschriften der Abs. 1 bis 5 entsprechende Anwendung.

§ 7. Vor der Benutzung eines Verkehrswegs zur Ausführung neuer Telegraphenlinien oder wesentlicher Änderungen vorhandener Telegraphenlinien hat die Telegraphenverwaltung einen Plan aufzustellen. Der Plan soll die in Aussicht genommene Richtungslinie, den Raum, welcher für die oberirdischen oder unterirdischen Leitungen in Anspruch genommen wird, bei oberirdischen Linien auch die Entfernung der Stangen voneinander und deren Höhe, soweit dies möglich ist, angeben.

Der Plan ist, sofern die Unterhaltungspflicht an dem Verkehrsweg einem Bundesstaat, einem Kommunalverband oder einer anderen Körperschaft des öffentlichen Rechts obliegt, dem Unterhaltungspflichtigen, andernfalls der unteren Verwaltungsbehörde mitzuteilen; diese hat, soweit tunlich, die Unterhaltungspflichtigen von dem Eingange des Planes zu benachrichtigen. Der Plan ist in allen Fällen, in denen die Verlegung oder Veränderung einer der im § 5 bezeichneten Anlagen verlangt wird oder die Störung einer solchen Anlage zu erwarten ist, dem Unternehmer der Anlage mitzuteilen.

Außerdem ist der Plan bei den Post- und Telegraphenämtern, soweit die Telegraphenlinie deren Bezirke berührt, auf die Dauer von vier Wochen öffentlich auszulegen. Die Zeit der Auslegung soll mindestens in einer der Zeitungen, welche im betreffenden Bezirke zu den Veröffentlichungen der unteren Verwaltungsbehörden dienen, bekannt gemacht werden. Die Auslegung kann unterbleiben, soweit es sich lediglich um die Führung von Telegraphenlinien durch den Luftraum über den Verkehrswegen handelt.

§ 8. Die Telegraphenverwaltung ist zur Ausführung des Planes befugt, wenn nicht gegen diesen von den Beteiligten binnen vier Wochen bei der Behörde, welche den Plan ausgelegt hat, Einspruch erhoben wird.

Die Einspruchsfrist beginnt für diejenigen, denen der Plan gemäß den Vorschriften des § 7 Abs. 2 mitgeteilt ist, mit der Zustellung, für andere Beteiligte mit der öffentlichen Auslegung.

Der Einspruch kann nur darauf gestützt werden, daß der Plan eine Verletzung der Vorschriften der §§ 1 bis 5 dieses Gesetzes oder der auf Grund des § 18 erlassenen Anordnungen enthält.

Über den Einspruch entscheidet die höhere Verwaltungsbehörde. Gegen die Entscheidung findet, sofern die höhere Verwaltungsbehörde nicht zugleich Landeszentralbehörde ist, binnen einer Frist von zwei Wochen nach der Zustellung die Beschwerde an die Landeszentralbehörde statt. Die Landeszentralbehörde hat in allen Fällen vor der Entscheidung die Zentraltelegraphenbehörde zu hören. Auf Antrag der Telegraphenverwaltung kann die Entscheidung der höheren Verwaltungsbehörde für vorläufig vollstreckbar erklärt werden. Wird eine für vorläufig vollstreckbar erklärte Entscheidung aufgehoben oder abgeändert, so ist die Telegraphenverwaltung zum Ersatze des Schadens verpflichtet, der dem Gegner durch die Ausführung der Telegraphenlinie entstanden ist.

§ 9. Auf Verlangen einer Landeszentralbehörde ist den von ihr bezeichneten öffentlichen Behörden Kenntnis von dem Plane durch Mitteilung einer Abschrift zu geben.

§ 10. Wird ohne wesentliche Änderung vorhandener Telegraphenlinien die Überschreitung des in dem ursprünglichen Plane für die Leitungen in Anspruch genommenen Raumes beabsichtigt und ist davon eine weitere Beeinträchtigung der Baumpflanzungen durch Ausästungen zu befürchten, so ist den Eigentümern der Baumpflanzungen vor der Ausführung Gelegenheit zur Wahrnehmung ihrer Interessen zu geben.

§ 11. Die Reichstelegraphenverwaltung kann die Straßenbau- und Polizeibeamten mit der Beaufsichtigung und vorläufigen Wiederherstellung der Telegraphenleitungen nach näherer Anweisung der Landeszentralbehörde beauftragen; sie hat dafür den Beamten im Einvernehmen mit der ihnen vorgesetzten Behörde eine besondere Vergütung zu zahlen.

§ 12. Die Telegraphenverwaltung ist befugt, Telegraphenlinien durch den Luftraum über Grundstücke, die nicht Verkehrswege im Sinne dieses Gesetzes sind, zu führen, soweit nicht dadurch die Benutzung des Grundstücks nach den zur Zeit der Herstellung der Anlage bestehenden Verhältnissen wesentlich beeinträchtigt wird. Tritt später eine solche Beeinträchtigung ein, so hat die Telegraphenverwaltung auf ihre Kosten die Leitungen zu beseitigen.

Beeinträchtigungen in der Benutzung eines Grundstücks, welche ihrer Natur nach lediglich vorübergehend sind, stehen der Führung der Telegraphenlinien durch den Luftraum nicht entgegen, doch ist der entstehende Schaden zu ersetzen. Ebenso ist für Beschädigungen des Grundstücks und seines Zubehörs, die infolge der Führung der Telegraphenlinien durch den Luftraum eintreten, Ersatz zu leisten.

Die Beamten und Beauftragten der Telegraphenverwaltung, welche sich als solche ausweisen, sind befugt, zur Vornahme notwendiger Arbeiten an Telegraphenlinien, insbesondere zur Verhütung und Beseitigung von Störungen, die Grundstücke nebst den darauf befindlichen Baulichkeiten und deren Dächern mit Ausnahme der abgeschlossenen Wohnräume während der Tagesstunden nach vorheriger schriftlicher Ankündigung zu betreten. Der dadurch entstehende Schaden ist zu ersetzen.

§ 13. Die auf den Vorschriften dieses Gesetzes beruhenden Ersatzansprüche verjähren in zwei Jahren. Die Verjährung beginnt mit dem Schlusse des Jahres, in welchem der Anspruch entstanden ist.

Ersatzansprüche aus den §§ 2, 4, 5 und 6 sind bei der von der Landeszentralbehörde bestimmten Verwaltungsbehörde geltend zu machen. Diese setzt die Entschädigung vorläufig fest.

Gegen die Entscheidung der Verwaltungsbehörde steht binnen einer Frist von einem Monat nach der Zustellung des Bescheids die gerichtliche Klage zu.

Für alle anderen Ansprüche steht der Rechtsweg sofort offen.

§ 14. Die Bestimmung darüber, welche Behörden in jedem Bundesstaat untere und höhere Verwaltungsbehörden im Sinne dieses Gesetzes sind, steht der Landeszentralbehörde zu.

§ 15. Die bestehenden Vorschriften und Vereinbarungen über die Rechte der Telegraphenverwaltung zur Benutzung des Eisenbahngeländes werden durch dieses Gesetz nicht berührt.

§ 16. Telegraphenverwaltung im Sinne dieses Gesetzes ist die Reichstelegraphenverwaltung, die königlich bayerische und die königlich württembergische Telegraphenverwaltung.

§ 17. Die Vorschriften dieses Gesetzes finden auf Telegraphenlinien, welche die Militärverwaltung oder die Marineverwaltung für ihre Zwecke herstellen läßt, entsprechende Anwendung.

§ 18. Unter Zustimmung des Bundesrats kann der Reichskanzler Anordnungen treffen:

1. über das Maß der Ausästungen;
2. darüber, welche Änderungen der Telegraphenlinien im Sinne des § 7 Abs. 1 als wesentlich anzusehen sind;
3. über die Anforderungen, welche an den Plan auf Grund des § 7 Abs. 1 im einzelnen zu stellen sind;
4. über die unter Zuziehung der Beteiligten vorzunehmenden Ortsbesichtigungen und über die dabei entstehenden Kosten;
5. über das Einspruchsverfahren und die dabei entstehenden Kosten;
6. über die Höhe der den Straßenbau- und Polizeibeamten zu gewährenden Vergütungen für die im Interesse der Reichstelegraphenverwaltung geforderten Dienstleistungen.

§. 19. Dieses Gesetz tritt am 1. Januar 1900 in Kraft.

Auf die vorhandenen, zu öffentlichen Zwecken dienenden Linien der Telegraphenverwaltung (§§ 16 und 17) findet dieses Gesetz Anwendung, soweit nicht entgegenstehende besondere Vereinbarungen getroffen sind.

Urkundlich unter Unserer Höchsteigenhändigen Unterschrift und beigedrucktem Kaiserlichen Insiegel.

Gegeben Neues Palais, den 18. Dezember 1899.

(L. S.)

Wilhelm.

Fürst zu Hohenlohe.

---

7. Rohr- und Kabelleitungen im Straßenkörper.

a) Allgemeine Bedingungen für die Einlegung von Rohr- und Kabelleitungen in den Körper der öffentlichen Straßen[1]).

1. Aufbruch des Pflasters.

a) Der Aufbruch des Pflasters auf Damm und Bürgersteigen erfolgt durch die Verwaltung bzw. das Werk, das den Einbau der Leitung beantragt hat. Bei den mit definitivem Pflaster versehenen Fahrdämmen jedoch wird der Aufbruch durch die zuständige Stadtbauinspektion auf Kosten des betreffenden Werkes bewirkt. Nur bei sehr dringlichen Arbeiten, d. h. wenn Gefahr im Verzuge ist,

[1]) Abänderung einiger Punkte s. S. 334, 335.

darf auch in diesem Falle der Pflasteraufbruch durch das Werk bzw. die Verwaltung erfolgen, jedoch ist hiervon unter allen Umständen der zuständigen Stadtbauinspektion auf kürzestem Wege, spätestens aber gleichzeitig mit dem Beginn des Aufbruches Anzeige zu erstatten.

b) Bei Aufnahme von Bürgersteigen mit beschädigtem Material ist der betreffende Eigentümer auf den Zustand des Pflastermaterials aufmerksam zu machen und hierbei mit jenem zur Verhütung von späteren Streitigkeiten eine Verhandlung über den Befund aufzunehmen. Unterbleibt diese Vorsichtsmaßregel, so hat die Verwaltung bzw. das Werk bei Beschwerden der Eigentümer über Zerstörung des in der Straße vorgefundenen Pflastermaterials, insbesondere der Platten, für den Ersatz der beschädigten oder fehlenden Baustoffe durch vorschriftsmäßige unweigerlich aufzukommen.

2. Herstellung der Rohr- und Leitungsgräben.

Bei Herstellung der Rohr- und Leitungsgräben ist der zu beseitigende Boden in der ganzen Längenausdehnung gleichmäßig aufzulockern und auszuheben; das Stehenlassen von sogenannten Stegen und Unterhöhlen derselben ist strengstens untersagt. Im Falle der Nichtbeachtung dieser Vorschrift sind die zuständigen Stadtbauinspektionen angewiesen, den Fortgang der Arbeiten zu verbieten bzw. sie auf Kosten des Antragstellers ordnungsmäßig auszuführen.

3. Verfüllung der Rohr- und Leitungsgräben.

Der ausgehobene Boden darf, wenn er aus Schutt oder reinem Lehm besteht, nicht wieder zur Verfüllung gelangen; er muß vielmehr sofort nach erfolgtem Aushub abgefahren und durch guten einschlämmbaren Boden ersetzt werden.

Die Verfüllung hat in einzelnen, höchstens 15 cm hohen Schichten zu erfolgen. Jede dieser Schichten ist gehörig festzustampfen und einzuschlämmen. Insbesondere müssen auch die die Rohr- und Kabelleitungen umgebenden bzw. zwischen diesen befindlichen Teile und Schichten des Erdkörpers auf das sorgfältigste verfüllt, gestampft und geschlämmt werden.

4. Wiederherstellung des aufgebrochenen Pflasters.

a) Die Wiederherstellung des Pflasters der Bürgersteige und derjenigen Fahrdämme, welche nicht mit definitivem Pflaster befestigt sind, einschließlich eines 20 cm breiten Streifens zu jeder Seite erfolgt durch das die Leitung einbauende Werk. Die Pflasterung ist in ordnungsmäßiger Weise zu bewirken, auch ist jeder hierbei von der zuständigen Stadtbauinspektion zu treffenden Anordnung sofort und in jeder Beziehung nachzukommen. Für Zuschuß und Ersatz von fehlendem oder nicht wieder verwendbarem Pflastermaterial, wie Pflastersand, Kies, Steine, Platten, Schwellen usw., ist ebenfalls durch das die Pflasterarbeiten ausführende Werk zu sorgen. Sand und Kies, wenn sie mit ausgehobenen, namentlich nicht wieder verwendbaren Bodenschichten (siehe unter 3) vermischt sind, dürfen nicht wieder verwendet werden; in solchen Fällen ist vielmehr reiner, scharfer Kies, wie er zu besseren Pflasterungen erforderlich ist, neu anzuliefern.

b) Bei Verlegung von Röhren und Leitungen in Bürgersteigen mit undurchlässiger Abdeckung neben Straßendämmen von gleicher Beschaffenheit ist, sofern der Einbau der Röhren und Leitungen zunächst der Bordschwelle erfolgt[1]), bei Wiederherstellung der Bürgersteigbefestigung die undurchlässige Abdeckung durch einen 0,5 m bzw. 1 m breiten Streifen von Mosaikpflaster zu ersetzen und dieser durch eine Streckschicht aus Eisenklinkern gegen das undurchlässige Bürgersteigpflaster abzugrenzen. Das nicht wieder verwendete Abdeckungsmaterial ist den betreffenden Hauseigentümern unentgeltlich zur Verfügung zu stellen.

Der vorerwähnte Streifen Mosaikpflaster erhält, soweit nicht besondere Bestimmungen im Einzelfall dafür vorgeschrieben werden, in Bürgersteigen von 4 m und darunter eine Breite von 0,5 m, in Bürgersteigen über 4 m aber eine solche von 1 m.

c) In Straßen mit definitiver Pflasterung, Steinpflaster I.—III. Klasse, Asphalt und Holzpflaster sowie auf Promenaden und promenadenartig befestigten Wegen wird die Wiederherstellung des Pflasters bzw. die Befestigung durch die zuständige Stadt-

---

[1]) Die bezüglich Verlegung von Gas- und Wasserleitungen in Bürgersteigen mit undurchlässiger Abdeckung erlassene Magistratsverfügung vom 16. Mai 1888 (J.-Nr. 5158, B. II, 88) bleibt in ihrem ganzen Umfange bestehen.

bauinspektion auf Kosten des den Einbau der Leitung bewirkenden Werkes ausgeführt. Hierbei ist, wenn sich solches nach dem Urteil der Bauinspektion als notwendig erweist, statt der vorhanden gewesenen Kies- oder Schotterunterbettung eine hinreichend starke Betonunterbettung zur Ausführung zu bringen.

d) Die für diese Wiederherstellungsarbeiten den Verwaltungen bzw. Werken von den zuständigen Stadtbauinspektionen einzureichenden Rechnungen dürfen von jenen nur in kalkulatorischer Hinsicht, nicht aber in bezug auf den Umfang der darin angegebenen Leistungen und Lieferungen und die dafür angesetzten Preise geprüft bzw. beanstandet werden.

5. Förderung der Arbeiten.

a) Alle in den vorstehenden Bedingungen erwähnten Arbeiten sind, unbeschadet sorgfältigster Beachtung der gegebenen Vorschriften, mit tunlichster Beschleunigung und in unmittelbarer Aufeinanderfolge zur Ausführung zu bringen.

b) Bei Einbauten von geringerem Umfange haben die Verwaltungen bzw. Werke dafür Sorge zu tragen, daß die Zufüllung der Baugruben und die Wiederherstellung des Pflasters sofort nach bewirkter Rohr- bzw. Kabel- usw. Verlegung in Angriff genommen, ohne Unterbrechung gefördert und möglichst noch am nämlichen Tage, spätestens aber an dem darauffolgenden Tage beendet werden. Bei Arbeiten von größerer Längenausdehnung sind die Verwaltungen oder Werke gehalten, sobald die Rohr- bzw. Kabelverlegung auf eine Strecke von etwa 30—40 m vorgetrieben ist, alsdann sofort mit der Verfüllung der Rohrgräben auf dieser Strecke zu beginnen und unmittelbar nach bewirkter Zuschüttung, spätestens aber am darauffolgenden Tage die Wiederherstellung des Pflasters auf dem zugeschütteten Teile des Rohrgrabens folgen zu lassen.

c) Sollten sich die Verwaltungen oder Werke in bezug auf die Handhabung der vorstehenden Bestimmungen lässig erweisen, so werden die Arbeiten auf Kosten der betreffenden Verwaltung bzw. des Werkes durch die zuständige Stadtbauinspektion bewirkt werden. Bezüglich der für solche Wiederherstellungsarbeiten von den Verwaltungen oder Werken zu begleichenden Rechnungen greifen die Bestimmungen des letzten Absatzes im § 4 Platz. Die im § 6 dieser Bedingungen enthaltenen Festsetzungen, betreffend die Unterhaltung des wiederhergestellten Pflasters, erleiden durch Eintritt des vorgedachten Falles in keiner Weise eine Abänderung.

d) Liegt wie in Straßen mit definitiver Fahrdammpflasterung — siehe vorletzten Absatz des § 4 — die Wiederherstellung des Pflasters der zuständigen Stadtbauinspektion ob, so sind die Verwaltungen oder Werke verpflichtet, sobald mit der Zuschüttung der Rohrgräben begonnen werden soll, der zuständigen Stadtbauinspektion schriftlich Anzeige hiervon zu erstatten. In dieser Anzeige ist der Zeitpunkt anzugeben, an welchem die Zuschüttung soweit bewirkt sein wird, daß mit der Wiederherstellung des Pflasters begonnen werden kann. Die städtischen Bauinspektionen sind angewiesen, auf Grund einer solchen Anzeige für sofortige Wiederherstellung des Pflasters zu sorgen.

6. Unterhaltung des wiederhergestellten Pflasters.

a) Zur Unterhaltung des wiederhergestellten Pflasters, der Promenadenbefestigung usw. ist diejenige Verwaltung bzw. dasjenige Werk verpflichtet, auf dessen Veranlassung der Aufbruch erfolgt ist, bzw. wird die Unterhaltung auf Kosten jenes Werkes durch die städtische Bauverwaltung bewirkt. Die Verpflichtung zur Unterhaltung währt drei Jahre vom Tage der völligen Fertigstellung der Gesamtarbeiten an gerechnet, sofern nicht durch besonderen Vertrag eine andere Zeitdauer festgesetzt ist.

b) Zur Unterhaltung gehört auch die Beseitigung aller Versackungen, die infolge Einbaues der Rohr- und Kabelleitung seitlich des über dem wiederverfüllten Rohrgraben befindlichen Pflasters auftreten.

c) Die Unterhaltung derjenigen Pflasterungen, die durch die Verwaltungen bzw. die Werke wiederhergestellt sind, hat durch letztere selbst zu geschehen. Alle während der Unterhaltungszeit seitens der städtischen Aufsichtsbeamten bzw. derjenigen der örtlichen Straßenbau-Polizeiverwaltung, Abteilung I, als notwendig erachteten Ausbesserungen sind nach erfolgter Aufforderung hierzu innerhalb der gestellten Frist auszuführen, widrigenfalls solches auf Kosten des Verpflichteten durch die zuständige Stadtbauinspektion geschieht.

d) Die Ausbesserungen am definitiven Pflaster und an der Promenadenbefestigung jedoch werden unter allen Umständen durch die zuständige Stadtbauinspektion auf Kosten der Verpflichteten zur Ausführung gebracht. Bezüglich Herstellung der Ausbesserungsarbeiten finden die für die Wiederherstellungsarbeiten des aufgebrochenen Pflasters unter 4 dieser Bedingungen enthaltenen Vorschriften sinngemäße Anwendung.

7. Zeit der Ausführung.

Während der Zeit vom 15. November bis 15. März jedes Jahres darf der Aufbruch von Straßenpflaster nur stattfinden, wenn die Aufrechterhaltung des Betriebes solches erheischt, nicht aber zu Neu- oder Erweiterungsbauten.

Derartige dringliche Arbeiten im Straßenkörper sind schon im Antrage auf Genehmigung als solche zu bezeichnen, widrigenfalls sie ohne weiteres der obigen allgemeinen Vorschrift unterliegen.

8. Meldung über den Beginn der Arbeiten.

Ungeachtet der durch die Baudeputation, Abteilung II, und durch die örtliche Straßenbau-Polizeiverwaltung, Abteilung I, erteilten Genehmigung zur Ausführung der betreffenden Rohr- bzw. Leitungsverlegung sind die Verwaltungen bzw. Werke verpflichtet, von jeder in den Straßendämmen und den Bürgersteigen vorzunehmenden Arbeit drei Tage vor deren Beginn der zuständigen Stadtbauinspektion Anzeige zu erstatten. In der Anzeige ist Tag und Stunde der Inangriffnahme, die Stelle, an der die Arbeiten vorgenommen werden sollen, ob Damm, ob Bürgersteig und bei definitivem Pflaster außerdem dessen Art, ob Stein, Asphalt oder Holz, genau anzugeben; auch hat für jede einzelne Straßenstrecke bzw. für einzelne Hausanschlüsse die Meldung auf besonderem Zettel zu geschehen.

Wird die gemeldete Arbeit in dem dabei angegebenen Zeitpunkte nicht ausgeführt, so gilt die Meldung als erloschen und muß, sofern die Arbeit etwa in weiterer Folge ausgeführt werden soll, erneuert werden. Wird von der betreffenden Arbeit ganz abgesehen oder war bei ihrer Ausführung ein Aufbruch des Pflasters nicht erforderlich, so ist auch hiervon der zuständigen Stadtbauinspektion unverzüglich Kenntnis zu geben.

Wiederholung des Antrages auf Genehmigung.

Die Genehmigung zum Einbau von Rohr- und Kabelleitungen in den Körper der öffentlichen Straßen wird stets nur auf die Dauer eines Jahres erteilt; ihre Gültigkeit erlischt, sofern die betreffenden Arbeiten innerhalb eines Jahres, vom Datum der Genehmigung ab, nicht begonnen sind.

Berlin, den 11. September 1903.

Städtische Baudeputation, Abteilung II. In Vertretung: gez. Friedel.

Örtliche Straßenbau-Polizei-Verwaltung, Abteilung I. Der Oberbürgermeister gez. Krause. In Vertretung: gez. Kolle.

---

b) Ergänzung und Abänderung der Allgemeinen Bedingungen vom 11. September 1902 für die Einlegung von Rohr- und Kabelleitungen in den Körper der öffentlichen Straßen vom 9. Oktober 1908.

Zusatz zu 1b.

Vor Aufnahme von Bürgersteigen ist den Eigentümern schriftlich mitzuteilen, wann und in wessen Auftrage die Aufnahme erfolgt.

Zusatz zu Nr. 4 betreffs der Brücken.

Bei Verlegung von Röhren und Leitungen in Bürgersteigen auf den städtischen Brücken ist der zuständigen Stadtbauinspektion mindestens zehn Tage vor Beginn der Arbeiten durch Vorlage eines Sonderentwurfes nachzuweisen, daß der zur Verlegung der Röhren oder Kabel erforderliche Raum tatsächlich vorhanden ist.

Die Stadtbauinspektion wird den Verwaltungen bzw. Werken die Steinmetzfirma namhaft machen, durch welche die Aufnahme und Wiederverlegung der Bürgersteigplatten zu bewirken ist, dabei auch sonst etwa erforderliche, bei der Verlegung zu beachtende Bestimmungen mitteilen. Kosten und Verantwortlichkeit für die vorzunehmenden Verlegungs- und Steinmetzarbeiten verbleiben derjenigen Verwaltung bzw. demjenigen Werke, auf dessen Veranlassung die Aufnahme der Bürgersteigplatten erfolgt ist.

Zusatz zu Nr. 7 betreffs der Winterarbeiten.

Wird die Ausführung der Arbeiten in der Zeit vom 15. November bis 15. März gestattet, so darf die Straße immer nur auf eine solche Länge aufgebrochen werden, daß die Zuschüttung und, soweit erforderlich, Wiederzupflasterung in einem Tage bewirkt werden kann.

Die Arbeit ist bei einem Froste von mehr als — 5° Celsius zu unterbrechen und darf erst bei einer Temperatur von — 5° Celsius oder weniger aufgenommen werden.

Anmerkung: Die Bestimmung gilt nicht für die von der Kanalisation auszuführenden Arbeiten. Etwa über deren Ausführung während der Zeit vom 15. November bis 15. März zu gebende Vorschriften sind in jedem einzelnen Falle den besonderen Verhältnissen anzupassen.

8. Meldung über den Beginn der Arbeiten.

(Ersatz für die bisherigen Bedingungen.)

Ungeachtet der durch die Tiefbaudeputation und durch die städtische Polizeiverwaltung, Abteilung I, erteilten Genehmigung zur Ausführung der betreffenden Rohr- bzw. Leitungsverlegung darf mit der Arbeit erst begonnen werden, wenn der zuständigen Stadtbauinspektion die Zustimmungen aller Verwaltungen und Werke, deren Röhren oder Kabel in der Straße liegen, seitens des Ausführenden vorgelegt worden sind, und die Bauinspektion auf einem Exemplar der vorzulegenden Genehmigung bescheinigt hat, daß mit der genehmigten Arbeit begonnen werden darf. Tag und Stunde der Inangriffnahme der Arbeit, die Stelle, an der die Arbeit vorgenommen werden soll, ob Damm, ob Bürgersteig, und bei definitivem Pflaster außerdem dessen Art, ob Steine, Asphalt oder Holz, ist genau anzugeben; auch hat für jede einzelne Straßenstrecke bzw. für einzelne Hausanschlüsse die Meldung auf besonderem Zettel zu geschehen.

Wird die gemeldete Arbeit in dem dabei angegebenen Zeitpunkte nicht ausgeführt, so gilt die Meldung als erloschen und muß, sofern die Arbeit etwa in weiterer Folge ausgeführt werden soll, erneuert werden. Wird von der betreffenden Arbeit ganz abgesehen oder war bei ihrer Ausführung ein Aufbruch des Pflasters nicht erforderlich, so ist auch hiervon der zuständigen Stadtbauinspektion unverzüglich Kenntnis zu geben.

Wiederholung des Antrages auf Genehmigung.
(Bleibt wie bisher.)

Berlin, den 9. Oktober 1908.

Städtische Tiefbaudeputation.
In Vertretung:
Friedel.

Städtische Polizeiverwaltung,
Abt. I (Straßenbau).
Der Oberbürgermeister.
In Vertretung:
Mosse.

---

c) Bedingungen zu Konsensen für die Verlegung von Lichtkabeln durch die Berliner Elektrizitätswerke vom 3. Juni 1890.

1. Die Kabel der Elektrizitätswerke sind grundsätzlich unter die Bürgersteige zu legen. Wo solches sich aus irgendwelchen Gründen nicht ermöglichen läßt, ist unter allen Umständen über die zu wählende Lage die besondere Genehmigung der Bauverwaltung einzuholen.

2. Da, wo die Lichtkabel die Straßendämme kreuzen, sind behufs Verhütung späterer Dammaufbrüche dieselben in eisernen Röhren von entsprechender Stärke zu verlegen.

3. Bei etagenweiser Lagerung mehrerer Rohrgruppen übereinander sind statt der bisher wiederholt verwendeten hölzernen Lager massive (gußeiserne) zu verwenden.

4. Die Untersuchungsbrunnen sollen möglichst parallel zur Längsachse der Straße liegen, dieselben dürfen nicht über den an den Gasrohr- und Wasserrohrleitungen vorhandenen Abzweigungsstellen angeordnet werden.

Die Seitenwände der Brunnen sind, sofern diese Brunnen nicht aus Gußeisen bestehen, und zwar derart, daß Sohle und Seitenwände in einem Stück gegossen sind, von außen mit Zementmörtel zu berappen, die Fugen im Innern sorgsam zu verstreichen und ihre Sohle unter Versetzung der Fugen mit Rathenower Steinen in Zementmörtel mit einer doppelten Pflasterschicht zu befestigen.

Um ein etwaiges Eintreten von Gas in die Brunnen rechtzeitig wahrzunehmen, sind die letzteren nach einem einheitlichen Plane in kurzen Zwischenräumen auf das Vorhandensein von Gasansammlungen hin zu untersuchen und hierbei für eine regelmäßige ausreichende Lüftung der Rohrstränge zu sorgen. Den

Leitungsrevisoren und Arbeitern ist die größte Vorsicht beim Gebrauch von Feuer und Licht beim Öffnen der Untersuchungsbrunnen zur Pflicht zu machen.

5.—11.[1]).

Berlin, den 3. Juni 1890.

Städtische Baudeputation,
Abteilung II.
gez. Dr. Weber.

Örtliche Straßenbau-Polizeiverwaltung, Abteilung I.
Der Oberbürgermeister.
J. V.
gez. Meubrink.

---

d) Allgemeine Bedingungen zu Konsensen für die Verlegung von Kabelröhren behufs Unterbringung von Fernsprechkabeln durch die Kaiserliche Oberpostdirektion.

(Vom 3. Juni 1890.)

Unter Aufrechterhaltung der allgemeinen Bedingungen für die Einlegung von Rohrleitungen in den Körper öffentlicher Straßen wird bezüglich der Verwendung von Kabelröhren folgendes bestimmt:

1. Zu Kabelröhren sind durchweg Normalmuffenröhren von bester Beschaffenheit zu verwenden, schadhafte Röhren dürfen nicht verlegt, müssen vielmehr sofort ausgeworfen und von der Baustelle entfernt werden.

2. Die Röhren müssen an jeder Stelle einem Raddruck von 30 Zentner Widerstand leisten, ohne Spuren von eintretender Zerstörung zu zeigen. Die Städtische Bauverwaltung hat das Recht, durch Versuche, welche auf Kosten der Unternehmerin anzustellen sind, sich jederzeit von der Tragfähigkeit der zur Verwendung bestimmten Röhren zu überzeugen.

3. Die zur Aufnahme von Telephonkabeln bestimmten Röhren sind in Straßen mit Vorgärten möglichst nahe der Vorgartenumwehrung, in Straßen ohne Vorgärten aber 1,5 bis höchstens 2 m von der Bauflucht einzubetten.

---

[1]) Die Bedingungen 5—11 sind durch die allgemeinen Bedingungen für die Einlegung von Rohr- und Kabelleitungen in den Straßenkörper ersetzt — siehe Seite 328.

4. Die Durchführung der Kabelröhren durch Straßendämme soll tunlichst auf kürzestem Wege (rechtwinklig) erfolgen.

Im Falle von Kreuzungen besonders solcher Straßen, welche definitives Pflaster haben (Holz, Asphalt, Stein auf fester Unterbettung), durch Kabelröhren ist vorher von den betreffenden Bauinspektionen die Bestimmung der genauen Lage der Kabelröhren mit Bezug auf etwa schon vorhandene unterirdische Anlagen einzuholen.

5. Die Kabelröhren, welche in gleicher oder annähernd gleicher Richtung mit Gasrohrleitungen geführt werden, dürfen nicht unmittelbar über oder neben letzteren, sondern nur in einer Entfernung von 30 cm in min. verlegt werden.

6. Der äußere Durchmesser der Röhren, jedoch ausschließlich der Muffen, darf in der Regel das Maß von 40 cm nicht übersteigen.

7. Die Sohle der Röhren darf auf den Bürgersteigen nicht mehr als 80 cm, muß dagegen in den Straßendämmen wenigstens 80 cm unter der Oberfläche der benutzten Straße liegen. Bei den Straßendämmen ist dieses Maß an der Bordschwelle zu messen; die Sohle der etwa anzulegenden Revisionsbrunnen darf überhaupt nicht tiefer als 90—100 cm unter die Oberfläche der benutzten Straße herabreichen.

Zwischen der Sohle der Kabelröhren und der unter ihnen quer hindurchführenden Gasleitungen muß mindestens ein Zwischenraum von 65 mm verbleiben.

8. Die Röhren sind in den Muffen nach Art der Gas- und Wasserröhren mit Weißstrick und Blei auf das sorgfältigste zu dichten.

9. Die Anlage von Wasserfängen usw. ist nicht gestattet.

10. Die Untersuchungsbrunnen sollen möglichst parallel zur Längsachse der Straße liegen, dieselben dürfen nicht über den an den Gasrohr- und Wasserrohrleitungen vorhandenen Abzweigungsstellen angeordnet werden.

Die Seitenwände der Brunnen sind von außen mit Zementmörtel zu berappen, die Fugen im Innern sorgsam zu verstreichen und ihre Sohle unter Versetzung der Fugen mit Rathenower Steinen in Zementmörtel mit einer doppelten Pflasterschicht zu befestigen.

Um ein etwaiges Eintreten von Gas in die Brunnen rechtzeitig wahrzunehmen, sind die letzteren nach einem einheitlichen Plane in kurzen Zwischenräumen auf das Vorhandensein von Gasansammlungen hin zu untersuchen und hierbei für eine regelmäßige, ausreichende Leistung der Rohrstränge zu sorgen. Den Leitungsrevisoren und Arbeitern ist die größeste Vorsicht beim Gebrauch von Feuer und Licht beim Öffnen der Untersuchungsbrunnen zur Pflicht zu machen.

11. Die Kessel und Pumpenschachte öffentlicher Straßenbrunnen, die Revisionsbrunnen, Gullys und Lampenlöcher der Kanalisation dürfen von den Leitungen unter keinen Umständen durch- oder angeschnitten werden.

12. Bezüglich der Anlage von Leitungen in Straßen mit Baumpflanzungen ist der städtische Gartenbaudirektor über den etwa zu haltenden Abstand der Röhren von den Baumreihen zu hören.

13. Werden beim Ausheben des Kanalgrabens Rohre angetroffen, welche weniger als 80 cm unter der Straßenoberfläche liegen, so ist der Bauinspektion und derjenigen Verwaltung, welcher die Rohre gehören, unverzüglich Anzeige zu erstatten und deren Entscheidung über etwaige Verlegung der Rohre Folge zu geben.

Sollte trotz sorgfältiger vorher seitens der Unternehmerin zu veranstaltender Untersuchungen sich dennoch die Notwendigkeit einer Rohrverlegung unerwartet ergeben, so ist Unternehmerin verpflichtet, behufs tunlichster Aufrechterhaltung des Verkehrs die Baugrube zu schließen und die Straßenoberfläche wenigstens provisorisch wieder zu befestigen.

Zur Vermeidung jeder Verkehrsstörung und jedes unnützen Aufenthaltes hat die Unternehmerin ein vollständiges assortiertes Lager von Fassonstücken, wie solche erfahrungsmäßig bei Abweichung von horizontaler oder vertikaler Richtung gebraucht werden, vorrätig zu halten.

14. Für die Überführung von Kabelröhren usw. über städtische Brücken sind besondere Entwürfe, welche alle wesentlichen Teile darstellen müssen, der Städtischen Verwaltung zur Genehmigung vorzulegen.

15. Findet eine provisorische Verlegung von Kabelröhren in einer nicht mit regelrechter Einteilung versehenen bzw. nicht gepflasterten Straße statt, so ist auf Verlangen der städtischen Bauverwaltung bei regelrechter Herstellung der Straße die Leitung nach 3. dieser Bestimmungen ohne Entschädigung auf den Bürgersteig zu verlegen, und sind die alten Gräben gehörig zu verfüllen.

16. Werden im öffentlichen Interesse Änderungen in und auf der Straße erforderlich, oder muß infolge von Umbauten der Bürgersteig erhöht oder gesenkt werden, so ist die Unternehmerin gehalten,

die an ihren Leitungen dadurch nötig werdenden Änderungen auf ihre Kosten sofort nach erfolgter Aufforderung zu bewirken.

17. Wenn die örtlichen. Verhältnisse Abweichungen von den vorstehenden Bestimmungen notwendig erscheinen lassen, so sind diese Abweichungen gleichzeitig mit der Vorlage der betreffenden Pläne kurz zu erläutern und zu beantragen.

Berlin, den 3. Juni 1890.

Städtische Baudeputation, Abteilung II.
gez. Dr. Weber.
Örtliche Straßenbau-Polizeiverwaltung, Abteilung I.
Der Oberbürgermeister.
J. V.: gez. Neubrink.

e) Vorschriften über die Behandlung von Anträgen auf Verlegung von Starkstromkabeln, vom 4. 2. 1907.

Für die Behandlung der Anträge auf Verlegung von Starkstromkabeln quer unter (oder über) städtischen Straßen zur Verbindung zweier demselben Besitzer gehörenden Grundstücke sollen in Zukunft im allgemeinen — Ausnahmen in Einzelfällen bleiben vorbehalten — folgende Grundsätze beachtet werden:

A. Formale Behandlung.

Zuständig zur Erteilung von Genehmigungen für die Legung von Kabeln in städtischen Straßen ist im allgemeinen die Tiefbaudeputation. (Vgl. die Instruktion für die Stadtbauverwaltung vom Juni 1873, § 3 Nr. 7.) Die formelle Erteilung der Genehmigungsurkunden soll daher auch in Zukunft von Tiefbau erfolgen, die indessen nach wie vor zur Wahrung der Interessen des elektrischen Dezernats die Anträge bei Eingang an Erl. II abzugeben hat. Die Bearbeitung erfolgt demnächst bei Erl. II bis zur Feststellung der vom Magistrat (elektrisches Dezernat) aufzuerlegenden Bedingungen. Alsdann wird, wenn die Genehmigung erteilt werden soll, die Sache s. p. r. an die Tiefbaudeputation hinübergegeben, die die Urkunde — unter Zufügung ihrer Bedingungen — erteilt und die weitere Bearbeitung, insbesondere die Kontrolle des Eingangs der Gebühren, Ausführung und Entfernung der Anlagen, übernimmt und von etwa eintretenden Umständen, die die Ausübung des Widerrufs herbeiführen könnten, dem Magistrat (Erl. II) zu berichten hat.

Von den ausgestellten Urkunden hat Tiefbau dem Magistrat (Erl. II) Abschriften zugehen zu lassen.

B. Materielle Behandlung.

1. Anträge auf Verlegung von Starkstromkabeln quer unter oder über städtischen Straßen sollen nur dann genehmigt werden, wenn anzunehmen ist, daß bei Nichterteilung der Genehmigung der Antragsteller seine „jenseitige" Konsumstelle doch nicht an das Netz der Berliner Elektrizitätswerke anschließen, sondern eine eigene Blockstation „jenseits" errichten werde. Als Fälle, bei welchen diese Erwartung gerechtfertigt ist, gelten bis auf weiteres alle Fälle, in denen eine Kapazität der „jenseitigen" Konsumstelle von 100 KW. und mehr in Aussicht genommen ist.

2. Vor der Abweisung oder Weiterbearbeitung eines eingehenden Antrages sollen die Berliner Elektrizitätswerke gehört werden. (Der Fall Salomon, in welchem die Vereinbarungen schon weiter gediehen sind, bleibt von der Behandlung auch dieser Bestimmungen ausgenommen.)

3. Die Genehmigung wird immer nur auf längstens drei Jahre erteilt mit der Maßgabe, daß die Genehmigung mit dem Ablauf dieser Zeit ohne Kündigung abläuft.

4. Für den Fall der Zuwiderhandlung gegen eine Bestimmung der Genehmigungsurkunde ist der Magistrat bzw. die Tiefbaudeputation zum vorzeitigen Widerruf mit sechsmonatiger Kündigungsfrist berechtigt.

5. Legung und Entfernung der Leitungen hat auf Kosten des Antragstellers zu erfolgen. Erfolgt die Entfernung nicht bis zum Ablaufe des Vertrages bzw. im Falle der Nr. 4 und 6 bis zum Ablaufe der Kündigungsfrist, so darf Magistrat ohne gerichtliche Inanspruchnahme die Leitungen entfernen.

5a) Ist eine Verlegung der Kabel im öffentlichen Interesse erforderlich, so erfolgt sie auf Kosten des Unternehmers. Besorgt der Unternehmer die Verlegung nicht innerhalb der ihm gestellten Frist, so kann der Magistrat die Verlegung entweder selbst auf Kosten des Unternehmers vornehmen oder aber die Leitungen ganz entfernen.

6. Dem Magistrat bleibt der Widerruf vorbehalten (mit sechsmonatiger Frist), wenn die völlige Entfernung der Leitungen im öffentlichen Interesse geboten ist.

7. Nach Entfernung der Leitungen hat der Unternehmer die Straße sofort wiederherzustellen. Im Falle der Zuwiderhandlung ist der Magistrat berechtigt, die Herstellung auf Kosten des Unternehmers selbst vorzunehmen.

8. Jede Abgabe des Stroms an Dritte ist verboten.

9. Die für die Genehmigung zu zahlende Anerkennungsgebühr wird abgestuft nach der Kapazität der „jenseits" liegenden Konsumstelle des Unternehmers.

Zu diesem Zwecke hat der Unternehmer alle Lampen und Motoren, die an der Konsumstelle installiert und angeschlossen werden sollen, nach Art und Stärke anzugeben und Veränderungen, die im Laufe der Genehmigungsdauer eintreten, alsbald anzuzeigen.

Die Anerkennungsgebühr soll im allgemeinen betragen bei einer Kapazität der Konsumstelle

von 100—125 KW.	. . . .	3000 M.	jährlich
„ 125—150 „	. . . .	4000 „	„
„ 150—175 „	. . . .	5000 „	
„ 175—200 „	. . . .	6000 „	„
„ 200—225 „	. . . .	7000 „	„
„ 225—250 „	. . . .	8000 „	„

und so fort für jede angefangenen 25 KW. 1000 M. mehr.

Die Anerkennungsgebühr soll für das ganze Jahr im voraus zahlbar sein (Anfang April). Bruchteile eines Jahres werden für voll gerechnet.

10. Die Tieflage der Kabel muß 60 cm betragen. Die Kabel sind durch Eisenrohr durchzuziehen.

11. Eine Längsverlegung in den Straßen soll im allgemeinen zu privaten Zwecken nicht gestattet werden.

Die genehmigten Leitungen sollen in jedem einzelnen Falle nicht länger als höchstens 100 m sein.

12. Alle weiteren Bedingungen der Tiefbaudeputation und der städtischen Polizeiverwaltung sind zu erfüllen.

13. Kautionen zur Sicherung des Anspruchs auf Zahlung der Anerkennungsgebühr sollen nicht erhoben werden. Insoweit die Tiefbaudeputation die Hinterlegung von Kautionen zur Sicherung des Anspruchs auf ordentliche Wiederherstellung des Straßenplanums

für erforderlich hält, bleibt dieser die Bestimmung über die Höhe der Kaution überlassen.

Berlin, den 4. Februar 1907.

Magistrat
hiesiger Königlichen Haupt- und Residenzstadt.
Kirschner.

---

8. Verträge über Straßenland.

a) Vertrag mit der „Normalzeit", G. m. b. H., vom 12. 5. 1902, betr. Aufstellung von Kandelaberuhren.

Zwischen der Stadtgemeinde Berlin, vertreten durch den Magistrat, und der Normal-Zeit, G. m. b. H., hier, wird nachstehender Vertrag geschlossen:

§ 1. Die Gesellschaft Normal-Zeit verpflichtet sich, an den ihr zu bezeichnenden mindestens 17 öffentlichen Plätzen Kandelaberuhren mit 4 Zifferblättern, angeschlossen an ihr Zentraluhrensystem mit Rückkontrolle, in betriebsfähigem Zustande herzustellen.

Die hierzu erforderlichen Gehäuse werden fertig zur Einbringung der Uhren von der Stadtgemeinde der Gesellschaft zur Verfügung gestellt. Die Gesellschaft ist so berechtigt wie verpflichtet, mit demjenigen ihr von dem Magistrat bezeichneten Werkmeister, welchem die Herstellung der Gehäuse übertragen wird, sich in Verbindung zu setzen, damit den zum Einbau der Uhren und Apparate notwendigen Erfordernissen genügt werde.

Die Ausführung ist zunächst an den in dem beigefügten Verzeichnisse aufgeführten Plätzen beabsichtigt, doch bleibt dem Magistrat vorbehalten, an Stelle einzelner dieser Plätze andere zu bestimmen.

§ 2. Die Herstellung der für die Kandelaberuhren erforderlichen Fundamente im Straßenkörper erfolgt durch die Stadtgemeinde nach Angaben der Gesellschaft Normal-Zeit, welche auch bei der Ausführung einen Monteur zu stellen hat behufs genauer Angabe der für die Verbindung der Kandelaberuhren mit den Fundamenten erforderlichen Einrichtungen. Die Gesellschaft Normal-Zeit ist jedoch verpflichtet, auf Erfordern die Herstellung der Fundamente selbst zu übernehmen auf Grund eines im Einzelfalle von ihr vorzulegenden und städtischerseits zu genehmigenden Entwurfs nebst Kostenanschlag gegen Erstattung der anschlagmäßigen Kosten.

§ 3. Behufs Herstellung oberirdischer Verbindung zwischen den Kandelaberuhren und der Reichsfernsprechleitung wird der Gesellschaft Normal-Zeit gestattet, falls dies im Einzelfalle erforderlich ist, in der Nähe der Kandelaberuhren an einer zu vereinbarenden Stelle einen Leitungsmast nach einem zu genehmigenden Muster aufzustellen.

Werden für diese Verbindung Privatgebäude in Anspruch genommen, so wird die städtische Verwaltung dahin mitwirken, daß die betreffenden Eigentümer die erforderliche Genehmigung erteilen.

Insoweit die Anschlußleitung in den Straßenkörper verlegt wird, erfolgt die Aushebung der Baugrube und die Wiederbefestigung der Straße usw. durch die Stadtgemeinde.

§ 4. Als Entgelt für die Lieferung und Einbringung betriebsfähiger Uhren in die im § 1 gedachten Gehäuse erhält die Gesellschaft Normal-Zeit für jede Uhr 1500 M und für den Anschluß derselben an die Zentralleitung den Betrag von je 3,75 M für das laufende Meter Anschlußkabel im Straßenkörper und den besonders zu vereinbarenden Betrag für jeden Leitungsmast. Kabel und Mast gelten als Zubehör der Uhr.

§ 5. Die Gesellschaft Normal-Zeit übernimmt den Betrieb und die Unterhaltung der Kandelaberuhren gegen eine jährliche Vergütung von 330 M für die Uhr, welche in gleichen Teilbeträgen am Schlusse jedes Kalenderquartals zu zahlen ist. Soweit Uhren im Laufe eines Kalenderquartals in Betrieb gesetzt werden, wird am Schlusse desselben der auf die Betriebszeit anteilig fallende Betrag gezahlt, wobei nur volle halbe Monate zur Berechnung kommen. Der Betrieb und die Unterhaltung umfassen insbesondere auch die Instandhaltung und Reparaturen der Uhren und Zeigerwerke und der Anschlußkabel einschließlich der dazu erforderlichen Materialien und das Aufziehen der Uhren.

Sie leistet Gewähr für den dauernd richtigen Gang der Uhren dahin, daß die von denselben gezeigte Zeit nicht mehr als 30 Sekunden von der durch die Hauptuhr der Königlichen Sternwarte gezeigten Zeit abweichen darf, und unterwirft sich unbeschadet der Rechte der Stadtgemeinde als der Vertragschließenden der Überwachung sowie den Anforderungen der Direktion der Königlichen Sternwarte.

Der Magistrat ist berechtigt, während der Dauer dieses Vertrages einzelne Kandelaberuhren außer Betrieb zu setzen; in diesem Falle hört die Zahlung der Betriebsgebühr mit dem Ende des Monats auf, für welchen die betr. Einstellung angeordnet ist.

§ 6. Zu der Unterhaltung der Kandelaberuhren, welche nach § 5 der Gesellschaft Normal-Zeit obliegt, gehört nicht die Unterhaltung des Anstrichs der Kandelaber, ferner nicht Reparaturen, zu welchen nachweislich ungewöhnliche Naturereignisse, höhere Gewalt sowie absichtliche oder fahrlässige Beschädigungen durch Personen, welche zu der Gesellschaft Normal-Zeit in keiner Beziehung stehen, Veranlassung geben. Für Reparaturen dieser Art werden die notwendigen Kosten erstattet.

§ 7. Die Kandelaberuhren werden von der Stadtgemeinde mit elektrischer oder Gasbeleuchtung und den dazu erforderlichen Einrichtungen versehen, die auch von der Stadtgemeinde auf deren Kosten unterhalten werden. Wegen der Ausführung der erforderlichen Einrichtungen muß sich die Gesellschaft Normal-Zeit vor Aufstellung der Uhren mit der Deputation der städtischen Gaswerke ins Einvernehmen setzen.

§ 8. Von der Gesellschaft Normal-Zeit verschuldete Störungen des im § 5 gewährleisteten Betriebes oder schuldbare Verzögerung der Beseitigung eingetretener Störungen berechtigen den Magistrat zur Feststellung einer Vertragsstrafe bis zur Höhe von 30 M für den Tag der Störungsdauer. Das Interesse der Stadtgemeinde an dem dauernd ordnungsmäßigen Betriebe gemäß § 5 wird ausdrücklich als ein unschätzbares anerkannt. Der Rechtsweg gegen die Feststellung der Vertragsstrafe ist nur über die Frage der Verschuldung und nur binnen 3 Monaten nach der erfolgten Feststellung der Vertragsstrafe und Bekanntgabe hiervon an die Gesellschaft Normal-Zeit zulässig.

Wiederholte berechtigte Festsetzung einer Vertragsstrafe innerhalb eines Jahres berechtigen den Magistrat außerdem, von diesem Vertrage mit beliebig kurzer Kündigungsfrist zurückzutreten und von der Gesellschaft Normal-Zeit Schadloshaltung zu beanspruchen.

§ 9. Dieser Vertrag wird zunächst auf die Zeit bis 1. Juli 1911 geschlossen und verlängert sich, falls derselbe nicht mindestens 6 Monate vor Ablauf gekündigt wird, auf jedesmal fünf Jahre.

§ 10. Die Stempel dieses Vertrages trägt die Gesellschaft Normal-Zeit.

§ 11. Für alle aus dem durch diesen Vertrag begründeten Verhältnisse entspringenden Rechtsstreitigkeiten wird — soweit nicht ein ausschließlicher Gerichtsstand begründet ist — die Zuständigkeit des Königlichen Amts- und Landgerichts Berlin-Mitte für die Zeit vom Inkrafttreten des Gesetzes vom 16. September 1899 ab vereinbart. In den Fällen des § 23 des Gerichtsverfassungsgesetzes ist demnach das Amtsgericht Berlin-Mitte, im übrigen das Landgericht Berlin-Mitte zuständig.

Berlin, den 12. Mai 1902.

Magistrat hiesiger Königlichen Haupt- und Residenzstadt.	Normal-Zeit, Gesellschaft mit beschränkter Haftung.
(L. S.) gez. Kirschner. gez. Voigt.	gez. Puttkamer.

Nachtrag zu dem Vertrage vom 12. Mai 1902 zwischen der Stadtgemeinde Berlin und der Normal-Zeit, G. m. b. H.

Vorstehender Vertrag wird unter Aufhebung des bisherigen § 9 und Wegfall der Kündigungsfrist vom 1. Juli 1911 bis einschließlich 30. Juni 1913 mit der Maßgabe verlängert, daß die Normal-Zeit, G. m. b. H., den Betrieb und die Unterhaltung der auf Grund des in Rede stehenden Vertrages bereits errichteten 17 öffentlichen Kandelaberuhren gegen die von 5610 M auf 5110 M, in Buchstaben: „Fünftausendeinhundertzehn Mark" ermäßigte jährliche Entschädigung, welche in vierteljährlich nachträglich fälligen Teilbeträgen zahlbar ist, weiter übernimmt.

Den Stempel dieses Nachtrags trägt die Normal-Zeit, G. m. b. H.

Berlin, den 13. Juni 1911.

Normal-Zeit, G. m. b. H.	Städtische Tiefbaudeputation.
gez. Puttkamer.	gez. Krause.

Zweiter Nachtrag zu dem Vertrage vom 12. Mai 1902 bzw. 13. Juni 1911 zwischen der Stadtgemeinde Berlin und der Normal-Zeit, G. m. b. H.

Vorstehend bezeichneter Vertrag wird unter Beibehaltung der bisherigen Bedingungen bis zum 30. Juni 1914 verlängert.

Den Stempel hierzu trägt die Normal-Zeit, G. m. b. H.

Berlin, den 10. Juni 1913.

Magistrat der Königlichen Haupt- und Residenzstadt.

gez. Reicke. Krause.

Normal-Zeit, Gesellschaft mit beschränkter Haftung.

gez. Puttkamer.

Standorte der Kandelaberuhren.

1. Badstraße bei der Abzweigung der Kolonie- und Exerzierstraße.
2. Humboldthain, nahe der Himmelfahrtskirche.
3. Vinetaplatz.
4. Kreuzung der Kastanien-, Pappel-Allee und der Danziger Straße.
5. Wörther Platz.
6. Platz am ehemaligen Königstor.
7. Petersburger Straße, an der Landsberger Allee.
8. Küstriner Platz.
9. Baltenplatz.
10. Warschauer Straße bei der Gubener Straße.
11. Hohenstaufenplatz.
12. Kreuzung der Grimm- und Urbanstraße.
13. Kreuzung der Horn- und Großbeerenstraße.
14. Kreuzung der Bülow-, Göben- und Yorkstraße.
15. Kurfürstenplatz.
16. Kreuzung Alt-Moabit und Gotzkowskystraße.
17. Rathenower und Perleberger Straßen-Ecke.

Eine Verlängerung des Vertrages soll nicht erfolgen, da die Übernahme des Betriebes der öffentlichen Uhren in eigene Verwaltung (auf elektr. Grundlage) geplant ist (s. Nr. 3731 B. II 13).

b) Vertrag mit der „Normal-Zeit", G. m. b. H., vom 9. 1. 1905, betr. Einrichtung von Sekundennormaluhren.

Vertrag.

Zwischen der Stadtgemeinde Berlin, vertreten durch den Magistrat, und der Normal-Zeit, G. m. b. H., wird nachstehender Vertrag geschlossen:

§ 1. Die Gesellschaft Normal-Zeit verpflichtet sich, die Einrichtungen folgender 6 Sekundennormaluhren, nämlich:

a) am Moritzplatz,
b) am Spittelmarkt,
c) am Hackeschen Markt,
d) am Oranienburger Tor,
e) am Potsdamer Platz,
f) vor dem ehem. Kammergericht i. d. Lindenstr.
*)

gründlich zu erneuern, zu reparieren und zu vervollständigen sowie diese Uhren dauernd zu unterhalten. Es liegt ihr auch hinsichtlich sämtlicher Uhren der Aufzug und hinsichtlich der fünf unter a bis e bezeichneten außerdem die Überwachung ob.

Die Gesellschaft Normal-Zeit übernimmt es ferner, die fünf unter a bis e genannten Uhren mittels der ihr von der Reichspostverwaltung hierzu überlassenen Kabelverbindungen an die Kabelleitungen des Reichspostamts derart anzuschließen, daß die Uhren in sicherer Übereinstimmung mit der auf der Königlichen Sternwarte befindlichen astronomischen Uhr erhalten werden, während hingegen die Uhr vor dem Kammergericht auch fernerhin unmittelbar von der Sternwarte aus reguliert wird.

Die Unterhaltung umfaßt insbesondere auch die Instandhaltung und Reparaturen der Uhren und Zeigewerke und der Anschlußkabel der fünf Uhren zu a bis e einschließlich der dazu erforderlichen Materialien. Auch der innere Anstrich der Uhren, welcher zurzeit auf Kosten der Stadtgemeinde erfolgt ist, gehört, sofern derselbe während der Vertragsdauer wieder notwendig werden sollte, zur Unterhaltung der Uhren.

§ 2. Die Gesellschaft Normal-Zeit verpflichtet sich, eine neue Sekundennormaluhr auf dem Lützowplatz herzustellen, dieselbe in der in § 1 angegebenen Weise an die Kabelleitungen des Reichspostamts anzuschließen, sie aufzuziehen, zu überwachen und in

*) Lützowplatz s. § 2.

der in § 1 erläuterten Weise zu unterhalten. Das Gehäuse ist von der Gesellschaft Normal-Zeit in einer den bestehenden Normaluhren entsprechenden Ausführung zu liefern.

§ 3. Die Aushebung der für den Anschluß der Uhren an die Kabelleitungen des Reichspostamts erforderlichen Gruben sowie die Herstellung des für die Uhr am Lützowplatz erforderlichen Fundamentes erfolgt durch die Stadtgemeinde auf deren Kosten nach Angaben der Gesellschaft Normal-Zeit, welche auch bei der Ausführung einen Monteur zu stellen hat behufs genauer Angabe der für die Verbindung der herzustellenden Uhr mit dem Fundament erforderlichen Einrichtungen.

Desgleichen erfolgt die Wiederbefestigung der Straßen usw. durch die Stadtgemeinde auf deren Kosten.

Wird für die kabelmäßige Verbindung der Uhren mit den Kabelleitungen des Reichspostamts Grund und Boden von Privatgebäuden in Anspruch genommen, so wird die städtische Verwaltung dahin mitwirken, daß die betreffenden Eigentümer die erforderliche Genehmigung erteilen.

§ 4. Bei dem Anschluß der Uhren an die Kabelleitungen des Reichspostamts hat die Gesellschaft Normal-Zeit durch gleichzeitiges Verlegen der Starkstromleitungen in die Kabelgruben die elektrische Beleuchtung der Uhren zu ermöglichen, welche samt den dazu erforderlichen Einrichtungen von der Stadtgemeinde auf deren Kosten unterhalten wird.

§ 5. Die Gesellschaft Normal-Zeit leistet Gewähr für den richtigen Gang der Uhren, mit Ausnahme derjenigen vor dem Kammergericht, dahin, daß die von denselben gezeigte Zeit nicht mehr als eine Sekunde von der durch die auf der Königlichen Sternwarte befindlichen astronomischen Uhr gezeigten Zeit abweichen darf, und unterwirft sich unbeschadet der Rechte der Stadtgemeinde als Vertragschließenden der Überwachung sowie den Anforderungen der Direktion der Königlichen Sternwarte.

Zu diesem Zweck überläßt die Stadtgemeinde der Gesellschaft Normal-Zeit leihweise fünf Galvanoskope, welche die Königliche Sternwarte an sie abgegeben hat, und die Dr. Rieflersche Präzisionspendeluhr.

Hinsichtlich dieser Rieflerschen Uhr verpflichtet sich die Gesellschaft Normal-Zeit, sie zu unterhalten, instandzuhalten und zu warten.

§ 6. Als Entgelt für die vorerwähnten Leistungen gewährt die Stadtgemeinde Berlin der Gesellschaft Normal-Zeit:

a) für die in § 1 Abs. 1 gedachte Erneuerung usw. der sechs Uhren 2880 M, in Worten: Zweitausendachthundertundachtzig Mark;

b) für den Anschluß der fünf Uhren an die Kabelleitungen des Reichspostamts 950 M, in Worten: Neunhundertundfünfzig Mark;

c) für die Herstellung der neuen Normaluhr am Lützowplatz 650 M, in Worten: Sechshundertundfünfzig Mark;
für die Herstellung und Aufstellung des Gehäuses dieser Uhr in derselben Ausführung wie bei den anderen Normaluhren 1200 M, in Worten: Eintausendzweihundert Mark;
für den Anschluß dieser Uhr an die Kabelleitungen des Reichspostamts 250 M, in Worten: Zweihundertundfünfzig Mark;

d) für die ständige und ausschließliche Benutzung der vom Reichspostamt zur Verfügung gestellten sechs Kabelverbindungen 1200 M, in Worten: Eintausendzweihundert Mark, jährlich;

e) für das Aufziehen und die Unterhaltung der Sekundennormaluhr vor dem Kammergericht 200 M, in Worten: Zweihundert Mark, jährlich;

f) für das Aufziehen, die Überwachung und die Unterhaltung, ferner die Regulierung und Registrierung der Sekundenangaben der sechs übrigen Normaluhren 2856 M, in Worten: Zweitausendachthundertsechsundfünfzig Mark, jährlich.

Die Zahlung der unter a, b, c angegebenen Beträge erfolgt nach Abnahme der Arbeiten, der unter d, e, f in vierteljährlichen Teilen am Ende eines jeden Kalendervierteljahres.

§ 7. Zu der Instandhaltung der Uhren gehört nicht die Unterhaltung des äußeren Anstrichs der Gehäuse; ferner gehören nicht dazu Reparaturen, zu welchen nachweislich ungewöhnliche Naturereignisse, höhere Gewalt sowie absichtliche oder fahrlässige Beschädigungen durch Personen, welche zu der Gesellschaft Normal-Zeit in keiner Beziehung stehen, Veranlassung geben. Für Reparaturen dieser Art werden die notwendigen Kosten erstattet. Hat jedoch bei der Entstehung eines solchen Schadens ein Verschulden der Gesellschaft Normal-Zeit oder eines ihrer Angestellten mitgewirkt, so obliegt die Reparaturpflicht der Gesellschaft auf deren Kosten.

§ 8. Von der Gesellschaft Normal-Zeit verschuldete Störungen des im § 5 gewährleisteten Betriebes oder schuldbare Verzögerung der Beseitigung eingetretener Störungen berechtigen den Magistrat zur Feststellung einer Vertragsstrafe bis zur Höhe von 30 M, in Worten: Dreißig Mark, für jeden begonnenen Tag der Störungsdauer. Das Interesse der Gemeinde an dem dauernden ordnungsmäßigen Betriebe gemäß § 5 wird ausdrücklich als ein unschätzbares anerkannt. Der Rechtsweg gegen die Feststellung der Vertragsstrafe ist nicht über deren Höhe, sondern nur über die Frage der Verschuldung und nur binnen 3 Monaten nach der erfolgten Feststellung der Vertragsstrafe und Bekanntgabe hiervon an die Gesellschaft Normal-Zeit zulässig.

Die dreimalige Festsetzung einer Vertragsstrafe innerhalb eines Jahres berechtigt den Magistrat außerdem, von diesem Vertrage mit einmonatlicher oder längerer Kündigungsfrist zurückzutreten und von der Gesellschaft Normal-Zeit Schadloshaltung zu beanspruchen.

§ 9. Dieser Vertrag wird mit rückwirkender Kraft vom 1. April 1904 auf die Zeit bis 1. April 1914 geschlossen. Die von der Gesellschaft Normal-Zeit bereits bewirkten Leistungen gelten als in Erfüllung dieses Vertrages vorgenommen.

§ 10. Die Stempel dieses Vertrages trägt die Gesellschaft Normal-Zeit.

§ 11. Für alle aus dem durch diesen Vertrag begründeten Verhältnisse entspringenden Rechtsstreitigkeiten wird — soweit nicht ein ausschließlicher Gerichtsstand begründet ist — die Zuständigkeit des Königlichen Amts- und Landgerichts Berlin-Mitte für die Zeit vom Inkrafttreten des Gesetzes vom 16. September 1899 ab vereinbart. In den Fällen des § 23 des Gerichtsverfassungsgesetzes ist demnach das Amtsgericht Berlin-Mitte, im übrigen das Landgericht Berlin-Mitte zuständig.

Berlin, den 9. Januar 1905.

Magistrat hiesiger Königlichen Haupt- und Residenzstadt.	Normal-Zeit, Gesellschaft mit beschränkter Haftung.
(L. S.) gez. Kirschner. Fischbeck.	gez. Puttkamer.

c) Vertrag mit der „Normalzeit", G. m. b. H., vom $\frac{29.\ 11.}{4.\ 12.}$ 1900 betreffend Uraniasäulen[1]).

Vertrag zwischen der Stadtgemeinde Berlin und der Normal-Zeit, G. m. b. H., zu Berlin.

§ 1. Die Stadtgemeinde Berlin, vertreten durch den Magistrat, überträgt der Gesellschaft Normal-Zeit die Unterhaltung und den inneren Betrieb der Uraniasäulen, insbesondere den der Uhren, Instrumente und meteorologischen Apparate, welche in den zurzeit auf den Straßen und Plätzen der Stadt Berlin aufgestellten Säulen sich befinden.

§ 2. Die Gesellschaft Normal-Zeit übernimmt die vorstehenden Verpflichtungen und ist gehalten:

a) die ihr übergebenen Uhren in äußerlich gutem Zustande zu erhalten, mit zentralen Regulierungseinrichtungen in Gang zu halten;

b) die ihr übergebenen meteorologischen Apparate samt den dazu gehörigen Turbinen, Rotationsapparaten und Ventilatoren in Betrieb und gutem Zustande zu erhalten;

c) alle Reparaturen an den zu a und b aufgezählten Gegenständen einschließlich Lieferung des dazu erforderlichen Materials vorzunehmen, jedoch mit Ausschluß derjenigen Reparaturen, die nachweislich durch ungewöhnliche Naturereignisse, höhere Gewalt und absichtliche oder fahrlässige Beschädigung dritter, zu der Gesellschaft Normal-Zeit in keiner Beziehung stehender Personen notwendig werden.

§ 3. Die Uhren, Apparate und Leitungen in und zu den vorhandenen Uraniasäulen befinden sich infolge der bisherigen Benutzung nicht mehr im tadellosen Zustande. Die Stadtgemeinde zahlt deswegen der Normal-Zeit den einmaligen Betrag von 1500 M, wogegen letztere die erforderlichen Ausbesserungen selbst vorzunehmen hat und jedem Einwande entsagt, daß etwaige Mängel des Betriebes in Mängeln der Uhren, Apparate usw. ihren Grund hätten.

§ 4. Wenn durch erforderliche Reparaturen der Uhren, meteorologischen Apparate oder der sonstigen Teile der Uraniasäulen der Betrieb unterbrochen werden muß, so hat die Gesellschaft Normal-Zeit die Pflicht, ihn schleunigst wiederherzustellen. Der Betrieb

[1]) Standorte s. S. 359.

c) Vertrag mit der „Normalzeit“, G. m. b. H., vom $\frac{29.11.}{4.12.}$ 1900 betreffend Uraniasäulen[1]).

Vertrag zwischen der Stadtgemeinde Berlin und der Normal-Zeit, G. m. b. H., zu Berlin.

§ 1. Die Stadtgemeinde Berlin, vertreten durch den Magistrat, überträgt der Gesellschaft Normal-Zeit die Unterhaltung und den inneren Betrieb der Uraniasäulen, insbesondere den der Uhren, Instrumente und meteorologischen Apparate, welche in den zurzeit auf den Straßen und Plätzen der Stadt Berlin aufgestellten Säulen sich befinden.

§ 2. Die Gesellschaft Normal-Zeit übernimmt die vorstehenden Verpflichtungen und ist gehalten:

a) die ihr übergebenen Uhren in äußerlich gutem Zustande zu erhalten, mit zentralen Regulierungseinrichtungen in Gang zu halten;

b) die ihr übergebenen meteorologischen Apparate samt den dazu gehörigen Turbinen, Rotationsapparaten und Ventilatoren in Betrieb und gutem Zustande zu erhalten;

c) alle Reparaturen an den zu a und b aufgezählten Gegenständen einschließlich Lieferung des dazu erforderlichen Materials vorzunehmen, jedoch mit Ausschluß derjenigen Reparaturen, die nachweislich durch ungewöhnliche Naturereignisse, höhere Gewalt und absichtliche oder fahrlässige Beschädigung dritter, zu der Gesellschaft Normal-Zeit in keiner Beziehung stehender Personen notwendig werden.

§ 3. Die Uhren, Apparate und Leitungen in und zu den vorhandenen Uraniasäulen befinden sich infolge der bisherigen Benutzung nicht mehr im tadellosen Zustande. Die Stadtgemeinde zahlt deswegen der Normal-Zeit den einmaligen Betrag von 1500 M, wogegen letztere die erforderlichen Ausbesserungen selbst vorzunehmen hat und jedem Einwande entsagt, daß etwaige Mängel des Betriebes in Mängeln der Uhren, Apparate usw. ihren Grund hätten.

§ 4. Wenn durch erforderliche Reparaturen der Uhren, meteorologischen Apparate oder der sonstigen Teile der Uraniasäulen der Betrieb unterbrochen werden muß, so hat die Gesellschaft Normal-Zeit die Pflicht, ihn schleunigst wiederherzustellen. Der Betrieb

[1]) Standorte s. S. 359.

ist auch in diesen Fällen aufrecht zu erhalten, soweit der Gesellschaft Normal-Zeit dies bei Lieferung von Ersatzstücken möglich ist.

§ 5. Die meteorologischen Instrumente sowie die Uhren müssen stets in richtigem Gang erhalten werden, die Uhren dürfen nicht mehr als eine halbe Minute von der durch die Königliche Sternwarte angegebenen Berliner Normalzeit abweichen. Die Gesellschaft Normal-Zeit unterwirft sich hierin, unbeschadet der Rechte des Magistrats aus diesem Vertrage, der Überwachung sowie den Anforderungen der Direktion der Königlichen Sternwarte und des Königlichen Meteorologischen Instituts. Sie haftet für alle Versehen ihrer Angestellten.

§ 6. Die gegenwärtig vorhandenen Uraniasäulen haben Anschluß an das Zentraluhrensystem mit Rückkontrolle der Gesellschaft Normal-Zeit, welcher in mehreren Fällen unter Inanspruchnahme von Privatgebäuden und des städtischen Rathauses hergestellt ist. Solange diese Anschlüsse der Gesellschaft Normal-Zeit zur Verfügung gestellt werden, liegt derselben die Unterhaltung ob ohne Anspruch auf ein besonderes Entgelt.

§ 7. Die Stadtgemeinde Berlin zahlt für die in vorstehenden Paragraphen übernommenen Leistungen, soweit dieselben nicht auf Kosten der Gesellschaft Normal-Zeit zu erfolgen haben, an die Gesellschaft Normal-Zeit:

a) für jede Säule mit Aspirationsapparaten 685 M,

b) für jede Säule ohne Aspirationsapparate 520 M

auf das Jahr, zahlbar in monatlichen Raten postnumerando.

§ 8. Der Vertrag wird auf die Zeit bis zum 1. Juli 1911 geschlossen und verlängert sich, falls nicht sechs Monate vor seinem Ablauf gekündigt ist, auf jedesmal fünf Jahre.

§ 9. Von der Gesellschaft Normal-Zeit verschuldete Störungen des in diesem Vertrage übernommenen Betriebes oder schuldbare Verzögerung der Beseitigung eingetretener Störungen berechtigen den Magistrat zur Feststellung einer Vertragsstrafe bis zur Höhe von 30 M für den Tag der Störungsdauer.

Das Interesse der Stadtgemeinde an dem dauernd ordnungsmäßigen Betrieb wird ausdrücklich als ein unschätzbares anerkannt. Der Rechtsweg gegen die Feststellung der Vertragsstrafe ist nur über die Frage der Verschuldung und nur binnen 3 Monaten nach der erfolgten Feststellung der Vertragsstrafe und Bekanntgabe hiervon an die Gesellschaft Normal-Zeit zulässig. Wiederholte berechtigte Festsetzung einer Vertragsstrafe innerhalb eines Jahres berechtigt den Magistrat außerdem, von diesem Vertrage mit beliebig kurzer Kündigungsfrist zurückzutreten und von der Gesellschaft Normal-Zeit Schadloshaltung zu beanspruchen.

§ 10. Die Beleuchtung der Uhren durch Gas oder elektrisches Licht erfolgt durch die Stadtgemeinde, welche auch die diesem Zweck dienenden Einrichtungen in den Uraniasäulen unterhält.

§ 11. Die Gesellschaft Normal-Zeit wird dafür Sorge tragen, daß die in ihrem Auftrage beschäftigten Personen nach Möglichkeit jede Störung des Betriebes der Uraniasäulen für Reklamezwecke vermeiden, das Innere der Säulen stets sauber halten, keine Gegenstände in denselben umherliegen lassen und die Klappen und Türen der Säulen sorgfältig verschlossen halten. Sie verpflichtet sich ferner, Personen, welche vorsätzlich oder böswillig oder wiederholt durch Fahrlässigkeit die nicht zu den Uhren und Meteorographen gehörigen Einrichtungen der Säulen, die darin befestigten Plakate und dergleichen beschädigt haben, in dem Betriebe der Uraniasäulen ferner nicht zu beschäftigen.

Demgegenüber verspricht der Magistrat, daß Gleiches für die im Auftrage des Unternehmers des sonstigen Betriebes der Uraniasäulen an denselben beschäftigten Personen gelten soll, bezüglich des Uhren- usw. Betriebes.

§ 12. Dieser Vertrag soll als am 1. April d. J. in Kraft getreten gelten; die Gesellschaft Normal-Zeit hat die ihr obliegenden Verpflichtungen seitdem bereits erfüllt, die ihr danach zustehenden Zahlungen werden abzüglich der bereits auf Rechnung derselben gezahlten 3000 M alsbald nach Vollziehung dieses Vertrages geleistet.

§ 13. Die Stempel dieses Vertrages trägt die Gesellschaft Normal-Zeit.

Berlin, den $\frac{\text{29. November 1900.}}{\text{4. Dezember 1900.}}$

Magistrat hiesiger Königlichen Haupt- und Residenzstadt.	Normal-Zeit, G. m. b. H.
(L. S.) gez. Brinkmann. Voigt.	gez. Puttkamer.

Nachtrag zu dem Vertrage zwischen der Stadt Berlin und der Normal-Zeit, G. m. b. H., zu Berlin vom 29. November/4. Dezember 1900.

Der vorbezeichnete zwischen der Stadtgemeinde Berlin (vertreten durch ihren Magistrat) und der Normal-Zeit, G m. b. H., geschlossene Vertrag betreffend die Uraniasäulen wird mit folgender Maßgabe für die Zeit vom 1. Juli 1911 bis 30. Juni 1913 verlängert

§ 1. Die Normal-Zeit, G. m. b. H., verpflichtet sich, sämtliche Uraniasäulen je mit zwei weiteren Zifferblättern und Zubehör außer den bisherigen zwei zu versehen.

Die einmaligen Kosten für die erste Anbringung der neuen Zifferblätter nebst Zubehör, die erforderliche Abnahme und Wiederanbringung der Werke sowie die Änderung des Hauptwechselgetriebes in der Kuppel übernimmt die Stadt Berlin, während die Unterhaltung der neuen Zifferblätter und ihres Zubehörs der Normal-Zeit, G. m. b. H., für die Dauer des Vertrages obliegt. Die Anbringung der Zifferblätter muß so rechtzeitig erfolgen, daß die Uhren in den Uraniasäulen vom 1. Juli 1911 ab mit vier Zifferblättern versehen sind.

§ 2. Das im § 7 des Vertrages vom 29. November/4. Dezember 1900 festgesetzte Entgelt für die gesamten Leistungen der Normal-Zeit, G. m. b. H., einschließlich der vorstehend neu übernommenen wird um fünfzehnhundert Mark gegenüber der bisherigen Entschädigung ermäßigt, also auf 16575 (sechzehntausendfünfhundertfünfundsiebenzig) Mark festgesetzt. Die Zahlung erfolgt wie bisher in monatlichen, nachträglich fälligen Raten.

§ 3. Die Bestimmung des § 8 wird aufgehoben. Der Vertrag endet ohne Kündigung am 30. Juni 1913.

§ 4. Die Kosten und Stempel dieses Vertrages trägt die Normal-Zeit, G. m. b. H.

Berlin, den 13. Juni 1911.

Normal-Zeit, G. m. b. H.	Städtische Tiefbaudeputation.
gez. Puttkamer.	gez. Krause.

Zweiter Nachtrag zum Vertrage vom 29. November/4. Dezember 1900 zwischen der Stadt Berlin, vertreten durch ihren Magistrat und der Normal-Zeit, G. m. b. H. zu Berlin, vertreten durch ihren Direktor Herrn Puttkamer.

§ 1. Die Normal-Zeit, G. m. b. H. verpflichtet sich, aus den dreißig der Stadt gehörenden Uraniasäulen die bisher zum Antrieb der Drehvorrichtung gebrauchten Apparate herauszunehmen, ferner die fünfzehn Säulen, welche mit Aspirationsapparaten ausgestattet sind, bis zum 1. Januar 1912 so umzuändern, daß die bisher durch Wasserdruck betriebene Luftzuführungsanlage zu den Instrumenten (Turbine mit Zu- und Ableitung und allen dazu gehörigen Nebenanlagen) beseitigt wird, und dafür ein durch Elektrizität betriebener Ventilator mit allen dazu gehörigen Anlagen ordnungsgemäß und nach den Vorschriften des Verbandes deutscher Elektrotechniker eingebaut wird.

§ 2. Die Apparate gehen sofort nach dem Einbau in den Besitz der Stadt über. Als Entgelt für die in § 1 aufgeführten Leistungen, sowie für die Unterhaltung und den Betrieb der Ventilationsanlage zahlt die Stadt Berlin an die Normal-Zeit, G. m. b. H., bis zum 30. Juni 1913 monatlich und nachträglich 66,— M. (sechsundsechzig Mark). Sollte der Vertrag verlängert werden, so ermäßigt sich die monatliche Entschädigung vom 1. Juli 1913 ab auf 16,— M. (sechzehn Mark). Die Kosten für den elektrischen Strom zum Betrieb der Ventilatoranlage zahlt die Stadt direkt an die Berliner Elektrizitätswerke.

§ 3. Die Elektromotore sind so zu wählen, daß der Stromverbrauch möglichst gering ist. Er darf höchstens 40 (vierzig) Watt für jeden Motor betragen. Andernfalls hat die Normal-Zeit Gesellschaft die Mehrkosten zu tragen.

§ 4. Die herausgenommenen Bleiröhren und Instrumente verbleiben im Besitze der Stadt, sie sind zu sammeln und an einem mit dem Tiefbauamt I zu verabredenden Platze zur Verfügung zu stellen.

§ 5. Die neuen Apparate müssen so eingebaut werden, daß sie den Pächtern der Säulenreklame nicht hinderlich sind; namentlich sind Schlagschatten zu vermeiden.

§ 6. Im übrigen gelten auch für die Ventilationsanlage die Bestimmungen des Hauptvertrages vom $\frac{\text{29. November}}{\text{4. Dezember}}$ 1900 und des Nachtrages vom 13. Juni 1911 über die Unterhaltung und den Betrieb der meteorologischen Instrumente und Uhren.

§ 7. Die Stempelkosten dieses Vertrages trägt die Normal-Zeit, G. m. b. H.

Berlin, den $\frac{\text{25. Oktober}}{\text{10. November}}$ 1911.

Normal-Zeit, G. m. b. H.	Städtisches Tiefbauamt I.
Puttkamer.	Max Neumann.

Magistrat hiesiger Königl. Haupt und Residenzstadt.
Kirschner. Krause.

Dritter Nachtrag zum Vertrage zwischen der Stadtgemeinde Berlin und der Normal-Zeit, G. m. b. H., vom $\frac{\text{29. November}}{\text{4. Dezember}}$ 1900 bzw. 13. Juni 1911.

Vorstehend bezeichneter Vertrag wird unter Beibehaltung der bisherigen Bedingungen bis zum 30. Juni 1914 verlängert.

Den Stempel hierzu trägt die Normal-Zeit, G. m. b. H.

Berlin, den 10. Juni 1913.

Normal-Zeit, G. m. b. H.	Magistrat der Königlichen Haupt- und Residenzstadt.
gez. Puttkamer.	gez. Reicke. Krause.

Eine Verlängerung des Vertrages soll nicht erfolgen, da die Übernahme des Betriebes der öffentlichen Uhren in eigene Verwaltung (auf elektr. Grundlage) geplant ist (s. Nr. 3731 B. II. 13).

---

d) Bedingungen für die Verpachtung der Uraniasäulen.

Gegenstand des Unternehmens.

§ 1. Die Uraniasäulen sind bestimmt für die Anbringung von Normaluhren mit 4 Zifferblättern nebst den zu ihrem Betriebe erforderlichen Einrichtungen, für die Aushängung von Stadtplänen, 15 von ihnen ferner zur Aufstellung von meteorologischen Instrumenten (Aspirationsmeteorographen), Wetterkarten und Wetterberichten. Soweit die Säulen für diese Zwecke nicht in Anspruch genommen werden, sollen sie anderweit verwertet werden. Diese Verwertung bildet den Gegenstand des Unternehmens.

Ausgeschlossen ist die Benutzung der Säulen zur Anheftung von Ankündigungen, die nach dem zwischen der Stadtgemeinde und dem Unternehmer des öffentlichen Anschlagwesens geschlossenen Vertrage diesem zugewiesen sind.

Ausgeschlossen sind ferner Veranstaltungen, die gegen die Gesetze verstoßen, die das Straßenbild zu beeinträchtigen geeignet sind, sowie solche, die den von der Stadtgemeinde oder vom Polizeipräsidium im öffentlichen Interesse zu stellenden Anforderungen nicht entsprechen.

Ausgeschlossen ist schließlich die Anbringung von Automaten an den Säulen.

Zahl und Aufstellungsorte der Säulen.

§ 2. Es sind 30 Uraniasäulen vorhanden. Ihre Standorte sind folgende: [1])

*1. Potsdamer Brücke,
*2. Chaussee- und Liesenstraßen-Ecke,
*3. Französische- und Charlottenstraßen-Ecke,
4. Moabit, vor dem Kriminalgericht,
5. Frankfurter Tor (Memeler Straße),
*6. Friedrich- und Behrenstraßen-Ecke,
7. Rosenthaler Tor,
8. Alexanderplatz,
*9. Rathaus, Spandauer Straßen-Ecke,
*10. Moabit, Birkenstraße-Putlitzstraße,
11. Leipziger Straße, an den Kolonnaden,
12. Potsdamer Bahnhof,
*13. Leipziger Platz (Porzellanmanufaktur),
14. Schlesisches Tor.
15. Blücherplatz,
16. Landsberger Platz,
*17. Nettelbeckplatz,
*18. Leipziger- und Charlottenstraßen-Ecke,

---

[1]) Die mit * versehenen Säulen enthalten meteorographische Apparate (vgl. S. 353 § 1 ff.).

19. Friedrich und Oranienburger Straßen-Ecke,
20. Badstraße, Ecke Prinzenallee,
*21. Alte Jakobstraße, Luisenkirche,
22. Andreasplatz,
*23. Königgrätzer Straße vor Nr. 121, Ecke Prinz-Albrecht-Straße,
*24. Unter den Linden und Friedrichstraßen-Ecke, Nordseite (Viktoria-Hotel),
25. Unter den Linden und Friedrichstraßen-Ecke, Südseite (Kranzler),
26. Brandenburger Tor,
*27. Belle-Alliance-Platz,
*28. Kottbuser Tor,
29. Bülow und Potsdamer Straßen-Ecke,
*30. Schönhauser Tor.

Diese Säulen werden dem Unternehmer zur Benutzung (vgl. § 1) überlassen.

Unterhaltung der Säulen.

§ 3. Die Unterhaltung der Säulen in stets gutem, den Anforderungen der Stadtgemeinde und des Polizeipräsidiums entsprechenden Zustande sowie die ausreichende Beleuchtung der 4 Zifferblätter der Uhren und der meteorologischen Instrumente liegt während der Vertragsdauer dem Unternehmer ob.

Die Beleuchtung hat derart zu erfolgen, daß mit gewöhnlichem Auge die Zeitangabe auf mindestens 30 m Entfernung erkannt werden kann.

Die Säulen sind an die städtische Wasser- und Kanalisationsleitung angeschlossen; das für den Betrieb etwa erforderliche Wasser wird unentgeltlich geliefert.

Der Unternehmer hat dafür Sorge zu tragen, daß die in seinem Auftrage bei der Benutzung und Unterhaltung der Säulen beschäftigten Personen jede Störung des Betriebes der Uhren und Apparate vermeiden, das Innere der Säulen sauber halten, keine Gegenstände darin umherliegen lassen, auch die Klappen und Türen der Säulen sorgfältig verschlossen halten. Er ist ferner verpflichtet, Personen, die vorsätzlich oder wiederholt durch Fahrlässigkeit die Uhren und Apparate nebst Zubehör beschädigen, in diesem Betriebe nicht mehr zu beschäftigen.

Versetzung der Säulen.

§ 4. Wenn die zuständigen Behörden die Versetzung oder zeitweise Beseitigung der Säulen im öffentlichen Interesse verlangen, so muß diese auf Kosten des Unternehmers erfolgen. Im Falle der Versetzung jedoch leistet die Stadtgemeinde einen Zuschuß von 1000 M.

Den neuen Aufstellungsort für die zu versetzende Säule hat der Unternehmer vorzuschlagen und die Stadtgemeinde zu genehmigen. Macht der Unternehmer binnen 6 Wochen keinen der Stadtgemeinde genehmen Vorschlag, bestimmt die Stadtgemeinde den neuen Standort. Das polizeiliche Bestimmungsrecht wird hierdurch nicht berührt.

Eine Ermäßigung oder Erlaß der Pachtsumme für die Zeit zwischen dem Abbruch und der Neuaufstellung der Säule findet nicht statt.

Pacht und Entziehung des Benutzungsrechts.

§ 5. Der Unternehmer hat für die Überlassung der Benutzung der Säulen während der Vertragszeit der Stadtgemeinde eine Pacht in vierteljährlichen nachträglich zahlbaren Raten zu entrichten. Die Pacht ist in bestimmten Summen zu bieten.

Die Verzögerung der Zahlung einer fälligen Pachtrate um mehr als 4 Wochen berechtigt die Stadtgemeinde, ohne daß es eines gerichtlichen Verfahrens bedarf, die Benutzung der Säulen anderweit zu vergeben.

Abtretung des Rechts des Unternehmers und Übergang auf die Erben.

§ 6. Der Unternehmer ist nicht befugt, ohne Genehmigung der Stadtgemeinde die Rechte aus dem auf Grund dieser Bedingungen abzuschließenden Vertrage einem anderen abzutreten. Stirbt der Unternehmer während der Vertragsdauer, so sind, sofern der Erbe nicht zum Gewerbebetrieb befähigt ist, oder mehrere Erben vorhanden sind, die Erben verpflichtet, einen gemeinschaftlichen, den Anforderungen der Gewerbeordnung entsprechenden Bevollmächtigten den Behörden gegenüber zu bestellen, mit der Machtbefugnis, sie in allen Beziehungen zu vertreten.

Sicherheitsbestellung.

§ 7. Für die Erfüllung der vertragsmäßig übernommenen Verpflichtungen hat der Unternehmer bei Abschluß des Vertrages ein Haftgeld von 15 000 M — fünfzehntausend Mark — in bar oder in den beim Magistrat zur Sicherheitsbestellung zugelassenen Wertpapieren zu bestellen. Dieses Haftgeld ist, im Falle es angegriffen wird, stets wieder auf die Höhe von 15 000 M — fünfzehntausend Mark — zu ergänzen. Es verfällt als Vertragsstrafe im Falle der Entziehung der Benutzung der Säulen nach den Bestimmungen im § 5. Nach Ablauf des Vertrages ist es binnen 6 Wochen zurückzuzahlen.

Vertragsabschluß.

§ 8. Der Unternehmer bleibt 6 Wochen von dem Tage des Ablaufs der Frist für die Abgabe der Gebote an sein Gebot gebunden. Die Stadtgemeinde übernimmt keine Verpflichtung, einem der Bewerber den Zuschlag zu erteilen.

Weigert sich derjenige, dem der Zuschlag erteilt wird, den Vertrag abzuschließen, was anzunehmen ist, wenn er auf gehörige Ladung binnen 8 Tagen zur Vollziehung des Vertrages sich nicht einfindet, so verfällt er in eine Vertragsstrafe von 3000 M; dieser Betrag ist bei Abgabe des Gebots als Haftgeld bar oder in den beim Magistrat zur Sicherheitsbestellung zugelassenen Wertpapieren einzuzahlen.

Kosten und Stempel des Vertrages hat der Unternehmer zu tragen. Die Gebote sind versiegelt einzureichen, ihre Eröffnung erfolgt öffentlich nach dem Ablaufe der Abgabefrist.

Vertragsdauer.

§ 9. Der Vertrag wird auf die Dauer von fünf Jahren abgeschlossen.

Aufsichtsrecht des Magistrats.

§ 10. Der Magistrat hat das Recht, die Innehaltung der Bestimmungen dieses Vertrages zu überwachen; im Falle festgestellter Zuwiderhandlungen ist er befugt, gegen den Unternehmer eine Vertragsstrafe bis zu 100 M für jeden Einzelfall wegen nicht gehöriger Erfüllung festzusetzen und den Strafbetrag aus dem Haftgeld zu entnehmen.

Im Falle wiederholter Verletzung der Vertragspflichten ist die Stadtgemeinde jederzeit berechtigt, mit sechswöchiger Kündigung den Vertrag aufzulösen.

e) Vertrag vom 16./17. 3. 1911, betreffend Verpachtung des Anschlagswesens auf öffentlichen Straßen und Plätzen.

Zwischen der Stadtgemeinde Berlin, vertreten durch den Magistrat, und der Firma Nauck & Hartmann, hier, Kurstraße 49, Inhaber Karl Nauck, Müllerstraße Nr. 128, Gustav Hartmann in Pankow, Breite Straße Nr. 41 b, und Kurt von Schlemmer, Blücherstraße Nr. 18 wohnhaft, wird nachstehender Vertrag geschlossen:

§ 1. Die Stadtgemeinde Berlin überträgt der vorstehend genannten Firma den Betrieb des hiesigen öffentlichen Anschlagswesens auf Grund der diesem Vertrage beigefügten und unterschriebenen Bedingungen und unter den Festsetzungen dieses Vertrages vom 1. April 1911 ab auf die Dauer von 10 Jahren, also bis 31. März 1921.

§ 2. Die vierteljährlich nachträglich zahlbare Jahrespacht ist auf 540 000 M, in Worten: „Fünfhundertvierzigtausend Mark", festgesetzt.

§ 3. Der § 4, Absatz 4 der Bedingungen wird dahin abgeändert, daß die Türen an den zur Aufstellung von Schalttafeln für die öffentliche elektrische Beleuchtung bestimmten Säulen folgende Maße aufweisen müssen: Die oberen Türen müssen mindestens 72 cm hoch und 96 cm breit, die unteren Türen mindestens 70 cm hoch und 96 cm breit sein.

§ 4. Die Herren Inhaber der Firma sind für die Erfüllung der aus diesem Vertrage hervorgehenden Verpflichtungen solidarisch verhaftet.

§ 5. Kosten und Stempel dieses Vertrages trägt die Firma Nauck & Hartmann.

Berlin, den 17. März 1911.

Städtische Tiefbaudeputation.

Krause.

Berlin, den 16. März 1911.

gez. Nauck & Hartmann.

---

f) Bedingungen zum Vertrage vom 16./17. 3. 1911 für die Verpachtung des Anschlagswesens auf öffentlichen Straßen und Plätzen.

Gegenstand des Unternehmens.

§ 1. Gegenstand des Unternehmens bilden die Anschlagsäulen auf öffentlichen Straßen und Plätzen, welche bestimmt sind zur

Befestigung von öffentlichen Anzeigen, die im Sinne des Gesetzes vom 7. Mai 1874 über die Presse usw. als Drucksachen zu erachten sind.

Zahl und Aufstellungsorte der Anschlagsäulen.

§ 2. In jedem Stadtbezirke soll für die im § 1 gedachten Anzeigen mindestens eine Säule vorhanden sein.

Die vorhandenen Säulen werden dem Unternehmer zur Benutzung überlassen.

Der Unternehmer ist verpflichtet, jederzeit während der Dauer des Vertrages binnen sechs Wochen nach Ergehen der Aufforderung des Magistrats die ihm bezeichneten Stadtbezirke mit mindestens je einer Säule zu versehen sowie auch an anderen Orten, an welchen nach dem Ermessen des Magistrats das Bedürfnis dazu hervortritt, Anschlagsäulen zu errichten.

Die Aufstellungsorte unterliegen der Bestimmung des Magistrats und der Ortspolizeibehörden.

Wo von den Berliner Elektrizitätswerken bei Verlegung eines Drehstromnetzes Transformatorensäulen in den Abmessungen der öffentlichen Anschlagsäulen aufgestellt worden sind, werden auch die Mantelflächen dieser Transformatorensäulen dem Unternehmer zur Benutzung überlassen, soweit die Stadtgemeinde den Berliner Elektrizitätswerken gegenüber berechtigt ist, die Säulen für Anschlagzwecke zu verwenden.

Form.

§ 3. Die Säulen sind nach einem von dem Magistrat und den Ortspolizeibehörden zu genehmigenden Projekt zu errichten, müssen eine Befestigungsfläche von 11—12 cm bieten und dürfen in der Grundfläche höchstens 1,2 m Durchmesser haben.

Benutzung des Innenraumes der Säulen für städtische oder öffentliche Zwecke.

§ 4. Der Unternehmer hat den Innenraum der bereits vorhandenen sowie der später noch aufzustellenden Anschlagsäulen dem Magistrat zur Benutzung für städtische oder öffentliche Zwecke unentgeltlich zu überlassen, insbesondere

a) zur Unterbringung von Utensilien, Straßenreinigungsgeräten sowie des Straßenstreusandes u. dgl.;

b) zur Aufstellung von Schaltapparaten für die öffentliche elektrische Beleuchtung und von Wattzählern für die elektrischen Straßenbahnen.

Bisher sind zur Unterbringung von Straßenreinigungsgeräten 800 Säulen, deren Mantel mit einer verschließbaren Tür versehen ist, zur Benutzung hergegeben. Diese Säulen sollen in derselben Weise weiterbenutzt werden können wie bisher. Die übrigen Säulen, mit Ausnahme derjenigen, welche zur Aufstellung von Schaltapparaten usw. bestimmt werden, sind von dem Unternehmer auf seine Kosten für die der städtischen Straßenreinigung dienenden Zwecke herzurichten, und zwar zunächst 120 Säulen an noch näher zu bezeichnenden Stellen binnen 6 Wochen nach Abschluß des Vertrages. Unternehmer hat zu diesem Zwecke jede dieser Säulen mit zwei übereinanderliegenden verschließbaren Türen, von denen eine im Sockel, die andere über demselben anzubringen ist, zu versehen. Die Größenverhältnisse dieser Türen werden vom Magistrat festgestellt und tunlichst so bemessen werden, daß sie den Maßverhältnissen der Plakate entsprechen. Ferner hat Unternehmer auf seine Kosten zur Einbringung und Bedienung der Schalttafeln auf zwei gegenüberliegenden Seiten jeder hierzu bestimmten Säule je zwei Türen, und zwar je eine im Sockel und je eine über demselben anzubringen. Die oberen Türen müssen mindestens 80 cm hoch und 70 cm breit, die unteren Türen mindestens 30 cm hoch und 50 cm breit sein.

Der Unternehmer hat dafür zu sorgen, daß das Innere sämtlicher Säulen hinlänglich trocken bleibt, und erforderlichenfalls Einrichtungen für eine Entwässerung der Anschlagsäulen zu treffen. In den mit Schaltapparaten oder Wattzählern versehenen Säulen sind außerdem zur Erzielung einer hinreichenden Luftzirkulation von dem Unternehmer auf eigene Kosten am oberen und am unteren Ende dieser Säulen eine Reihe kleiner Öffnungen anzubringen.

Nachweise öffentlicher Anstalten usw.

§ 5. Am oberen Rande des Sockels der Säule sind mit deutlich erkennbarer, zu d mit roter Schrift folgende Nachweise:

a) der Nummer des Stadtbezirks,
b) des in dem Stadtbezirk belegenen Reviers, Polizeibureaus,
c) der nächsten Post- und Telegraphenanstalten,
d) der nächsten Feuermeldestelle,

e) des nächsten Volksbades,

f) der nächsten städtischen Sparkasse, sowie der Hinweis auf das Berliner Rettungswesen nach näherer Angabe

anzubringen und nach den eintretenden Veränderungen zu berichtigen.

Eigentum und Unterhaltung der Säulen.

§ 6. Die Säulen werden durch die Errichtung Zubehör der öffentlichen Straßen und gehen damit, ohne daß es einer besonderen Übergabe bedarf, in das Eigentum der Stadtgemeinde über. Ihre Unterhaltung in stets gutem, den Anforderungen des Königlichen Polizeipräsidiums und des Magistrats entsprechendem Zustande liegt während der Vertragsdauer dem Unternehmer ob.

Zeit und Errichtung der Säulen.

§ 7. Binnen drei Wochen nach Genehmigung bzw. Feststellung der Aufstellungsorte neuer Säulen müssen diese Säulen betriebsfähig errichtet sein, widrigenfalls der Magistrat befugt ist, die fehlenden auf Kosten des Unternehmers zu errichten und die Benutzung sämtlicher Säulen anderweit zu vergeben.

Genehmigung ähnlicher Einrichtungen.

§ 8. Während der Dauer des Vertrages wird die Stadtgemeinde einem anderen Unternehmer die Genehmigung zur Errichtung von Anlagen zu gleichen Zwecken auf öffentlichen Straßen und Plätzen nicht erteilen. Diese Zusicherung bezieht sich jedoch nicht auf Verkaufshallen (Kioske) und andere Einrichtungen, bei welchen Anzeigen durch Inschriften auf Holz, Blech, Glas, Eisen, Leinewand und dergleichen angebracht werden, auch nicht auf Einrichtungen, bei welchen Anzeigen zur Verwendung kommen, welche als Drucksachen zu erachten sind, sofern diese Anzeigen mindestens vier Wochen in ihrem Wortlaute unverändert bleiben oder Wetteranzeigen, Fahrpläne usw. betreffen.

Versetzung.

§ 9. Wenn die zuständigen Behörden die Versetzung oder zeitweise Beseitigung errichteter Säulen usw. im öffentlichen Interesse verlangen, so muß diese auf Kosten des Unternehmers erfolgen.

Benutzungsrecht des Unternehmers.

§ 10. Dem Unternehmer steht das ausschließliche Recht zu, die errichteten Säulen usw. während der Vertragsdauer zum Anschlage von öffentlichen Anzeigen der im § 1 gedachten Art zu benutzen.

Er ist verpflichtet, die ihm übergebenen Plakate nach der Zeitfolge der Anmeldungen zur Befestigung an den Säulen zu bringen, und hat zur Kontrolle hierüber ein Buch zu führen, in welches die Anmeldungen der Zeitfolge nach einzutragen sind. Ausnahmen von dieser Anschlagsfolge sind nur gestattet, wenn Gefahr im Verzuge ist.

Über die Zeit der Anmeldung bzw. der Übergabe der anschlagsfertigen Plakate ist eine Bescheinigung zu erteilen. Unternehmer ist nicht verpflichtet, Plakate gleichen Inhalts an mehr als 300 Säulen gleichzeitig zum Anschlag zu bringen. Auf Bekanntmachungen von Behörden findet diese Bestimmung keine Anwendung. Bei Verteilung der Plakate auf die Säulen sind die Wünsche der Besteller möglichst zu berücksichtigen.

Plakate, die nicht eine der in dem Tarif vorgesehenen Größen haben, können von dem Anschlage zurückgewiesen werden und müssen zurückgewiesen werden, soweit ihretwegen die Plakate bis zur Größe IV zurückgestellt werden müßten.

Ingleichen sind Plakate, deren Inhalt gegen die Gesetze verstößt, zurückzuweisen.

Anschläge von Behörden.

§ 11. Öffentliche Behörden sind nach Maßgabe der betreffenden Polizeiverordnung befugt, selbst ihre Bekanntmachungen an den Säulen befestigen zu lassen und deren unentgeltliche Befestigung sowie die unentgeltliche Überlassung des Anschlagraumes von dem Unternehmer zu fordern.

Tarif.

§ 12. Für die Überlassung des Säulenraumes zum Anbringen von Plakaten und das Anbringen selbst darf der Unternehmer höchstens folgende Tarifsätze erheben:

	Größe	Säulenraum pro 100 und Tag		Anschlag pro 100	
		M.	Pf.	M.	Pf.
a	I. Größe, Quart, ca. 18 cm hoch, 24 cm breit	—	40	—	25
b	II. Größe, Folio, ca. 36 cm hoch, 24 cm breit	—	80	—	40
c	III. Größe, Doppelfolio, ca. 36 cm hoch, 48 cm breit	1	20	—	75
d	IV. Größe, halb Adler, ca. 72 cm hoch, 48 cm breit	2	50	1	50

Differenzen der zum Anschlag zu bringenden Plakate gegen die vorstehend angegebenen Maße sind unerheblich, sofern sie nicht über 2 cm betragen. Bei Plakaten von einem die Größe IV übersteigenden Formate ist für Säulenraum und Anschlag zunächst der für das Format IV festgesetzte Preis und außerdem für den über dieses Format hinausgehenden Teil des Plakats sovielmal der Preis des Formates I zu entrichten, als in demselben dieses Format enthalten ist, wobei für jedes angefangene Flächenstück der volle Preis dieses Formates berechnet wird.

Pacht und Entziehung des Benutzungsrechtes.

§ 13. Der Unternehmer hat für die Überlassung der Benutzung der Säulen usw. während der Vertragszeit der Stadtgemeinde eine Pacht in vierteljährlichen Raten postnumerando zu zahlen. Die Pacht ist in bestimmten Summen zu bieten.

Die Verzögerung der Zahlung einer fälligen Pachtrate um mehr als vier Wochen berechtigt die Stadtgemeinde, ohne daß es eines gerichtlichen Verfahrens bedarf, die Benutzung der Säulen usw. anderweit zu vergeben.

Ein gleiches tritt ein, wenn der Unternehmer die Befugnis zum Zettelanschlag verliert. Eine Entschädigung wird in diesen Fällen dem Unternehmer nicht gewährt, auch für die Säulen keine Vergütigung.

Abtretung des Rechts des Unternehmers und Übergang auf die Erben.

§ 14. Der Unternehmer ist nicht befugt, ohne Genehmigung der Stadtgemeinde die Rechte aus dem auf Grund dieser Bedingungen abzuschließenden Vertrage einem anderen abzutreten. Stirbt der Unternehmer während der Vertragsdauer, so sind, sofern der Erbe nicht zum Gewerbebetrieb befähigt ist, oder mehrere Erben vorhanden sind, die Erben verpflichtet, einen gemeinschaftlichen, den Anforderungen der Gewerbeordnung entsprechenden Bevollmächtigten den Behörden gegenüber zu bestellen, mit der Machtbefugnis, sie in allen Beziehungen zu vertreten, auch soweit dazu nach den Gesetzen Spezialvollmacht erforderlich ist.

Sicherheitsbestellung.

§ 15. Für die Erfüllung seiner Verpflichtungen in gehöriger Weise hat der Unternehmer bei Abschluß des Vertrages ein Haftgeld von 50 000 M bar oder in den beim Magistrat zur Sicherheitsbestellung zugelassenen Wertpapieren zu bestellen. Dieses Haftgeld ist, im Falle es angegriffen wird, stets wieder auf die Höhe von 50 000 M zu ergänzen, es verfällt als Vertragsstrafe im Falle der Entziehung der Benutzung der Säulen nach den Bestimmungen im § 13 und ist sonst sechs Wochen nach Ablauf des Vertrages zur Rückzahlung fällig.

Vertragsabschluß.

§ 16. Der Unternehmer bleibt sechs Wochen vom Tage des Ablaufs der Frist für die Abgabe der Gebote an sein Gebot gebunden. Die Stadtgemeinde übernimmt keine Verpflichtung, einem der Bewerber den Zuschlag zu erteilen.

Weigert sich derjenige, dem der Zuschlag erteilt wird, den Vertrag abzuschließen, was anzunehmen ist, wenn er auf gehörige Ladung binnen acht Tagen zur Vollziehung des Vertrages sich nicht einfindet, so verfällt er in eine Vertragsstrafe von 5000 M; dieser Betrag ist bei Abgabe des Gebots als Haftgeld bar oder in den beim Magistrat zur Sicherheitsbestellung zugelassenen Wertpapieren einzuzahlen. Die Gebote sind versiegelt einzureichen, ihre Eröffnung erfolgt öffentlich nach dem Ablaufe der Abgabefrist.

Vertragsdauer.

§ 17. Der Vertrag wird auf die Dauer von zehn Jahren abgeschlossen.

Aufsichtsrecht des Magistrats.

§ 18. Der Magistrat hat das Recht, die Innehaltung der Bestimmungen dieses Vertrages, insbesondere in den §§ 6 und 10 und des Tarifes, zu überwachen; im Falle festgestellter Zuwiderhandlungen ist er befugt, gegen den Unternehmer eine Vertragsstrafe bis zu 1000 M für jeden Einzelfall wegen nicht gehöriger Erfüllung festzusetzen und den Strafbetrag aus dem Haftgeld zu entnehmen.

Berlin, den 16. März 1911.

gez. Nauck & Hartmann.

Berlin, den 17. März 1911.

Städtische Tiefbaudeputation.
gez. Krause.

---

g) Polizeiverordnung vom 26. Januar 1880, betreffend die öffentlichen Anschlagsäulen.

Auf Grund der §§ 5, 6 und 11 des Gesetzes vom 11. März 1850 (GS. S. 265) verordnet das Polizeipräsidium nach Beratung mit dem Gemeindevorstande für den engeren Polizeibezirk von Berlin, was folgt:

§ 1. Öffentliche Anzeigen dürfen anf öffentlichen Straßen und Plätzen nur an die zu diesem Zwecke bestimmten Vorrichtungen (Anschlagsäulen, Anschlagtafeln usw.) angeschlagen werden. Die Befugnis hiesiger öffentlicher Behörden, ihre Bekanntmachungen, Erlasse und Anzeigen auch an anderen Orten anzuschlagen, wird hierdurch nicht berührt. Auch bleiben Grundstücksbesitzer und Mieter berechtigt, Anzeigen, welche lediglich ihr eigenes Interesse betreffen, an ihren Grundstücken oder Mietsräumen auszuhängen oder anzuschlagen.

§ 2. Die im § 1 bezeichneten Vorrichtungen dürfen nur unter gleichzeitiger Genehmigung des Polizeipräsidii, des hiesigen Magistrats und der städtischen Straßenbaupolizeiverwaltung errichtet werden. Einer gleichen Genehmigung bedürfen die Bestimmungen wegen des Formats der anzuschlagenden Anzeigen und wegen der für das Anschlagen derselben zu erhebenden Gebühren. Hiesige öffentliche Behörden können für ihre Bekanntmachungen, Erlasse und Anzeigen die unentgeltliche Überlassung des erforderlichen Raumes und den unentgeltlichen Anschlag derselben beanspruchen.

§ 3. Zu den anzuschlagenden Anzeigen darf Papier von roter Farbe nicht verwandt werden, welches für die Bekanntmachungen hiesiger öffentlicher Behörden vorbehalten bleibt.

§ 4. Anzeigen an die im § 1 erwähnten Publikationsvorrichtungen anzuschlagen oder von denselben zu entfernen, ist nur denjenigen Personen gestattet, welche von dem Eigentümer oder dessen Vertreter dazu beauftragt sind. Jedoch sind die hiesigen öffentlichen Behörden berechtigt, in dringlichen Fällen ihre Bekanntmachungen durch ihre eigenen Beamten oder durch besonders von ihnen zu beauftragende Personen zu jeder Tageszeit anschlagen zu lassen.

§ 5. Zuwiderhandlungen gegen die vorstehenden Bestimmungen werden, soweit sie nicht in den allgemeinen Strafgesetzen mit höheren Strafen bedroht sind, mit Geldbuße bis zu 30 M, an deren Stelle im Falle des Unvermögens verhältnismäßige Haft tritt, geahndet.

§ 6. Diese Verordnung tritt am 1. Juli 1880 in Kraft, von diesem Zeitpunkt ab wird die Polizeiverordnung vom 18. Juni 1855 aufgehoben.

Berlin, den 26. Januar 1880.

Königliches Polizeipräsidium.

---

h) Vertrag mit der Vereinigten Kioskgesellschaft, betreffend Aufstellung von Verkaufshallen.

Mietvertrag.

Zwischen der städtischen Tiefbaudeputation und der Vereinigten Deutschen Kiosk- und Berliner Trinkhallengesellschaft m. b. H. hier, im folgenden kurz „Kioskgesellschaft“ genannt, Dorotheenstraße Nr. 32, wird folgender Vertrag geschlossen:

§ 1. Die städtische Tiefbaudeputation vermietet der Kioskgesellschaft auf die Zeit vom 1. April 1909 bis 31. März 1915 eine Anzahl noch näher zu bezeichnender Straßen- und Platzflächen vorbehaltlich jederzeitigen Widerrufs zur Aufstellung von Kiosken und Trinkhallen zum Verkauf von Zeitungen, Zeitschriften, Flugschriften, Reisebüchern, Fahrplänen, Landkarten, Ansichtspostkarten (Erinnerungszeichen an denkwürdige Ereignisse) und zum Ausschank von Mineralwasser, von Fruchtsäften sowie von alkoholfreien Getränken; der Ausschank darf nur in den Trinkhallen stattfinden;

Spirituosen dürfen dort nicht verabreicht, sitzende Gäste nicht geduldet werden.

Zu einem allgemein buchhändlerischen Betriebe darf sich der vorbeschriebene Verkauf von Zeitungen usw. nicht entwickeln.

Der Verkauf sowohl in den Trinkhallen wie auch in den Kiosken darf nur reinlichen, gesitteten, insbesondere keinen übel beleumdeten Personen übertragen werden.

Bei Zuwiderhandlungen gegen diese Vorschrift ist die Vermieterin befugt, eine Konventionalstrafe bis zu 10 M für jeden Kontraventionsfall festzusetzen und von der Mieterin einzuziehen.

Mieterin ist verpflichtet, auf Erfordern des Magistrats den Schulkindern unentgeltlich in sauberen Gläsern Trinkwasser aus der Wasserleitung zu verabreichen.

Die Vermietung der Plätze seitens der Stadt erfolgt vorbehaltlich der Genehmigung der städtischen Polizeiverwaltung, Abteilung I (Straßenbau), und der Zustimmung des Herrn Polizeipräsidenten für jeden Einzelfall.

Am 31. März 1915 endigt dieser Vertrag, ohne daß es einer Kündigung bedarf, mangels einer besonders vereinbarten Verlängerung.

§ 2. Die Jahresmieten werden hiermit wie folgt vereinbart:

A. Für die Zeit vom 1. April 1909 bis 31. März 1912 für den Standort

I. eines Kioskes 400 M, in Buchstaben: „Vierhundert Mark",

II. a) einer alten (hölzernen) Trinkhalle 250 M, in Buchstaben: „Zweihundertfünfzig Mark",

b) einer neuen Trinkhalle 400 M, in Buchstaben: „Vierhundert Mark",

c) der beiden Trinkhallen „Unter den Linden" je 300 M, in Buchstaben: „Dreihundert Mark".

B. Für die Zeit vom 1. April 1912 bis 31. März 1915

für die Standorte zu I je 450 M, in Buchstaben: „Vierhundertfünfzig Mark",

für die Standorte zu II a je 300 M, in Buchstaben: „Dreihundert Mark",

für die Standorte zu II b je 450 M in Buchstaben: „Vierhundertfünfzig Mark",

für die Standorte zu II c je 350 M, in Buchstaben: „Dreihundertfünfzig Mark".

Der Mietpreis ist in vierteljährlichen Raten im voraus innerhalb der ersten drei Tage eines jeden Vierteljahres an die Stadthauptkasse hierselbst wochentäglich in den Dienststunden zwischen 9 Uhr vor- und 1 Uhr nachmittags zu zahlen.

Mieterin verpflichtet sich, zum 1. April 1914, spätestens bis zum 1. Juni 1914, eine den bisherigen Betrieb umfassende Gewinn- und Verlustrechnung der Vermieterin einzureichen.

Die Übereinstimmung mit den Büchern hat der Geschäftsführer zu bescheinigen. Die Nachprüfung auf Grund der Bücher ist dem Beauftragten der Vermieterin gestattet.

§ 3. Die neu aufzustellenden Kioske und Trinkhallen haben den von der Vermieterin zu genehmigenden Entwürfen zu entsprechen, namentlich unterliegt die Form der neuen Trinkhallen in jedem einzelnen Falle der Genehmigung der Vermieterin; auch wird die abzugebende Grundfläche in jedem einzelnen Falle von der Vermieterin festgesetzt.

Mieterin verpflichtet sich, die Kioske und die neuen Trinkhallen, die sie an Stelle der alten nach und nach errichtet, an geeigneten Stellen mit kleinen, dem Publikum frei zugänglichen und vom Verkaufsraum getrennten Zellen für Fernsprechautomaten (im Maßstabe 0,60 und 0,75 m im Grundriß) auszustatten.

Mieterin ist berechtigt, die neuen Trinkhallen in gleicher Weise wie die Kioske zu stehender Reklame zu benutzen, während dies für die alten hölzernen Trinkhallen ausgeschlossen ist. Die an der Außenseite der Kioske und der neuen Trinkhallen anzubringenden Reklamebilder, die Auslagen sowie die Art des Betriebes müssen einen vornehmen Charakter tragen.

§ 4. Mieterin ist nicht berechtigt, den Betrieb in einzelnen Kiosken und Trinkhallen ohne Genehmigung der Vermieterin einzustellen.

§ 5. Weitervermietung ist nicht gestattet.

§ 6. Mieterin haftet für alle Schäden und Kosten, welche der Stadtgemeinde durch die Aufstellung und Fortnahme von Kiosken und Trinkhallen erwachsen, und ist verpflichtet, die durch die Vermieterin hierfür festgestellte Entschädigung, gegen deren Höhe der Mieterin ein Widerspruchsrecht nicht zusteht, zu zahlen.

An den Standorten der Kioske und Trinkhallen und in deren Umgebung darf kein unreines Wasser und dergleichen ausgegossen werden, auch sonst ist der Standort und seine Umgebung stets sauber zu halten.

Mieterin muß auch den Bürgersteig vor den Kiosken und Trinkhallen bis zum Straßendamm auf ihre Kosten stets von Schmutz, Schnee oder Eis rein halten, auch bei Winterglätte mit Sand oder Asche bestreuen, und sie hat der Vermieterin für alle aus einer mangelhaften Erfüllung dieser Verpflichtungen erhobenen Entschädigungsansprüche aufzukommen. Türen oder Fenster nach einem unmittelbar daneben belegenen Holz- usw. Platz dürfen nicht angelegt werden.

§ 7. Wenn bei Festlichkeiten, Aufzügen u. dgl. die vorübergehende Beseitigung der Kioske oder der Trinkhallen geboten erscheinen sollte, ist Mieterin hierzu ohne Entschädigung verpflichtet.

Vermieterin ist ferner jederzeit berechtigt, zu verlangen, daß einzelne Kioske oder Trinkhallen entfernt und in einer der Umgebung des Standortes entsprechenden Form auch an anderer Stelle wieder errichtet werden. Die dadurch etwa bedingten Entwürfe unterliegen der Genehmigung der Vermieterin.

Ist schließlich im städtischen oder im allgemeinen öffentlichen Interesse die dauernde Beseitigung erforderlich, worüber lediglich die Vermieterin zu entscheiden hat, so hat sie binnen acht Tagen nach Aufforderung zu erfolgen; die über den Zeitpunkt der Beseitigung hinaus gezahlte Miete wird alsdann zurückgezahlt.

§ 8. Steuern, Abgaben und Stempelkosten dieses Vertrages und der etwa erforderlich werdenden Zusatzverträge trägt Mieterin, ohne dafür einen Abzug von der vereinbarten Miete machen zu können.

§ 9. Für die Erfüllung ihrer Verpflichtungen aus diesem Vertrage haftet das von der Mieterin beim Magistrats-Depositorium bereits bestellte Haftgeld von 5000 M. Dieses Haftgeld ist von der Mieterin stets auf dieser Höhe zu erhalten.

Jede Nichterfüllung der in diesem Vertrag enthaltenen Bestimmungen berechtigt die Vermieterin zur sofortigen Aufhebung dieses Vertrages dergestalt, daß Mieterin den oder die in Betracht kommenden Plätze sofort zu räumen hat. In einem solchen Falle bleibt Mieterin während der ganzen Vertragszeit für die Miete verhaftet.

§ 10. Für die Dauer dieses Vertrages — 1. April 1909 bis 31. März 1915 — wird die städtische Tiefbaudeputation anderen gleichartigen Unternehmen (Kiosken zum Zeitungsverkauf mit Plakatreklame) die Genehmigung nicht erteilen. Diese Zusicherung bezieht sich jedoch nicht auf die bereits bestehenden ähnlichen Unternehmungen.

§ 11. Der mit der früheren Deutschen Kioskgesellschaft m. b. H., deren Firma jetzt wie oben angegeben lautet, unterm 4./22. September 1905 geschlossene, bis 14. August 1909 laufende Vertrag wird hierdurch derart aufgehoben, daß an seiner Stelle vom 1. April 1909 ab der vorliegende Vertrag gilt.

Berlin, den 8. Dezember 1909.

Städtische Tiefbaudeputation.
gez. Krause.

Berlin, den 14. September 1909.

Vereinigte Deutsche Kiosk- und Berliner Trinkhallengesellschaft m. b. H.
gez. Klein.

---

l) Vertrag mit dem Frauenverein vom $\frac{20.\,11.}{19.\,12.}$ 1910 betreffend Errichtung von Erfrischungshallen zum Ausschank warmer und kalter alkoholfreier Getränke.

Vertrag.

§ 1. Die städtische Tiefbaudeputation stellt vorbehaltlich der Genehmigung der städtischen Polizeiverwaltung und der Zustimmung des Herrn Polizeipräsidenten dem Berliner Frauenverein gegen den Alkoholismus — im folgenden kurz „der Verein" genannt — ein etwa 28 qm großes Gelände auf der östlichen Seite des Spreewaldplatzes zur Aufstellung einer Erfrischungshalle zum Ausschank warmer und kalter alkoholfreier Getränke zu möglichst niedrigen Preisen zur Verfügung, und zwar unter dem Vorbehalt des jederzeitigen Widerrufs.

§ 2. Die Hergabe des Geländes erfolgt im übrigen unter folgenden Bedingungen:

Die Halle hat dem der Vermieterin vorzulegenden und von ihr zu genehmigenden Entwurfe zu entsprechen; sie ist mit der Front nach dem Görlitzer Bahnhofe und ohne Fundamente zu errichten. Die abzugebende Grundfläche wird von der Vermieterin besonders festgesetzt.

Die städtischen Anlagen usw. dürfen weder durch das Aufstellen noch durch die Benutzung der Halle beschädigt werden. Es dürfen darin nur alkoholfreie Getränke nebst entsprechendem Zubrot verkauft werden.

Der Verkauf ist nur reinlichen und gesitteten, insbesondere keinen übel beleumdeten Personen zu übertragen.

Mieter ist nicht berechtigt, den Betrieb ohne Genehmigung der Vermieterin einzustellen.

Es ist verboten, bei der Halle und in deren Umgebung unreines Wasser auszugießen, überhaupt dürfen daselbst keine flüssigen oder festen Abgänge ausgeschüttet werden. Der Besitzer der Halle muß den vor dieser belegenen Bürgersteig bis zum Rinnstein auf seine Kosten stets von Schmutz, Schnee oder Eis rein halten, auch bei Winterglätte mit Sand oder Asche bestreuen und hat der Tiefbaudeputation für alle aus der mangelhaften Erfüllung dieser Verpflichtungen an sie erhobenen Entschädigungsansprüche aufzukommen. Die Seiten der Halle sind stets rein zu halten.

Weitervermietung oder sonstige Abgabe an Dritte ist nicht gestattet.

§ 3. Vor der Aufstellung der Halle ist dem zuständigen städtischen Tiefbauamt sowie dem städtischen Parkrevierbeamten rechtzeitig Mitteilung zu machen, und es sind deren nähere Anweisungen über die Aufstellung genau zu befolgen.

Durch die Aufstellung der Erfrischungshalle werden auf dem Spreewaldplatz besondere gärtnerische Arbeiten notwendig. Der Verein ist verpflichtet, die dadurch entstehenden Kosten zu tragen.

§ 4. Für die Benutzung des öffentlichen Straßenlandes hat der Verein eine Anerkennungsgebühr von 1 M jährlich im voraus für den ihm überlassenen vorbezeichneten Standort an die Steuerkasse des Magistrats, Stadthaus, Parochialstraße, Zimmer Nr. 49, zu zahlen.

Die Hergabe des Platzes an den Verein erfolgt in Anerkennung seiner Gemeinnützigkeit. Der Verein muß diesen Charakter der Gemeinnützigkeit dauernd wahren, also unter Verzicht auf Gewinnerzielung seine Tätigkeit entfalten. Zum Nachweise dessen hat er am 1. Oktober jedes Jahres eine Bilanz einzureichen, deren Richtigkeit der Vorstand zu bescheinigen hat.

§ 5. Der Verein haftet für alle Schäden, welche der Stadtgemeinde durch die Aufstellung der Halle an ihrem Eigentume zugefügt werden, ist auch in solchem Falle verpflichtet, die durch die städtische Tiefbaudeputation festgestellte Entschädigung, gegen deren Höhe ihm ein Widerspruchsrecht nicht zusteht, zu zahlen.

§ 6. Der Verein verpflichtet sich, ohne jeglichen Anspruch auf Entschädigung die aufgeführten Baulichkeiten auch zeitweise zu entfernen, sobald bei Feierlichkeiten, Aufzügen oder dgl. die Beseitigung geboten ist.

Wird die Erlaubnis zur Benutzung des dem Verein zur Verfügung gestellten Platzes seitens der Tiefbaudeputation widerrufen, so hat der Verein unverzüglich, spätestens aber binnen acht Tagen nach erhaltener Aufforderung die von ihm errichteten Baulichkeiten zu beseitigen und den benutzten Platz in den alten Zustand zurückzuversetzen.

Eine Zurückzahlung der Anerkennungsgebühr findet in keinem Falle statt, auch ist ein Anspruch auf Entschädigung für den Verein in jedem Fall ausgeschlossen.

§ 7. Der Verein übernimmt die Gemeindegrundsteuer für die von ihm auf dem gemieteten Terrain errichtete Halle, desgleichen alle sonstigen Abgaben und Lasten.

§ 8. Die der Vermieterin wegen des vorstehenden Vertrages nach dem Gesetz obliegenden Stempelabgaben übernimmt der Verein.

§ 9. Für alle der Stadtgemeinde gegen den Verein anläßlich dieses Vertrages entstehenden Forderungen hat der Verein eine Sicherheit von 300 M, in Buchstaben: „Dreihundert Mark" in depositalfähigen Papieren beim Magistrats-Depositorium zu hinterlegen und diese Sicherheit stets auf der geforderten Höhe zu erhalten.

§ 10. Für alle aus diesem Rechtsgeschäft entspringenden Rechtsstreitigkeiten wird, soweit nicht ein ausschließlicher Gerichtsstand begründet ist, zwischen den Parteien die Zuständigkeit des Königlichen Amtsgerichts Berlin-Mitte und des Königlichen Landgerichts Berlin I vereinbart.

Berlin, den 30. November 1910.

Berliner Frauenverein gegen den Alkoholismus E. V.
gez. L. Gerken-Leitgebel.

Berlin, den 19. Dezember 1910.

Städtische Tiefbaudeputation.
gez. Krause.

k) Vertrag mit dem Gemeinnützigen Verein für Milchausschank vom $\frac{22.\ 12.\ 1909}{11.\ 3.\ 1910}$ betreffend Aufstellung von Milchhallen zum Ausschank von Milch.

Vertrag.

§ 1. Die städtische Tiefbaudeputation stellt vorbehaltlich der Genehmigung der städtischen Polizeiverwaltung, Abteilung I (Straßenbau), und der Zustimmung des Herrn Polizeipräsidenten für jeden Einzelfall dem Gemeinnützigen Verein für Milchausschank in Berlin (E. V.) — im folgenden kurz „der Verein" genannt — eine Anzahl von der Tiefbaudeputation besonders festzustellender Straßen- und Platzflächen zur Aufstellung von Milchhallen zum Ausschank von guter Milch zu möglichst niedrigen Preisen unter Vorbehalt des jederzeitigen Widerrufs zur Verfügung.

§ 2. Die Hergabe der Plätze erfolgt unter folgenden Bedingungen:

Die Hallen haben den von der Vermieterin zu genehmigenden Entwürfen zu entsprechen und es unterliegt ihre Form in jedem einzelnen Falle der Genehmigung der Vermieterin; sie sind ohne Fundamente zu errichten. Die abzugebende Grundfläche wird in jedem einzelnen Falle von der Vermieterin festgesetzt. Das Pflaster, die Promenade, die Brückengeländer, Parkanlagen usw. dürfen weder durch Aufstellen noch durch Benutzung der Hallen beschädigt werden.

Es darf darin nur Vollmilch von bester Beschaffenheit feilgehalten werden.

Der Verkauf ist nur reinlichen und gesitteten, insbesondere keinen übel beleumdeten Personen zu übertragen.

Mieterin ist nicht berechtigt, den Betrieb in einzelnen Hallen ohne Genehmigung der Vermieterin einzustellen.

Es ist verboten, bei den Hallen und deren Umgebung unreines Wasser auszugießen, überhaupt dürfen daselbst keine flüssigen oder festen Abgänge ausgeschüttet werden. Der Besitzer der Hallen muß den davor belegenen Bürgersteig bis zum Rinnstein auf seine Kosten stets von Schmutz, Schnee oder Eis rein halten, auch bei Winterglätte mit Sand oder Asche bestreuen und hat der Tiefbaudeputation für alle aus der mangelhaften Erfüllung dieser Verpflichtungen an sie erhobenen Entschädigungsansprüche aufzukommen.

Außerdem muß er bei frei- oder zum Teil freistehenden Hallen die Seiten stets rein halten.

Türen oder Fenster nach einem unmittelbar daneben belegenen städtischen Holz- usw. Platz dürfen nicht angelegt werden.

Weitervermietung oder sonstige Abgabe an Dritte ist nicht gestattet.

§ 3. Vor Aufstellung jeder Halle ist der zuständigen Stadtbauinspektion rechtzeitig Mitteilung zu machen, und es sind deren nähere Anweisungen über die Aufstellung genau zu befolgen.

§ 4. Für die Benutzung des öffentlichen Straßenlandes hat der Verein eine Anerkennungsgebühr von 1 M jährlich im voraus für jeden ihm überlassenen Platz an die Steuerkasse des Magistrats-Stadthaus, Parochialstraße, Zimmer Nr. 49, zu zahlen.

Die Hergabe des Platzes an den Verein erfolgt in Anerkennung seiner Gemeinnützigkeit. Der Verein muß diesen Charakter der Gemeinnützigkeit dauernd wahren, also unter Verzicht auf jede Gewinnerzielung seine Tätigkeit entfalten. Zum Nachweis dessen hat er zum 1. Oktober jedes Jahres eine Bilanz einzureichen, deren Richtigkeit der Vorstand zu bescheinigen hat.

§ 5. Der Verein haftet für alle Schäden, welche der Stadtgemeinde durch Aufstellung der Hallen an ihrem Eigentum zugefügt werden, ist auch verpflichtet, die durch die städtische Tiefbaudeputation festgestellte Entschädigung, gegen deren Höhe ihm ein Widerspruchsrecht nicht zusteht, zu zahlen.

§ 6. Der Verein verpflichtet sich, ohne jeglichen Anspruch auf Entschädigung die aufgeführten Baulichkeiten zeitweise zu entfernen, sobald bei Feierlichkeiten, Aufzügen oder dergleichen die Beseitigung geboten wird.

Wird die Erlaubnis zur Benutzung der dem Verein zur Verfügung gestellten Plätze seitens der Tiefbaudeputation allgemein oder für einzelne Stellen widerrufen, so hat der Verein unverzüglich, spätestens aber binnen acht Tagen nach erhaltener Aufforderung die von ihm errichteten Baulichkeiten zu beseitigen und den benutzten Platz in den alten Zustand zurückzuversetzen.

Eine Zurückzahlung der Anerkennungsgebühr findet in keinem Falle statt, auch ist ein Anspruch auf Entschädigung für den Verein in jedem Fall ausgeschlossen.

§ 7. Der Verein übernimmt die Gemeindegrundsteuer für die von ihm auf dem gemieteten Terrain errichteten Hallen, desgleichen alle sonstigen Abgaben und Lasten.

§ 8. Die der Stadt wegen des vorstehenden Vertrages nach dem Gesetz obliegenden Stempelabgaben übernimmt der Verein.

§ 9. Für alle der Stadtgemeinde gegen den Verein anläßlich dieses Vertrages entstehenden Forderungen hat der Verein eine Sicherheit von zunächst 1000 M, in Buchstaben: „Eintausend Mark", in depositalfähigen Papieren beim Magistrats-Depositorium zu hinterlegen und diese Sicherheit stets auf der geforderten Höhe zu erhalten.

§ 10. Für alle aus diesem Rechtsgeschäft entspringenden Rechtsstreitigkeiten wird, soweit nicht ein ausschließlicher Gerichtsstand begründet ist, zwischen den Parteien die Zuständigkeit des Königlichen Amts- und Landgerichts Berlin-Mitte vereinbart.

Berlin, den 22. Dezember 1909.

Gemeinnütziger Verein für Milchausschank zu Berlin E. V.
Geschäftsstelle: Friedenau, Rubensstr. 37, Tel.: Steglitz 638.
gez. L. Gerken-Leitgebel.

Berlin, den 11. März 1910.

Städtische Tiefbaudeputation.
gez. Krause.

---

l) Vertrag mit Beckmann und Bunge betreffend Benutzung der Telephonkabel zur Übermittlung von Nachrichten und Musik vom 21. Febr. 1913.

Zwischen der Stadtgemeinde Berlin, vertreten durch die städtische Tiefbaudeputation, und den Verlagsbuchhändlern Otto Beckmann und Rudolf Bunge, Berlin-Wilmersdorf, wird nachstehender Vertrag geschlassen:

§ 1. Die Stadtgemeinde Berlin ist vorbehaltlich der Rechte Dritter, der Postverwaltung und der Polizeibehörden damit einverstanden, daß die Verlagsbuchhändler Otto Beckmann und Rudolf Bunge zu Berlin-Wilmersdorf für die Zeit vom 1. April 1913 bis 31. März 1919 die in den Straßen Berlins verlegten amtlichen Fernsprechleitungen und die über die Straßen Berlins führenden Oberleitungen der Reichspost zur Übermittlung von Nachrichten und Musik mitbenutzen sowie zu diesem Zweck in die unterirdischen Kanäle der Post eigene Leitungen einlegen und mit vereinzelten Drähten ihrer eigenen Leitungen die Straßen unterqueren. Für die Ausführung jeder einzelnen eigenen Leitung ist die Genehmigung der Stadt einzuholen, die dabei von ihr gestellten Bedingungen sind einzuhalten; jede eigene Leitung ist auf Verlangen der Stadtgemeinde umzubauen oder zu beseitigen.

Die Unternehmer haben für alle Wiederherstellungsarbeiten am Straßenkörper und für alle Beschädigungen städtischen Eigentums aufzukommen, die durch ihre Anlagen verursacht werden.

Die Unternehmer verzichten ihrerseits auf Ersatzansprüche gegen die Stadt, wenn Anlagen der Stadt ihren Betrieb stören sollten. Insbesondere gilt dies für Wasserrohrbrüche.

§ 2. Werden gegen die Stadt infolge der von den Unternehmern geführten Leitungen Ersatzansprüche erhoben, so haben die Unternehmer die Stadt hiergegen zu vertreten.

§ 3. Die Genehmigung ist persönlicher Natur und ohne Zustimmung der Stadt nicht übertragbar.

§ 4. Die Unternehmer verpflichten sich zu folgenden Gegenleistungen:

a) zu einer Beteiligung der Stadtgemeinde an dem aus ihrem Unternehmen in Berlin erzielten Gewinn (vgl. §§ 4—5),
b) Zur Zahlung einer jährlichen Anerkennungsgebühr von 500 M,
c) zur Stellung von 10 Freiapparaten an den Magistrat Berlin, wann und wo dieser es verlangt,
d) Zur Stellung einer Sicherheit von 3000 M in bar oder in mündelsicheren Wertpapieren oder einem Bürgschein einer der Stadtgemeinde Berlin genehmen Berliner Großbank.

Die Beteiligung der Stadtgemeinde am Reingewinn beträgt:

bei Erzielung von höchstens	50 000 M	Reingewinn	10 %
" " " "	75 000 "	"	15 %
" " " "	100 000 "	"	20 %
" " " mehr als	100 000 "	"	25 %

§ 5. Die Unternehmer beabsichtigen, das Unternehmen als ein einheitliches auf die Nachbargemeinden Berlins auszudehnen.

Die Berechnung des Reingewinns, der für die Beteiligung der Stadtgemeinde zugrunde gelegt wird, hat alsdann nach dem Verhältnis der Gesamtlänge der in Berlin und den Nachbargemeinden verlegten Leitungen zu der Länge der in Berlin verlegten Leitungen zu erfolgen. In Betracht kommen nur diejenigen Leitungen, die im Straßenkörper einschließlich des Bürgersteiges verlegt sind.

§ 6. Die Stadtgemeinde kann die Bücher und die Papiere der Gesellschaft jederzeit durch ihre Beamten oder Beauftragten einsehen und prüfen lassen. Über den Reingewinn ist alsbald nach Schluß des Geschäftsjahres Rechnung zu legen.

§ 7. Der Anteil am Reingewinn ist jährlich binnen drei Monaten nach Schluß des Geschäftsjahres zu zahlen. Die Anerkennungsgebühr ist erstmalig am 1. April 1913 und alsdann am 1. April jedes folgenden Jahres fällig.

Die Sicherheit ist spätestens vier Wochen nach Abschluß des Vertrages bei der Stadthauptkasse Berlin portofrei einzuliefern. Wegen ihrer Ansprüche aus dem Vertrage kann sich die Stadt ohne weiteres an die Sicherheit halten und alsdann deren Auffüllung auf den ursprünglichen Betrag verlangen.

§ 8. Dieser Vertrag verlängert sich stillschweigend stets um zwei Jahre, wenn er nicht sechs Monate vor Ablauf von einer Partei gekündigt wird.

§ 9. Die Unternehmer verpflichten sich, der Stadt ein Exemplar ihres mit der Post zu schließenden Vertrages zu übergeben. Kommt ein Vertrag mit der Post nicht bis zum 1. April 1913 zustande, so erlischt der vorliegende Vertrag.

§ 10. Verstoßen die Unternehmer trotz Abmahnung gegen die Bestimmungen des Vertrages, kommen sie insbesondere trotz Aufforderung ihren vertraglichen Verpflichtungen nicht nach, so ist die Stadtgemeinde befugt, nach fruchtlosem Ablauf einer den Unternehmern gesetzten Frist von zwei Monaten vom Vertrage zurückzutreten.

§ 11. Die Unternehmer sind verpflichtet, bei Kündigung oder sonstiger Beendigung dieses Vertrages den früheren Zustand des Straßen- und Bürgersteigpflasters, soweit ihre eigenen Leitungen in Betracht kommen, wiederherzustellen.

§ 12. Stempel- und sonstige Kosten tragen die Unternehmer.

Berlin, den 21. Februar 1913.

gez. Otto Beckmann. Rudolf Bunge.

Berlin, den 21. Februar 1913,

(L. S.)

Städtische Tiefbaudeputation.

Krause.

m) Vertrag mit der Deutschen Bank, betreffend Überbrückung der Französischen Straße, vom 5. Juli 1907.

Vertragsgegenstand.

§ 1. Die Deutsche Bank beabsichtigt, zwischen ihren Geschäftsgebäuden in Berlin, Französische Straße 1 bis 5 und 63 bis 68 einen oberirdischen Verbindungsgang unter Überbrückung der Französischen Straße in der Höhe des ersten Stockwerks herzustellen und zu benutzen.

Die Stadtgemeinde erteilt als Eigentümerin der Straße hierzu ihre Erlaubnis unter den nachstehenden Bedingungen.

Vorbehalte.

§ 2. Die Erlaubnis wird unter Vorbehalt der polizeilichen und sonst erforderlichen Genehmigungen, deren Beschaffung Sache der Deutschen Bank ist, erteilt.

Die Stadtgemeinde behält sich das Recht des jederzeitigen Widerrufs der erteilten Erlaubnis vor, und es muß im Falle dieses Widerrufs demselben nach 12 Monaten Folge gegeben werden.

Die Deutsche Bank hat die Stadtgemeinde gegen alle Ansprüche zu vertreten, welche gegen letztere etwa von Anliegern der Mauerstraße oder der Französischen Straße oder sonst aus der Überbrückung der letztgenannten Straße erhoben werden sollten.

Das gleiche gilt von etwaigen Ansprüchen aus § 836 des Bürgerlichen Gesetzbuchs, soweit nicht schon nach den §§ 837, 838 a. a. O. die Haftung der Deutschen Bank begründet ist.

Herstellung und Beseitigung des Bauwerks.

§ 3. Das Überbrückungsbauwerk ist massiv in Stein auszuführen. Im übrigen sind für die Lage, die Abmessungen und die Art der Ausführung die angehefteten Zeichnungen vom 13. Februar 1907 maßgebend.

Abweichungen von der danach geplanten Ausführung sind nur mit vorheriger Zustimmung des Magistrats zulässig.

Bei nicht vertragsmäßiger Ausführung ist der Magistrat berechtigt, die Entfernung des Bauwerks und die vorschriftsmäßige Neuherstellung zu verlangen.

Die Deutsche Bank hat das Bauwerk in baulichen Würden und im Aussehen übereinstimmend mit den verbundenen Gebäuden zu unterhalten.

Will die Deutsche Bank das Bauwerk freiwillig beseitigen oder wird die Beseitigung gemäß § 2 gefordert, so hat die Deutsche Bank den früheren Zustand auf ihre Kosten wiederherzustellen.

Der Straßenverkehr darf während der Herstellung oder Beseitigung des Bauwerks nicht unterbrochen werden.

Anerkennungsgebühr.

§ 4. Solange das Bauwerk besteht, zahlt die Deutsche Bank an die Stadthauptkasse zu Berlin eine Anerkennungsgebühr von jährlich 3000 M (Dreitausend Mark)[1].

Der erste Jahresbetrag ist zu zahlen, sobald mit der Herstellung des endgültigen Bauwerks begonnen wird. Die ferneren Jahresbeträge sind stets in den ersten 10 Tagen des Kalenderjahres im voraus fällig.

Macht die Stadtgemeinde von dem im § 2 vorbehaltenen Widerrufsrecht Gebrauch, so wird ein verhältnismäßiger Teil der Jahresgebühr von dem Monatsersten ab, welcher auf die Beendigung der tatsächlichen Entfernung des Bauwerks folgt, zurückgewährt.

Im übrigen findet bei freiwilliger oder aus sonstiger Veranlassung erfolgter Beseitigung des Bauwerks im Laufe des Kalenderjahrs eine teilweise Rückzahlung der Jahresgebühr nicht statt.

Übergang auf Rechtsnachfolger.

§ 5. Die Deutsche Bank verpflichtet sich, bei etwaiger Veräußerung der verbundenen Grundstücke dafür zu sorgen, daß der Erwerber an ihrer Stelle in diesen Vertrag eintritt.

Die Stadtgemeinde behält sich vor, in diesem Falle eine Sicherstellung dem Rechtsnachfolger gegenüber zu fordern.

Schlußbestimmungen.

§ 6. Dieser Vertrag wird zweimal ausgefertigt. Kosten und Stempel trägt die Deutsche Bank.

Berlin, den 5. Juli 1907.

Magistrat. (L. S.) gez. Kirschner. Rast.

Deutsche Bank. gez. Klönne. Michalowsky.

---

[1]) Neuerdings auf 5000 M erhöht.

n) Vertrag mit der Reichspostverwaltung über Aufstellung von Fernsprechhäuschen vom 18. Mai 1913.

§ 1. Die Stadtgemeinde Berlin gestattet der Reichspostverwaltung unter Vorbehalt der polizeilichen Zustimmungen und unbeschadet der Rechte Dritter auf Antrag von Fall zu Fall die Auf stellungvon Fernsprechhäuschen auf öffentlichem Straßen- und Platzland innerhalb des Berliner Weichbildes.

Die Fernsprechzellen sind in allen Stadtteilen entsprechend ihrer Bebauung und dem Verkehr nach Möglichkeit gleichmäßig zu errichten. Die Auswahl der Standorte sowie die Bestimmung über die äußere Gestaltung der Häuschen bleibt besonderer Vereinbarung vorbehalten. Die Postverwaltung ist verpflichtet, die erforderlichen Lage- und Ansichtspläne einzureichen. Die Aufstellung darf erst erfolgen, nachdem die städtische Tiefbaudeputation die Genehmigung hierzu erteilt hat.

Von allen auf Grund dieses Vertrages auszuführenden Arbeiten hat die Postverwaltung dem zuständigen Tiefbauamt rechtzeitig, und zwar in der Regel mindestens 8 Tage vorher, Anzeige zu machen.

§ 2. Für jedes errichtete Häuschen ist eine Anerkennungsgebühr von jährlich 0,50 M zu entrichten; sie ist für das Jahr der Aufstellung eines Häuschens sofort nach der Errichtung, für die folgenden Rechnungsjahre jedesmal im Monat April an unsere Stadthauptkasse (Kapitel IX 2) zu zahlen. Eine Rückzahlung der für ein im Laufe eines Jahres beseitigtes Häuschen bereits entrichteten Gebühr findet nicht statt.

§ 3. Die Kosten der Herstellung, Einrichtung, Unterhaltung, Beleuchtung und Beseitigung der Häuschen, sowie die Kosten der ordnungsmäßigen Wiederherstellung oder angemessenen Instandsetzung der Straßenanlage auch für den Fall der Beseitigung der Häuschen trägt die Reichspostverwaltung.

§ 4. Die Häuschen sind Tag und Nacht in Betrieb zu halten.

Stellen sich jedoch bei einzelnen Häuschen infolge Offenhaltung während der Nacht erhebliche Unzuträglichkeiten heraus, so können die betreffenden Häuschen im beiderseitigen Einverständnis nachts, aber nicht länger als von 10 Uhr abends bis 7 Uhr morgens geschlossen werden.

§ 5. Reklamevorrichtungen dürfen ohne Genehmigung der Stadt an oder in den Fernsprechhäuschen nicht angebracht werden.

§ 6. Dieser Vertrag endet am 31. März 1923. Der Vertrag verlängert sich jedesmal auf zwei Jahre, falls nicht spätestens zwei Jahre vor Ablauf von einem der beiden Vertragsteile gekündigt wird.

Erfordern Arbeiten an dem Straßen- oder Platzkörper oder Verkehrsrücksicht oder Rücksichten auf die Eigenart des Orts- und Straßenbildes die Versetzung oder Beseitigung eines vorhandenen Häuschens, so hat die Reichspostverwaltung auf ihre Kosten ohne Kündigungsfrist auf Ersuchen der Städtischen Tiefbaudeputation die Versetzung oder Beseitigung vorzunehmen. Ein Entschädigungsanspruch für entgangenen Gewinn darf in diesem Falle deshalb gegen die Stadtgemeinde nicht hergeleitet werden.

Erbringt die Reichspostverwaltung den Nachweis, daß die durchschnittliche Tageseinnahme eines Häuschens, berechnet aus dem Ergebnis von mindestens 6 (sechs) aufeinander folgenden Monaten, den Betrag von 1 M nicht erreicht, so kann sie das betreffende Häuschen jederzeit ohne Einhaltung einer Kündigungsfrist beseitigen.

§ 7. Die Rechte und Pflichten der Reichspostverwaltung gegenüber der Stadtgemeinde Berlin und den Besitzern anderer Anlagen durch das Telegraphenwegegesetz vom 18. Dezember 1899 bleiben unberührt.

§ 8. Für alle aus diesem Rechtsgeschäfte entspringenden Rechtsstreitigkeiten wird, soweit nicht ein ausschließlicher Gerichtsstand begründet ist, zwischen den Parteien die Zuständigkeit des Königlichen Amtsgerichts Berlin-Mitte und des Königlichen Landgerichts Berlin I vereinbart.

§ 9. Alle durch diesen Vertrag fällig werdenden Stempelabgaben trägt die Reichspostverwaltung.

Berlin, den 19. Mai 1913.

Städtische Tiefbaudeputation.
Krause. Berndt.

Berlin, den 9. Juni 1913.

L. S.

Kaiserliche Oberpostdirektion.
Forbeck.

Anhang.

Baupolizeiordnung für den Stadtkreis Berlin vom 15. August 1897.

Auf Grund des § 6 des Gesetzes über die Polizeiverwaltung vom 11. März 1850 (GS. S. 265) und der §§ 43, 143 und 144 des Gesetzes über die allgemeine Landesverwaltung vom 30. Juli 1883 (GS. S. 195) wird hiermit, nachdem die von dem Magistrate zu Berlin versagte Zustimmung durch Beschluß des Oberpräsidenten der Provinz Brandenburg und der Stadt Berlin vom 9. August 1897 ergänzt worden ist, für den Stadtkreis Berlin nachstehende Baupolizeiordnung erlassen.

Titel I.

Polizeiliche Anforderungen und Beschränkungen bei Bauten.

Verbindung mit der Straße.

§ 1. 1. Der Regel nach dürfen nur Grundstücke bebaut werden, welche unmittelbar an eine öffentliche Straße grenzen.

2. Die Straßenfronten der Gebäude müssen in der Baufluchtlinie oder parallel mit ihr errichtet werden. In einer Entfernung von 6 m oder mehr ist die Stellung der Gebäude von der Baufluchtlinie unabhängig. Bei Eckgrundstücken können Abrundungen und Abstumpfungen innerhalb der sich schneidenden Baufluchtlinien und, wo Vorgärten vorgesehen sind, auch innerhalb der Straßenfluchtlinien zugelassen werden.

3. Soll ein Grundstück in einer Tiefe von mehr als 35 m von der Baufluchtlinie ab bebaut werden, so müssen alle hinteren Gebäude mittels einer Zufahrt von mindestens 2,30 m lichter Breite oder einer durch die vorderen Gebäude führenden Durchfahrt von überall 2,80 m lichter Höhe und 2,30 m lichter Breite mit der Straße derart in Verbindung gebracht werden, daß kein Punkt eines Raumes im Erdgeschosse von der Baufluchtlinie oder einem durch eine Zufahrt oder Durchfahrt erreichbaren Haupthofe (§ 2 Ziff. 2) oder von der Zufahrt oder Durchfahrt —

in gerader Linie gemessen — mehr als 20 m entfernt ist. Unter der lichten Breite ist die freie Durchfahrtsöffnung zwischen den äußersten Ausladungen aller vortretenden Teile, ausschließlich der Radabweiser, zu verstehen. Bei Grundstücken, welche in einer Tiefe von 35 m oder weniger bebaut werden sollen, darf kein Punkt eines Raumes im Erdgeschosse von der Baufluchtlinie oder einem Haupthofe — in gerader Linie gemessen — mehr als 20 m entfernt sein.

4. Für Grundstücke, welche nicht unmittelbar an öffentliche Straßen grenzen oder hinter der Bauflucht mehr als 1 : 20 ansteigen oder auf eine größere Tiefe als 50 m mit Gebäuden besetzt werden sollen, können weitergehende Anforderungen gestellt werden.

Zulässige Bebauung der Grundstücke.

§ 2. Für alle Grundstücke bis zu 32 m Tiefe gelten gleiche Vorschriften, unabhängig davon, ob die Grundstücke bisher bebaut waren oder nicht. Bei Grundstücken von mehr als 32 m Tiefe wird unterschieden zwischen solchen, welche innerhalb der früheren Stadtmauer und solchen, welche außerhalb derselben liegen.

Das Gebiet innerhalb dieser Stadtmauer wird durch eine in der Mitte folgender Straßen und Brücken gedachte Linie begrenzt: Vor dem Brandenburger Tore, Königgräßer Straße, Gitschiner Straße, quer über den Kanal südlich vom Torbecken, Skalißer Straße, Oberbaumstraße, Oberbaumbrücke, Am Oberbaum, Warschauer Straße, Memeler Straße, Friedenstraße bis zur Prenzlauer Allee, letztere südwärts bis zur Lothringer Straße, Lothringer Straße, Elsasser Straße, Hannoversche Straße, Alexanderufer bis zur Stadtbahn, an der nördlichen Grenze des Stadtbahnkörpers entlang bis zur Unterbaumstraße, diese südwärts, Kronprinzenbrücke, Reichstagsufer, Sommerstraße bis an das Brandenburger Tor.

1. Für die Berechnung des bebaubaren Teiles seiner Gesamtfläche wird das Grundstück durch Linien, welche zur Baufluchtlinie parallel laufen, in Streifen zerlegt. Der erste Streifen erstreckt sich — von der Baufluchtlinie ab gemessen — bis zur Tiefe von 6 m der zweite bis zur Tiefe von 32 m. Der erste Streifen darf als voll ($^{10}/_{10}$), der zweite als zu $^{7}/_{10}$ bebaubar in Rechnung gestellt werden. Ist das Grundstück tiefer als 32 m, so wird der hinter dem zweiten Streifen liegende Rest, wenn das Grundstück innerhalb der früheren Stadtmauer liegt, mit $^{6}/_{10}$, wenn es außerhalb derselben liegt, mit $^{5}/_{10}$ seiner Fläche als bebaubar in Rechnung gestellt. Die

so als bebaubar ermittelten Flächeninhalte der einzelnen Streifen werden zusammengerechnet und ergeben die bebaubare Fläche des Grundstücks, welche unabhängig von der Streifenteilung verteilt werden kann. Die Fläche hinter der zweiten Teillinie darf bis zu $^7/_{10}$ als bebaubar in Rechnung gestellt werden, wenn die von der Hoffläche bis zur Traufe gemessene Durchschnittshöhe (§ 3b) aller hinter dieser Teillinie zu errichtenden Gebäude das Maß von 10 m nicht überschreitet und der zweite Streifen nur zu $^7/_{10}$ bebaut wird.

2. Alle nicht an der Straßenfront liegenden, zum dauernden Aufenthalte von Menschen bestimmten Räume (§ 37) müssen Licht und Luft unmittelbar von einem Hofe (Haupthof) erhalten, dessen Grundfläche mindestens 80 qm bei 6 m geringster Abmessung beträgt. Ist die nach Ziffer 1 ermittelte nicht bebaubare Fläche geringer als 80 qm, so darf der Haupthof bis auf 60 qm bei 6 m kleinster Abmessung eingeschränkt werden, wenn der Rest der nicht bebaubaren Fläche zur Anlegung eines Neben- oder Lichthofes mit einer Grundfläche von mindestens 10 qm bei einer geringsten Abmessung von 2 m verwendet wird. Beträgt die nach Ziff. 1 ermittelte nicht bebaubare Fläche weniger als 60 qm, so darf der Haupthof auf das Maß dieser Fläche, jedoch nicht unter 40 qm bei 6 m kleinster Abmessung eingeschränkt werden. Auch an solchen Höfen dürfen Räume zum dauernden Aufenthalte von Menschen angelegt werden.

Beträgt der hinter der ersten Teillinie liegende Teil eines Grundstückes weniger als 50 qm, so braucht kein Haupthof angelegt zu werden, wenn sämtliche zum dauernden Aufenthalte von Menschen bestimmten Räume Luft und Licht unmittelbar von der Straße erhalten und ein Nebenhof von mindestens 25 qm bei 4 m kleinster Abmessung angelegt wird. Ist ein Grundstück nur 6 m oder weniger tief, so bedarf es keines Hofes.

3. Räume, welche nicht zum dauernden, sondern nur zum vorübergehenden Aufenthalte von Menschen bestimmt sind (§ 37), dürfen an Höfen von geringeren Abmessungen — Nebenhöfen — angelegt werden. Ausgeschlossen sind jedoch Rollkammern und solche lediglich zur Lagerung von Waren und zur Aufbewahrung von Gegenständen bestimmte Räume, welche nicht dem Hausbedarfe dienen. Die Grundfläche der Nebenhöfe wird — abgesehen von den in Ziff. 2 erwähnten Grundstücken mit einer nicht bebaubaren Fläche von weniger als 80 qm — nur dann als unbebaut in Rechnung gestellt, wenn sie mindestens 25 qm bei 4 m kleinster Abmessung beträgt.

4. Auf Grundstücken, welche lediglich Geschäftszwecken dienen und nur für das Aufsichtspersonal (Pförtner, Hausdiener, Wächter usw.) Wohnungen entsprechend geringen Umfanges und höchstens in der Zahl von fünf enthalten sollen, dürfen Haupthöfe, wenn sie mehr als 80 qm Grundfläche bei 6 m kleinster Abmessung haben, bis höchstens zur Hälfte mit Glas überdacht werden; dabei muß jedenfalls eine Fläche von mindestens 60 qm bei 6 m kleinster Abmessung von der Überdachung freibleiben.

Diese Vergünstigung gilt nicht für Fabrikanlagen, Gast- und Schankwirtschaften, feuergefährliche Betriebe und solche Werkstätten, welche keinen Teil der auf dem Grundstücke befindlichen Geschäfte bilden.

Weiter sind folgende Bedingungen zu erfüllen:

Der höchste Punkt der Überdachung darf nur 2 m über der Oberkante der Decke des Erdgeschosses liegen, sämtliche Decken und Treppen der Gebäude auf dem Grundstück sind aus unverbrennlichen Baustoffen herzustellen; für Werkstätten, wenn sie nicht im Verkehrsbereich des Publikums liegen, ist außer den notwendigen Treppen (§ 16) mindestens eine besondere, nur für den Werkstättenbetrieb zu benutzende Treppe herzustellen; da, wo eine Durchfahrt vorgeschrieben ist, muß sie innerhalb der Überdachung durch Wände aus unverbrennlichen Baustoffen abgeschlossen werden; für eine wirksame Lüftung und ausreichende Beleuchtung der überdachten Teile und der daran grenzenden Räume ist Sorge zu tragen. Die überdachten Teile des Hofes dürfen mit Umfassungswänden abgeschlossen werden. Die überdachten Teile des Hofes gelten als unbebaute Fläche im Sinne der Ziff. 2, und zwar auch dann, wenn ihre Höhenlage die des übrigen Hofes übersteigt. In den überdachten Teilen des Hofes kann die Anbringung von höchstens zwei Umgängen übereinander zugelassen werden. Der überdachte Teil des Hofes muß unbeschadet der vorstehenden Bestimmung über die Abschließung der Durchfahrt einheitlich in seiner Form und so angelegt werden, daß mindestens eine Seite des Hofes frei bleibt.

Entspricht die Benutzungsart des Grundstücks nicht mehr den vorstehenden Bestimmungen, so müssen die Glasüberdachung und die darunter befindlichen Bauteile bis zur Hofoberfläche beseitigt werden.

5. Bei Feststellung der unbebaut zu lassenden Grundstücksfläche werden die Flächen der Vorgärten von der Gesamtfläche vorweg abgezogen, im übrigen aber Baulichkeiten jeder Art ebenso

wie diejenigen Teile der Grundfläche als bebaut gerechnet, welche durch Vorbauten, Umgänge, Galerien oder in anderer Art in den Stockwerken nach den Höfen zu überbaut oder durch Gesimsvorsprünge über 30 cm hinaus eingenommen sind. Dagegen werden nicht als bebaut gerechnet: Hofunterkellerungen, offene Glasdächer, wenn sie eine Grundfläche von weniger als 2 qm haben, Bedachungen von Fahrstühlen, welche frei vor die Frontwände gelegt werden, Klappen bis zu 3 qm Grundfläche über Kellertreppen, Asch- oder Müllbehälter, ferner Freitreppen, wenn sie einzeln eine Grundfläche von 3 qm und eine Höhe von 1 m nicht überschreiten, Plinthen der Hoffronten von nicht mehr als 0,13 m größter Ausladung und 1 m Höhe, sodann Grenzzäune aus Holz oder Eisen, endlich massive Grenzmauern, wenn ihre Höhe das Maß von 2 m nicht überschreitet und die Stärke sich innerhalb der durch die Zweckbestimmung bedingten Grenzen hält.

6. Auf den Höfen ist die Herstellung von Gartenanlagen zulässig. In bezug auf ihre Bepflanzung und Umwehrung bleibt es der Polizeibehörde überlassen, das zur Sicherung der unbehinderten Benutzung der Zufahrten und der Zugänglichkeit zu den Gebäuden und Gebäudeteilen sowie im feuerpolizeilichen Interesse Erforderliche anzuordnen.

Höhe.

§ 3. Unter Höhe der Gebäude (Fronthöhe) wird an Straßen das Maß von der Oberfläche des Bürgersteiges, für hintere Gebäude das Maß von der Oberfläche des Hofes bis zur Oberkante des Hauptgesimses und, wo die Anlage einer Attika beabsichtigt wird, bis zu ihrer Oberkante verstanden. Bei geneigter Oberfläche des Bürgersteiges oder des Hofes in der Längsrichtung der Frontwand ist das mittlere Höhenmaß zu rechnen.

1. Gebäude dürfen in den Frontwänden stets 12 m hoch, aber nicht höher als 22 m errichtet werden. Innerhalb dieser Grenze gelten folgende Bestimmungen:

a) Alle Baulichkeiten an Straßen dürfen so hoch sein, wie die Straße oder der Straßenteil vor ihnen zwischen den Straßenfluchtlinien breit ist. Seitenflügel dürfen in einer Länge von höchstens 5,50 m — von der Hinterfront des Vordergebäudes ab gemessen — die Höhe des letzteren erhalten unter der Bedingung, daß in diesem Teile des Seitenflügels eine bis in das oberste Geschoß führende Treppe angelegt wird. Die Höhe der Hinterfront des Vordergebäudes darf die Höhe der Straßenfront übersteigen, muß aber hinter der nach den Abmessungen des Hofes für die hinteren Gebäude zulässigen Durchschnittshöhe (1 b) mindestens um 3 m zurückbleiben und darf im übrigen in keinem Falle die senkrecht zur Hinterfront gemessene Ausdehnung des Hofes um mehr als 3 m übersteigen. Überschreitet die Ausladung des Dach- oder Hauptgesimses das Maß von 0,90 m, so wird das Übermaß von der zulässigen Höhe abgezogen. In Straßen, welche nur an einer Seite zum Anbau bestimmt sind, sowie an Plätzen, welche mindestens 22 m breit sind, darf die Höhe bis 22 m betragen. Bei ungleicher Straßenbreite ist ein einheitliches mittleres Höhenmaß für das ganze Gebäude festzustellen. Liegt ein Grundstück an verschiedenen Straßen, ohne Eckgrundstück zu sein, so ist die Fronthöhe nach jeder einzelnen Straße zu bemessen. Bei Eckgebäuden darf entweder ein einheitliches mittleres Höhenmaß für das ganze Gebäude gewählt oder es dürfen die einzelnen Gebäudeteile in einer Höhe aufgeführt werden, welche der Breite der vor ihnen liegenden Straße entspricht. Die hiernach für die breitere Straße zulässige Höhe darf an der schmaleren Straße, von der Ecke an gerechnet, so weit fortgeführt werden, wie die schmalere Straße breit ist, jedoch stets 12 m weit. Für Vordergebäude, welche ganz oder teilweise hinter die Baufluchtlinie zurücktreten, kann ein entsprechend gesteigertes Höhenmaß zugelassen werden.

b) Hintere Gebäude (Seitenflügel, Mittelflügel, Quer-, Seiten- und Mittelgebäude) dürfen in der Höhe die Ausdehnung des Hofraumes vor ihnen, senkrecht zu der Umfassungswand gemessen, um nicht mehr als 6 m überschreiten.

Ist der Hofraum vor einem hinteren Gebäude ungleich gestaltet, so tritt für dieses Gebäude folgende Durchschnittsberechnung ein:

Das Längenmaß jedes Frontteiles — an der Oberfläche des Hofes gemessen — wird mit dem für ihn nach dem vorstehenden zulässigen Höhenmaße, welches aber 22 m nicht überschreiten darf, multipliziert, die Summe der dadurch gewonnenen Produkte wird durch die Summe der Längenmaße geteilt; der Quotient ergibt die zulässige Höhe.

Die Fronten der Hintergebäude ein und desselben Hofes dürfen eine gemeinsame Durchschnittshöhe erhalten, deren Ermittelung sinngemäß in der vorstehend angegebenen Weise erfolgt.

Für ein Gebäude, welches zwischen zwei oder mehreren Höfen oder Hofteilen liegt, darf, falls die Fronten nicht in entsprechend verschiedener Höhe aufgeführt werden, ein mittleres Höhenmaß nach Maßgabe der an der Oberfläche der Höfe gemessenen Frontlängen für das ganze Gebäude festgestellt werden.

Wenn sich nach den vorstehenden Berechnungen der Mittelmaße für einzelne Gebäude eine Fronthöhe ergibt, welche mehr als das Doppelte der senkrecht zu dieser Front gemessenen Ausdehnung des Hofes beträgt, so ist die Fronthöhe des Gebäudes oder Gebäudeteiles an diesem Hofe bis auf dieses Maß einzuschränken.

Die Seiten rechtwinkliger Mauervorsprünge bis zu 0,60 m Tiefe werden als Frontlängen nicht gerechnet.

Die vorstehenden Beschränkungen der Gebäudehöhe finden auf die Umfassungswände der Nebenhöfe keine Anwendung.

Überschreiten bestehende hintere Gebäude in der Höhe die Ausdehnung des Hofraumes vor ihnen — senkrecht zu der Umfassungswand oder den Wänden gemessen — um mehr als 6 m, so ist, wenn das Übermaß nicht durch das Mindermaß der anderen Gebäude an dem Hofe ausgeglichen wird, bei der Errichtung weiterer Gebäude an demselben Hofe ihre zulässige Höhe durch eine Durchschnittsberechnung (Abs. 3 dieses Buchstabens) zu ermitteln, bei welcher die Fronthöhen der bestehenden Gebäude mit in Anrechnung zu bringen sind.

c) Außer den im § 2 Ziff. 4 genannten Hofüberdachungen bleiben solche Anbauten und selbständig für sich bestehende Baulichkeiten, welche bis zur obersten Dachkante die Höhe von 6 m nicht überschreiten und eine Grundfläche von nicht mehr als 40 qm haben, bei der Berechnung der zulässigen Höhe der Frontwände der hinteren Gebäude außer Betracht.

2. Oberhalb der zulässigen Fronthöhe dürfen die Dächer über eine im Winkel von 45° zu der Front gedachte Luftlinie nicht hinausgehen. Von dieser Bestimmung werden nicht betroffen: Dachrinnen, Brandmauern, Schornsteine, Blitzableiter, Fahnenstangen und Dachfenster, letztere sofern sie hinter der Front liegen, nicht mehr als 1 qm Ansichtsfläche sowie einen Zwischenraum von wenigstens 2,50 m gegeneinander und von mindestens 3 m gegen die Nachbargrenzen haben.

3. Der Dachneigungswinkel zur Straßenfront darf bis auf 60° vergrößert werden, wenn die Fronthöhe um die Hälfte des in der Firstlinie gemessenen Höhenunterschiedes zwischen den beiden Luftlinien im Winkel von 45° und 60° vermindert und der First um dasselbe Maß niedriger gelegt wird.

4. Wird der Aufbau von Türmen, Giebeln, Dachluken usw. auf den an der Straße liegenden Frontwänden über die zulässige Höhe (Ziffer 1a) hinaus beabsichtigt, so findet für die Fronthöhe eine Durchschnittsberechnung statt, bei welcher die senkrechten Frontflächen der Aufbauten voll und deren Dächer, soweit sie die vorschriftsmäßige Dachfläche des Hauses (Ziffer 2) überragen, zur Hälfte ihrer parallel zur Front gedachten größten Durchschnittsflächen verrechnet werden. Aufbauten dürfen jedoch in ihrer Höhe $^1/_3$ der zulässigen Fronthöhe, bei Straßen unter 12 m Breite $^1/_3$ der Straßenbreite nicht überschreiten.

Zusammenhängende Haupthöfe (Hofgemeinschaft).

§ 4. 1. Sollen benachbarte Grundstücke derart bebaut werden, daß unbebaut bleibende Teile, unbeschadet einer bis zur Höhe von 2 m zulässigen Grenzscheidung, eine in einer Länge von mindestens 6 m zusammenhängende Fläche bilden, die den umgebenden Gebäuden mehr Licht und Luft zuführt, als es durch die einzelnen Haupthöfe geschieht, so darf bei Feststellung der Höhe für die hinteren Gebäude außer der Abmessung des zugehörigen Haupthofes noch die Hälfte der Abmessung des Nachbarhofes — unbeschadet der Bestimmungen des § 3 Ziffer 1b — in Rechnung gestellt werden.

2. Auf die Anwendung dieser besonderen Bestimmung haben die beteiligten Grundstücksbesitzer nur dann einen Anspruch, wenn sie unter genauer Bezeichnung der zu der Hofgemeinschaft bestimmten Flächen auf den einzelnen Grundstücken sich gegenseitig verpflichten, diese Flächen zuungunsten der Mitbeteiligten nicht zu verändern, und wenn diese Verpflichtung auf sämtlichen beteiligten Grundstücken im Grundbuch eingetragen ist.

3. Die Bestimmung der Ziffer 1 gelangt zur Anwendung, sobald der Baupolizeibehörde die Eintragung der Verpflichtung auf sämtlichen beteiligten Grundstücken nachgewiesen ist; sie erlischt, wenn die Verpflichtung auf sämtlichen beteiligten Grundstücken gelöscht ist.

4. Solange die Eintragungen nicht sämtlich gelöscht sind, dürfen die zusammenhängenden, in den Bauscheinen ihrer Begrenzung nach bestimmt zu bezeichnenden Hofflächen nicht verkleinert werden.

5. Diese Beschränkung der Grundstücksbesitzer in der Bebauung ihres Eigentums hört mit der Löschung der zu Ziffer 2 genannten Eintragungen auf sämtlichen beteiligten Grundstücken auf; es haben sodann die sämtlichen Grundstücksbesitzer ihre Grundstücke den all-

gemeinen Vorschriften dieser Baupolizeiordnung entsprechend einzurichten.

Entfernung zwischen Gebäuden.

§ 5. 1. Zwischen allen nicht unmittelbar beieinander stehenden Gebäuden und allen untereinander nicht unmittelbar verbundenen Teilen desselben Gebäudes muß durchweg ein freier Raum bleiben:

von mindestens 2,50 m Breite, soweit die einander gegenüberliegenden Umfassungswände keine Öffnungen haben,

von mindestens 6 m Breite, soweit Öffnungen in jenen Wänden vorhanden sind.

Wenn Mauervorsprünge und Rücksprünge an den Hoffronten nicht mehr als 0,60 m tief sind, braucht, selbst wenn der gegenüberliegende Gebäudeteil Öffnungen enthält, nur eine Entfernung von 2,50 m innegehalten zu werden.

2. Als gegenüberliegend gelten Wände und Gebäudeteile, deren Richtungsabweichung den Winkel von 75° nicht überschreitet.

3. Von Nachbargrenzen haben Gebäude, welche nicht unmittelbar an sie herantreten, einen der Bestimmungen der Ziffer 1 entsprechenden Abstand innezuhalten.

Konstruktion und Baustoffe.

§ 6. 1. Gebäude sind in allen Teilen nach den Regeln der Technik aus guten, zweckentsprechenden Baustoffen herzustellen.

2. Die Anforderungen, welche an die Festigkeit der Baustoffe zu stellen, die Zahlen, welche der Festigkeitsberechnung zugrunde zu legen, die Belastungen, welche für den Baugrund und die einzelnen Gebäudeteile zulässig sind, sowie sonstige Konstruktionsvorschriften werden durch die Polizeibehörde, sooft und soweit sie es für erforderlich erachtet, bekanntgemacht.

Massive Wände.

§ 7. 1. Die Umfassungswände und die Decken tragenden Wände der Gebäude, ebenso wie alle Vorbauten mit Ausnahme von Windfängen sind, soweit §§ 8 bis 10 nichts anderes bestimmen, massiv herzustellen.

2. An Stelle der massiven Wände kann mit Rücksicht auf die örtlichen Verhältnisse und die Benutzungsart der Baulichkeiten die Ausführung in Eisenfachwerk oder Eisenwellblech zugelassen werden.

3. Wenn Gebäude unmittelbar an die Nachbargrenzen herantreten oder ihnen in weniger als 6 m Entfernung gegenüberliegen

(§ 5 Ziffer 2), sind sie mit Brandmauern abzuschließen, welche durchweg wenigstens 0,25 m stark sein und undurchbrochen durch alle Geschosse mindestens 0,20 m über das Dach geführt werden müssen.

4. Zur Erleuchtung von Innenräumen sind jedoch Öffnungen mit mindestens 0,01 m starkem, fest eingemauertem Glasverschlusse statthaft, wenn sie nicht mehr als 500 qcm Fläche haben und in jedem Geschosse auf einer Wandlänge von 3 m nur einmal vorkommen.

5. Im Innern von Gebäuden muß mindestens auf je 40 m Entfernung eine massive Mauer der in Ziffer 3 angegebenen Art hergestellt werden; Verbindungsöffnungen in dieser Mauer sind zulässig, müssen aber in den Dachräumen mit feuer- und rauchsicheren, selbsttätig zufallenden, nicht fest verschließbaren Türen versehen werden. Die Herstellung solcher Brandmauern kann erlassen werden, soweit und solange sie mit der besonderen Nutzungsart eines Gebäudes unvereinbar sind.

6. Nachbargebäude, welche an der gemeinsamen Grenze unmittelbar beieinander errichtet werden, sind je durch eine selbständige, den vorstehenden Vorschriften entsprechende Brandmauer abzuschließen.

7. Es kann jedoch zugelassen werden, daß Brandmauern zwischen Nachbargrundstücken zum Zwecke und für die Dauer einer bestimmten einheitlichen Benutzung durch Öffnungen durchbrochen werden. Diese sind dann aber mit feuer- und rauchsicheren, selbsttätig zufallenden Türen zu versehen, welche, wenn eine Verbindung zwischen benachbarten Innenräumen beabsichtigt wird, nicht fest verschließbar sein dürfen.

Gebäude in Holzfachwerk.

§ 8. 1. Gebäude und Anbauten an Massivbauten, welche eine Grundfläche von 100 qm und einer Fronthöhe von 6 m nicht überschreiten, dürfen an Stelle massiver Wände (§ 7) solche von ausgemauertem Holzfachwerk erhalten.

2. Die Umfassungswände solcher Gebäude und Anbauten sind indessen, soweit sie von öffentlichen Straßen, Nachbargrenzen oder Gebäuden auf demselben Grundstücke nicht mindestens 6 m entfernt bleiben, außen nicht unter 0,12 m stark massiv zu verblenden.

3. Über die vorstehenden Vorschriften hinaus können derartige Gebäude und Gebäudeteile vorübergehend für bestimmte Nutzungszwecke zugelassen werden. In diesem Falle müssen jedoch diese Ge-

bäude und Gebäudeteile unter sich und von anderen Gebäuden, wenn sie nicht unmittelbar aneinandergebaut werden, eine Entfernung von mindestens 6 m innehalten.

Schuppen, Buden usw.

§ 9. 1. Die Umfassungswände von Schuppen, Buden, Gartenhallen, Veranden, Lauben, Kegelbahnen und ähnlichen kleinen Anlagen dürfen aus Holz, Eisenblech, Drahtputz, Gipsdielen oder aus ähnlichen Stoffen hergestellt werden.

2. In der Regel sollen diese Anlagen eine Grundfläche von 25 qm sowie eine Fronthöhe von 3 m nicht überschreiten und von Holzbauten, Nachbargrenzen und öffentlichen Straßen 6 m entfernt bleiben.

3. Die Errichtung von hölzernen Schutzdächern und ähnlichen offenen Holzkonstruktionen kann über die Bestimmungen der Ziffer 2 hinaus nach Umständen und unter besonderen Bedingungen zugelassen werden.

Nichtbelastete Scheidewände.

§ 10. 1. Scheidewände dürfen aus Eisenblech, Drahtputz, Gipsdielen oder ähnlichen Stoffen hergestellt und unmittelbar auf Balken gesetzt werden.

2. Hölzerne Scheidewände müssen mit Mörtel abgeputzt oder in sonst gleich wirksamer Weise gegen die Übertragung von Feuer gesichert werden. Die Verwendung von Lehmmörtel ist ausgeschlossen.

3. Hohlräume in hölzernen Scheidewänden sind mit unverbrennlichen, für die Gesundheit unschädlichen Stoffen (§ 11 Ziffer 2) auszufüllen.

4. Scheidewände zur Abgrenzung wirtschaftlicher Nebenräume dürfen aus ungeputztem Holzwerke hergestellt werden.

Decken.

§ 11. 1. Holzbalkendecken sind auszustaken, mit unverbrennlichen Stoffen in einer Stärke von mindestens 0,13 m auszufüllen und unterhalb entweder durchweg mit Mörtel — jedoch unter Ausschluß von Lehmmörtel — zu putzen oder mit einer in gleichem Maße feuersicheren Verkleidung zu versehen. An Stelle der Stakung und Ausfüllung kann eine andere gleich wirksame Konstruktion zugelassen werden.

2. Die Stoffe zur Verfüllung von Balkendecken und Gewölben dürfen durch keine der Gesundheit schädlichen Bestandteile verunreinigt sein; namentlich ist die Verwendung von Bauschutt jeder Art ausgeschlossen.

3. Sonstige Deckenkonstruktionen müssen mindestens ebenso zuverlässig den Anforderungen der Feuersicherheit und Gesundheitspflege entsprechen wie die in Ziffer 1 und 2 beschriebenen Holzbalkendecken.

4. Vorschriftsmäßig ausgeführte Decken dürfen mit Holztäfelung bekleidet werden.

5. Ungeputzte gehobelte Holzdecken können zugelassen werden:

a) in Gebäuden ohne Feuerungen;

b) in eingeschossigen Gebäuden, in welchen die lichte Höhe des Geschosses mehr als 5 m beträgt, insbesondere in Kirchen-, Turn- und Wartehallen, Reitbahnen und Ausstellungsgebäuden;

c) in Speichern zur Aufbewahrung von Getreide, Mehl oder Malz; doch müssen dort befindliche heizbare Räume durch massive Wände und Decken von den übrigen Räumen getrennt werden und besondere Zugänge erhalten;

d) in allen Fällen, wo das Dach zugleich die Decke des Raumes bildet, unter der Bedingung, daß sämtliche von innen sichtbare Holzteile gehobelt werden.

Dachdeckung.

§ 12. 1. Die Dächer aller Baulichkeiten müssen mit einem gegen die Übertragung von Feuer hinreichenden Schutz bietenden Stoffe (Stein, Metall, Teerpappe, Holzzement, Glas usw.) gedeckt werden.

2. Öffnungen in Dächern und in Dachaufbauten unterliegen in Hinsicht der Entfernung von Nachbargrenzen den gleichen Bedingungen wie die Öffnungen in Umfassungswänden (§ 5). Diese Bestimmung findet jedoch auf Lichtschachte keine Anwendung.

3. Je nach Beschaffenheit und Lage der Dächer können Schutzvorrichtungen gegen das Hinabfallen von Schnee und Eis und von Personen angeordnet werden.

4. Bei Glasdächern sind nach Anordnung der Polizeibehörde entweder oberhalb oder unterhalb Drahtnetze mit einer Maschenweite von höchstens 0,05 m anzubringen, falls zur Eindeckung der Dächer nicht Drahtglas verwendet wird.

Vortretende Bauteile.

§ 13. 1. Bauteile, welche über die Umfassungswände und Dächer vortreten, unterliegen hinsichtlich der Baustoffe den gleichen Vorschriften wie die Umfassungswände und Dächer selbst. Ausgenommen hiervon sind Windfänge (§ 7 Ziffer 1), Freitreppen, wenn sie nicht notwendige Treppen sind (§ 16 Ziffer 1), und die Vorderflächen von solchen Dach- und Mansardenfenstern, welche mindestens 3 m von der Nachbargrenze entfernt sind.

2. Dachgesimse dürfen in Holzkonstruktion hergestellt werden, Hauptgesimse jedoch nur dann, wenn an den Nachbargrenzen bis auf eine Entfernung von 1 m durchweg unverbrennlicher Baustoff verwendet wird.

3. Zierteile aus Stuck, Steinpappe, Zementguß u. dgl. dürfen an den Außenfronten nicht auf Holz befestigt, sondern müssen vollständig und sicher mit dem Mauerwerke verbunden werden.

4. Überhängende Dächer mit Holzkonstruktion können zugelassen werden.

Vortreten von Bauteilen über die Umfassungswände.

§ 14. Das Vortreten von Bauteilen über die Umfassungswände ist innerhalb der folgenden Grenzen gestattet:

a) über die Baufluchtlinie.

1. Risalite, geschlossene Vorbauten anderer Art, Erker, Balkone und Galerien dürfen in jedem Geschosse zusammen höchstens zwei Drittel, Erker und geschlossene Vorbauten zusammen höchstens ein Drittel der Frontlänge eines Gebäudes einnehmen. Im obersten Stockwerke und im Dachgeschosse werden Risalite, geschlossene Vorbauten anderer Art und Erker nur ausnahmsweise zugelassen.

2. Alle Vorbauten eines Gebäudes, welche mehr als 0,30 m über die Baufluchtlinie vortreten, müssen, in der Frontlinie gemessen, von Nachbargrundstücken das $1\frac{1}{2}$fache ihrer weitesten Ausladung, mindestens aber 1 m, und voneinander das $1\frac{1}{2}$fache der Summe ihrer weitesten Ausladungen entfernt bleiben. Risalite, geschlossene Vorbauten anderer Art und Erker desselben Gebäudes müssen eine Entfernung von mindestens 4 m voneinander innehalten.

3. In den Luftraum der Bürgersteige dürfen Balkone, Galerien, Erker und geschlossene Vorbauten nur in Straßen von mindestens 15 m Breite über die Baufluchtlinie vortreten. Zwischen der Unter-

kante solcher Vorbauten und der Oberfläche des Bürgersteiges muß eine lichte Höhe von mindestens 3 m frei bleiben. Bei einer Straßenbreite von 15 m dürfen Balkone, Galerien, Erker und geschlossene Vorbauten, mit Ausnahme von Risaliten, 0,60 m über die Baufluchtlinie vortreten. Bei breiteren Straßen ist ein verhältnismäßig weiteres Vortreten, und zwar bis zu 1,30 m bei einer Straßenbreite von 22 m oder mehr gestattet. Das Vortreten von Risaliten in den Bürgersteig ist nur in Straßen von mehr als 15 m Breite und nur bei einer Bürgersteigbreite von mindestens 3 m bis auf das Maß von 0,25 m gestattet.

4. Für Kellerhälse kann ein Vortreten bis zu 0,30 m, für andere Bauteile bis zu 0,60 m zugelassen werden, wenn der Bürgersteig mindestens 3 m breit ist.

5. Gebäudeplinthen dürfen auch bei einer Bürgersteigbreite von weniger als 3 m bis zu 0,13 m einschließlich der Gesimse vortreten.

6. Treppenstufen dürfen nur bei einer Bürgersteigbreite von mehr als 4 m bis zu 0,20 m vorspringen.

7. Nach außen aufschlagende Türen, Fenster und Fensterläden müssen mit ihrer Unterkante von der Oberfläche des Bürgersteiges mindestens 3 m entfernt bleiben.

8. In Vorgärten dürfen Bauteile bis zu einem Drittel der Vorgartentiefe, höchstens aber bis 2,50 m vortreten, sofern die Vorgärten angelegt und als solche unterhalten werden. Werden Vorgärten auf dem gesetzlichen Wege beschränkt oder beseitigt, so müssen die Vorbauten mit vorstehenden Vorschriften in Übereinstimmung gebracht werden.

b) an Höfen.

1. Erker und geschlossene Vorbauten unterliegen den Bestimmungen der §§ 2, 3 und 5. Die Entfernung der äußersten Ausladungen von Balkonen und offenen Galerien unter sich, gegenüber den Umfassungswänden und den Nachbargrenzen muß mindestens 8 m betragen.
2. Balkone und offene Galerien, welche seitlich näher als 2,50 m an die Nachbargrenzen herantreten, sind gegen diese durch eine unverbrennliche, mindestens 2 m hohe Wand ohne Öffnungen abzuschließen.

Öffnungen vor Gebäuden.

§ 15. 1. Für Kellerräume bestimmte Lichtöffnungen, welche über die Baufluchtlinie in den Bürgersteig vorspringen, dürfen nur in Bürgersteigen von mehr als 3 m Breite angelegt werden. Sie dürfen höchstens bis 0,30 m in den Bürgersteig vorspringen und sind in dessen Oberfläche mit Eisenstäben in Abständen von höchstens 0,03 m zu überdecken oder mit einer mindestens 1 m hohen, glatten, metallenen Vergitterung zu umschließen.

2. Kellerstufen dürfen in die Bürgersteige nicht einspringen.

3. Öffnungen vor den nicht an Bürgersteigen liegenden Gebäudeteilen sind genügend zu überdecken, zu vergittern oder zu umwehren.

4. Für die Anlage von Lichtgräben ist § 37 Ziff. 3 maßgebend.

Treppen.

§ 16. 1. Jedes nicht zu ebener Erde liegende Geschoß muß mindestens durch eine Treppe zugänglich sein, durch welche der Ausgang nach der Straße oder nach einem Hofe jederzeit gesichert wird (notwendige Treppe). Ausnahmen bezüglich des Dachgeschosses können mit Rücksicht auf die besondere Benutzungsart zugelassen werden. Von jedem Punkte des Gebäudes aus muß eine Treppe auf höchstens 30 m Entfernung erreichbar sein. Dieses Maß ist auch für Kellerräume innezuhalten, soweit sie zum dauernden Aufenthalte von Menschen bestimmt sind (§ 37); für anderweit benutzte Kellerräume kann ein größeres Maß zugelassen werden.

2. Gebäude, in deren oberstem Geschosse der Fußboden höher als 7 m über dem Erdboden liegt, müssen mindestens zwei in gesonderten Räumen befindliche Treppen oder eine unverbrennliche Treppe (notwendige Treppen) erhalten. Doch soll, wenn der oberste Fußboden über 11 m hoch liegt, nur im Ausnahmefalle eine unverbrennliche Treppe genügen. Als oberstes Geschoß ist das Dachgeschoß nicht anzusehen, wenn es keine zum dauernden Aufenthalte von Menschen bestimmten Räume enthält.

3. Notwendige innere Treppen einschließlich der daran liegenden Vorplätze und Flure müssen mit massiven, nur durch die erforderlichen Verbindungs- und Lichtöffnungen unterbrochenen Wänden umschlossen werden. Nebeneinander gelegene Räume für notwendige Treppen dürfen durch keine Öffnungen miteinander

in Verbindung stehen. Freitreppen dürfen, wenn sie notwendige Treppen sind, nur in einer Höhe von 2 m hergestellt werden.

4. Jede notwendige Treppe muß mit dem wirtschaftlich gesondert benutzten Gebäudeteile, für welche sie bestimmt ist, unmittelbare Verbindung haben, in einer freien, durch das Geländer nicht eingeschränkten Breite von mindestens 1 m sicher gangbar sein und in einem vom Tageslichte hinreichend erhellten Raume liegen. Als sicher gangbar gilt eine Treppe, wenn der Auftritt der Stufen, in der Austragung gemessen, mindestens 0,26 m und die Steigerung höchstens 0,18 m beträgt. Wendelstufen dürfen an der schmalsten Stelle, in der Austragung gemessen, nicht unter 0,10 m Auftrittbreite haben.

5. Die Treppenläufe sind, wenn sie zwischen Wänden liegen, mindestens an einer Seite mit Handgriffen, sonst mit Geländern zu versehen, welche ein Hindurchfallen von Kindern ausschließen. Für Geländer und Handgriffe können besondere Anordnungen getroffen werden.

6. Jede notwendige Treppe ist bis an das Dachgeschoß zu führen oder muß im obersten Geschosse entweder unmittelbar oder in einem in der Nähe belegenen, leicht auffindbaren Raume durch eine feuersicher abgeschlossene Nebentreppe ihre Fortsetzung bis ins Dachgeschoß erhalten. Für diese Nebentreppe genügt eine gerade oder gewendelte Treppe mit freier Laufbreite von 0,75 m und einem derartigen Auftritte und Steigungsverhältnisse, daß überall eine Kopfhöhe von mindestens 1,80 m verbleibt.

7. Bei freitragenden Granittreppen sind die Podeste, wenn diese gleichfalls aus Granit hergestellt werden, durch Eisenträger, Mauerbögen oder Gewölbe zu unterstützen.

8. Die Stufen unverbrennlicher Treppen dürfen mit Holz belegt werden.

9. Notwendige hölzerne Treppen sind unterhalb entweder zu rohren und zu putzen oder mit einer gleich feuersicheren Verkleidung zu versehen.

10. Bei notwendigen Treppen sind die Treppenpodeste in der Regel rechteckig in der Weise anzulegen, daß die Länge wie die Breite der Podeste — in der Mitte gemessen — mindestens gleich der Laufbreite der Treppe ist. Dasselbe gilt für die Breite der Treppenzugänge. Eine Abschrägung der Ecken der Podeste bis zur kreisförmigen Abrundung ist nur bei Treppen von mehr als 1,25 m

Breite zulässig. Wenn die Laufbreite der Treppe mehr als 1,75 m beträgt, darf die Breite der Podeste bis auf dieses Maß eingeschränkt werden.

Lichtschachte.

§ 17. 1. Lichtschachte (Lichthöfe) müssen eine Grundfläche von mindestens 10 qm bei einer geringsten Abmessung von 2 m erhalten und durchweg bis zur Dachfläche mit massiven Wänden umschlossen werden. Bei einer mittleren Höhe der Schachtwände bis zu 12 m kann eine Verkleinerung der Grundfläche bis auf 6 qm bei einer geringsten Abmessung von 1,50 m zugelassen werden. Am unteren Ende der Lichtschachte sind Vorkehrungen zu treffen, welche ihnen von außen frische Luft dauernd zuführen. Die Luftzuführungskanäle müssen wenigstens 0,30 qm Querschnitt erhalten.

2. Für Lichtschachte, welche einem Raume Licht unmittelbar durch die Decke zuführen, genügt es, wenn sie von dem Raume bis zur Dachfläche mit einem unverbrennlichen Stoffe ummantelt werden; auch darf die Grundfläche derartiger Lichtschachte kleiner, als oben angegeben, bemessen werden.

3. Sind die Lichtschachte oben mit einer Glasdecke oder sonst in geeigneter Art geschlossen, so müssen auch an ihrem oberen Ende Vorkehrungen getroffen werden, welche einen ausreichenden Luftwechsel sichern.

4. Wenn Lichtschachte Öffnungen innerhalb des Dachraumes erhalten, so müssen diese mit feuer- und rauchsicheren, fest verschlossen zu haltenden Türen versehen werden.

Feuerstätten.

§ 18. 1. Feuerstätten in Gebäuden müssen in allen Teilen aus unverbrennlichem Baustoffe hergestellt werden.

2. Unter Feuerherden sowie unter den zugehörigen, mindestens 0,05 m breit anzuordnenden massiven Umfassungsstreifen müssen die Decken einschließlich des Fußbodens durchweg aus unverbrennlichem Baustoffe hergestellt werden.

3. Feuerherde, welche auf unverbrennlichen Füßen stehen, dürfen auf Holzbalkendecken und Holzfußböden errichtet werden, wenn unter dem Herde ein Luftraum von mindestens 0,15 m und höchstens 0,20 m freigehalten wird. Der Fußboden dort ist durch eine 0,05 m starke Massivschicht auf mindestens 1 mm starker Eisenplatte zu schützen; die Massivschicht sowie die Eisenplatte müssen

0,05 m über den Rand des Herdes vortreten. Dieselben Vorschriften finden auch auf Badeöfen von Metall Anwendung.

4. Öfen und sonstige nicht unter Ziff. 2 und 3 fallende Feuerstätten sind von dem Fußboden durch eine mindestens 0,05 m starke Massivschicht zu trennen, über der sich ein mindestens 0,05 m hoher, den Durchzug der Luft gestattender Hohlraum mit mindestens zwei Luftöffnungen befinden muß.

5. Vor den Heizöffnungen sämtlicher Feuerungen ist der Fußboden, wenn er nicht aus unverbrennlichem Stoffe hergestellt wird, in einem Vorsprunge von 0,50 m und in einer über die Feuerungsöffnungen nach beiden Seiten hin vortretenden Breite von 0,30 m feuersicher zu bekleiden. Vor Stubenfeuerungen von gewöhnlichem Umfange und vor offenen Kaminen genügt statt dessen die Verwendung metallener Vorsetzer von ausreichender Größe.

6. Wände, an welchen Feuerherde unmittelbar oder in einer geringeren Entfernung als 0,10 m aufgestellt werden, müssen in der Ausdehnung des Herdes und mindestens 0,20 m rings um ihn aus unverbrennlichem Baustoffe bestehen. Diese Wände dürfen, soweit sie nicht mindestens einen Stein stark massiv sind, nicht als Wandungen von Feuerzügen benutzt werden. Eiserne Feuerstätten sind von verputztem oder verblendetem Holzwerke mindestens 0,40 m, von freiem Holzwerke mindestens 0,80 m entfernt zu halten. Bei ummantelten Öfen können geringere Maße zugelassen werden.

7. Für Feuerstätten von erheblichem Umfange und für solche, deren Betrieb dauernd große Hitze erfordert, wie große Koch- und Waschküchenherde, große Plättöfen und dgl. können weitergehende Forderungen bezüglich der Feuersicherheit gestellt werden.

Verbindung der Feuerstätten mit den Schornsteinen.

§ 19. 1. Der Rauch ist von Feuerstätten durch dichte feuersichere Rohre innerhalb des betreffenden Stockwerkes seitlich in Schornsteine zu leiten. In besonderen Fällen kann zugelassen werden, den Rauch unmittelbar ins Freie zu führen.

2. Als Stütze der Rohre darf nur unverbrennlicher Baustoff verwendet werden.

3. Die Rohre sind von geputztem oder verblendetem Holzwerke mindestens 0,40 m, von freiem Holzwerke mindestens 0,80 m entfernt zu halten. Sind die Rohre ummantelt oder sind sonst gleich wirksame

Schutzvorrichtungen getroffen, so kann eine Verminderung dieser Entfernungen zugelassen werden.

4. Bei Heizöfen in Räumen, welche zum dauernden Aufenthalte von Menschen bestimmt sind, dürfen in den zur Ableitung der Feuergase dienenden Rohren oder Kanälen keine Verschlußvorrichtungen angebracht werden. Bei offenen Kaminfeuerungen ist jedoch die Anbringung solcher gestattet.

Schornsteine.

§ 20. 1. Schornsteine sind durchweg dicht, massiv oder aus unverbrennlichem Baustoffe herzustellen. Sie müssen von Grund auf fundamentiert sein oder unverbrennlich und sicher unterstützt werden.

2. Jeder einzelne Schornstein ist in einem sich gleichbleibenden rechteckigen oder kreisrunden Querschnitte von mindestens 250 qcm im Lichten bis mindestens 0,30 m über die Dachfläche zu führen.

3. Besteigbare Schornsteine müssen einen rechteckigen Querschnitt von mindestens 0,42 zu 0,47 m Weite erhalten. Bei größeren Abmessungen sind Steigeisen anzubringen.

4. Eine andere als die senkrechte Richtung darf den Schornsteinen nur gegeben werden, wenn sie ringsum zwischen massiven Wänden liegen oder durch gemauerte Bögen oder eiserne Träger von entsprechender Stärke unterstützt werden.

5. Gemauerte Schornsteine müssen eine Wangenstärke von mindestens 0,12 m, an Nachbargrenzen von mindestens 0,25 m erhalten.

6. Für Schornsteine von Zentralheizungen oder anderen großen Feuerungsanlagen können stärkere Wangen vorgeschrieben werden.

7. Für unmittelbar aneinander liegende Schornsteine genügt eine gemeinsame Scheidewange der vorgeschriebenen Stärke.

8. Gemauerte Schornsteine müssen auf den Außenseiten unterhalb der Dachflächen in ganzer Ausdehnung, besonders auch innerhalb der Balkenlagen, geputzt und auf den Innenseiten glatt ausgestrichen werden.

9. Von Balkenlagen und sonstigem Holzwerke müssen die Außenseiten der Schornsteine, falls die Wangenstärke unter 0,25 m beträgt, überall mindestens 0,065 m entfernt gehalten und durch doppelte, in Verband gelegte Dachsteinschichten getrennt werden. Im Dachverbande muß die Entfernung der freiliegenden Hölzer von 0,12 m

starken Schornsteinwangen ohne Isolierung mindestens 0,10 m betragen.

10. Nicht gemauerte Schornsteine sind entweder mit Mauerwerk zu umgeben, für dessen Stärke und Entfernung vom Holzwerke die gleichen Bestimmungen wie für gemauerte Schornsteine gelten, oder unter Freihaltung eines Luftraumes von überall mindestens 0,10 m feuersicher zu ummanteln.

11. Freistehende Schornsteine außerhalb von Gebäuden sowie Aufsatzrohre zur Erhöhung von Schornsteinen bedürfen keiner Ummauerung oder Ummantelung. Von einer solchen kann auch bei Schornsteinen innerhalb von Gebäuden, deren Dach gleichzeitig die Decke bildet, wenn darin keine feuergefährlichen Betriebsstätten vorhanden sind, bei gehöriger Isolierung von allem Holzwerke der Decke abgesehen werden.

12. Alle Schornsteine sind so einzurichten, daß sie ordnungsmäßig gereinigt werden können.

13. Die unteren Mündungen besteigbarer Schornsteine sind mit einer gefalzten eisernen Einsteigetür zu versehen. Unbesteigbare Schornsteine müssen unten und oben, außerdem auch bei Richtungsveränderungen, wenn die Neigung gegen die Wagerechte weniger als 60° beträgt, hinlänglich große Reinigungsöffnungen erhalten. Obere Reinigungsöffnungen sind entbehrlich, wenn die Reinigung bequem vom Dache aus erfolgen kann.

14. Alle seitlichen Reinigungsöffnungen sind mit gefalzten eisernen Türen dicht zu verschließen. Die Anwendung von Schiebern ist nicht gestattet.

15. Aufsätze sind auf Schornsteinen nur zulässig, soweit sie die ordnungsmäßige Reinigung nicht behindern.

16. An ein Schornsteinrohr von 250 qcm lichtem Querschnitte dürfen höchstens drei gewöhnliche Zimmeröfen angeschlossen werden. Jeder hinzutretende Ofen dieser Art bedingt eine Vergrößerung des Querschnittes um 80 qcm. Für jede Kochherdfeuerung, die nicht an ein besteigbares Schornsteinrohr angeschlossen ist, muß ein besonderes Schornsteinrohr angelegt werden. Münden Rauchrohre aus Feuerstellen von erheblichem Umfange (§ 18 Ziff. 7) ein, so kann eine Vergrößerung des Querschnittes gefordert werden.

17. Die Schornsteine sind so anzulegen und zu benutzen, daß die Gebäude und deren Umgebung durch Funken, Rauch und Ruß nicht gefährdet werden.

18. In Küchen, einschließlich der Waschküchen mit geschlossener Feuerung, ist ein besonderes Rohr zum Abzuge der Wasserdämpfe einzurichten, welches für eine oder zwei Küchen einen Querschnitt von 250 qcm, für jede hinzutretende Küche eine Vergrößerung von 50 qcm erhalten muß.

19. Mauerkanäle aller Art sind, auch wenn sie nicht zur Ableitung des Rauches von Feuerstätten bestimmt sind, den vorstehenden Bestimmungen entsprechend auszuführen.

Behälter für Abfall und Asche.

§ 21. 1. Behälter zur vorläufigen Aufnahme wirtschaftlicher und gewerblicher Abgänge und Abfallstoffe sind unten sowie an den Seiten undurchlässig herzustellen und oben dicht zu überdecken.

2. Aschbehälter müssen Wände und Decken aus unverbrennlichem Stoffe erhalten.

3. Auf Grundstücke, welche landwirtschaftlichem oder gärtnerischem Betriebe dienen, findet die Bestimmung der Ziff. 1 keine Anwendung.

Zu- und Ableitungsrohre.

§ 22. Alle Zuleitungs- und Ableitungsrohre in und an Gebäuden sind undurchlässig und feuersicher herzustellen. Werden sie zur Ableitung unreiner Stoffe benutzt, so sind sie mit einem bis über das Dach zu führenden Dunstrohre zu versehen. Die besonderen Erfordernisse für Kanalisations-, Wasser- und Gasleitungsrohre sind anderweit festgestellt.

Wasserversorgung.

§ 23. Auf jedem bebauten Grundstücke, welches nicht durch die allgemeine Wasserleitung mit Wasser versorgt wird, muß eine eigene Wasserleitung oder ein Brunnen hergestellt werden, wodurch jederzeit reichliches, zum Genusse für Menschen geeignetes Wasser beschafft wird.

Entwässerung.

§ 24. 1. Das Tagewasser und die flüssigen Wirtschaftsabgänge sind von bebauten Grundstücken durch Rohre mit undurchlässigen Wandungen oder durch befestigte Rinnen in Kanäle oder Straßenrinnsteine zu leiten. Die Wirtschaftswässer müssen jedoch, ehe sie in die Straßenrinnsteine abfließen, auf dem Grundstück durch einen mit engvergitterter Ausflußöffnung und mit Wasserverschluß versehenen, undurchlässigen Schlammfang geleitet werden. Wo eine Abführung der Abwässer in die Kanäle oder Straßenrinnsteine nicht zugelassen wird, oder wo solche Vorkehrungen nicht vorhanden sind, kann die Anlage undurchlässiger Sammelbehälter vorgeschrieben werden.

2. Wo eine geregelte unterirdische Ableitung der Abwässer (Schwemmkanalisation) besteht, sind für die Entwässerungsanlage die hierüber erlassenen besonderen Vorschriften maßgebend.

Badestuben und Bedürfnisanstalten.

§ 25. 1. Badestuben und Bedürfnisanstalten müssen Licht und Luft unmittelbar von außen oder von einem oben offenen Lichtschacht erhalten. Innerhalb und unterhalb solcher Lichtschächte ist die Anlage von Badestuben und Bedürfnisanstalten unzulässig. In den vor dem Inkrafttreten dieser Baupolizeiordnung errichteten Gebäuden können für neu herzustellende Badestuben Ausnahmen hiervon zugelassen werden, wenn Einrichtungen zu wirksamer Entlüftung getroffen werden.

2. Bedürfnisanstalten müssen eine Grundfläche von mindestens 1 qm bei 0,80 m geringster Abmessung erhalten.

3. Wo die Auswurfstoffe durch Wasser abgeschwemmt werden, sind für die Einzelheiten der zu diesem Zweck erforderlichen Anlagen die hierüber erlassenen besonderen Vorschriften maßgebend.

4. Werden die Auswurfstoffe zur Abfuhr in regelmäßigen Zeiträumen angesammelt, so dürfen zu diesem Zwecke nur undurchlässige, dicht verschließbare Tonnen und Tonnenwagen verwendet werden. Der Tonnenstand muß dicht umschlossen werden und einen undurchlässigen glatten Fußboden erhalten.

5. Die Anlage von Gruben für Aborte ist verboten.

6. Für Grundstücke, welche landwirtschaftlichen Betrieben dienen, können Ausnahmen von den Bestimmungen der Ziff. 4 und 5 zugelassen werden.

Viehställe.

§ 26. 1. In Viehställen muß der Fußboden undurchlässig hergestellt werden.

2. Zur Aufnahme der Stallabgänge müssen in den Ställen oder in zweckentsprechender Nähe, jedoch in einem Abstande von mindestens 10 m von Röhren und Kesselbrunnen, undurchlässige Gruben angelegt werden.

3. Nach Straßen hin dürfen Ställe in der Regel keine Öffnungen erhalten. In besonderen Fällen können Ausnahmen zugelassen werden.

4. In den Umfassungswänden der Stallgebäude dürfen — unbeschadet der allgemeinen Vorschriften über den Abstand der Gebäude — Öffnungen nur in einem Abstande von wenigstens 3 m nach allen Richtungen von den mit Öffnungen versehenen Umfassungswänden anderer Gebäude, wenn diese zum dauernden Aufenthalte von Menschen bestimmt sind (§ 37), angelegt werden.

5. Für die Anlage von Ställen unter Räumen, welche zum dauernden Aufenthalte von Menschen bestimmt sind, können weitergehende Forderungen in bezug auf die Befestigung des Fußbodens, die Bekleidung der Wände und Decken, die Anordnung von Hohlräumen zwischen der Decke des Stalles und dem Fußboden des darüber befindlichen Geschosses und die Lüftungseinrichtungen sowie in bezug auf die Entwässerung gestellt werden.

6. Die Anlage von Ställen, deren Fußboden mehr als 0,50 m in den Erdboden eingesenkt werden soll, ist nur in solchen Stallgebäuden gestattet, welche nicht im Zusammenhange mit anderen Gebäuden stehen oder von diesen durch undurchbrochene massive Wände getrennt sind.

7. Die Anlage von Ställen in Kellern unter Höfen ist nicht zulässig.

8. Die vorstehenden Bestimmungen finden auf Ställe für Federvieh keine Anwendung.

Titel II.

Polizeiliche Prüfung und Aufsicht bei Bauten.

Baupolizeiliche Genehmigung.

§ 27. Der baupolizeilichen Genehmigung bedürfen:

1. alle neuen baulichen Anlagen;
2. bei bestehenden baulichen Anlagen die Herstellung oder Veränderung von massiven oder Fachwerkswänden, Decken, Eisenkonstruktionen, vortretenden Bauteilen, Treppen, Licht-, Lüftungs- und Aufzugsschachten, Feuerstätten oder Schornsteinen.

Bauvorlagen.

§ 28[1]). 1. Mit dem Antrage auf baupolizeiliche Genehmigung (§ 27) ist

a) ein Bauplan vorzulegen, welcher unter Darstellung der Grundrisse sämtlicher Geschosse sowie der erforderlichen Querschnitte und Ansichten die Konstruktion und die Abmessungen des Baues im ganzen sowie in seinen Teilen mit der Art und Stärke der zu verwendenden Baustoffe genau erkennen läßt und über die beabsichtigte Benutzungsart der Räume Auskunft gibt. Für die verschiedenen Geschosse gelten folgende Bezeichnungen:
   a) Kellergeschoß,
   b) Erdgeschoß,
   c) Erstes, Zweites (I., II.) usw. Stockwerk,
   d) Dachgeschoß.

   Die Höhenlage des Baues gegenüber der Straßendammkrone und der Oberfläche des Bürgersteiges muß in den Querschnitten ersichtlich gemacht werden. Soweit es zur baupolizeilichen Prüfung erforderlich ist, sind einzelne Teile des Bauplanes durch Detailzeichnungen zu erläutern und die Tragfähigkeit der Konstruktionen rechnungsmäßig nachzuweisen. Die Einreichung des statischen Nachweises kann mit Genehmigung der Baupolizeibehörde auch zu einem späteren Zeitpunkt erfolgen.

   Baupläne sind in der Regel im Maßstabe von 1 : 100 Detailzeichnungen im Maßstabe von 1 : 20 anzufertigen.

   Bei Errichtung neuer baulicher Anlagen sowie bei der Durchbrechung oder wesentlichen Veränderung der äußeren Umfassungswände bestehender baulicher Anlagen, auf Erfordern auch in sonstigen Fällen, ist außerdem

b) ein Lageplan vorzulegen, welcher im Maßstabe von mindestens 1 : 500 die Lage des Grundstückes zu den angrenzenden Straßen und zu den Nachbargrundstücken unter Einzeichnung der Baufluchtlinien, sowie die Entfernung des beabsichtigten Baues von anderen Gebäuden auf demselben Grundstücke, von Straßen, Nachbargrenzen und den Gebäuden auf Nachbargrundstücken genau erkennen läßt und auf Verlangen

[1]) Vergl. Bekanntmachung vom 15. August 1897 und vom 26. März 1906.

der Polizeibehörde durch einen vereideten Landmesser oder Feldmesser beglaubigt werden muß.

2. Das Grundstück, auf welchem gebaut werden soll, muß stets nach Haus- und Grundbuchnummer bezeichnet werden.

3. Für Neubauten ist bei Einreichung der Bauvorlagen anzugeben, wie die Entwässerung stattfinden soll.

4. Die Pläne sind zur Erleichterung der Übersicht farbig anzulegen.

5. Sämtliche Bauvorlagen sind in je 3 Exemplaren — von dem Bauherrn und dem verantwortlichen Bauunternehmer unterschrieben — einzureichen.

6. Weitere Vorschriften über die Bauvorlagen können von der Polizeibehörde gegeben werden.

Bauscheine.

§ 29. 1. Wird ein Bauplan polizeilich genehmigt, so erhält der Bauherr ein mit Genehmigungsvermerk versehenes Exemplar der Bauvorlagen zurück und einen die Baubedingungen feststellenden Bauschein.

2. Bauschein und Bauvorlagen müssen während der Bauausführung und bis zum Abschlusse des Abnahmeverfahrens (§§ 33 und 39) stets auf der Baustelle bereit gehalten werden.

3. Die Gültigkeit des Bauscheines für Neubauten erlischt nach Jahresfrist, wenn nicht inzwischen die Fundamente gelegt und die Kellermauern bis zur Erdoberfläche hergestellt sind. Im übrigen erlischt die Gültigkeit des Bauscheines nach Jahresfrist, wenn inzwischen der Bau nicht begonnen oder wenn ein begonnener Bau länger als ein Jahr nicht ernstlich fortgeführt ist.

Beginn der Bauarbeiten.

§ 30. Der Tag, an welchem mit der Bauausführung begonnen werden soll, ist vorher der Polizeibehörde unter Angabe des Datums und der Nummer des Bauscheines schriftlich anzuzeigen.

Baugerüste und Bauzäune.

§ 31. 1. Baugerüste und Bauzäune dürfen nur auf Grund und nach Maßgabe einer bei der Polizeibehörde schriftlich nachzusuchenden Genehmigung errichtet und benutzt werden. Ihre Herstellung kann auch ohne Antrag polizeilich angeordnet werden.

2. Das Vortreten von Baugerüsten und Bauzäunen auf Bürgersteige wird nur gestattet, soweit es mit den Verkehrsrücksichten vereinbar ist, und solange die Bauausführung es notwendig macht.

3. Im übrigen sind für die Konstruktion und Benutzung von Gerüsten die hierüber erlassenen besonderen Vorschriften maßgebend.

Sicherungsmaßregeln bei der Bauausführung.

§ 32. 1. Im Innern von Neubauten sind hölzerne Balkenlagen eines jeden Geschosses alsbald nach ihrer Verlegung auszustaken, eiserne Balkenlagen, Treppenöffnungen und sonstige Öffnungen sicher zu überdecken, zu umfriedigen oder unzugänglich zu machen.

2. Die Baustellen sind, soweit es zur Verhütung von Unglücksfällen erforderlich ist, während der Dunkelheit zu beleuchten.

3. Bei Ausführung von Bauten in der Nähe vorhandener Gebäude sind die zur Sicherheit der letzteren notwendigen Vorkehrungen (Ausführung der Grundmauern in kurzen Strecken, Absteifen oder Unterfahren der Mauern anstoßender Gebäude und dgl.) zu treffen.

Rohbauabnahme.

§ 33. 1. Wenn ein Bau in seinen Wänden und Eisenkonstruktionen, einschließlich der feuersicheren Treppen, sowie in Dach- und Balkenlagen vollendet ist, hat der Bauherr die Abnahme bei der Baupolizeibehörde schriftlich zu beantragen.

2. Zu dem dann anzuberaumenden Termine muß der Bauherr auf Vorladung entweder persönlich erscheinen oder in geeigneter Weise vertreten sein. Im Termine müssen alle Teile des Baues sicher zugänglich sein und die Balkenverankerungen im Innern durchweg, Eisenkonstruktionen aber so weit offen liegen, daß die Abmessungen geprüft werden können.

3. Nach vorschriftsmäßiger Ausführung wird durch die Baupolizeibehörde die Abnahme des Rohbaues bescheinigt.

4. Ergeben sich bei der polizeilichen Prüfung Mängel, so hat sie der Bauherr abzustellen und demnächst erneute Abnahme zu beantragen.

5. Anträge auf gesonderte Abnahme einzelner Bauarbeiten und Bauteile können nur ausnahmsweise berücksichtigt werden.

6. Vor Erteilung des Rohbauabnahmescheines dürfen, unbeschadet der Bestimmungen des § 39, Gebäude und Gebäudeteile nicht benutzt werden.

Putzarbeiten.

§ 34. Bei Erteilung des Rohbauabnahmescheines wird bestimmt, wann mit den inneren und äußeren Putzarbeiten begonnen werden darf. Gebäude, welche ganz oder teilweise zum dauernden Aufenthalte von Menschen bestimmt sind (§ 37), dürfen nicht früher als sechs Wochen nach Vollendung des Rohbaues geputzt werden.

Genehmigung zu geringfügigen Anlagen.

§ 35. 1. Auf geringfügige Ausführungen, insbesondere auf die in § 9 erwähnten Schuppen, Buden usw., die Anlage von Abort- und Sammelgruben, Grenzmauern, Zäunen, Baubuden nebst Aborten finden die Bestimmungen der §§ 28 bis einschließlich 34 keine Anwendung.

2. Es sind jedoch dem Genehmigungsgesuche die zur Verdeutlichung nötigen Vorlagen beizufügen. Für diese Anlagen bedarf es nur einer schriftlichen Genehmigung.

Abbruch von Gebäuden.

§ 36. 1. Auf den Abbruch von Gebäuden finden die Vorschriften der §§ 31 und 32 sinngemäß Anwendung.

2. Mit Abbruchsarbeiten darf erst nach schriftlicher Anzeige bei der Baupolizeibehörde begonnen werden.

Titel III.

Besondere Bestimmungen für die Benutzung von Gebäuden.

Zum dauernden Aufenthalt von Menschen bestimmte Räume.

§ 37. Als Räume, welche nicht zum dauernden Aufenthalt bestimmt sind, gelten insbesondere:

Flure, Treppen, Korridore, Bodenräume, Bedürfnisanstalten, die für den Hausbedarf bestimmten Badestuben, ferner Wintergärten und Rollkammern, Speisekammern und ähnliche Vorratsräume, Räucherkammern, Gewächshäuser, Kegelbahnen, Wein-, Bier- und Branntweinkellereien und Räume, welche zur Lagerung von Waren und Aufbewahrung von Gegenständen einschließlich der damit notwendigerweise verbundenen Arbeiten bestimmt sind.

Auch Räume für Kessel- und Heizungsanlagen sowie für Krafterzeugungsmaschinen jeder Art gelten stets als nicht zum dauernden Aufenthalt von Menschen bestimmte Räume, doch muß ein ausreichender Luftwechsel in den Räumen gewährleistet sein. Bedürfen solche Anlagen ständiger Wartung, so bleiben besondere Bedingungen, welche hauptsächlich eine gehörige Sicherung der Räume gegen Feuchtigkeit, die Abführung schlechter Dünste sowie die Zuführung frischer Luft und des Tageslichts bezwecken, für die Einrichtung der Anlagen selbst und der Räume vorbehalten.

Für alle zum dauernden Aufenthalte von Menschen bestimmten Räume gelten folgende Bestimmungen:

1. In einem Gebäude dürfen niemals mehr als fünf zum dauernden Aufenthalte von Menschen bestimmte Geschosse übereinander angelegt werden; auch darf der Fußboden des obersten Geschosses dieser Art nie mehr als 18 m über der Oberfläche des Bürgersteiges oder des Hofes liegen.

2. Alle zum dauernden Aufenthalte von Menschen bestimmten Räume müssen trocken sein und durch Fenster von ausreichender Größe und zweckmäßiger Lage unmittelbar Luft und Licht von außen erhalten. Sie dürfen indessen, wenn ihre Lage und Zweckbestimmung eine Beleuchtung unmittelbar von oben bedingt, durch Deckenlicht erhellt werden. Dabei müssen jedoch Vorkehrungen getroffen werden, welche einen ausreichenden Luftwechsel sicherstellen.

3. Sie müssen ferner eine — bei ungleicher Höhenlage der Decke oder des Fußbodens im Durchschnitt zu berechnende — lichte Höhe von mindestens 2,80 m haben und nirgends tiefer als 0,50 m unter der Oberfläche des Bürgersteiges oder des Hofes liegen.

Das Maß von 0,50 m kann auf 1 m erhöht werden, wenn an der zugehörigen Außenwand ein durchgehender Licht- und Lüftungsgraben hergestellt wird. Ein solcher Graben muß mindestens 1 m breit sein und mit seiner gut zu entwässernden Sohle mindestens 0,15 m tiefer als der Fußboden der anstoßenden Räume liegen.

4. Räume am Hofe, deren Decke nicht mindestens 2,50 m über dessen Oberfläche liegt, dürfen zum dauernden Aufenthalte von Menschen nur benutzt werden, wenn die sämtlichen am Hofe belegenen Gebäude desselben Grundstückes in der Höhe die Ausdehnung des

Hofes vor ihnen — senkrecht zu ihrer Front gemessen — nicht überschreiten.

5. Gebäude, welche ganz oder teilweise zum dauernden Aufenthalte von Menschen bestimmt sind, müssen gegen aufsteigende Erdfeuchtigkeit und Bodenluft durch wagerechte Isolierschichten in den Mauern und durch eine undurchlässige massive Sohle geschützt werden. Liegen die Fußböden derartiger Räume tiefer als der Bürgersteig oder die Hofoberfläche, so sind ihre mit dem Erdreich in unmittelbare Berührung kommenden Umfassungswände — wenn davor nicht ein Licht- und Lüftungsgraben angelegt ist — auch seitwärts gegen das Eindringen von Erdfeuchtigkeit zu schützen. Der Fußboden jedes zum dauernden Aufenthalte von Menschen bestimmten Raumes muß mindestens 0,40 m über dem höchsten bekannten Grundwasserstande angelegt werden.

6. Dachräume dürfen zum dauernden Aufenthalte von Menschen nur dienen, wenn sie den Bestimmungen der Ziffern 1, 2 und 3 entsprechen, unmittelbar über dem obersten Stockwerke liegen, und wenn sie und ihre Zugänge von den übrigen Bodenräumen durch feuersichere Wände abgeschlossen werden. Unter diesen Bedingungen dürfen oberhalb der fünf zum dauernden Aufenthalte von Menschen zugelassenen Geschosse im Dachgeschosse Waschküchen für den Hausbedarf hergestellt werden, auch wenn der Fußboden höher als 18 m über der Oberfläche des Bürgersteiges oder des Hofes liegt. Es muß dann aber in der Nähe der Waschküche eine Bedürfnisanstalt angelegt werden (§ 25).

7. Jeder zum dauernden Aufenthalte von Menschen bestimmte wirtschaftlich gesondert benutzte Gebäudeteil muß einen jederzeit leicht und sicher erreichbaren, feuersicheren Zugang zu zwei Treppen oder zu einer unverbrennlichen Treppe haben. Im letzteren Falle bleibt es der Polizeibehörde überlassen, im sicherheitspolizeilichen Interesse weitere Forderungen für die Treppenanlage und ihre Zugänge zu stellen.

8. Grundstücke, auf denen sich zum dauernden Aufenthalte von Menschen bestimmte Gebäude befinden, müssen mit vorschriftsmäßigen, ausreichenden und für alle Beteiligten leicht zugänglichen Bedürfnisanstalten (§ 25) sowie mit genügend großen Behältern je für Abfälle und Asche (§ 21) versehen sein. Für derartige Gebäude kann die Herstellung von Dachrinnen und Abfallrohren gefordert werden.

Gewerbliche, nicht unter § 16 der Reichsgewerbeordnung fallende Betriebsstätten, stark besuchte Gebäude, Lagerräume.

§ 38. 1. Besondere, über die Vorschriften des Titels I hinausgehende baupolizeiliche Anforderungen kann die Baupolizeibehörde für Gebäude und Gebäudeteile stellen:

a) in denen Fabriken oder solche gewerbliche Betriebsstätten eingerichtet werden sollen, welche starke Feuerung erfordern, zur Verarbeitung leicht brennbarer Stoffe dienen, eine besonders große Belastung oder Erschütterung der Gebäude, einen starken Abgang unreiner Stoffe oder eine erhebliche Luftverschlechterung bedingen. Es gehören dahin namentlich:
   Glüh- und Schmelzöfen aller Art, Schmieden, Tiegelgießereien, Teer- und Ölkochereien, Backöfen, Räucherkammern, Holzbearbeitungswerkstätten (Tischlereien, Drechslereien, Böttchereien, Stellmachereien und dgl.), Druckereien, Färbereien und dgl.,
b) welche zur Aufbewahrung einer größeren Menge brennbarer Stoffe bestimmt sind (Speicher, Lagerräume und dgl.),
c) welche zur Vereinigung einer größeren Anzahl von Menschen bestimmt sind und nicht unter die Polizeiverordnungen vom 31. Oktober 1889 und 3. April 1891 fallen,
d) für die Grundstücke, auf welchen der Hauptboden zum Teil eine Glasüberdachung erhalten hat (§ 2 Ziffer 4).

2. Die an den Bau und die Einrichtungen solcher Gebäude oder Gebäudeteile zu stellenden besonderen Anforderungen betreffen vornehmlich: die Stärke und Feuersicherheit von Wänden, Decken, Dächern, Fußböden, Treppen, Feuerstätten und Schornsteinen, die Zahl und Konstruktion der Brandmauern, die Zahl, Breite und sonstige Anordnung der Treppen und Ausgänge, die Art der Aufbewahrung und Beseitigung brennbarer Abfälle sowie unreiner Abgänge, die regelmäßige Zuführung frischer Luft, die Unterhaltung von Brunnen und Wasserbehältern. Auch kann die Verwendung eiserner Öfen und freiliegender Rohre untersagt und die Heizung gewisser Räume nur von außen oder innerhalb massiver Vorgelege zugelassen werden.

3. In Wohngebäuden kann die Einrichtung von Tischlereien und anderen gleich feuergefährlichen Arbeitsstätten sowie die An-

ordnung von Lagerräumen zur Aufnahme feuergefährlicher Waren davon abhängig gemacht werden, daß sämtliche oberhalb belegene Wohnungen mindestens einen mit den Betriebsstätten außer Berührung stehenden Treppenzugang haben und durch unverbrennliche Decken von den Arbeitsstätten und Lagerräumen getrennt sind.

4. Jede Änderung der inneren baulichen Einrichtung der in Ziff. 1 erwähnten Gebäude und Anlagen bedarf der polizeilichen Genehmigung.

Gebrauchsabnahme.

§ 39. 1. Gebäude und Gebäudeteile, welche zum dauernden Aufenthalte von Menschen oder zu Zwecken der im § 38 angegebenen Art bestimmt sind, dürfen nicht eher in Benutzung genommen werden, als bis nach Vollendung der baulichen Einrichtung eine baupolizeiliche Prüfung vorgenommen und ein Gebrauchsabnahmeschein erteilt ist.

2. Dieser darf in der Regel nicht früher als sechs Monate nach Ausfertigung des Rohbauabnahmescheines erteilt werden.

3. Im übrigen finden auf die Anmeldung zur Gebrauchsabnahme und das dabei zu beobachtende Verfahren die in § 33 für die Rohbauabnahme getroffenen Bestimmungen sinngemäß Anwendung.

Titel IV.

Allgemeine Bestimmungen.

Anwendungen der vorstehenden Bestimmungen auf vorhandene Gebäude.

§ 40. 1. Auf Veränderungen und Erneuerungen von vorhandenen baulichen Anlagen finden in der Regel die Vorschriften dieser Baupolizeiordnung Anwendung.

2. Werden vorhandene Gebäude oder Gebäudeteile, welche bisher nicht zum dauernden Aufenthalte von Menschen oder zu Zwecken der im § 38 angegebenen Art benutzt werden durften, hierfür bestimmt, so finden die Vorschriften der §§ 37 bis 39 Anwendung.

3. Für bauliche Arbeiten, welche einzeln oder zusammen genommen eine erhebliche Veränderung eines Gebäudes darstellen, kann die baupolizeiliche Genehmigung auch davon abhängig gemacht werden, daß gleichzeitig die durch den Entwurf an sich nicht berührten Gebäudeteile, soweit sie den Vorschriften dieser Baupolizeiordnung widersprechen, damit in Übereinstimmung gebracht werden.

4. Außerdem finden die Vorschriften dieser Baupolizeiordnung den zu Recht bestehenden baulichen Anlagen gegenüber nur so weit Anwendung, als überwiegende Gründe der öffentlichen Sicherheit es unerläßlich und unaufschiebbar machen.

Grenzveränderungen.

§ 41. Werden durch eintretende Veränderungen der Grenzen bebauter Grundstücke Verhältnisse geschaffen, welche den Vorschriften dieser Baupolizeiordnung zuwiderlaufen, so sind die betreffenden Gebäude oder Gebäudeteile entsprechend umzugestalten oder zu beseitigen.

Ausnahmen.

§ 42. 1. Ausnahmen von Bestimmungen dieser Baupolizeiordnung können für alle öffentlichen Bauten, im übrigen in den Fällen des § 1 Ziff. 1, § 1 Ziff. 2, § 2 Ziff. 4 Abs. 3, § 3 Ziff. 1a Schlußsatz, § 5, § 7 Ziff. 2, § 7 Ziff. 4, § 7 Ziff. 5, § 7 Ziff. 7, § 8 Ziff. 3, § 9 Ziff. 2, § 9 Ziff. 3, § 11 Ziff. 5, § 13 Ziff. 4, § 14a Ziff. 1, § 15 Ziff. 1, § 16 Ziff. 1, § 16 Ziff. 3, § 16 Ziff. 10, § 17 Ziff. 1, § 18 Ziff. 3, § 18 Ziff. 4, § 18 Ziff. 6, § 19 Ziff. 1, § 19 Ziff. 3, § 20 Ziff. 3, § 20 Ziff. 11, § 20 Ziff. 14, § 20 Ziff. 16, § 20 Ziff. 18, § 25 Ziff. 1, § 25 Ziff. 2, § 25 Ziff. 6, § 26 Ziff. 3, § 26 Ziff. 4, § 34, § 39 Ziff. 2, § 40 Ziff. 1 von der Baupolizeibehörde zugelassen werden.

2. Abgesehen von den Fällen unter Nr. 1 ist zur Erteilung von Dispensen der Bezirksausschuß zuständig.

Übergangsbestimmungen.

§ 43. 1. Diese Baupolizeiordnung tritt am Tage der amtlichen Veröffentlichung unter gleichzeitiger Aufhebung der Baupolizeiordnung für den Stadtkreis Berlin vom 15. Januar 1887 in Kraft. Die auf Grund der letzteren erlassenen Bekanntmachungen bleiben bis auf weiteres in Kraft, desgleichen die Polizeiverordnung vom 27. April 1894, betr. die Baubeschränkungen der Schöneberger Wiesen usw.

2. Die nach der Baupolizeiordnung vom 15. Januar 1887 bereits erteilten Bauscheine verlieren, sofern ihre Gültigkeit nach § 29 nicht früher erlischt, die Gültigkeit nach Ablauf von fünf Monaten vom Tage der Veröffentlichung dieser Verordnung ab, wenn nicht inzwischen der Bau begonnen ist, und bei Neubauten, wenn nicht inzwischen die Fundamente gelegt und die Kellermauern bis zur Erdoberfläche hergestellt sind.

Strafen.

§ 44. Übertretungen der vorstehenden Vorschriften werden, soweit nicht sonstige weitergehende Strafbestimmungen, insbesondere der § 367 Ziff. 12 bis 15 und § 368 Ziff. 3 und 4 des Reichsstrafgesetzbuches Platz greifen, mit einer Geldstrafe bis zu 30 M, oder im Unvermögensfalle mit verhältnismäßiger Haft geahndet. Daneben bleibt die Polizeibehörde befugt, die Herstellung vorschriftsmäßiger Zustände herbeizuführen.

Berlin, den 15. August 1897.

Der Polizeipräsident.

Nachtrag.

Nach Abschluß des Druckes sind nachstehende Ordnungen erlassen und veröffentlicht, die als Nr. 10, 11 und 12 des Abschnittes IV C, Schutz gegen Verunstaltung des Ortsbildes, sich in die Disposition des Buches eingliedern und hier, nachfolgend abgedruckt werden.

10. Ortsstatut zum Schutze der Stadt Berlin gegen Verunstaltung.

Auf Grund des Gesetzes gegen die Verunstaltung von Ortschaften und landschaftlich hervorragenden Gegenden vom 15. Juli 1907 wird für den Bezirk der Stadt Berlin gemäß § 11 der Städteordnung vom 30. Mai 1853 mit Zustimmung der Stadtverordnetenversammlung nach Anhörung Sachverständiger nachfolgendes Ortsstatut erlassen:

§ 1. Die baupolizeiliche Genehmigung zur Ausführung von Bauten und baulichen Änderungen ist zu versagen, **wenn dadurch** die Eigenart des Orts- oder Straßenbildes wesentlich beeinträchtigt werden würde, an und auf folgenden Plätzen und Straßen:

Pariser Platz,
Unter den Linden,
Platz am Zeughause,
Kaiser-Franz-Joseph-Platz,
Am Festungsgraben,
Hinter dem Gießhause, Hinter dem Zeughause und Straße am Zeughause,
Schloßplatz,
Lustgarten,
Burgstraße von der Friedrich- bis zur Kurfürstenbrücke,
Am Kupfergraben von der Georgenstraße bis Hinter dem Gießhause,
Gendarmenmarkt,
Wilhelmstraße von Unter den Linden bis zur Leipziger Straße,
Wilhelmplatz,
Ziethenplatz,
Leipziger Platz,
Potsdamer Platz und Vorplatz am Potsdamer Bahnhof,

Königsplatz,
Fürst-Bismarck-Straße,
Alsenstraße,
Reichstagsplatz,
Simsonstraße,
Sommerstraße, vom Reichstagsufer bis zum Brandenburger Tor,
Platz vor dem Brandenburger Tor,
Königgrätzer Straße von der Sommerstraße bis zum Potsdamer Platz,
Monbijouplatz,
Neuer Markt mit Marienkirchhof,
Klosterstraße von der Königstraße bis zur Stralauer Straße,
Belleallianceplatz,
im sogenannten Tiergartenviertel, begrenzt vom Landwehrkanal, Nordwestseite der Potsdamer Straße, Königgrätzer Straße, Lennéstraße, Tiergartenstraße, Stülerstraße, Lichtensteinallee und Landwehrkanal, mit Ausnahme der genannten Nordwestseite der Potsdamer Straße,
Joseph-Haydn-Straße,
Klopstockstraße von Joseph-Haydn-Straße bis zur Händelstraße,
Händelstraße,

sowie an und auf den öffentlichen Straßen und Plätzen, welche umgeben:

Kastanienwald und Universitätsgarten,
Museumsinsel,
Viktoriapark,
Köllnischen Park,
Kleistpark, Kleinen Tiergarten,
Schillerpark, Humboldthain, Invalidenpark, Friedrichshain.

§ 2. a) Die baupolizeiliche Genehmigung zur Ausführung von Bauten und baulichen Änderungen in der Umgebung folgender Bauwerke ist zu versagen, wenn ihre Eigenart oder der Eindruck, den sie hervorrufen, durch die Bauausführung beeinträchtigt werden würde:

Kolonnaden an der Leipziger Straße,
Kolonnaden an der Potsdamer Straße,
(früher Kolonnaden in der Königstraße),

Kolonnaden an der Mohrenstraße,
Invalidenhaus,
Poststraße 16 (Ephraimsches Haus),
Generallotteriedirektion an der Markgrafenstraße 47,
Rathaus,
Amts- und Landgericht an der Grunerstraße,
Rudolf-Virchow-Krankenhaus,
Märkisches Museum,
Stadthaus,
Neue Kaiser-Wilhelm-Akademie,
Gebäude der neuen Königlichen Bibliothek, der Universitätsbibliothek und der Akademie der Wissenschaften,
Handelshochschule.

b) Die baupolizeiliche Genehmigung zur Ausführung baulicher Änderungen an folgenden Bauwerken ist zu versagen, wenn ihre Eigenart oder der Eindruck, den sie hervorrufen, durch die Bauausführung beeinträchtigt werden würde:

Beide Kirchen an der Mauerstraße (Dreifaltigkeit und Bethlehem),
Hedwigskirche,
St. Johanniskirche,
Werdersche Kirche,
Michaelkirche,
Thomaskirche,
Synagoge an der Oranienburger Straße,
Gertraudtenstraße 16/17,
Reichsbank,
Handelshochschule mit Kapelle zum heiligen Geist,
Jakobikirche,
Alte Bauakademie.

§ 3. Die Anbringung von Reklameschildern, Schaukästen, Aufschriften und Abbildungen bedarf für die folgenden Straßen und Plätze der Genehmigung der Baupolizeibehörde:

Unter den Linden,
Platz am Zeughause,
Kaiser-Franz-Joseph-Platz,
Am Festungsgraben,
Hinter dem Gießhause, Hinter dem Zeughause und Straße am Zeughause,

Schloßplatz,
Lustgarten,
Burgstraße von der Friedrich- bis zur Kurfürstenbrücke,
Am Kupfergraben von der Georgenstraße bis Hinter dem Gießhause,
Wilhelmstraße von Unter den Linden bis zur südlichen Flucht der Behrenstraße, Königgrätzerstraße auf der Torseite von der südlichen Flucht der Lennéstraße bis zur Voßstraße,

sowie an und auf den öffentlichen Plätzen und Straßen, welche umgeben:

Kastanienwald und Universitätsgarten,

soweit nicht in § 5 weitergehende Vorschriften erlassen sind,

Museumsinsel,
Viktoriapark.

Diese Genehmigung ist unter den gleichen Voraussetzungen zu versagen, unter denen nach § 1 die Genehmigung zu Bauausführungen zu verweigern ist.

Die Bestimmungen über die Verkehrs- und straßenbaupolizeilichen Genehmigungen bleiben hierdurch unberührt.

§ 4. Wenn die Bauausführung in den im § 1 und 2 bezeichneten Fällen nach dem Bauentwurfe dem Gepräge der Umgebung der Baustelle im wesentlichen entsprechen würde und die Kosten der auf Grund dieses Ortsstatuts geforderten Änderungen in keinem angemessenen Verhältnisse zu den dem Bauherrn zur Last fallenden Kosten der Bauausführung stehen würden, so ist von der Anwendung des Ortsstatutes abzusehen.

§ 5. Die nachstehend benannten Ortsteile: von dem Tiergartenviertel (§ 1) die vom Landwehrkanal, Viktoriastraße, Tiergartenstraße, Stülerstraße, Lichtensteinallee begrenzte Fläche, mit Ausnahme der Königin-Augusta-Straße von der Viktoriastraße bis zur Hohenzollernstraße und mit Ausnahme der Friedrich-Wilhelm-Straße; ferner die Ostseite der Viktoriastraße, Margaretenstraße zwischen Viktoriastraße und Potsdamer Straße, mit Ausnahme der Eckgrundstücke an der Potsdamer Straße, Burggrafenstraße, Landgrafenstraße, Buchenstraße, Ulmenstraße, Händelstraße, Pariser Platz, Platz vor dem Brandenburger Tor, Sommerstraße, Simsonstraße, Reichstagsplatz, Königsplatz, Roonstraße von Königsplatz bis Fürst-Bismarck-Straße, Fürst-Bismarck-Straße, Alsenstraße, Moltkestraße, Herwarthstraße, Große Querallee; ferner die Ostseite

Königgrätzer Straße bis zur südlichen Flucht der Lennéstraße, Wilhelmstraße von der südlichen Flucht der Behrenstraße bis zur Leipziger Straße, Wilhelmplatz, Ziethenplatz, Dorotheenstraße von der Universitätsstraße bis Kupfergraben, Jubiläumsplatz sollen in ihrer Eigenart erhalten bleiben.

In diesen Ortsteilen sind nur solche Bauten und bauliche Einrichtungen sowie solche bauliche Änderungen zuzulassen, welche durch ihr Äußeres die Eigenart dieser Ortsteile nicht beeinträchtigen. Insbesondere dürfen die Ausgestaltung der Außenwände, namentlich die Lage, Größe und Form der Fenster, Türen und sonstigen Öffnungen oder von Ausbauten dem Charakter eines lediglich für Wohnzwecke bestimmten Gebäudes nicht widersprechen. Die Anlegung und Einrichtung von Fabriken, Lagerplätzen und Schuppen sowie von Ställen und Garagen, deren Umfang über den Bedarf der Hausbewohner hinausgeht, von Kranken-, Irren- und Besserungsanstalten, von offenen Läden, Hotels, Logierhäusern, Gast- oder Schankwirtschaften, von Theatern einschl. der Lichtspielunternehmungen, von Konzerthäusern und sonstigen öffentlichen Vergnügungslokalen sind verboten, ebenso die Anbringung und Einrichtung von Schaufenstern, Reklameschildern, Schaukästen, Aufschriften und Abbildungen. Zuzulassen ist für jeden Hausbewohner nur je 1 Schild im Flächeninhalt von nicht mehr als 500 qcm, das lediglich Namen oder Firma, Beruf oder Stand, Sprech- oder Geschäftsstunden des Hausbewohners aufweist. Derartige Schilder dürfen nicht über die Höhe des Erdgeschosses hinaus angebracht werden.

Die vorstehenden Bestimmungen dieses Paragraphen finden keine Anwendung auf die öffentlichen Zwecken gewidmeten Gebäude der Krone, des Reichs, des Staats und der Stadtgemeinde Berlin.

§ 6. Vor Erteilung oder Versagung der baupolizeilichen Genehmigung ist der Magistrat und der Sachverständigenbeirat zu hören, dieser jedoch nur, sofern es sich nach der Entscheidung des Magistrats nicht um Fälle von untergeordneter Bedeutung handelt.

Der Sachverständigenbeirat besteht aus:

a) einem Mitgliede der Akademie der Künste,
b) einem Mitgliede der Akademie des Bauwesens,

c) einem technischen Mitgliede der Abteilung III des Königlichen Polizeipräsidenten,

d) einem Mitgliede des Berliner Architektenvereins,

e) einem Mitgliede der Vereinigung Berliner Architekten,

f) dem Stadtbaurat für Hochbau,

g) zwei sachverständigen Mitgliedern der Stadtverordnetenversammlung.

Die Mitglieder a—c werden von den dort genannten Behörden, die zu d und e von diesen Vereinen auf 6 Jahre ehrenamtlich bestimmt; sie sollen in Berlin oder dessen Vororten wohnhaft sein. Die Mitglieder zu g werden von der Stadtverordnetenversammlung für das laufende Kalenderjahr gewählt.

§ 7. Bei einer auf Grund der Bestimmungen dieses Ortsstatuts erfolgten Beanstandung von Bauprojekten durch den Sachverständigenbeirat oder den Magistrat ist dem Antragsteller unter Angabe der Gründe von der Beanstandung durch den Magistrat Kenntnis zu geben und mit ihm, falls das Projekt überhaupt annehmbar erscheint, über etwaige Änderungen zu verhandeln.

Abänderungs- bzw. Neugestaltungsvorschläge dürfen die bauliche Ausnutzungsfähigkeit weder bezüglich der bebauten Fläche noch der Höhe in irgend einer Form beeinflussen.

§ 8. Dieses Ortsstatut tritt mit dem Tage seiner Veröffentlichung in Kraft.

Mit dem gleichen Zeitpunkt tritt das Ortsstatut vom $\frac{\text{20. Dezember 1912}}{\text{10. Januar 1913}}$ außer Kraft.

Berlin, den 14. November 1913.

Magistrat der Königl. Haupt- und Residenzstadt.

Wermuth.

Genehmigt.

Potsdam, den 11. Dezember 1913.

Der Oberpräsident.

In Vertretung:

gez. Graf Roedern.

Die Veröffentlichung ist am 16. Dezember 1913 erfolgt.

---

11. Polizeiverordnung, betreffend Nachtrag zur Baupolizeiordnung für den Stadtkreis Berlin vom 15. August 1897.

Auf Grund des § 6 des Gesetzes über die Polizeiverwaltung vom 11. März 1850 (GS. S. 265) und der §§ 143 und 144 des Gesetzes über die allgemeine Landesverwaltung vom 30. Juli 1883 (GS. S. 195) erlasse ich mit Zustimmung des Magistrats der Stadt Berlin und nach Anhörung des Verbandsausschusses des Verbandes Groß Berlin folgende Polizeiverordnung als Nachtrag zur Baupolizeiordnung für den Stadtkreis Berlin vom 15. August 1897:

§ 1. Auf den Grundstücken an der Tiergartenstraße dürfen sämtliche Gebäude außer dem Erdgeschoß, dessen Fußboden höchstens 2 m über dem Bürgersteige liegen darf, nur noch zwei Stockwerke erhalten.

Im Keller und Dachgeschoß dürfen Räume zum dauernden Aufenthalt von Menschen nicht angelegt werden.

§ 2. Der Bezirksausschuß kann durch Dispens Ausnahmen der Bestimmung dieser Polizeiverordnung zulassen.

§ 3. Die Polizeiverordnung tritt mit dem Tage ihrer Veröffentlichung unter Aufhebung der entgegenstehenden Bestimmung im § 1 IIc der Polizeiverordnung vom 11. August 1899 in Kraft.

Berlin, den 11. Dezember 1913.

Der Polizei-Präsident.
v. Jagow.

1625 III. G. R.

Die Veröffentlichung ist inzwischen erfolgt.

---

12. Polizeiverordnung betreffend Nachtrag zur Baupolizeiordnung für den Stadtkreis Berlin vom 15. August 1897.

Auf Grund des § 6 des Gesetzes über die Polizeiverwaltung vom 11. März 1850 (GS. S. 265) und der §§ 143 und 144 des Gesetzes über die allgemeine Landesverwaltung vom 30. Juli 1883 (GS. S 195) erlasse ich mit Zustimmung des Gemeindevorstandes der Stadt Berlin und nach Anhörung des Verbandsausschusses des Verbandes Groß Berlin folgende Polizeiverordnung als Nachtrag zur Baupolizeiverordnung für den Stadtkreis Berlin vom 15. August 1897:

§ 1. In dem Gebiet der Stadtgemeinde Berlin, welches begrenzt wird

von der Straße Alt-Moabit, der Paulstraße, der Melanchthon- und der Spenerstraße,

ist die Errichtung neuer Anlagen, die starken Rauch oder Ruß, schädliche Dämpfe oder Gase, üble Gerüche oder ungewöhnliche Wärme verbreiten oder ungewöhnliche Geräusche oder Erschütterungen verursachen, verboten.

Das gleiche gilt von einer Erweiterung oder Veränderung bestehender Anlagen, wenn damit die vorgenannten Wirkungen verbunden sind oder dadurch verstärkt werden.

§ 2. Die Polizeiverordnung tritt mit dem Tage ihrer Veröffentlichung in Kraft.

Berlin, den 2. Oktober 1913.

Der Polizei-Präsident.
von Jagow.

(1668. III. G. R.)

Die Veröffentlichung ist inzwischen erfolgt.

Sachregister.

(Die angegebenen Zahlen bedeuten die Seitenzahlen.)

Additional information of this book

(Tiefbauverwaltung; 978-3-662-22971-2) is provided:

http://Extras.Springer.com